信盈达技术创新系列图书

嵌入式 Cortex-M3 基础与项目实践

张叶茂　陈新菡　潘　宇　主　编

谭　虹　王泽国　刘红艳　陈醒醒　李高宇　副主编
秦培良　梁　东　朱敦忠　兰如波　唐伟萍

電子工業出版社
Publishing House of Electronics Industry
北京 • BEIJING

内 容 简 介

本书共 23 章，首先介绍了嵌入式系统、STM32 的软件开发环境及实验平台资源；接着详细地讲解了 STM32 中 GPIO、UART、NVIC、SysTick、Timer、WDG、RTC、DMA、ADC、DAC、I^2C、SPI、LCD、TOUCH、FSMC、SDIO、CAN、USB 等功能，并通过模块讲解，让读者充分掌握 STM32 相关知识点；同时通过项目实践，帮助读者掌握项目开发的设计流程，并把 STM32 模块知识充分应用到项目中，从而巩固之前所学的知识。

本书提供了硬件原理图资料、实例源程序、教学 PPT、实验指导、芯片手册等配套资料，有助于提高读者的学习效果和开发能力。

图书在版编目（CIP）数据

嵌入式 Cortex-M3 基础与项目实践 / 张叶茂，陈新菡，潘宇主编. —北京：电子工业出版社，2023.7
（信盈达技术创新系列图书）
ISBN 978-7-121-45981-8

Ⅰ. ①嵌…　Ⅱ. ①张…　②陈…　③潘…　Ⅲ. ①微处理器－系统设计　Ⅳ. ①TP332

中国国家版本馆 CIP 数据核字（2023）第 130024 号

责任编辑：李树林　　文字编辑：靳　平
印　　刷：涿州市京南印刷厂
装　　订：涿州市京南印刷厂
出版发行：电子工业出版社
　　　　　北京市海淀区万寿路 173 信箱　邮编：100036
开　　本：787×1 092　1/16　印张：20.25　字数：571.2 千字
版　　次：2023 年 7 月第 1 版
印　　次：2023 年 7 月第 1 次印刷
定　　价：69.00 元

凡所购买电子工业出版社图书有缺损问题，请向购买书店调换。若书店售缺，请与本社发行部联系，联系及邮购电话：（010）88254888，88258888。

质量投诉请发邮件至 zlts@phei.com.cn，盗版侵权举报请发邮件至 dbqq@phei.com.cn。

本书咨询和投稿联系方式：（010）88254463，lisl@phei.com.cn。

前　言

目前，市场上关于 STM32 系列芯片（简称 STM32）的应用大部分是在 ST 公司提供的库函数基础上开发的。现在深入介绍关于 STM32 底层的驱动技术的书籍并不多见。因此，本书从 STM32 库函数及部分寄存器的使用两方面介绍 STM32 相关知识点，让读者不但会使用库函数进行应用开发，也会用寄存器进行应用开发，并且具有项目开发的经验。

本书以模块的方式介绍 STM32 所涉及的知识点，以及这些知识点如何应用到实际的生活、工作中，使读者能进行理论和实践的同步学习，提升知识掌握能力和动手能力。本书将教会读者如何使用、如何分析、应用时要注意什么问题和如何解决问题的思想贯穿始终，使读者掌握用编程语言进行技术应用开发的思路和方法。

本书通过项目实例介绍项目开发的流程，并注重培养读者自主学习和分析问题、解决问题的能力。每个项目的具体内容都围绕基础实验、扩展实验和项目实践三部分展开。各个基础实验和扩展实验的合成就是后面的项目实践的主体内容。同时，各个基础实验都有独立的实用性成果，以便让读者获得成就感。

本书主要对 STM32F103ZET6 进行概述式讲解，对 STM32F103C8T6 进行项目开发级的讲解，主要内容包括 STM32 通用输入/输出、键盘输入、LCD、LED、A/D 与 D/A、串行通信接口（SCI）、串行外设接口（SPI）、集成电路互联总线（I^2C）、定时器、PWM、USB、CAN、嵌入式以太网等，几乎囊括了 STM32 嵌入式开发所需要的常用功能。

本书可作为高等院校电子信息计算机、自动化、测控、机电一体化等专业的“嵌入式控制”“单片机原理及设计”等课程的教材。本书涉及大量工程领域嵌入式开发方面的相关内容，因此也适于嵌入式单片机的初学者及有一定嵌入式应用基础的电子工程技术人员阅读。

本书编写特色如下。

（1）由浅入深，循序渐进，容易看懂，能快速上手实践。本书在内容的先后次序与组织形式、知识点安排等方面进行了细致的设计，将实例设计成最能体现基本知识点的形式，可使读者尽快入门。

（2）每个章节除讲述知识点外，还配有相应实例提供给读者实践，从而提高读者的动手实践能力。

（3）面向高等院校的教育教学，培养学生的工程应用及编程能力。采用模块与项目相结合的编写方式，将分散的知识点综合为项目，有利于学生把知识点贯穿起来，形成完整性、系统性的知识体系。

本书共 23 章，主要内容如下。

第 1～3 章　主要介绍了嵌入式系统、STM32 的软件开发环境及实验平台硬件资源。

第 4 章　主要介绍了 GPIO 接口，GPIO 接口在 LED、按键输入中的应用，GPIO 接口的配置及程序的编写。

第 5 章　主要介绍了通信方式、串口通信的应用、通过串口实现上位机对下位机的控制。

第 6 章　主要介绍了中断的作用、应用，以及外部中断的运行机制及中断程序的编写。

第 7 章　主要介绍了 SysTick 定时器的作用、应用，使用其实现精准延时及心跳包的功能。

第 8 章　主要介绍了基本定时器，以及基本定时器在嵌入式开发中的应用。

第 9 章 主要介绍了通用定时器，以及通用定时器 PWM、捕获模式的程序编写及应用。

第 10 章 主要介绍了看门狗的工作原理，独立看门狗、窗口看门狗的应用。

第 11 章 主要介绍了 RTC 的特点，以及 RTC 的配置、程序编写及其在项目中的应用。

第 12 章 主要介绍了 DMA 模块的特性、模式、通道及其在实际项目中的应用。

第 13 章 主要介绍了 ADC 的工作原理、用途，STM32F1 ADC 的编程方法及其结合 DMA 的使用。

第 14 章 主要介绍了 DAC 的工作原理、用途，STM32F1 DAC 的编程方法及应用。

第 15 章 主要介绍了 I^2C 总线时序、硬件特性及其时序编程，I^2C 总线驱动 AT24C02（EEPROM 芯片），I^2C 总线的应用。

第 16 章 主要介绍了 SPI 总线时序、硬件特性及其时序编程，SPI 总线驱动 W25Q64（闪存芯片），SPI 总线的应用。

第 17 章 主要介绍了 TFT LCD 屏，8080 并行通信原理，TFT LCD 屏显示文字、图片等功能。

第 18 章 主要介绍了触摸屏的工作原理，通过 SPI 总线、ADC 等实现触摸屏功能。

第 19 章 主要介绍了 FSMC、FSMC 驱动 TFT LCD 屏原理及程序编写。

第 20 章 主要介绍了 SDIO 总线、SDIO 总线驱动 SD 卡的编程方法。

第 21 章 主要介绍了 CAN 总线特性、数据帧格式、仲裁机制、时序等。

第 22 章 主要介绍了 USB 协议、STM32F1 USB 模块虚拟串口的编程及应用。

第 23 章 主要介绍了项目的实践，包括项目流程、基于 STM32 的蓝牙热敏打印机的实现。

南宁职业技术学院与深圳信盈达科技有限公司有效推进现代学徒制校企双主体育人工作，落实“专业与产业发展相匹配，教材内容与工作手册相一致，生产流程与育人过程相匹配”的现代学徒制。本书由现代学徒制试点院校老师及合作企业工程师共同编写完成，主要编写人员为张叶茂、陈新菡、潘宇、谭虹、王泽国、刘红艳、陈醒醒、李高宇、秦培良、梁东、朱敦忠、兰如波和唐伟萍。本书在编写过程中参考了大量参考文献，在此对参考文献的作者表示感谢。

本书配套资料等可在电子工业出版社华信教育资源网（https://www.hxedu.com.cn/）下载。

由于编者水平有限，编写时间较为仓促，书中难免有不妥或错误之处，望各位读者给予指正。

编　者

2023 年 2 月

目　录

第 1 章
初识嵌入式系统

1.1 学习目的

（1）了解嵌入式系统。
（2）了解 ARM 微处理器的结构。
（3）掌握 STM32 基本特性。

1.2 嵌入式系统概述

1.2.1 嵌入式系统定义

目前，关于嵌入式系统的定义有很多，下面从技术和系统角度来进行定义。

从技术的角度来说，嵌入式系统是以应用为中心、以计算机技术为基础，软件、硬件可裁剪，是对功能、可靠性、成本、体积、功耗严格要求的专用计算机系统。

从系统的角度来说，嵌入式系统是设计完成复杂功能的硬件和软件，并使其紧密耦合在一起的计算机系统。

嵌入式系统由硬件和软件组成。其中，软件包括软件运行环境及其操作系统；硬件包括处理器、存储器、通信模块等。嵌入式系统的结构如图 1-1 所示。

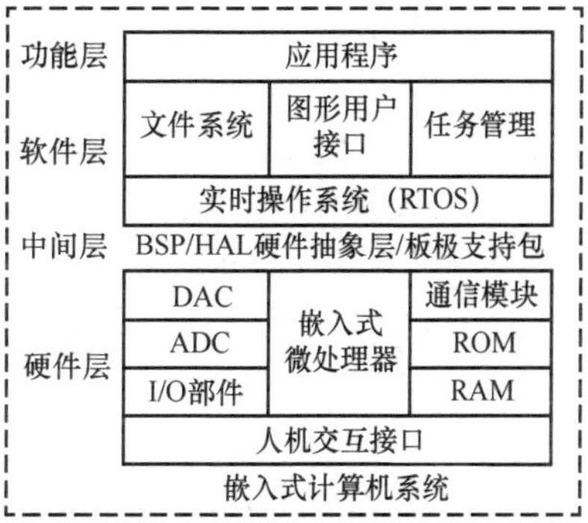

功能层	应用程序		
软件层	文件系统	图形用户接口	任务管理
	实时操作系统（RTOS）		
中间层	BSP/HAL硬件抽象层/板极支持包		
硬件层	DAC	嵌入式微处理器	通信模块
	ADC		ROM
	I/O部件		RAM
	人机交互接口		
嵌入式计算机系统			

图 1-1 嵌入式系统的结构

1.2.2 嵌入式处理器

1．嵌入式微处理器

嵌入式微处理器的基础是通用计算机中的中央处理器（Central Processing Unit，CPU）。在应用中，将微处理器装配在专门设计的电路板上，只保留和嵌入式应用有关的母板功能，这样可以大幅度减小系统体积和功耗。

为了满足嵌入式应用的特殊要求，嵌入式微处理器虽然在功能上和标准微处理器基本是一样的，但在工作温度、抗电磁干扰、可靠性等方面一般都做了增强。

和工业控制计算机相比，嵌入式微处理器具有体积小、质量小、成本低、可靠性高的优点。嵌入式微处理器及存储器、总线接口、外设等安装在一块电路板上，就成为单板计算机，如 STD-BUS、PC104 等。但是单板计算机在电路板上必须包括只读存储器（Read-Only Memory，

ROM)、随机存取存储器（Random Access Memory，RAM)、总线接口、各种外设等器件，从而降低了系统的可靠性，技术保密性也较差，现在已经很少使用了。

嵌入式微处理器目前主要有 Am186/88、386EX、SC-400、Power PC、68000、MIPS、ARM 系列等。嵌入式微处理器又可分为复杂指令集计算机（Complex Instruction Set Computer，CISC）和精简指令集计算机（Reduced Instruction Set Computing，RISC）两类。大家熟悉的大多数台式 PC 使用了 CISC 微处理器，如 Intel 的 x86。RISC 结构体系有两大主流：美国硅图公司（Silicon Graphics，SGI）的 MIPS 技术和英国 ARM 公司（前身为 Acorn 计算机公司）的 Advanced RISC Machines 技术。此外，日立（Hitachi）公司也有自己的一套 RISC 技术（SuperH)。

嵌入式微处理器的选型主要考虑以下几方面

（1）调查市场上已有的 CPU 供应商。

（2）CPU 的处理速度。

（3）技术指标。

（4）处理器的功耗。

（5）处理器的软件支持工具。

（6）处理器是否内置调试工具。

（7）处理器供应商是否提供评估板。

当选择嵌入式微处理器时，不但要考虑运算速度，还要考虑嵌入式微处理器制造厂商对该嵌入式微处理器的支持态度。有些嵌入式微处理器，如果过了五六年之后损坏了，却已经找不到该种嵌入式微处理器，势必淘汰整个嵌入式系统。所以，许多专门生产嵌入式微处理器的厂商，都会为嵌入式微处理器留下足够的库存或生产线，即使过了好多年，仍可以找到相同型号的嵌入式微处理器或者完全兼容的替代品。

2．嵌入式微控制器

STM32 是比较常见的一种嵌入式微控制单元（Microcontroller Unit，MCU)，即嵌入式微控制器。STM32F103C8T6 如图 1-2 所示。嵌入式微控制器芯片内部结构如图 1-3 所示。

图 1-2　STM32F103C8T6

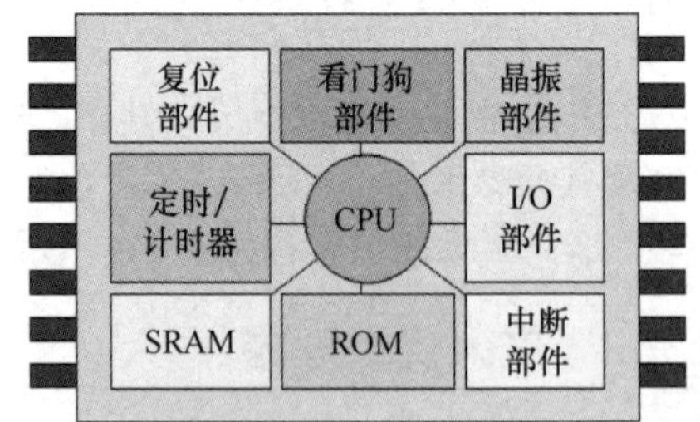

图 1-3　嵌入式微控制器芯片内部结构

嵌入式微控制器又称单片机。它将整个计算机系统集成到一块芯片中。

嵌入式微控制器一般以某种微处理器为核心，其芯片内部集成 ROM/EPROM、RAM、总线、总线逻辑部件、定时/计数器、看门狗部件、输入/输出（Input/Output，I/O）部件、串行口、脉宽调制输出部件、模数转换器（Analog to Digital Converter，ADC)、数模转换器（Digital to Analog Converter，DAC)、RAM，ROM 等必要功能部件。为适应不同的应用需求，一般一个系列的单片机具有多种衍生产品。每种衍生产品的微处理器内核都是一样的，只是存储器和外设（外围设备的简称）的配置及封装不同。这样可以使单片机最大限度地与应用需求相匹配，功能不多不少，从而减少功耗和成本。

和嵌入式微处理器相比，嵌入式微控制器的最大特点是单片化，体积大大减小，从而使功耗和成本下降、可靠性提高。嵌入式微控制器是目前嵌入式系统工业的主流。嵌入式微控制器的外设资源一般比较丰富，适合于控制，因此而得名“嵌入式微控制器”。嵌入式微控制器目前的品种和数量很多，比较有代表性的包括 8051、P51XA、MCS-251、MCS-96/196/296、C166/167、MC68HC05/11/12/16、68300、ARM 等芯片。目前，嵌入式 MCU 约占 70%的市场份额。

3．嵌入式处理器——DSP

数字信号处理器（Digital Signal Processor，DSP）对系统结构和指令进行了特殊设计，使其适合于执行 DSP 算法，编译效率较高，指令执行速度也较高。在数字滤波、FFT、频谱分析等方面 DSP 算法正在大量应用于嵌入式领域。DSP 应用正从采用通用单片机的普通指令实现 DSP 功能，过渡到采用嵌入式 DSP 处理器实现 DSP 功能。

4．嵌入式处理器——SoC

片上系统（System on Chip，SoC），意思是“把系统做在芯片上”。SoC 是一种集成电路芯片，可以有效降低电子/信息系统产品的开发成本，缩短开发周期，提高产品的竞争力，是未来工业界将采用的最主要的产品开发方式。比如，手机处理器可以叫 SoC，因为这个芯片内部不仅仅只有 CPU，还有显卡、无线网卡、基带、内存控制器、存储控制器等，而 CPU 只是 SoC 里面的一个模块。

各种通用处理器内核将作为 SoC 设计公司的标准库，和许多其他嵌入式系统外设一样，成为超大规模集成电路（Very Large Scale Integration circuit，VLSI）设计中一种标准的器件，并用标准的超高速集成电路硬件描述语言（Very-High-Speed Integrated Circuit Hardware Description Language，VHDL）等，存储在器件库中。用户只要定义出其整个应用系统，仿真通过后就可以将设计图交给半导体工厂制作样品。这样除个别无法集成的器件以外，整个嵌入式系统大部分均可集成到一块或几块芯片中去。这样，应用系统电路板将变得很简单，对于减小体积和功耗、提高可靠性非常有利。

SoC 可以分为通用和专用两类。通用系列包括英飞凌（Infineon）的 TriCore、摩托罗拉（Motorola）的 M-Core、某些 ARM 系列器件、埃施朗（Echelon）和 Motorola 联合研制的 Neuron 芯片等。专用 SoC 一般专用于某个或某类系统中，不为一般用户所知。一个有代表性的产品是飞利浦（Philips）的 Smart XA，它将 XA 单片机内核和支持超过 2048 位复杂 RSA 算法的中央控制器（Central Control Unit，CCU）制作在一块硅片上，形成一个可加载 Java 或 C 语言的专用 SoC，可用于公众互联网（如 Internet）安全方面。

1.3　嵌入式操作系统概述

计算机系统由硬件和软件组成，在发展初期没有操作系统这个概念，用户使用监控程序来使用计算机。随着计算机技术的发展，计算机系统的硬件、软件资源也愈来愈丰富，监控程序已不能适应计算机应用的需求。于是在二十世纪六十年代中期监控程序进一步发展形成了操作系统（Operating System，OS）。操作系统发展到现在，广泛使用的三种操作系统是多道批处理操作系统、分时操作系统和实时操作系统，如图 1-4 所示。

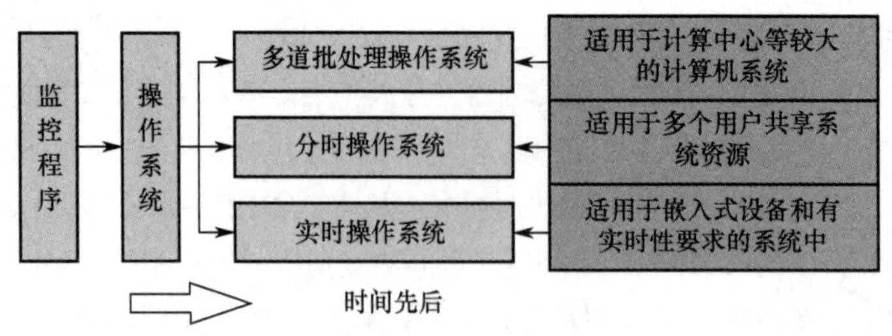

图 1-4　操作系统类别

1.3.1　操作系统简介

操作系统的基本设计思想是隐藏底层不同硬件的差异，向在其上运行的应用程序提供一个统一的调用接口。应用程序通过这一接口实现对硬件的使用和控制，不必考虑不同硬件操作方式的差异。计算机系统组成如图 1-5 所示。

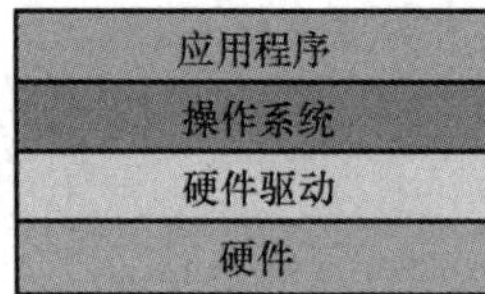

图 1-5　计算机系统组成

很多产品厂商选择购买操作系统，在此基础上开发自己的应用程序，形成产品。事实上，因为嵌入式系统是将所有程序包括操作系统、驱动程序、应用程序的程序代码全部写进 ROM 里执行，所以操作系统的角色更像是一套函数库。

1. 操作系统任务

操作系统是计算机系统中最基本的程序，主要完成三项任务：内存管理、多任务管理和外围设备管理。操作系统负责计算机系统中全部软硬件资源的分配与回收、控制与协调等并发的活动；操作系统提供用户接口，使用户获得良好的工作环境；操作系统为用户扩展新的系统功能提供软件平台。

2. 嵌入式操作系统

嵌入式操作系统（Embedded Operating System）负责嵌入式系统的全部软、硬件资源的分配、调度、控制、协调，必须体现其所在系统的特征，能够通过加载/卸载某些模块达到系统所要求的功能。

嵌入式操作系统通常要求其体积要很小，因为硬件 ROM 的容量有限，除了应用程序之外，不希望操作系统占用太大的存储空间。事实上，嵌入式操作系统基本上很小，只提供基本的管理功能和调度功能，缩小到 10KB 至 20KB 的比比皆是。相信用惯微软的 Windows 系统的用户，可能会觉得不可思议。

不同的应用场合会产生不同特点的嵌入式操作系统，但都会有一个核心程序和一些系统服务。操作系统必须提供一些系统服务供应用程序调用，包括文件系统、内存分配、I/O 存取服务、中断服务、任务服务、时间服务等。设备驱动程序则是要建立在 I/O 存取和中断服务上的。有些嵌入式操作系统也会提供多种通信协议，以及用户接口函数库等。嵌入式操作系统的性能通常取决于核心程序，而核心程序的工作主要是任务管理（Task Management）、任务调度（Task Scheduling）、进程间的通信（Inter-Process Communication，IPC）、内存管理（Memory Management）。

3. 通用型操作系统

对通用型操作系统的执行能力与反应速度的要求相较于实时操作系统来说就没那么严格了。目前较知名的通用型操作系统有 Microsoft 的“Windows CE”以及 Embedded Linux 厂商所提供的各式 Embedded Linux 版本，如 Metrowerks 的“Embedix”、TimeSys 的“TimeSys Linux/GPL”、LynuxWorks 的“BlueCat Linux”、PalmPalm 的“Tynux”等。通用型操作系统主要应用于手持式设备、各式联网家电、网络设备等。

1.3.2　嵌入式操作系统常见的术语

1. 前后台系统

对于芯片的开发人员来说，应用程序一般是一个无限的循环，可称为前后台系统或超循环系统。很多基于微处理器的产品都采用前后台系统设计，例如微波炉、电话机、玩具等。在另一些微处理器应用中，从省电的角度出发，平时微处理器处在停机状态，所有事都靠中断服务来完成。前后台系统示意图如图 1-6 所示。

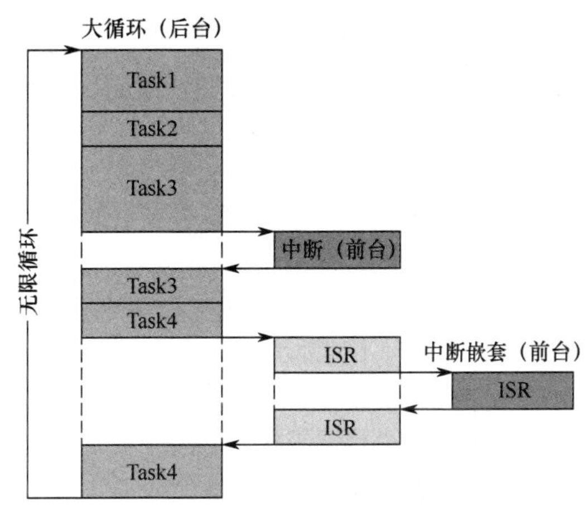

图 1-6　前后台系统示意图

2. 代码的临界区

代码的临界区也称为临界区，指处理时不可分割的代码，运行这些代码不允许被打断。一旦这部分代码开始执行，则不允许任何中断执行（这不是绝对的，如果中断不调用任何包含临界区的代码，也不访问任何临界区使用的共享资源，则这个中断可能被执行）。为确保临界区代码的执行，在进入临界区之前要关中断，而临界区代码执行完成以后要立即开中断。

3. 资源

通常把程序运行时可使用的软、硬件环境统称为资源。资源可以是输入输出设备，例如打印机、键盘、显示器等；资源也可以是一个变量、一个结构或一个数组等。

4. 共享资源

可以被一个以上任务使用的资源称为共享资源。为了防止数据被破坏，每个任务在与共享资源打交道时，必须独占该资源，这称为互斥。

5. 任务

任务又称为线程，是一个简单的程序，该程序可以认为 CPU 完全属于该程序自己。实时应用程序的设计过程，包括把问题分割成多个任务，每个任务都是整个应用的某一部分，并且每个任务被赋予一定的优先级，都有自己的一套 CPU 寄存器和栈空间。任务之间共享资源示意图如图 1-7 所示。

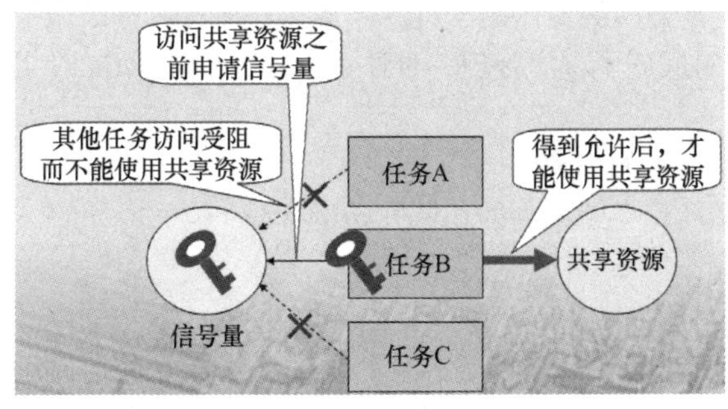

图 1-7　任务之间共享资源示意图

6. 任务切换

当多任务内核决定运行另外的任务时，它保存正在运行任务的当前状态，即保存 CPU 寄存器中的全部内容。这些内容保存在任务的当前状态保存区，也就是任务自己的栈空间之中。入栈工作完成以后，就把下一个将要运行的任务的当前状态从任务的栈中重新装入 CPU 寄存器，并开始运行，这个过程就称为任务切换。

任务切换过程增加了应用程序的额外负荷，CPU 的内部寄存器越多，额外负荷就越重。任务切换所需要的时间取决于 CPU 有多少寄存器要入栈。

7. 内核

多任务系统中，内核负责管理各个任务，或者说为每个任务分配 CPU 时间，并且负责任务之间的通信。内核提供的基本服务是任务切换。使用实时内核可以大大简化应用程序的设计，因为实时内核将应用分成若干个任务，由实时内核来管理它们。内核需要消耗一定的系统资源，比如 2%～5%的 CPU 运行时间、RAM 和 ROM 等。内核提供必不可少的系统服务，如信号量、消息队列、延时等。

8. 调度

调度是内核的主要职责之一，就是决定该轮到哪个任务运行了。大多数实时内核是基于优先级调度法的。每个任务根据其重要程序被赋予一定的优先级。优先级调度法是指 CPU 总是让处在就绪态的、优先级最高的任务先运行，然而究竟何时让高优先级的任务掌握 CPU 的使用权，有两种不同的情况，即看用的是什么类型的内核，是非占先式内核还是占先式内核。

9. 非占先式内核

非占先式内核要求每个任务主动放弃 CPU 的使用权。非占先式调度法又称合作型多任务，各个任务彼此合作共享一个 CPU。异步事件还是由中断服务来处理。中断服务可以使一个高优先级的任务由挂起状态变为就绪状态，但中断服务以后 CPU 的控制权还在原来被中断了的那个任务那里，直到该任务主动放弃 CPU 的使用权时，那个高优先级的任务才能获得 CPU 的使用权。

10. 占先式内核

当系统响应时间很重要时，要使用占先式内核，因此绝大多数商业销售用的实时内核都是占先式内核。最高优先级的任务一旦就绪，就得到 CPU 的控制权。当一个运行着的任务使一个比它优先级高的任务进入了就绪状态，当前任务的 CPU 使用权就被剥夺了，或者说被挂起了，那个高优先级的任务立刻得到了 CPU 的控制权。如果是中断服务子程序使一个高优先级的任务进入就绪态，中断完成时，中断了的任务被挂起，高优先级的那个任务开始运行。

11. 任务优先级

任务优先级是表示任务被调度的优先程度。每个任务都具有优先级。任务越重要，赋予的优先级应越高，越容易被调度而进入运行态。

12. 中断

中断是一种硬件机制，用于通知 CPU 有个异步事件发生。中断一旦被识别，CPU 保存部分（或全部）上下文即部分或全部寄存器的值，跳转到专门的子程序，此子程序称为中断服务子程序（Interrupt Service Routines，ISR）。中断服务子程序处理完事件后，进行以下操作。

（1）在前后台系统中，程序回到后台程序。

（2）对非占先式内核而言，程序回到被中断了的任务。

（3）对占先式内核而言，让进入就绪状态的优先级最高的任务开始运行。

不同系统中断过程如图 1-8 所示。

13. 时钟节拍

时钟节拍是特定的周期性中断，这个中断可以看作是系统心脏的脉动。中断之间的时间间隔取决于不同应用，一般在 10 ms 到 200 ms 之间。时钟节拍式中断使得内核可以将任务延时若干个整数倍时钟节拍，为当前任务等待事件发生时提供等待超时的依据。时钟节拍率越快，系统的额外开销就越大。

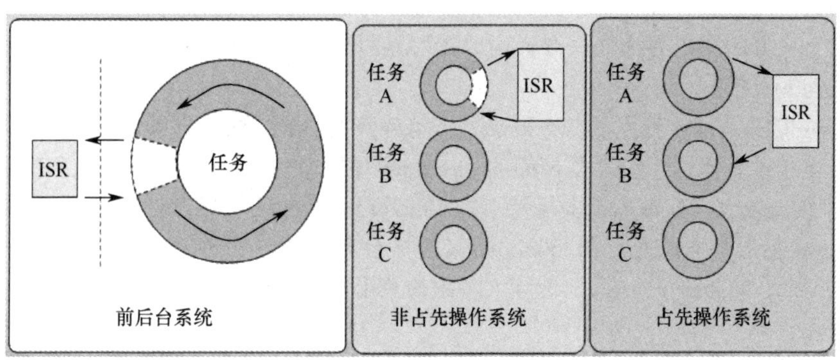

图 1-8　不同系统中断过程

1.3.3　常见的嵌入式操作系统

1. Linux 操作系统

Linux 操作系统是 UNIX 操作系统的一种克隆系统，它诞生于 1991 年 10 月 5 日（第一次正式向外公布的时间），此后借助于因特网，经过世界各地计算机爱好者的共同努力，已成为当今世界上使用最多的一种 UNIX 类操作系统，并且使用人数还在持续增长。

Linux 操作系统是目前最流行的一种开放源代码的操作系统，从 1991 年问世到现在，不仅在 PC 平台，还在嵌入式应用中大放光彩，逐渐形成了与商业 EOS 抗衡的局面。目前正在开发的嵌入式操作系统中，70%以上的项目选择 Linux 操作系统。

经过改造后的 Linux 操作系统具有以下特点。

（1）内核精简，高性能、稳定。

（2）良好的多任务支持。

（3）适用于不同的 CPU 体系架构，支持多种体系架构，如 x86、ARM、MIPS、ALPHA、SPARC 等。

（4）可伸缩的结构：可伸缩的结构使 Linux 操作系统适用于从简单到复杂的各种嵌入式应用。

（5）外设接口统一：以设备驱动程序的方式为应用提供统一的外设接口。

（6）开放源代码，软件资源丰富：软件开发者的广泛支持，价格低廉，结构灵活，适用面广。

（7）完整的技术文档，便于用户的二次开发。

Linux 操作系统界面如图 1-9 所示。Windows CE 操作系统界面如图 1-10 所示。

图 1-9　Linux 操作系统界面

图 1-10　Windows CE 操作系统界面

Linux 操作系统是一款足以和微软公司的 Windows 相抗衡的操作系统，具有开源、安全、稳定、免费、多用户、多任务、丰富的网络功能、可靠的系统安全、良好的可移植性、良好的标准兼容性、良好的用户界面（命令界面、图形界面等）以及出色的速度性能等特点。

2．Windows CE

Windows CE 是微软开发的一个开放的、可升级的 32 位嵌入式操作系统，是基于掌上型计算机类的电子设备操作系统，是精简的 Windows 95，具有模块化、结构化和基于 Windows 32 应用程序接口以及与处理器无关等特点。Windows CE 的图形界面相当出色，不仅继承了传统的 Windows 图形界面，而且在 Windows CE 平台上可以使用 Windows 95/98 上的编程工具（如 Visual Basic、Visual C++等），使绝大多数的应用软件只需简单的修改和移植就可以在其平台上继续使用。

从多年前发布 Windows CE 开始，微软就开始涉足嵌入式操作系统领域，如今历经 Windows CE 2.0、Windows CE 3.0，新一代的 Windows CE 呼应微软.NET 的意愿，定名为 Windows CE.NET， 目前最新版本为 7.0。Windows CE 主要应用于掌上计算机（Personal Digital Assistant，PDA）、智能手机（Smart Phone）等多媒体网络产品。微软于 2004 年推出了代号为“Macallan”的新版 Windows CE 系列的操作系统。

Windows CE.NET 的目的，是让不同语言所写的程序可以在同一个硬件上执行，也就是所谓的.NET Compact Framework 上执行，在这个 Framework 下的应用程序与其互相独立。其核心本身是一个支持多线程以及多 CPU 的操作系统。在工作调度方面，为了提高系统的实时性，Windows CE.NET 设置了 256 级的工作优先级以及可嵌入式中断。

在 PC Desktop 环境下，Windows CE 系列在通信、网络以及多媒体方面极具优势。它提供的协议软件非常完整，如基本的点对点协议（Point to Point Protocol，PPP）、传输控制协议/网际协议（Transmission Control Protocol/Internet Protocol，TCP/IP）、红外数据组织协议（Infrared Data Association，IrDA）、地址解析协议（Address Resolution Protocol，ARP）、互联网控制报文协议（Internet Control Message Protocol，ICMP）、点对点隧道协议（Point to Point Tunneling Protocol，PPTP）、简单网络管理协议（Simple Network Management Protocol，SNMP）、超文本传输协议（Hyper Text Transfer Protocol，HTTP）等，几乎应有尽有。在多媒体方面，目前在 PC 上执行的 Windows Media 和 DirectX 都已经应用到 Windows CE 3.0 以上的平台。Windows Media Technologies 4.1、Windows Media Player 6.4 Control、DirectDraw API、DirectSound API 和 DirectShow API，其主要功能是对图形、影音进行编码译码，以及对多媒体信号进行处理。

3．μC/OS-Ⅱ

μC/OS-Ⅱ是 Jean J. Labrosse 在 1990 年前后编写的一个实时操作系统，名称 μC/OS-Ⅱ来源于术语微控制器操作系统（Micro-Controller Operating System），它通常也称为 MμCOS 或者 μCOS。严格地说，μC/OS-Ⅱ只是一个实时操作系统内核，它仅仅包含了任务调度、任务管理、时间管理、内存管理、任务间通信和同步等基本功能，没有提供输入输出管理、文件管理、网络等额外的服务。但由于 μC/OS-Ⅱ具有良好的可扩展性和开放的源代码，额外功能完全可以由用户根据需要自己实现。μC/OS-Ⅱ的目标是实现一个基于优先级调度的抢占式实时内核，并在这个内核之上提供最基本的系统服务，例如信号量、邮箱、消息队列、内存管理、中断管理等。虽然 μC/OS-Ⅱ并不是一个商业实时操作系统，但 μC/OS-Ⅱ的稳定性和实用性却被数百个商业级的应用所验证，其应用领域包括便携式电话、运动控制卡、自动支付终端、交换机等。μC/OS-Ⅱ是一个源代码开放、可移植、可固化、可裁剪、占先式的实时多任务操作系统，其绝大部分源码是用 ANSI C 编写的，只有与处理器的硬件相关的一部分源代码用汇编语言编写，使其移植方便并支持大多数类型的处理器。可以说，μC/OS-Ⅱ在最初设计时就考虑到了系统的可移植性，这一点与同样源代码开放的 Linux 很不一样，后者在开始的时候只是用于 x86 体系结构，后来才将与硬件相关的代码单独提取出来。目前 μC/OS-Ⅱ支持 ARM、PowerPC、MIPS、68k/ColdFire 和 x86 等多种体系结构。

μC/OS-Ⅱ通过了联邦航空局（FAA）的商用飞行器认证。自 1992 年问世以来，μC/OS-Ⅱ已经被应用到数以百计的产品中。因为 μC/OS-Ⅱ占用很少的系统资源，所以在高校教学使用时不需要申请许可证。

4．VxWorks

VxWorks 是美国 Wind River 公司于 1983 年设计开发的一种嵌入式实时操作系统，是嵌入式开发环境的关键组成部分；因其具有良好的持续发展能力、高性能的内核以及友好的用户开发环境，而在嵌入式实时操作系统领域占据一席之地。它以其良好的可靠性和卓越的实时性被广泛地应用在通信、军事、航空、航天等高精尖技术及实时性要求极高的领域中，如卫星通信、军事演习、弹道制导、飞机导航等，甚至在 1997 年 4 月美国登陆火星表面的火星探测器上也使用到了 VxWorks。

5．eCos

eCos 是 RedHat 公司开发的源代码开放的嵌入式 RTOS 产品，是一个可配置、可移植的嵌入式实时操作系统；它的运行环境为 RedHat 的 GNUPro 和 GNU。eCos 的所有源代码都是开放的，可以按照需要自由修改和添加。eCOS 的关键技术是操作系统的可配置，允许用户实时组件和调用函数的实现方式，特别允许 eCos 的开发者定制自己的应用操作系统，使 eCos 具有更广泛的应用范围。

6．μITRON

TRON 是实时操作系统的内核（The Real-time Operating system Nucleux），是在 1984 年由东京大学的 Sakamura 博士提出的，目的是建立一个理想的计算机体系结构。通过工业界和高等院校的合作，TRON 正被逐步用到全新概念的计算机体系结构中。

μITRON 是 TRON 的一个子方案，具有标准的实时内核，适用于任何小规模的嵌入式操作系统。日本国内现有很多应用该内核的产品，其中消费电器较多。目前该内核已成为日本事实上的工业标准。

TRON 明确的设计目标使其比 Linux 更适合做嵌入式应用，内核小，启动速度快，即时性能好，也很适合汉字系统的开发。

另外，TRON 的成功还来源于以下两个重要的因素：

（1）它是免费的。

（2）它已经建立了开放的标准，形成了较完善的软硬件配套开发环境，初步形成了产业化。

1.4 ARM 体系结构

1.4.1 ARM 简介

ARM 是 Advanced RISC Machines 的缩写，既可以认为是一个公司的名字，也可以认为是对一类微处理器的通称，还可以认为是一种 CPU 的名称。ARM 公司作为一家微处理器行业的知名企业，设计了大量高性能、廉价、耗能低的 RISC 微处理器。ARM 公司的特点是只设计芯片，而不生产芯片。它将技术授权给世界上许多著名的半导体、软件和 OEM 厂商，并提供服务。

1991 年 ARM 公司成立于英国剑桥，主要出售芯片设计技术的授权。目前，采用 ARM 技术知识产权（Intellectual Property，IP）的微处理器，即通常所说的 ARM，已遍及工业控制、消费类电子产品、通信系统、网络系统、无线系统等各类产品市场。基于 ARM 的应用约占 32 位 RISC 微处理器应用的 75%以上的市场份额。ARM 技术正在逐步渗入到人类生活的各个方面。

ARM 公司是专门从事基于 RISC 芯片设计的公司。作为知识产权供应商，它本身不直接从事芯片生产，靠转让设计许可给合作公司来生产各具特色的芯片。世界各大半导体生产商从 ARM 公司购买 ARM 核，根据各自不同的应用领域，加入适当的外围电路，从而形成自己的 ARM 芯片。目前，全世界有几十家半导体公司都拥有 ARM 公司的授权，这样既能使得 ARM 技术获得更多的第三方应用端的支持，又能使整个系统成本降低，进而使产品更容易并被消费者所接受，更具有市场竞争力。

1.4.2 ARM 的应用领域及特点

1. ARM 的应用领域

到目前为止，ARM 及其技术的应用几乎已经深入各个领域。

（1）工业控制领域：基于 ARM 核的芯片不但占据了高端微控制器市场的大部分市场份额，同时也逐渐向低端微控制器应用领域扩展，低功耗、高性价比的 ARM，向传统的 8 位/16 位微控制器发出了挑战。

（2）无线通信领域：目前已有超过 85%的无线通信设备采用了 ARM 技术，ARM 以其高性能和低成本，日益巩固了其在该领域的地位。

（3）网络应用：随着宽带技术的推广，采用 ARM 技术的 ADSL 芯片正逐步获得竞争优势。此外，ARM 在语音及视频处理上得到了优化，并获得广泛支持，也对 DSP 的应用领域提出了挑战（实际还不如 DSP，就像单片机中内部集成了 ADC/DAC 一样，毕竟还是不如单独的 ADC/DAC 芯片）。

（4）消费类电子产品：ARM 技术在目前流行的数字音频播放器、数字机顶盒和游戏机中得到广泛的应用。

（5）成像和安全产品：现在流行的数码相机和打印机中绝大部分采用 ARM 技术，手机中的 32 位 SIM 智能卡也采用了 ARM 技术。

除此以外，ARM 及其技术还应用于许多不同的领域，并在将来会取得更加广泛的应用。

2. ARM 的特点

采用 RISC 架构的 ARM 一般具有以下特点。

（1）体积小、低功耗、低成本、高性能。

（2）支持 Thumb（16 位）/ARM（32 位）双指令集，能很好地兼容 8 位/16 位器件。

（3）大量使用寄存器，指令执行速度更快。

（4）大多数数据操作都在寄存器中完成。

（5）寻址方式灵活简单，执行效率高。

（6）指令长度固定（32 位或 16 位）。

1.4.3　ARM 系列的微处理器

基于 ARM 体系结构的微处理器，除了具有 ARM 体系结构的共同特点以外，还具有各自的特点和应用领域。ARM 系列的微处理器如下。

- ARM7
- ARM9
- ARM9E
- ARM10E
- SecurCore
- Inter 的 Xscale
- Inter 的 StrongARM
- Cortex-R 针对实时系统设计，支持 ARM、Thumb 和 Thumb-2 指令集
- Cortex-M（2008 年推出）
- Cortex-A（2008 年推出 Cortex-A8，是第一款基于 ARMV7 架构的应用处理器）

其中，ARM7、ARM9、ARM9E 和 ARM10E 为 4 个通用微处理器系列，每个系列提供一套相对独特的性能来满足不同应用领域的需求。SecurCore 系列是专门为安全要求较高的应用而设计的。

下面详细介绍各种微处理器的特点及应用领域。

1．ARM7

ARM7 为低功耗的 32 位 RISC 微处理器，最适合用于对价位和功耗要求较高的消费类应用。具有以下特点。

（1）具有嵌入式 ICE-RT 逻辑，调试开发方便。

（2）极低的功耗，适合对功耗要求较高的应用，如便携式产品。

（3）能够提供 0.9MIPS/MHz 的三级流水线结构。MIPS 是单字长定点指令平均执行速度 Million Instructions Per Second 的缩写，即每秒执行百万级的机器语言指令数。

（4）代码密度高并兼容 16 位的 Thumb 指令集。

（5）支持广泛的操作系统，包括 Windows CE、Linux、UC/OS 等。

（6）指令系统与 ARM9 系列、ARM9E 系列和 ARM10E 系列兼容，便于用户的产品升级换代。

（7）主频最高可达 130 MIPS，高速的运算处理能力能胜任绝大多数的复杂应用。

ARM7 系列微处理器的主要应用领域为工业控制、Internet 设备、网络和调制解调器设备、移动电话和多种多媒体等。

2．ARM9

ARM9 拥有高性能和低功耗特性，具有以下特点。

（1）5 级整数流水线，指令执行效率更高。

（2）提供哈佛结构。

（3）支持 32 位 ARM 指令集和 16 位 Thumb 指令集。

（4）支持 32 位的高速 AMBA 总线接口。

（5）全性能的 MMU，支持 Windows CE、Linux、Palm OS 等多种主流嵌入式操作系统。

（6）MPU 支持实时操作系统。

（7）支持数据 Cache 和指令 Cache，具有更高的指令和数据处理能力。

ARM9 主要应用于无线设备、仪器仪表、安全系统、机顶盒、高端打印机、数字照相机和数字摄像机等。它包含 ARM920T、ARM922T 和 ARM940T 三种类型，以适用于不同的应用场合。

3．Cortex-A8

Cortex-A8 是第一款基于 ARMV7 架构的应用处理器。它是 ARM 公司有史以来性能最强劲的一款微处理器，主频为 600MHz～1GHz。它可以满足各种移动设备的需求，其功耗低于 300mW，而性能却高达 2000MIPS。

处理器 Cortex-A8 是 ARM 公司第一款超级标量处理器。在该处理器的设计当中，采用了新的技术以提高代码效率和性能，即 Cortex-A8 采用了专门针对多媒体和信号处理的 NEON 技术，同时还采用了 Jazelle RCT 技术，可以支持 Java 程序的预编译与实时编译。

针对 Cortex-A8，ARM 公司专门提供了新的函数库（Artisan Advantage-CE）。新的库函数可以有效地提高异常处理的速度并降低功耗，同时，新的库函数还提供了高级内存泄漏控制机制。

4．Cortex-M3

Cortex-M3 是一个 32 位的微处理器，在传统的单片机领域中，有一些不同于通用 32 位 CPU 应用的要求。例如，在工控领域，用户要求具有更快的中断速度，Cortex-M3 采用了 Tail-Chaining 中断技术，完全基于硬件进行中断处理，可减少 12 个时钟周期，在实际应用中可减少 70%的中断。

Cortex-M3 的另外一个特点是调试工具非常便宜，不像 ARM 的仿真器动辄上万元。Cortex-M3 采用了新型的单线调试（Single Wire）技术，专门拿出一个引脚来做调试，从而节约了大笔的调试工具费用。同时，Cortex-M3 中还集成了大部分存储器控制器，这样工程师可以直接在 MCU 外连接闪存，降低了微处理器的设计难度和应用障碍。Cortex-M3 处理器结合了多种突破性技术，使芯片供应商提供了超低价格的产品，仅 33 000 门的微处理器性能可达 1.2DMIPS。微处理器还集成了许多紧耦合系统外设，使系统能满足下一代产品的控制需求。

Cortex-M3 的优势在于低功耗、低成本、高性能三者或其中两者的结合。关于编程模式，Cortex-M3 采用 ARMV7-M 架构，包括所有的 16 位 Thumb 指令集和基本的 32 位 Thumb-2 指令集架构。Cortex-M3 不能执行 ARM 指令集。Thumb-2 是在 Thumb 指令集架构（ISA）上进行了大量的改进，与 Thumb 相比，具有更高的代码密度并提供 16/32 位指令的更高性能。

1.4.4 ARM 微处理器结构

1．RISC 体系结构

传统的复杂指令集计算机（Complex Instruction Set Computer，CISC）结构有其固有的缺点，即随着计算机技术的发展而不断引入新的复杂的指令集，为支持这些新增的指令，计算机的体系结构会越来越复杂。然而，在 CISC 指令集的各种指令中，其使用频率却相差悬殊，大约 20%的指令会被反复使用，占整个程序代码的 80%；而余下的 80%的指令却不经常使用，在程序代码中只占 20%，显然，这种结构是不太合理的。

基于以上的不合理性，1979 年美国加州大学伯克利分校提出了精简指令集计算机（Reduced Instruction Set Computer，RISC）的概念，RISC 并非只是简单地减少指令，而是把着眼点放在了如何使计算机的结构更加简单合理且能提高运算速度上。RISC 结构优先选取使用频率最高的简单指令，避免复杂指令；将简单指令的指令格式长度固定，同时减少寻址方式种类，以逻辑控制为主，不用或少用微码控制等措施来达到上述目的。到目前为止，RISC 体系结构还没有严格的定义，一般认为，RISC 体系结构应具有如下特点：

（1）采用固定长度的指令格式，指令归整、简单、基本寻址方式有 2～3 种。

（2）使用单周期指令，便于流水线操作执行。

（3）大量使用寄存器，数据处理指令只对寄存器进行操作，只有加载/ 存储指令才可以访问存储器，以提高指令的执行效率；除此以外，RISC 体系结构还采用了一些特别的技术，在保证高性能的前提下尽量缩小芯片的面积，并降低功耗；所有的指令都可根据前面的执行结果决定是否被执行（条件执行），从而提高指令的执行效率。

（4）可用加载/存储指令批量传输数据，以提高数据的传输效率。

（5）可在一条数据处理指令中同时完成逻辑处理和移位处理。

（6）在循环处理中使用地址的自动增减来提高运行效率。

当然，和 CISC 结构相比，尽管 RISC 结构有上述优点，但决不能认为 RISC 结构就可以取代 CISC 结构。事实上，RISC 和 CISC 各有优势，而且界限并不那么明显。现代的 CPU 往往采用 CISC 的外围，内部加入了 RISC 的特性，如超长指令集 CPU 就是融合了 RISC 和 CISC 的优势，成为未来的 CPU 发展方向之一。

2．ARM 的寄存器结构

ARM 共有 37 个寄存器，被分为若干个组（BANK），这些寄存器包括如下。

（1）31 个通用寄存器，包括程序计数器（PC 指针），均为 32 位的寄存器。

（2）6 个状态寄存器，用以标识 CPU 的工作状态及程序的运行状态，均为 32 位，目前只使用了其中的一部分。

同时 ARM 又有 7 种不同的处理器模式，在每种处理器模式下均有一组相应的寄存器与之对应，即在任意一种处理器模式下，可访问的寄存器包括 15 个通用寄存器（R0～R14）（快中断模式除外）、一至二个状态寄存器和程序计数器。在所有的寄存器中，有些是在 7 种处理器模式下共用的同一个物理寄存器，而有些则是在不同的处理器模式下有不同的物理寄存器。关于 ARM 的寄存器结构，在之后的相关章节将会详细描述。

3．ARM 的指令结构

ARM 在较新的体系结构中支持两种指令集：ARM 指令集和 Thumb 指令集，其中，ARM 指令长度为 32 位，Thumb 指令长度为 16 位。Thumb 指令集为 ARM 指令集的功能子集，但与等价的 ARM 代码相比较，可节省 30%～40%以上的存储空间，同时具备 32 位代码的所有优点。

1.4.5　ARM 的应用选型

鉴于 ARM 的诸多优点，且随着国内外嵌入式应用领域的逐步发展，ARM 必将会获得广泛的重视和应用。但是，由于 ARM 有多达十几种的内核结构、几十个芯片生产厂家，以及千变万化的内部功能配置组合，给开发人员在选择方案时带来一定的困难，所以，对 ARM 芯片做一些对比研究是十分必要的。

以下从应用的角度出发，对在选择 ARM 时应考虑的主要问题做一些简要的探讨。

1．ARM 内核的选择

ARM 包含不同结构的内核，以适应不同的应用领域，如果用户希望使用 Windows CE 或标准 Linux 等操作系统以减少软件开发时间，就需要选择 ARM720T 以上带有内存管理功能的内核，如 ARM720T、ARM920T、ARM922T、ARM946T、Strong-ARM。

2．系统的工作频率

系统的工作频率在很大程度上决定了 ARM 的处理能力。ARM7 的典型处理速度为 0.9MIPS，常见的 ARM7 系统主时钟为 20～133MHz，ARM9 的典型处理速度为 1.1MIPS，常见的 ARM9 的系统主时钟频率为 100～233MHz，ARM10 最高可以达到 700MHz。

3．ARM 片内存储器的容量

大多数的 ARM 片内存储器的容量都不大，需要用户在设计系统时外扩存储器，但也有部分 ARM 具有相对较大的存储空间。

4．片内外围电路的选择

除 ARM 内核以外，几乎所有的 ARM 芯片均根据各自不同的应用领域，扩展了相关功能模块，并集成在芯片之中，这些功能模块称为片内外围电路，如 USB 接口、IIS 接口、LCD 控制器、键盘接口、RTC、ADC 和 DAC、DSP 协处理器等。

1.4.6 ARM 体系结构

Cortex-M3 包含了 Thumb 指令集。使用 Thumb 指令集可以从 16 位的系统得到 32 位的系统性能。

本书开发板使用的芯片为 STM32F103ZET6，其内核为 Cortex-M3，指令集版本属于 V7 版本。ARM 为 RISC 微处理器，其简单的结构使其内核非常小，这使得器件的功耗也非常低。它具有以下经典 RISC 微处理器的特点：

（1）统一的寄存器文件。

（2）装载/保存结构，数据处理的操作只针对寄存器的内容，而不直接对存储器进行操作。

（3）简单的寻址模式。

（4）统一和固定长度的指令域，简化了指令的译码。

（5）每条数据处理指令都能对算术逻辑单元和移位器进行控制，以实现 ALU 和移位器最大利用。

（6）地址自动增加和减少寻址模式，优化程序循环。

（7）多寄存器装载和存储指令实现最大数据吞吐量。

（8）所有指令的条件执行实现最快速的代码执行。

ARM 体系结构从最初开发到现在有了巨大的改进，但仍在完善和发展中。为了清楚地表达每个 ARM 应用实例所使用的指令集，ARM 公司定义了 7 种主要的 ARM 指令集体系结构版本，以版本号 V1～V7 表示。

1．ARMV1

ARMV1，只有 26 位的寻址空间，没有商业化，其特点为：

（1）基本的数据处理指令（不包括乘法）。

（2）字节、字和半字加载/存储指令。

（3）具有分支指令，包括子程序调用中使用的分支和链接指令。

（4）在操作系统调用中使用的软件中断指令。

2．ARMV2

ARMV2 同样为 26 位寻址空间。现在，ARMV2 已经废弃。它相对 ARMV1 有以下改进。

（1）具有乘法和乘加指令。

（2）支持协处理器。

（3）快速中断模式中上具有两个以上的分组寄存器。

（4）具有原子性加载/存储指令 SWP 和 SWPB。

3．ARMV3

ARMV3 寻址范围扩展到 32 位（事实上也基本废弃），具有独立的程序。

（1）具有乘法和乘加指令。

（2）支持协处理器。

（3）快速中断模式中具有的两个以上的分组寄存器。

（4）具有原子性加载/存储指令 SWP 和 SWPB。

4．ARMV4

ARMV4 为了与以前的版本兼容而支持 26 位 ARM 体系结构，明确了哪些指令会引起未定义指令的异常发生。它相对 ARMV3 做了以下的改进。

（1）半字加载/存储指令。

（2）字节和半字的加载和符号扩展指令。

（3）具有可以转换到 Thumb 状态的指令。

（4）用户模式寄存器的新的特权处理器模式。

5．ARMV5

在 ARMV4 的基础上，ARMV5 对现有指令的定义进行了必要的修正，对 ARMV4 进行了扩展并增加了指令，具体如下：

（1）改进了 ARM/Thumb 状态之间的切换效率。

（2）允许非 T 变量和 T 变量一样，使用相同的代码生成技术。

（3）增加计数前导零指令和软件断点指令。

（4）对乘法指令如何设置标志作了严格的定义。

6．ARMV6

ARMV6 具有以下基本特点：

（1）100%与以前的体系相容。

（2）单指令多数据流（Single Instruction Multiple Data，SIMD）媒体扩展，使媒体处理速度快 1.75 倍。

（3）改进了存储器管理，使系统性能提高 30%。

（4）改进了混合端（Endian）与不对齐资料支援，使得小端系统支援大端资料（如 TCP/IP），许多 RTOS 是小端的。

（5）为实时系统改进了中断响应时间，将最坏情况下的 35 周期改进到了 11 个周期。

ARM V6 是 2001 年发布的，其主要特点是增加了 SIMD 扩展功能。它适用于电池供电的高性能的便携式设备。这些设备一方面需要处理器提供高性能，另一方面又需要功耗很低。SIMD 扩展功能为包括音频/视频处理在内的应用系统提供了优化功能，例如，它可以使音频/视频处理性能提高 4 倍。ARM V6 首先在 2002 年春季发布的 ARM11 处理器中使用。

7．ARMV7

ARMV7 是在 ARMV6 的基础上诞生的。它采用了 Thumb-2 技术。它是在 ARM 的 Thumb 代码压缩技术的基础上发展起来的，并且保持了对现存 ARM 解决方案的完整的代码兼容性。Thumb-2 技术比纯 32 位代码少使用 31%的内存，减少了系统开销，同时能够提供比已有的基于 Thumb 技术的解决方案高出 38%的性能。ARMV7 还采用了 NEON 技术，将 DSP 和媒体处理能力提高了近 4 倍；并支持改良的浮点运算，满足下一代 3D 图形、游戏物理应用以及传统嵌入式控制应用的需求。此外，ARMV7 还支持改良的运行环境，以适于不断增加的 JIT（Just In Time）和 DAC（Dynamic Adaptive Compilation）技术的使用。

1.4.7　ARM 模式

ARM 支持 7 种处理器模式，分别为：用户模式、系统模式、快中断模式、中断模式、管理模式、中止模式和未定义模式，见表 1-1。这样的好处是可以更好地支持操作系统并提高工作效率。ARM9 TDMI 完全支持这七种模式。TDMI 代表的含义如下。

T：支持 16 位压缩指令集 Thumb。

D：支持片上 Debug。

M：内嵌硬件乘法器（Multiplier）。

I：嵌入式硬件调试方法（In Circuit Emulator，ICE），支持辅助调试。

表 1-1　ARM 支持的 7 种处理器模式

处理器模式	说　明	备　注
用户模式（USR）	正常程序工作模式	不能直接切换到其他模式
系统模式（SYS）	用于支持操作系统的特权任务等	与用户模式类似，但具有可以直接切换到其他模式等特权
快中断模式（FIQ）	支持高速数据传输及通道处理	FIQ 异常响应时进入此模式
中断模式（IRQ）	用于通用中断处理	IRQ 异常响应时进入此模式
管理模式（SVC）	操作系统保护代码	系统复位和软件中断响应时进入此模式
中止模式（ABT）	用于支持虚拟内存和/或存储器保护	取指令，数据越界
未定义（UND）	支持硬件协处理器的软件仿真	未定义指令异常响应时进入此模式

1.4.8　ARM 内部寄存器

ARM9 TDMI 内核包含 1 个程序状态寄存器（Current Program Status Register，CPSR）和 5 个供异常程序处理使用的程序状态保存寄存器（Saved Program Status Register，SPSR）。CPSR 反映了当前处理器的状态，其寄存器格式如图 1-11 所示。

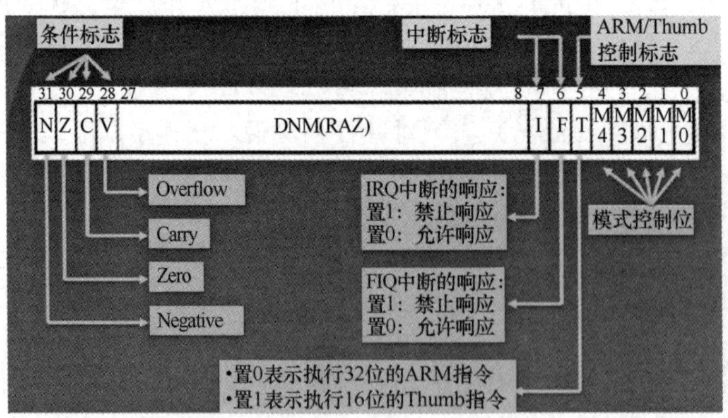

图 1-11　CPSR 状态寄存器格式

下面对图 1-11 中 CPSR 状态寄存器格式进行说明。

（1）4 个条件代码标志，即负（Negative）、零（Zero）、进位（Carry）和溢出（Overflow）。

（2）2 个中断禁止位，可以分别用于控制一种类型的中断。

（3）5 个对当前处理器模式进行编码的位。

（4）1 个用于指示当前执行指令（ARM 还是 Thumb）的位。

各标志位的含义如下。

（1）Negative 运算结果的最高位反映在该标志位。对于有符号二进制补码，结果为负数时 Negative =1，结果为正数或零时 Negative =0。

（2）Zero 指令结果为 0 时 Zero =1（通常表示比较结果“相等”），否则 Zero =0。

（3）当 Carry 进行加法运算，包括 CMN（Compare Negative）指令，并且最高位产生进位时 Carry =1，否则 Carry =0。当 Carry 进行减法运算，包括 CMP（Compare，比较）指令，并且最高位产生借位时 Carry =0，否则 Carry =1。对于结合移位操作的非加法/减法指令，Carry 为从最高位最后移出的值，其他指令 Carry 通常不变。

（4）当 Overflow 进行加法/减法运算，并且发生有符号溢出时 Overflow =1，否则 Overflow = 0，其他指令 Overflow 通常不变。

CPSR 的最低 8 位为控制位，当发生异常时，这些位被硬件改变。当处理器处于一个特权模式时，可用软件操作这些位，它们分别是：中断禁止位、T 位、模式位。

中断禁止位包括 I 位和 F 位：

（1）当 I 位置 1 时，IRQ 被禁止。

（2）当 F 位置 1 时，FIQ 被禁止。

T 位反映了正在操作的状态：

（1）当 T 位置 1 时，处理器正在 Thumb 状态下运行。

（2）当 T 位置 0 时，处理器正在 ARM 状态下运行。

模式位包括 M4、M3、M2、M1 和 M0，这些位决定处理器的操作模式。

注意：不是所有模式位的组合都定义了有效的处理器模式，如果使用了错误的设置，将引起一个无法恢复的错误。CPSR 模式设置见表 1-2。

表 1-2　CPSR 模式设置

M[4:0]	模式	可见的 Thumb 状态寄存器	可见的 ARM 状态寄存器
10000	用户	R0～R7，SP，LR，PC，CPSR	R0～R14，PC，CPSR
10001	快中断	R0～R7，SP_fiq，LR_fiq，PC，CPSR，SPSR_fiq	R0～R7，R8_fiq～R14_fiq，PC，CPSR，SPSR_fiq
10010	中断	R0～R7，SP_fiq，LR_fiq，PC，CPSR，SPSR_fiq	R0～R12，R13_fiq～R14_fiq，PC，CPSR，SPSR_fiq
10011	管理	R0～R7，SP_svc，LR_svc，PC，CPSR，SPSR_svc	R0～R12，R13_svc～R14_svc，PC，CPSR，SPSR_svc
10111	中止	R0～R7，SP_abt，LR_abt，PC，CPSR，SPSR_abt	R0～R12，R13_abt～R14_abt，PC，CPSR，SPSR_abt
11011	未定义	R0～R7，SP_und，LR_und，PC，CPSR，SPSR_und	R0～R12，R13_und～R14_und，PC，CPSR，SPSR_und
11111	系统	R0～R7，SP，LR，PC，CPSR	R0～R14 ，PC，CPSR

CPSR 中的保留位被保留供将来使用。为了提高程序的可移植性，当改变 CPSR 标志和控制位时，不要改变这些保留位。另外，请确保程序的运行不受保留位的值影响，因为将来的处理器可能会将这些位设置为 1 或者 0。

1.4.9　ARM 异常

只要正常的程序流被暂时中止，处理器就进入异常模式，例如响应一个来自外设的中断，在处理异常之前，内核保存当前的处理器状态，这样当处理程序结束时就恢复执行原来的程序。如果同时发生两个或更多异常，那么将按照固定的顺序来处理异常，异常入口汇总见表 1-3。

表 1-3 异常入口汇总

异常入口	返回指令	之前的状态		备 注
		ARM R14_x	Thumb R14_x	
BL	MOV PC,R14	PC+4	PC+2	此处 PC 为 BL
SWI	MOVS PC,R14_svc	PC+4	PC+2	此处 PC 为 SWI
未定义的指令	MOVS PC,R14_und	PC+4	PC+2	此处 PC 为未定义的指令
预取指中止	SUBS PC,R14_abt,#4	PC+4	PC+4	此处 PC 为预取指中止指令的地址
快中断	SUBS PC,R14_fiq#4	PC+4	PC+4	此处 PC 为由于 FIQ 或 IRQ 占先而没有被执行的指令的地址

注意："MOVS PC,R14_svc"是指在管理模式执行 MOVS PC,R14 指令。"MOVS PC,R14_und""SUBS PC,R14_abt,#4"等指令也是类似的。

1. 异常入口的处理

如果异常处理程序已经把返回地址复制到堆栈，那么可以使用一条寄存器传送指令来恢复用户寄存器并实现返回。中断处理代码的开始部分和退出部分如图 1-12 所示。

```
SUB     LR,LR,#4          ;计算返回地址
STMFD   SP!,{R0-R3,LR}    ;保存使用到的寄存器
. . .
LDMFD   SP!,{R0-R3,PC}^;中断返回
```

图 1-12 中断处理代码的开始部分和退出部分

2. ARM9 TDMI 内核工作

在异常发生后，ARM9 TDMI 内核会进行以下操作：

（1）在适当的 LR 中保存下一条指令的地址，当异常入口来自：

ARM 状态，那么 ARM9 TDMI 将当前指令地址加 4 或加 8（取决于异常的类型）复制到 LR 中。

Thumb 状态，那么 ARM9 TDMI 将当前指令地址加 4 或加 8（取决于异常的类型）复制到 LR 中，异常处理器程序不必确定状态。

（2）将 CPSR 复制到适当的 SPSR 中。

（3）将 CPSR 模式位强制设置为与异常类型相对应的值。

（4）强制 PC 从相关的异常向量处取下一条指令。

ARM9 TDMI 内核在中断异常时置位中断禁止标志，这样可以防止不受控制的异常嵌套。异常总是在 ARM 状态中进行处理。当处理器处于 Thumb 状态时发生了异常，在异常向量地址装入 PC 时，会自动切换到 ARM 状态。异常在 ARM 状态中进行处理过程如图 1-13 所示。

```
LDMFD   SP!,{R0-R3,PC}^;中断返回
```

图 1-13 异常在 ARM 状态中进行处理过程

在图 1-13 中，中断返回指令的寄存器列表（其中必须包含 PC）后的"^"符号表示这是一条特殊形式的指令。这条指令从存储器中装载 PC 的同时（PC 是最后恢复的），CPSR 也得到恢复。这里使用的堆栈指针 SP（R13）属于异常模式的寄存器，每个异常模式有自己的堆栈指针，这个堆栈指针必须在系统启动时初始化。

3. 退出异常

当异常结束时，异常处理程序必须：

（1）将 LR 中的值减去偏移量后存入 PC，偏移量根据异常的类型而有所不同。

（2）将 SPSR 的值复制回 CPSR。

（3）清零在入口置位的中断禁止标志。

注意：恢复 CPSR 的动作会将 T、F 和 I 位自动恢复为异常发生前的值。

在系统模式下运行用户程序，假定当前处理器状态为 Thumb 状态，允许中断，用户程序运行时发生中断，用户程序完成以下操作：

（1）将 CPSR 寄存器内容存入 IRQ 模式的 SPSR 寄存器。

（2）置位 I 位（禁止中断）。

（3）清零 T 位（进入 ARM 状态）。

（4）设置 MOD 位，切换处理器模式至 IRQ 模式。

（5）将下一条指令的地址存入 IRQ 模式的 LR 寄存器。

（6）将跳转地址存入 PC，实现跳转。

在异常处理结束后，异常处理程序完成以下操作：

（1）将 SPSR 寄存器的值复制回 CPSR 寄存器。

（2）将 LR 寄存的值减去一个常量后复制到 PC 寄存器，跳转到被中断的用户程序。

退出异常过程如图 1-14 所示。

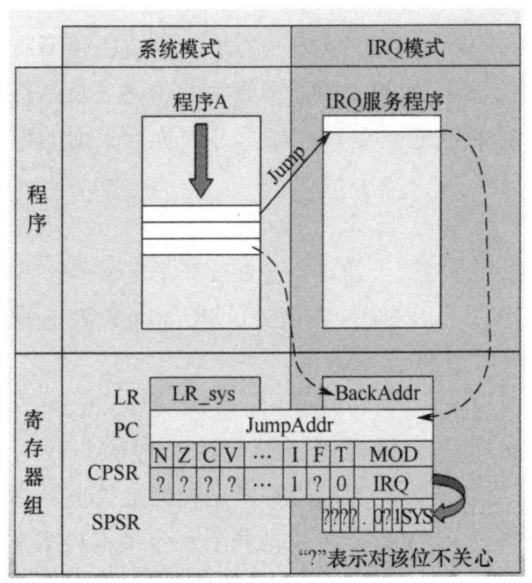

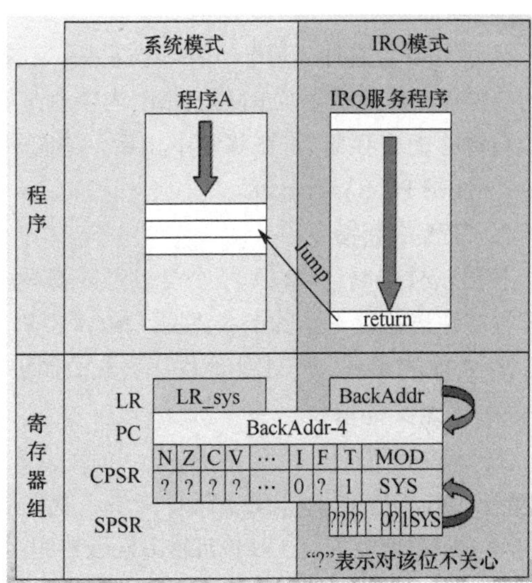

图 1-14 退出异常过程

4. 快速中断请求

快速中断请求（FIQ）适用于对一个突发事件的快速响应，这得益于在 ARM 状态中，快速中断模式有 8 个专用的寄存器可用来满足寄存器保护的需要（这可以加速上下文切换的速度）。不管异常入口是来自 ARM 状态还是来自 Thumb 状态，FIQ 处理程序都会通过执行下面的指令从中断返回：SUBS PC,R14_fiq,#4。在一个特权模式中，可以通过置位 CPSR 中的 F 位来禁止 FIQ。

5. 中断请求

中断请求（IRQ）异常是一个由 nIRQ 输入端的低电平所产生的正常中断（在具体的芯片中，nIRQ 由片内外设拉低，nIRQ 是内核的一个信号，对用户不可见）。IRQ 的优先级低于 FIQ，对于 FIQ 序列它是被屏蔽的。任何时候在一个特权模式下，都可通过置位 CPSR 中的 I

位来禁止 IRQ。不管异常入口是来自 ARM 状态还是来自 Thumb 状态，IRQ 处理程序都会通过执行下面的指令从中断返回：SUBS PC,R14_fiq,#4。

6．中止

中止发生在对存储器的访问不能完成时，中止包含两种类型：

（1）预取中止：发生在指令预取过程中。

（2）数据中止：发生在对数据访问时中止。

当发生预取中止时，ARM9TDMI 内核将预取的指令标记为无效，但在指令到达流水线的执行阶段时才进入异常。如果指令在流水线中因为发生分支而没有被执行，中止将不会发生。在处理中止之后，不管处理器处于哪种操作状态，处理程序都会执行下面的指令恢复 PC 和 CPSR 并重试被中止的指令：SUBS PC,R14_abt,#4。

当发生数据中止后，根据产生数据中止的指令类型做出以下不同的处理。

（1）数据转移指令（LDR、STR）回写到被修改的基址寄存器。中止处理程序必须注意这一点。

（2）交换指令（SWP）中止好像没有被执行过一样（中止必须发生在 SWP 指令进行读访问时）。

当回写被设置时，基址寄存器被更新。在指令出现中止后，ARM9TDMI 内核防止所有寄存器被覆盖，这意味着 ARM9TDMI 内核总是会保护被中止的 LDM 指令中的 R15（总是最后一个被转移的寄存器）。在修复中止后，不管处于哪种状态，处理程序都必须执行下面的返回指令：SUBS PC,R14_abt,#8。

7．软件中断指令

使用软件中断（SWI）指令可以进入管理模式，通常用于请求一个特定的管理函数。SWI 处理程序通过执行下面的指令返回：MOVS PC,R14_svc。这个操作恢复了 PC 和 CPSR 并返回到 SWI 之前的指令。SWI 处理程序读取操作码以提取 SWI 函数编号。

8．未定义的指令

当 ARM9TDMI 处理器遇到一条自己和系统内任何协处理器都无法处理的指令时，ARM9TDMI 内核执行未定义指令陷阱。软件可使用这一机制通过模拟未定义的协处理器指令来扩展 ARM 指令集。ARM9TDMI 处理器完全遵循 ARMV4T，可以捕获所有分类未被定义的指令位格式。

在模拟处理了失败的指令后，陷阱程序执行下面的指令：MOVS PC,R14_svc。这个操作恢复了 PC 和 CPSR 并返回到未定义指令之后的指令。

9．异常向量

异常向量见表 1-4。表 1-4 中的 I 和 F 表示不对该位有影响，保留原来的值。

表 1-4　异常向量

地　址	异常类型	进入时的模式	进入时 I 的状态	进入时 F 的状态
0x0000 0000	复位	管理	禁止	禁止
0x0000 0004	未定义指令	未定义	I	F
0x0000 0008	软件中断	管理	禁止	F
0x0000 000C	中止（预取）	中止	I	F
0x0000 0010	中止（数据）	中止	I	F

（续表）

地　址	异常类型	进入时的模式	进入时 I 的状态	进入时 F 的状态
0x0000 0014	保留	保留	—	—
0x0000 0018	IRQ	中断	禁止	F
0x0000 001C	FIQ	快中断	禁止	禁止

10．异常优先级

当多个异常同时发生时，一个固定的优先级系统决定它们被处理的顺序。优先级一般用一个数值表示，数值越小，优先级越高，见表 1-5。

表 1-5　异常优先级

异 常 类 型	优 先 级
复位	1（最高优先级）
数据中止	2
快速中断请求（Fast Interrupt Request，FIQ）	3
中断请求（Interrupt ReQuest，IRQ）	4
预取中止	5
未定义指令	6
软件中断（Software Interrupt，SWI）	7（最低优先级）

未定义的指令和 SWI 异常互斥，因为同一条指令不能既是未定义的，又是能产生有效的软件中断；当 FIQ 使能，并且 FIQ 和数据中止异常同时发生时，ARM9 TDMI 内核首先进入数据中止处理程序，然后立即跳转到 FIQ 向量，在 FIQ 处理结束后返回到数据中止处理程序。数据中止的优先级必须高于 FIQ 以确保数据转移不会被漏掉。

11．中断延迟包括最大中断延迟

当 FIQ 使能时，最坏情况是正在执行一条装载所有寄存器的指令“LDM”（它耗时最长），同时发生了 FIQ 和数据中止异常，在响应 FIQ 之前要先把正在执行的指令完成，然后先进入数据中止异常，再马上跳转到 FIQ 异常入口，所以延迟时间包含：

（1）Tsyncmax，请求通过同步器的最长时间，通常为 2 个处理器周期（由内核决定）。

（2）Tldm，最长的指令执行需要的时间。Tldm 在零等待状态系统中的执行时间为 20 个周期（在零等待状态系统中）。一般的基于 ARM7 内核的芯片的存储器系统比内核速度慢，造成其不是零等待。

（3）Texc，数据中止入口的时间。它的时长为 3 个周期（由内核决定）。

（4）Tfiq，FIQ 入口的时间。它的时长为 2 个周期（由内核决定）。

FIQ 总的延迟时间=Tsyncmax+Tldm+Texc+Tfiq=27 个周期。在 40MHz 处理器时钟时，最大延迟时间略少于 0.7μs，在此时间结束后，ARM9 TDMI 执行位于 0x1C 处的指令。最大的 IRQ 延迟时间与之相似，但必须考虑到以下这种情况，当更高优先级的 FIQ 和 IRQ 同时申请时，IRQ 要延迟到 FIQ 处理程序允许 IRQ 中断时才处理（可能需要对中断控制器进行相应的操作），IRQ 延迟时间也要相应增加。

12．中断延迟包括最小中断延迟

FIQ 或 IRQ 的最小中断延迟时间是请求通过同步器的时间 Tsyncmin 加上 Tfiq（共 4 个处理器周期）。

1.5 STM32 解读

1.5.1 STM32 资源

STM32 微控制器用于处理要求高度集成和低功耗的嵌入式应用。Cortex-M3 是下一代新生内核，它具有系统增强型特性，如现代化调试特性和支持更高级别的块集成。ST 公司给用户提供了非常多的 STM32 芯片型号，其可分为高性能 MCU、主流级 MCU 和超低功耗 MCU 三大类。

1．高性能 MCU

（1）STM32 F2 系列——ARM Cortex-M3 高性能 MCU。

（2）STM32 F4 系列——ARM Cortex-M4 高性能 MCU（附带 DSP 和 FPU）。

（3）STM32 F7 系列——ARM Cortex-M7 高性能 MCU。

（4）STM32 H7 系列——ARM Cortex-M7 超高性能 MCU。

2．主流级 MCU

（1）STM32 F0 系列——ARM Cortex-M0 入门级 MCU。

（2）STM32 F1 系列——ARM Cortex-M3 基础型 MCU。

（3）STM32 F4 系列——ARM Cortex-M4 混合信号 MCU（附带 DSP 和 FPU）。

3．超低功耗 MCU

（1）STM32 L0 系列——ARM Cortex-M0＋超低功耗 MCU。

（2）STM32 L1 系列——ARM Cortex-M3 超低功耗 MCU。

（3）STM32 L4 系列——ARM Cortex-M4 超低功耗 MCU。

本书中未强调说明的，STM32 均表示 STM32 系列芯片，STM32F1 均表示 STM32 F1 系列芯片。本书模块学习阶段使用的是 STM32F103ZET6 这一款芯片，如图 1-15 所示；而项目实践使用 STM32F103C8T6，如图 1-16 所示。对于其他的芯片，用户可以参考 ST 公司提供的《STM32 选型手册》。

图 1-15　STM32F103ZET6

图 1-16　STM32F103C8T6

1.5.2 STM32 存储器组织

STM32 程序存储器、数据存储器、寄存器和输入输出端口被组织在同一个 4GB 的线性地址空间内。数据字节以小端格式存放在存储器中。一个字里的最低地址字节被认为是该字的最低有效字节，而最高地址字节是最高有效字节。可访问的存储器空间被分成 8 个主要块，每个块为 512MB。复位后从用户编程角度所看到的 STM32 整个地址空间映射如图 1-17 所示。

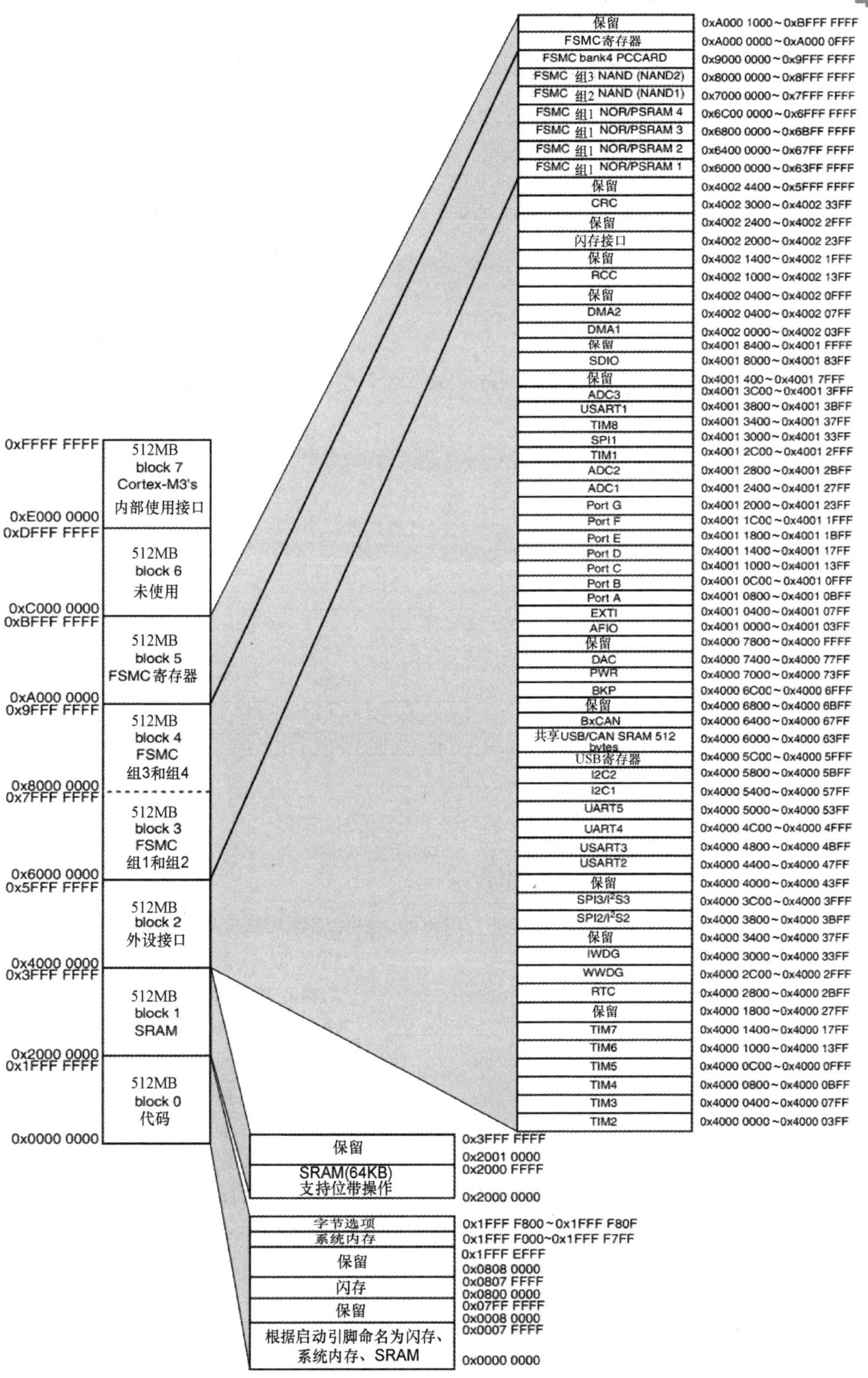
保留
0xA000 1000~0xBFFF FFFF
FSMC寄存器
0xA000 0000~0xA000 0FFF
FSMC bank4 PCCARD
0x9000 0000~0x9FFF FFFF
FSMC 组3 NAND (NAND2)
0x8000 0000~0x8FFF FFFF
FSMC 组2 NAND (NAND1)
0x7000 0000~0x7FFF FFFF
FSMC 组1 NOR/PSRAM 4
0x6C00 0000~0x6FFF FFFF
FSMC 组1 NOR/PSRAM 3
0x6800 0000~0x6BFF FFFF
FSMC 组1 NOR/PSRAM 2
0x6400 0000~0x67FF FFFF
FSMC 组1 NOR/PSRAM 1
0x6000 0000~0x63FF FFFF
保留
0x4002 4400~0x5FFF FFFF
CRC
0x4002 3000~0x4002 33FF
保留
0x4002 2400~0x4002 2FFF
闪存接口
0x4002 2000~0x4002 23FF
保留
0x4002 1400~0x4002 1FFF
RCC
0x4002 1000~0x4002 13FF
保留
0x4002 0400~0x4002 0FFF
DMA2
0x4002 0400~0x4002 07FF
DMA1
0x4002 0000~0x4002 03FF
保留
0x4001 8400~0x4001 FFFF
SDIO
0x4001 8000~0x4001 83FF
保留
0x4001 400~0x4001 7FFF
ADC3
0x4001 3C00~0x4001 3FFF
USART1
0x4001 3800~0x4001 3BFF
TIM8
0x4001 3400~0x4001 37FF
SPI1
0x4001 3000~0x4001 33FF
TIM1
0x4001 2C00~0x4001 2FFF
ADC2
0x4001 2800~0x4001 2BFF
ADC1
0x4001 2400~0x4001 27FF
Port G
0x4001 2000~0x4001 23FF
Port F
0x4001 1C00~0x4001 1FFF
Port E
0x4001 1800~0x4001 1BFF
Port D
0x4001 1400~0x4001 17FF
Port C
0x4001 1000~0x4001 13FF
Port B
0x4001 0C00~0x4001 0FFF
Port A
0x4001 0800~0x4001 0BFF
EXTI
0x4001 0400~0x4001 07FF
AFIO
0x4001 0000~0x4001 03FF
保留
0x4000 7800~0x4000 FFFF
DAC
0x4000 7400~0x4000 77FF
PWR
0x4000 7000~0x4000 73FF
BKP
0x4000 6C00~0x4000 6FFF
保留
0x4000 6800~0x4000 6BFF
BxCAN
0x4000 6400~0x4000 67FF
共享USB/CAN SRAM 512 bytes
0x4000 6000~0x4000 63FF
USB寄存器
0x4000 5C00~0x4000 5FFF
I2C2
0x4000 5800~0x4000 5BFF
I2C1
0x4000 5400~0x4000 57FF
UART5
0x4000 5000~0x4000 53FF
UART4
0x4000 4C00~0x4000 4FFF
USART3
0x4000 4800~0x4000 4BFF
USART2
0x4000 4400~0x4000 47FF
保留
0x4000 4000~0x4000 43FF
SPI3/I2S3
0x4000 3C00~0x4000 3FFF
SPI2/I2S2
0x4000 3800~0x4000 3BFF
保留
0x4000 3400~0x4000 37FF
IWDG
0x4000 3000~0x4000 33FF
WWDG
0x4000 2C00~0x4000 2FFF
RTC
0x4000 2800~0x4000 2BFF
保留
0x4000 1800~0x4000 27FF
TIM7
0x4000 1400~0x4000 17FF
TIM6
0x4000 1000~0x4000 13FF
TIM5
0x4000 0C00~0x4000 0FFF
TIM4
0x4000 0800~0x4000 0BFF
TIM3
0x4000 0400~0x4000 07FF
TIM2
0x4000 0000~0x4000 03FF
0xFFFF FFFF
512MB block 7 Cortex-M3's 内部使用接口
0xE000 0000
0xDFFF FFFF
512MB block 6 未使用
0xC000 0000
0xBFFF FFFF
512MB block 5 FSMC寄存器
0xA000 0000
0x9FFF FFFF
512MB block 4 FSMC 组3和组4
0x8000 0000
0x7FFF FFFF
512MB block 3 FSMC 组1和组2
0x6000 0000
0x5FFF FFFF
512MB block 2 外设接口
0x4000 0000
0x3FFF FFFF
512MB block 1 SRAM
0x2000 0000
0x1FFF FFFF
512MB block 0 代码
0x0000 0000
保留
0x3FFF FFFF
0x2001 0000
SRAM(64KB) 支持位带操作
0x2000 FFFF
0x2000 0000
字节选项
0x1FFF F800~0x1FFF F80F
系统内存
0x1FFF F000~0x1FFF F7FF
保留
0x1FFF EFFF
0x0808 0000
闪存
0x0807 FFFF
0x0800 0000
保留
0x07FF FFFF
0x0008 0000
根据启动引脚命名为闪存、系统内存、SRAM
0x0007 FFFF
0x0000 0000

图 1-17　STM32 整个地址空间映射

1.5.3 STM32 最小系统

单片机最小系统，或者称为最小应用系统，是指用最少的元件组成可以工作的系统。对于 STM32 来说，最小系统包括电源电路、复位电路、时钟电路、启动模式选择电路、下载电路及后备电池。

STM32 最小系统的一部分如图 1-18 所示。

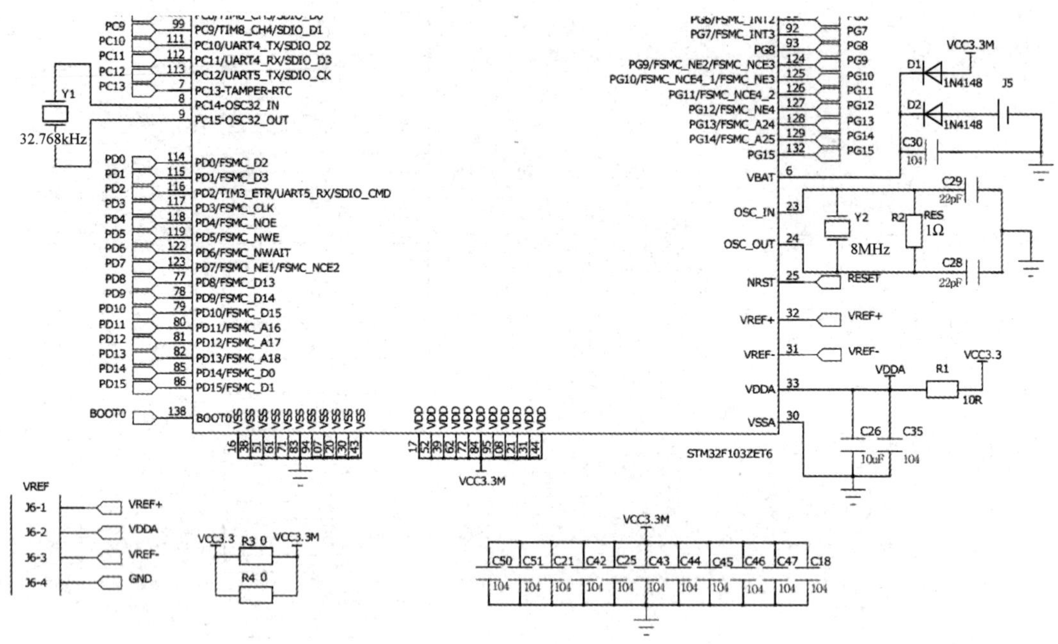

图 1-18 STM32 最小系统的一部分

1.5.4 STM32 调试接口简介

ARM9TDMI 内核的高级调试特性使应用程序、操作系统和硬件的开发变得更加容易。芯片的联合测试工作组（Joint Test Action Group，JTAG）具有 4/5 个特殊的引脚。所以，在电路板上，可以将很多芯片的 JTAG 接口引脚通过 Daisy Chain（菊花链）的方式连在一起，如图 1-19 所示。

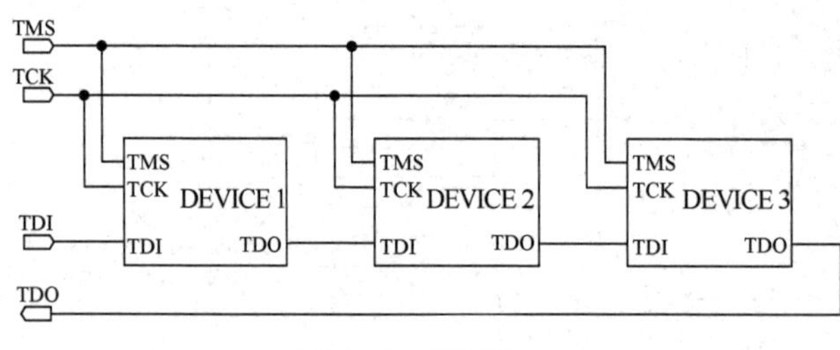

图 1-19 调试接口

图 1-19 中的引脚含义分别如下。

（1）TDI：Test Data Input，即测试数据输入。

（2）TDO：Test Data Output，即测试数据输出。

（3）TCK：Test Clock Input，即测试时钟输入。

（4）TMS：Test Mode Selection Input，即测试模式选择。

（5）TRST：Test Reset Input，即测试复位，属于可选的。

JATG 接口时钟由 TCK 引脚输入，通过配置 TMS 引脚采用状态机的形式一次操作一位来实现。每一位数据在每个 TCK 时钟脉冲下分别由 TDI 和 TDO 引脚传入或传出。可以通过加载不同的命令模式来读取芯片的标识，对输入引脚信号进行采样，驱动输出引脚输出信号或悬空输出引脚，操控芯片功能，或者旁路（将 TDI 与 TDO 连通以在逻辑上短接多个芯片的链路）。TCK 的工作频率依芯片的不同而不同，通常在 10～100MHz（每位 10～100ns）之间。当在集成电路中进行边界扫描时，被处理的信号是在同一块集成电路的不同功能模块之间的，而不是不同集成电路之间的。TRST 引脚是一个可选的相对待测逻辑低电平有效的复位开关（通常是异步的，但有时也是同步的，依芯片而定）。如果该引脚没有定义，则待测逻辑可由同步时钟输入复位指令而复位。尽管如此，极少消费类产品提供外部的 JTAG 接口，但作为开发样品的残留，这些接口在印刷电路板上十分常见。

1.5.5 STM32 内部结构

STM32 内部结构如图 1-20 所示。

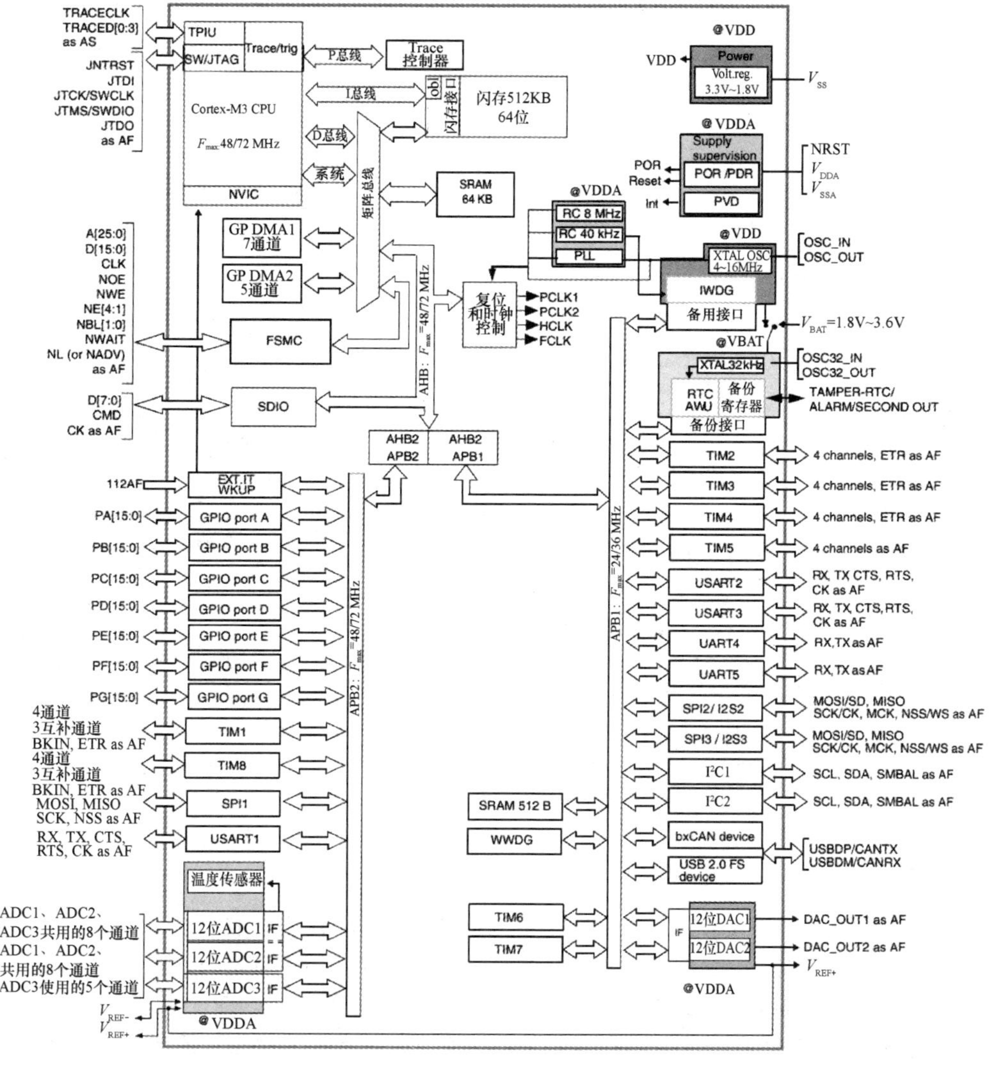

图 1-20　STM32 内部结构

1.5.6 STM32 时钟控制

STM32F1 时钟树，如图 1-21 所示。

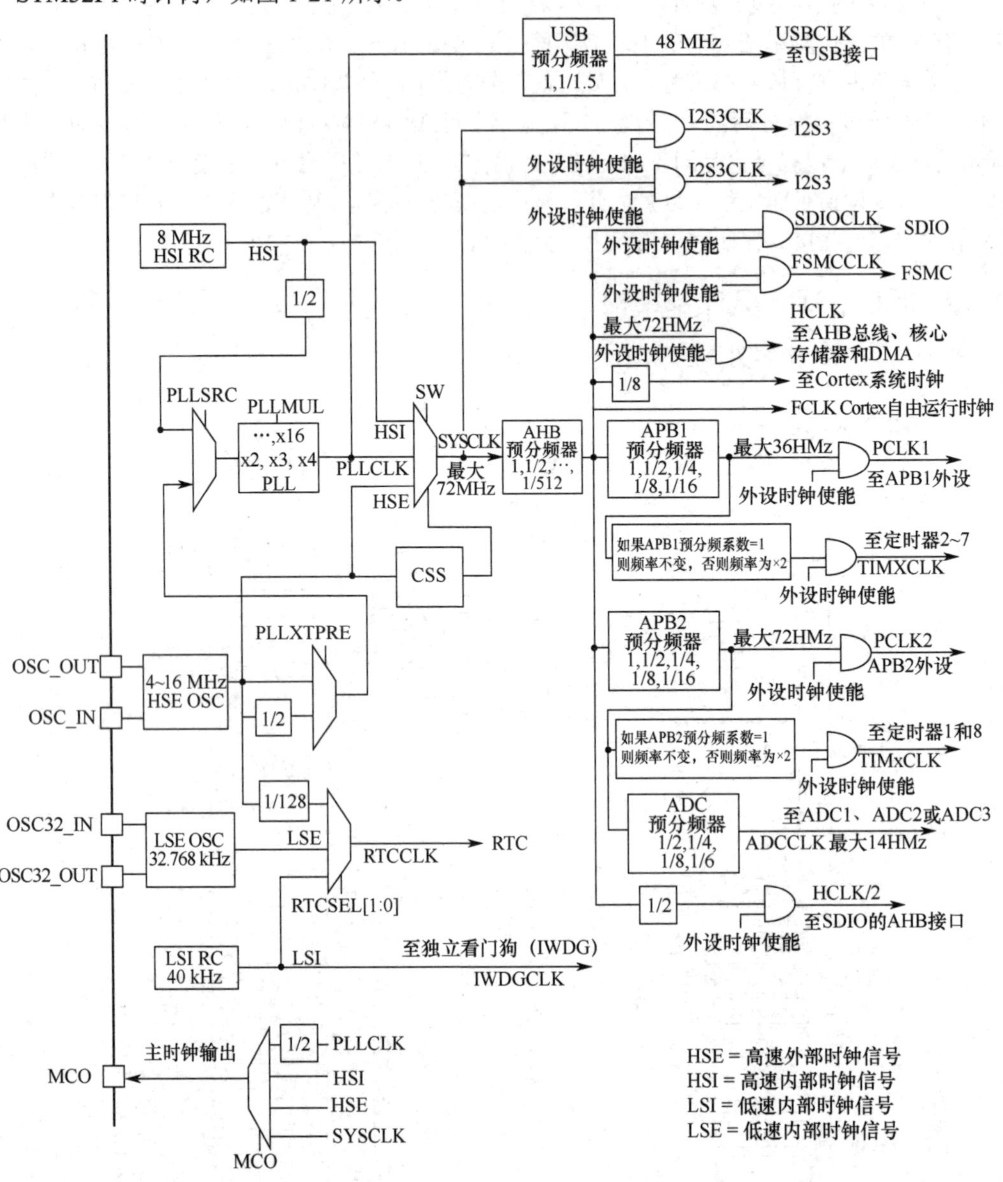

图 1-21 STM32 时钟树

1.5.7 STM32 指令集

Cortex-M3 支持 Thumb-2 指令集，与采用传统 Thumb 指令集的 ARM7 相比，避免了 ARM 状态与 Thumb 状态来回转换所带来的额外开销，所有工作都可以在单一的 Thumb 状态下进行处理，包括中断异常处理。

Cortex-M3 支持的 Thumb-2 指令集基于精简指令集计算机（RISC）原理设计，是 16 位 Thumb 指令集的一个超集，同时支持 16 位和 32 位指令，指令集和相关译码机制较为简单，在一定程度上降低了软件开发难度。

指令的基本格式如下：

<指令助记符> {<执行条件>} {s} <目标寄存器>，<操作数 1 的寄存器>{，<第 2 操作数>}

其中，<>内的项是必需的，{}内的内容是可选的。

指令格式举例：

```
LDR      R0,[R1]        ;将 R1 中的内容放入 R2 中
LDREQ    R0,[R1]        ;当 Z==1 时才执行此条指令，将 R1 中的内容放入 R0 中
```

注：由于 ARM 指令较多，在这不一一讲述每条指令功能，详细指令见 CORTEX 指令手册。

1.5.8　STM32F103ZET6 简介

STM32 系列微控制器的操作频率可达 72MHz。ARM Cortex-M3 CPU 具有 3 级流水线和哈佛结构，带独立的本地指令和数据总线以及用于外设的稍微低性能的第三条总线，还包含一个支持随机跳转的内部预取指单元。

STM32F103ZET6 含有高性能 ARM Cortex-M3 微处理器、高达 512KB 的内存、64KB 的数据存储器、以太网 MAC、USB 主机/从机/OTG 接口、睡眠、停止和待机三种低功耗模式、可用电池为 RTC 和备份寄存器供电、12 个通道的通用直接存储器访问（Direct Memory Access，DMA）控制器、3 个 12 位 ADC（多达 21 个通道）、2 个 12 位 DAC、4 个通用定时器、2 个基本定时器、2 个高级定时器、1 个系统定时器、2 个看门狗定时器、13 个通信接口（2 个 I^2C 接口，5 个 UART，3 个 SPI 接口，1 个 CAN 接口，1 个 USB 主机/从机/OTG 接口，1 个 SDIO（Secure Digital Input and Output）接口）和以太网 MAC 的 112 个通用 I/O 接口。

1.5.9　STM32F103ZET6 特性

1．ARM Cortex-M3

可在高达 72MHz 的频率下运行，并包含一个支持 8 个区的存储器保护单元（Memory Protection Unit，MPU）。

2．NVIC

内置了嵌套的向量中断控制器（Nested Vectored Interrupt Controller，NVIC）。

3．片上闪存

具有系统编程（In-System Programming，ISP）和应用编程（IAP，In-Application Programming）功能的 512KB 片上的闪存，把增强型的闪存存储加速器和闪存在 CPU 本地代码/数据总线上的位置进行整合，则闪存可提供高性能的代码。

4．64KB 片内 SRAM

64KB 的静态随机存取存储器（Static Random-Access Memory，SRAM）可供高性能 CPU 通过本地代码/数据总线访问，即 CPU 能以 0 等待周期访问（读/写），带独立访问路径，可进行更高吞量的操作。这些 SRAM 可用于以太网、USB、DMA 存储器，以及通用指令和数据存储。

5．通用 DMA 控制器

多层 AHB 矩阵上具有 12 通道的通用 DMA 控制器。它与 SPI、IIS、UART、ADC 和 DAC 外设、定时器匹配信号和 GPIO（General Purpose Input and Output）接口一起使用，并可用于存储器到存储器的传输。

6．多层 AHB 矩阵

多层 AHB 矩阵内部连接，为每个 AHB 主机提供独立的总线。AHB 主机包括 CPU、通

用 DMA 控制器、以太网 MAC 和 USB 接口。这个内部连接提供了无仲裁延迟的通信，除非有 2 个主机尝试同时访问同一个从机。

7．通信接口

（1）以太网 MAC 带 RMII 接口和相关的 DMA 控制器。

（2）USB 2.0 全速从机/主机/OTG 控制器，带有用于从机、主机功能的片内 PHY 和相关的 DMA 控制器。

（3）5 个 UART，即带小数波特率发生器、内部 FIFO、DMA 和 RS-485。1 个 UART 带有 modem 控制 I/O 并支持 RS-485/EIA-485，全部的 UART 都支持 IrDA。

（4）CAN 控制器，带 2 个通道。

（5）SPI 控制器，具有同步、串行、全双工通信和可编程的数据长度。

（6）2 个 SSP 控制器，带有 FIFO，可按多种协议进行通信。其中，一个可用于 SPI，并且和 SPI 共用中断，也可以与 GPDMA 控制器一起使用。

（7）3 个增强型的 I^2C 总线接口，其中 1 个具有开漏输出功能，支持整个 I^2C 规范和数据速率为 1Mbit/s 的快速模式，另 2 个具有标准的端口引脚。增强型特性包括多个地址识别功能和监控模式。

（8）集成音频（Inter-IC Sound，IIS）接口，用于数字音频输入或输出，具有小数速率控制功能。IIS 接口可与 GPDMA 一起使用，它支持 3–线的数据发送和接收或 4–线的组合发送和接收连接，以及主机时钟输入/输出。

8．其他外设

（1）通用 I/O（GPIO）引脚可配置上拉/下拉电阻。AHB 总线上的所有 GPIO 可进行快速访问，支持新的、可配置的开漏操作模式；GPIO 位于存储器中，支持 Cortex-M3 位带宽并且由通用 DMA 控制器使用。

（2）12 位模数转换器（ADC），可实现多路输入，转换速率高达 1MHz，并具有多个结果寄存器。12 位 ADC 可与 DMA 控制器一起使用。

（3）2 个高级控制定时器、2 个基本定时器，4 个通用定时器以及 2 个看门狗定时器和 1 个系统嘀嗒定时器。

（4）1 个标准的 PWM/定时器模块，带外部计数输入。

（5）实时时钟（RTC）带有独立的电源。RTC 通过专用的 RTC 振荡器来驱动。它含有电池供电的备用寄存器，当芯片的其他部分掉电时允许系统状态存储在该寄存器中。电源可由标准的 3V 锂电池供电。当电池电压降至 3.1V 的低电压时，RTC 仍将会继续工作。RTC 中断可将 CPU 从任何低功率模式中唤醒。

（6）看门狗定时器（WDT），该定时器的时钟源可在内部 RC 振荡器、RTC 振荡器或 APB 时钟三者间选择。

（7）支持 ARM Cortex-M3 系统节拍定时器，包括外部时钟输入选项。

（8）重复性的中断定时器提供可编程和重复定时的中断。

9．JTAG

标准 JTAG 测试/调试接口以及串行线调试和串行线跟踪端口。

1.6 本章课后作业

1-1 了解 STM32 其他芯片型号的特性。

1-2 查找 STM32 相关学习资源。

第 2 章 环境搭建及工具使用

2.1 学习目的

（1）掌握 STM32 开发软件的安装、使用。

（2）掌握 STM32F10x 新建工程。

（3）掌握 MDK 仿真调试技巧。

2.2 Keil 安装

首先打开本书配套资料，在软件资料\MDK 目录下面，双击“MDK527pre.exe”文件进行安装，然后单击【Next】按钮之后并同意相关的许可协议，最后再单击【Next】按钮。Keil 安装界面如图 2-1 所示。

将 MDK 527pre.exe 文件安装到 D:\Keil_v5 文件夹下，当然这里用户也可以安装在其他地方，自行修改路径即可。不过要注意的是路径里面不要包含中文名字。然后设置一些简单的信息（名字、公司、邮箱等）就开始安装 Keil 了，之后等待安装完成。Keil 安装完成界面如图 2-2 所示。

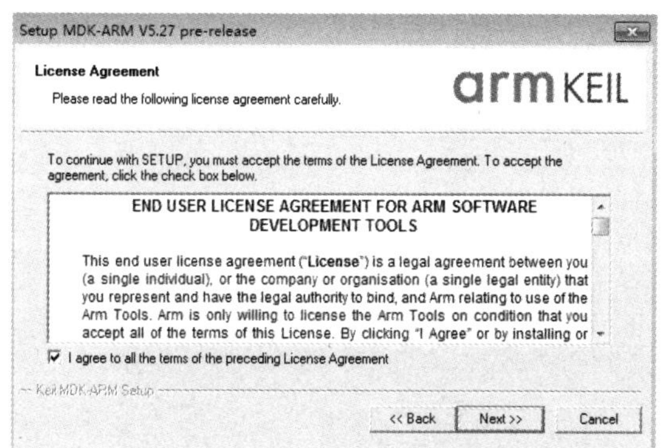

图 2-1 Keil 安装界面

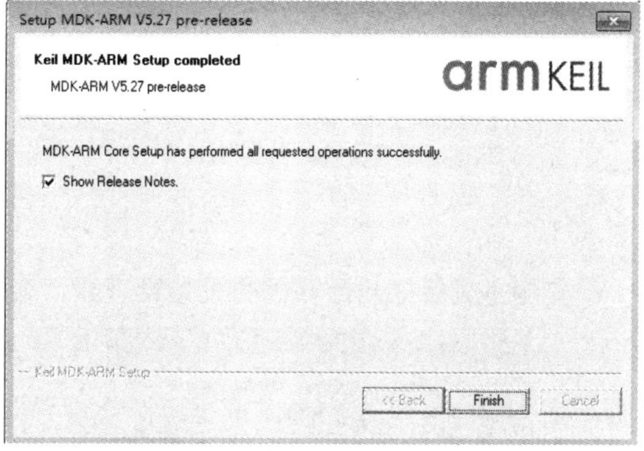

图 2-2 Keil 安装完成界面

最后单击【Finish】按钮即可完成安装，随后会自动弹出 Pack Installer 界面，直接单击【OK】按钮等待程序自动去 Keil 的官网下载各种支持包。如果下载失败，则需要手动安装。这里以 STM32F103 开发为例，则至少要安装 CMSIS 和 STM32F103 的器件支持包，MDK5.27 自带了 CMSIS 包，所以不需要单独再安装。用户只需要安装 STM32F103 的器件支持包即可完成 MDK5.27 的安装（此时仅支持 STM32F103 的开发，其他 MCU 请自行在 KEIL 官网下载对应的器件支持包）。STM32F103 的器件支持包安装如图 2-3 所示，等待安装完成即可。

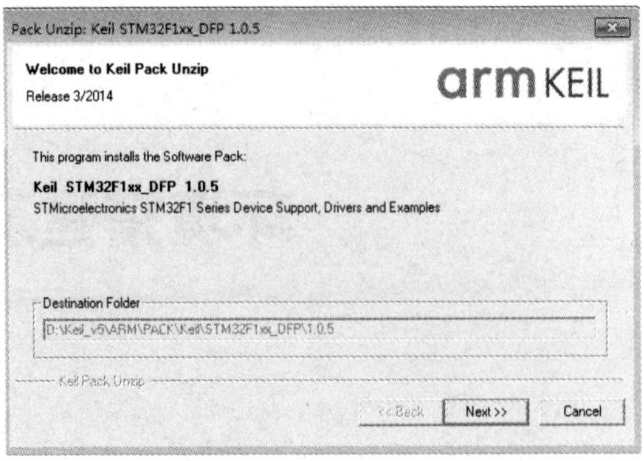

Pack Unzip: Keil STM32F1xx_DFP 1.0.5
Welcome to Keil Pack Unzip
Release 3/2014
arm KEIL
This program installs the Software Pack:
Keil STM32F1xx_DFP 1.0.5
STMicroelectronics STM32F1 Series Device Support, Drivers and Examples
Destination Folder
D:\Keil_v5\ARM\PACK\Keil\STM32F1xx_DFP\1.0.5
Keil Pack Unzip
<< Back
Next >>
Cancel

图 2-3　STM32F103 的器件支持包安装

2.3　ST-LINK 仿真驱动安装

把 ST-LINK 连接到信盈达开发板并给开发板上电，找到 ST-LINK 官方驱动.zip 文件，将其解压并找到安装文件进行安装。

注意：32 位的系统单击“dpinst_x86.exe”文件进行安装，64 位的系统单击“dpinst_amd64.exe”文件进行安装。ST-LINK 安装如图 2-4 所示。

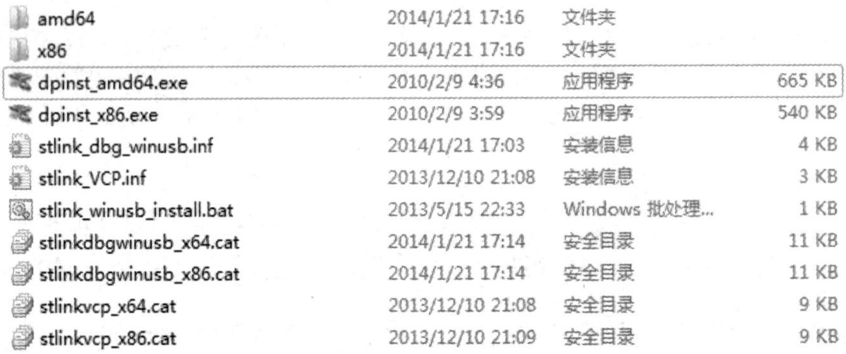

amd64 2014/1/21 17:16 文件夹
x86 2014/1/21 17:16 文件夹
dpinst_amd64.exe 2010/2/9 4:36 应用程序 665 KB
dpinst_x86.exe 2010/2/9 3:59 应用程序 540 KB
stlink_dbg_winusb.inf 2014/1/21 17:03 安装信息 4 KB
stlink_VCP.inf 2013/12/10 21:08 安装信息 3 KB
stlink_winusb_install.bat 2013/5/15 22:33 Windows 批处理... 1 KB
stlinkdbgwinusb_x64.cat 2014/1/21 17:14 安全目录 11 KB
stlinkdbgwinusb_x86.cat 2014/1/21 17:14 安全目录 11 KB
stlinkvcp_x64.cat 2013/12/10 21:08 安全目录 9 KB
stlinkvcp_x86.cat 2013/12/10 21:09 安全目录 9 KB

图 2-4　ST-LINK 安装

安装完成后打开计算机的设备管理器，查看 ST-LINK 是否安装成功，如图 2-5 所示。

计算机管理
文件(F) 操作(A) 查看(V) 帮助(H)
计算机管理(本地)
系统工具
任务计划程序
事件查看器
共享文件夹
本地用户和组
性能
设备管理器
存储
磁盘管理
服务和应用程序
xingxing-PC
DVD/CD-ROM 驱动器
IDE ATA/ATAPI 控制器
Universal Serial Bus devices
STMicroelectronics STLink dongle
便携设备
处理器
磁盘驱动器
存储控制器
电池
计算机
有感叹号说明未安装成功
安装成功

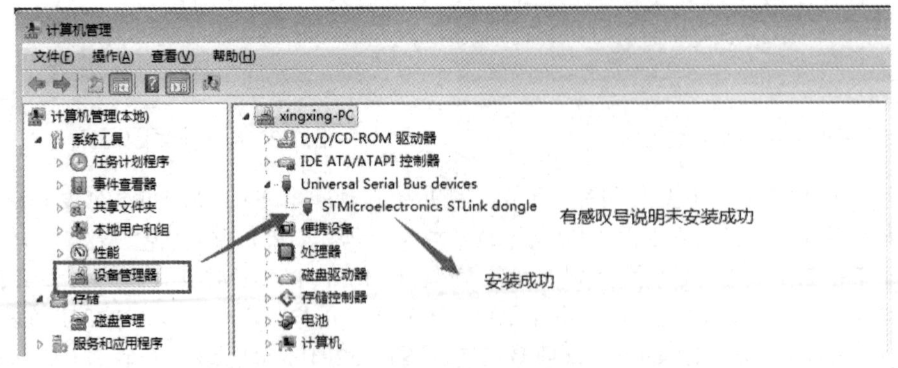

图 2-5　ST-LINK 安装成功

2.4 STM32 库函数获得

ST 公司为了方便用户开发程序，提供了一套丰富的 STM32 固件库。用户可以在 ST 公司的官网中下载，也可以在本书配套资料：3.参考资料\ STM32F10x 固件库目录下获取。

2.5 基于固件库新建工程

（1）新建一个名为“stm32_project”的文件夹（用户可自行命名），用于存放工程文件。

（2）在 stm32_project 目录下新建一个名为“user”目录，用来存放用户编写的文件。

（3）把 Libraries 的文件夹复制到 stm32_project 目录下。

（4）把 STM32F10x_StdPeriph_Lib_V3.5.0\Project\STM32F10x_StdPeriph_Template 目录下的 stm32 f10x_conf.h 文件复制到 stm32_project\Libraries\Libraries\STM32F10x_StdPeriph_Driver\inc 目录下。

（5）打开 Keil 软件，然后单击【Project】→【New µVision Project】菜单命令，如图 2-6 所示。然后选择之前建立的“stm32_project”文件夹路径，并把工程名保存为“stm32_newproject”（用户可自行命名），之后会弹出选择芯片型号界面，这时就需要用户选择芯片型号，根据用户自己使用的芯片型号进行选择。信盈达开发板上用的芯片型号为“STM32F103ZET6”，因此这里选择此型号，如图 2-7 所示。芯片型号选择之后单击【OK】按钮即可。

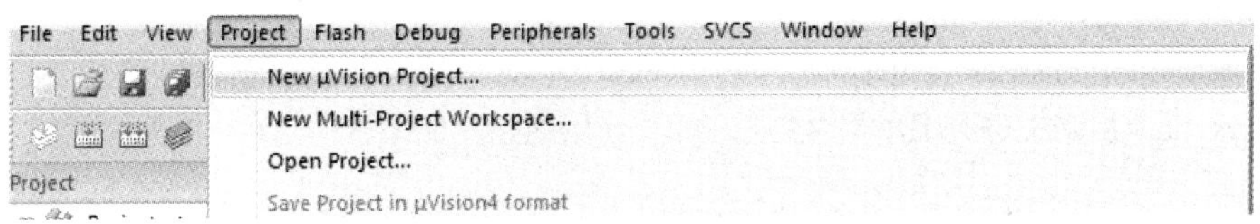

图 2-6 新建工程

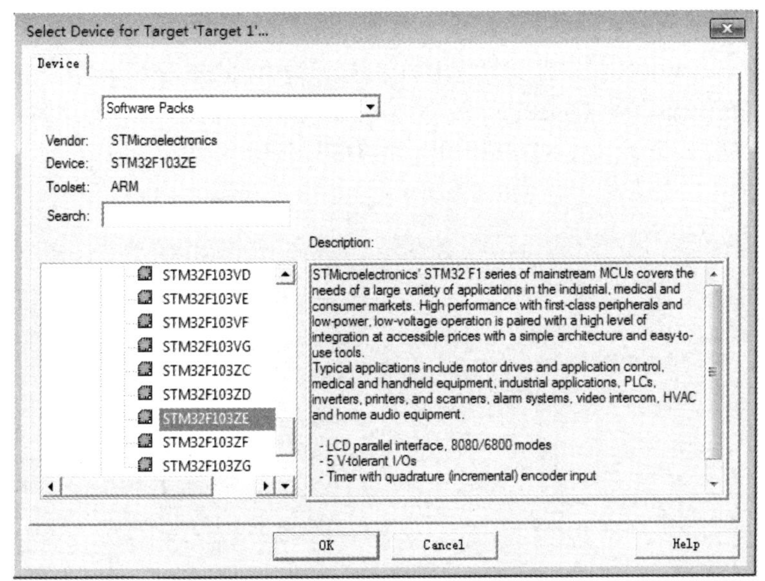

图 2-7 新建工程芯片型号的选择

（6）在工程中添加库函数、系统文件和启动文件。添加工程文件界面如图 2-8 所示。

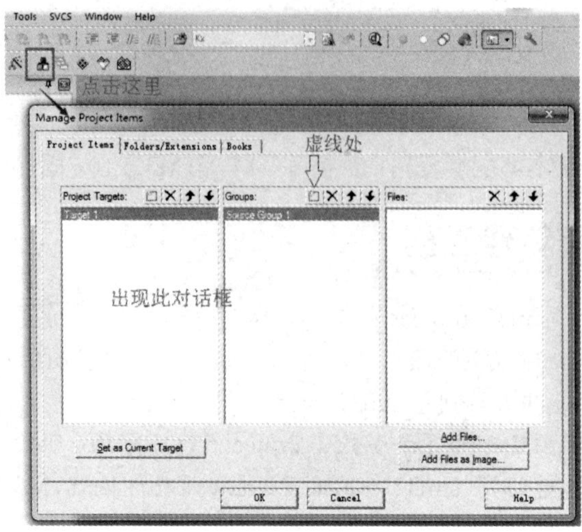

图 2-8　添加工程文件界面

在图 2-8 的对话框中，可以双击 Target 1 来更改它的名字，当然也可以不更改。单击新建按钮（图 2-8 中矩形框的地方）可以添加新的一组，也可以双击下面的空白处添加新的一组。

① 添加 Libraries\CMSIS\CM3\CoreSupport 目录下的 core_cm3.c 内核文件到组 CMSIS 下。

② 添加 Libraries\CMSIS\CM3\DeviceSupport\ST\STM32F10x 目录下的 system_stm32f10x.c 系统文件到组 CMSIS 下。

③ 添加 Libraries\CMSIS\CM3\DeviceSupport\ST\STM32F10x\startup\arm 目录下的 startup_stm32 f10x_hd.s 启动文件到组 CMSIS 下。如果使用的是其他型号的芯片，启动文件进行相应的修改即可。

④ 添加 Libraries\STM32F10x_StdPeriph_Driver\src 目录下的所有库函数文件到组 FWLIB 下，如果不需要部分功能，可以不完全添加，只需要添加用户需要的文件即可。添加库函数、系统文件和启动文件完成的界面如图 2-9 所示。

⑤ 添加全局宏定义及头文件到工程中的路径，单击目标选项（Options for Target）按钮（ ），弹出【Options for Target'STM32_Newproject'】对话框，选择【C/C++】选项卡，在 Define 栏中输入全局宏定义（STM32F10X_HD.USE_STDPERIPH_DRIVER），并在【Include Paths】栏中添加头文件路径，如图 2-10 所示。

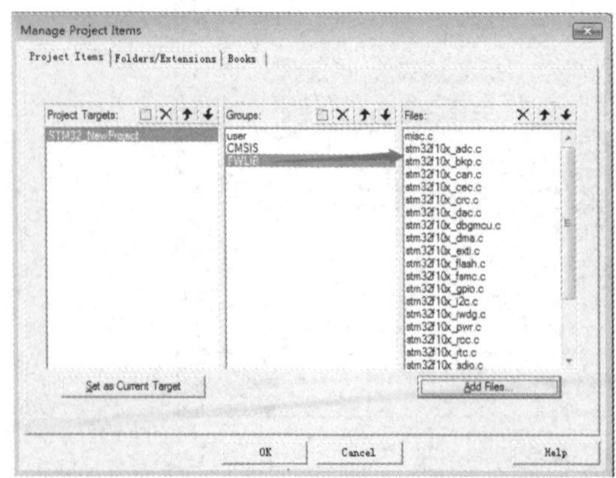

图 2-9　添加库函数、系统文件和启动文件完成后的界面

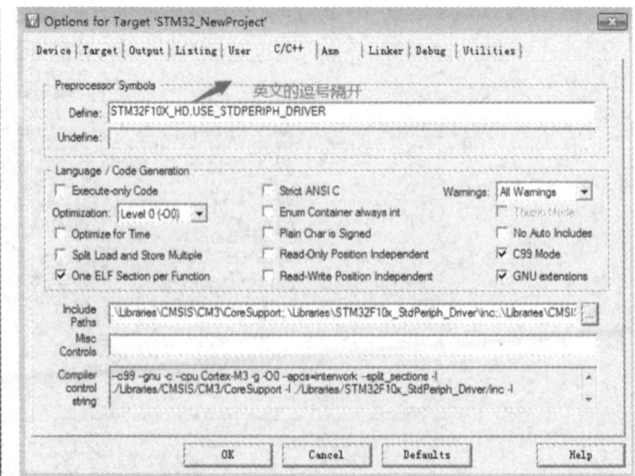

图 2-10　添加全局宏定义及头文件

（6）编写用户程序。首先要编写一个主函数（main 函数）文件。单击【File】→【New】菜单命令新建一个文件，然后单击【保存】，保存文件在“user”文件夹中，并将其命名为“main.c”，如图 2-11 所示。注意，保存之后要把“main.c”文件添加到工程中。

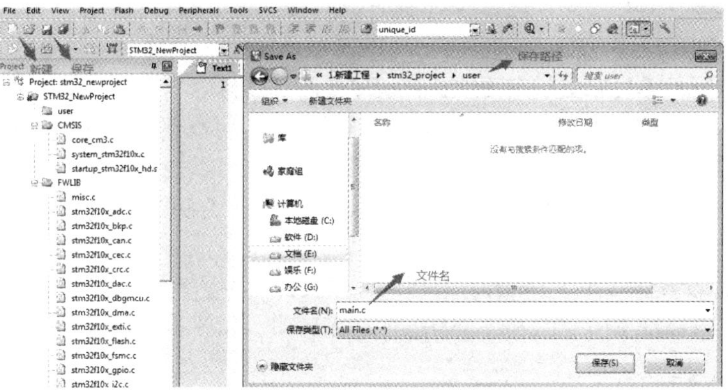

图 2-11　新建 main.c 文件

最后编辑“main.c”文件，内容如下：

```
/*******************************<头文件>********************************/
#include "stm32f10x.h"
/***********************************************************************
*函数信息：int main ()
*功能描述：新建工程
*输入参数：无
*输出参数：无
*函数返回：0
*调用提示：无
*　作者：　陈醒醒
***********************************************************************/
int main()
{
    while(1)
    {
    }
}
```

2.6　MDK 编译及下载调试

2.6.1　MDK 编译

按【F7】键或单击按钮进行编译。编译后没有出现错误报警即编译完成，如图 2-12 所示。

```
Build Output
compiling stm32f10x_tim.c...
compiling stm32f10x_wwdg.c...
linking...
Program Size: Code=648 RO-data=320 RW-data=0 ZI-data=1632
".\Objects\stm32_newproject.axf" - 0 Error(s), 0 Warning(s).
Build Time Elapsed:  00:00:20
```

图 2-12　编译完成

2.6.2 MDK 仿真

MDK 的仿真有两种方式：软件仿真和硬件仿真。

1. 软件仿真

通过软件仿真，可以发现很多将会出现的问题，避免了下载到 STM32 之后出现这些错误，这样最大的好处是可以更加方便地检查程序是否存在问题，因为仿真可以对单片机程序进行单步跟踪调试，也可以使用断点、全速等调试手段，并可观察各种变量、RAM 及寄存器的实时数据，跟踪程序的执行情况，通过观察这些数据，就可以知道代码是不是真正有效。另一个好处是不必频繁下载程序到 STM32 的闪存中，从而延长了 STM32 的闪存使用寿命。

开始仿真之前，先配置一些选项。

（1）在工程设置里（即【Target】选项卡）设置好软件仿真芯片型号及晶振频率。信盈达开发板使用的是 STM32F103ZET6 及 8MHz 的晶振频率，如图 2-13 所示。

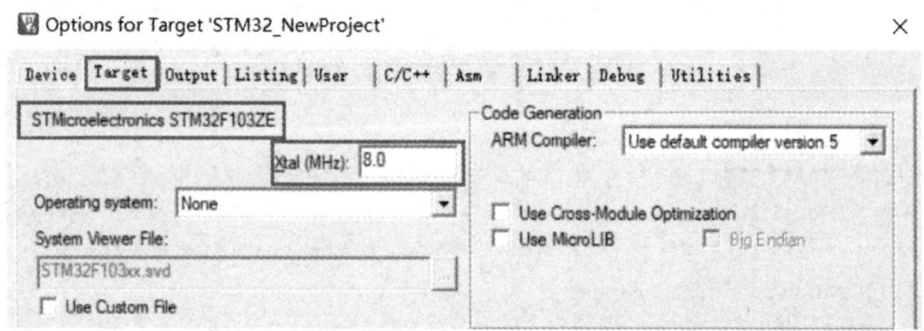

图 2-13　软件仿真芯片型号及晶振频率选择

（2）在【Debug】选项卡中选择【Use Simulator】选项，表示使用软件仿真；选择【Run to main()】选项则表示跳过汇编代码，直接跳转到 main 函数开始仿真；在下面的【Dialog DLL】栏中输入“DARMSTM.DLL”和“TARMSTM.DLL”，在【Parameter】栏中输入为“-p STM32F103ZE”，以支持 STM32F103ZE 的软硬件仿真。STM32F103ZET6 仿真设置如图 2-14 所示。

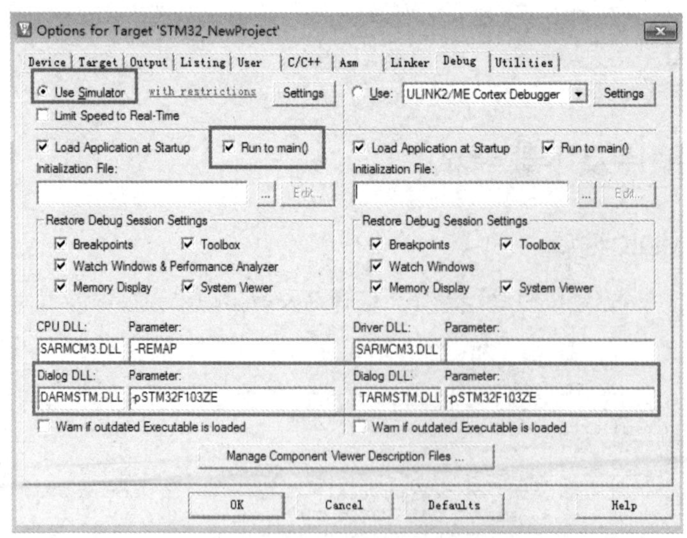

图 2-14　STM32F103ZET6 仿真设置

（3）单击工具栏中的 按钮开始仿真（退出仿真也是单击此按钮），之后会在工具栏中出现仿真工具条，如图 2-15 所示。

图 2-15　仿真工具条

图 2-15 中工具栏下方的数值编号是为了说明仿真工具条而加上去的。下面进行仿真工具条的功能解析。

① 复位。其功能等同于按下复位按钮，相当于实现了一次复位。按下该按钮后，程序会重新从头开始执行，程序不会马上执行到 main 函数，而是从启动文件开始执行。

② 执行到断点处。其功能用来马上执行到断点处。有时候用户并不需要查看程序的每一步是怎么执行的，而是想快速运行到程序的某个地方看结果，这个按钮就可以实现这样的功能，前提是已在需要查看的地方设置了断点，可以单击 图标或者在仿真状态下用鼠标单击程序等号左边位置进行断点设置。

③ 停止运行。此按钮在程序一直执行（如死循环）的时候变为有效，可以使程序停止下来进入单步调试状态。此按钮灰色表示无效，红色表示有效。

④ 执行进去。该按钮用来实现执行到某个函数里面去的功能，在没有函数的情况下等同于执行过去按钮。

⑤ 执行过去。在碰到有函数的地方，通过该按钮就可以单步执行这个函数而不进入这个函数。

⑥ 执行出去。该按钮是进入了函数单步调试的时候，有时候可能不必再执行该函数的剩余部分了，通过该按钮就直接一步执行完函数余下的部分，并跳出函数回到函数被调用的位置。

⑦ 执行到光标处。该按钮可以迅速使程序执行到光标处，与执行到断点处按钮功能类似。

⑧ 显示当前状态。

⑨ 命令窗口。该窗口用于显示和关闭命令窗口。

⑩ 汇编窗口。该窗口用于显示和关闭汇编代码窗口。

⑪ 符号窗口。该窗口用于显示和关闭符号窗口。

⑫ 寄存器窗口。该窗口用于显示和关闭寄存器状态窗口。

⑬ 堆栈局部变量窗口。该窗口用于显示和关闭当前函数的局部变量及其值。

⑭ 查看窗口。MDK5 提供 2 个观察窗口（下拉选择），按下该按钮则弹出一个显示变量的窗口，输入想观察的变量或表达式，即可查看其值。

⑮ 内存查看窗口。MDK5 提供 4 个内存查看窗口（下拉选择），按下该按钮，则弹出一个内存查看窗口。可以在里面输入要查看的内存地址，然后观察这一内存的变化情况。

⑯ 串口（串行接口的简称）查看窗口。MDK5 提供 3 个串口查看窗口（下拉选择），按下该按钮，则弹出一个类似串口调试助手界面的窗口，用来显示从串口打印出来的内容。

⑰ 逻辑分析窗口。该窗口用于显示和关闭逻辑分析窗口。

⑱ 记录信息窗口。该窗口用于显示和关闭记录信息窗口。

⑲ 系统查看窗口。该窗口用于显示和关闭系统查看窗口。

⑳ 工具箱按钮。该按钮用于显示和隐藏工具箱。

（4）单击【Peripherals】菜单命令，可以查看 STM32 的很多外设及寄存器的状态。

2. 硬件仿真

硬件仿真是利用单片机仿真器迅速找到并排除程序中的逻辑错误，是程序下载到单片机中进行的仿真，也是程序实际在单片机中运行的情况。

硬件仿真在设置上与软件仿真不同，其他操作是一样的。硬件仿真设置如图 2-16 所示。

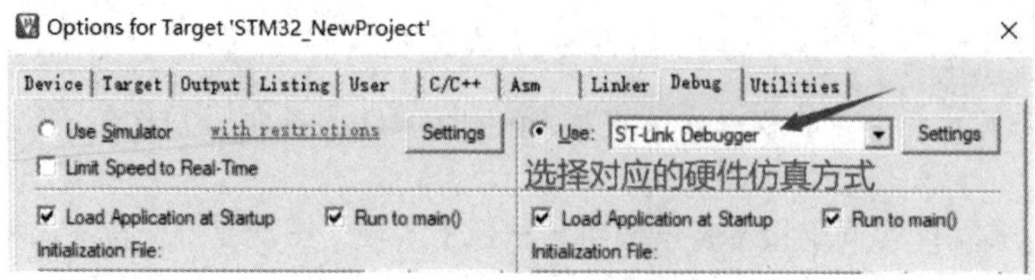

图 2-16 硬件仿真设置

如果要在硬件仿真中使用逻辑分析仪之类的工具，则要开“Trace”功能，即单击【Settings】按钮，然后选择【Trace Enable】选项。

2.7 本章课后作业

2-1 动手安装 MDKV527PRE 版本软件，也可以安装 MDK 的其他版本。

2-2 使用其他方法新建一个 STM32 工程。

2-3 测试仿真工具条的各项功能。

第 3 章 实验平台硬件资源

3.1 学习目的

（1）了解信盈达 STM32F103ZET6 开发板上的资源。

（2）掌握 STM32 最小系统电路。

3.2 实验平台硬件资源

信盈达 STM32F103ZET6 开发板上的资源如图 3-1 所示。

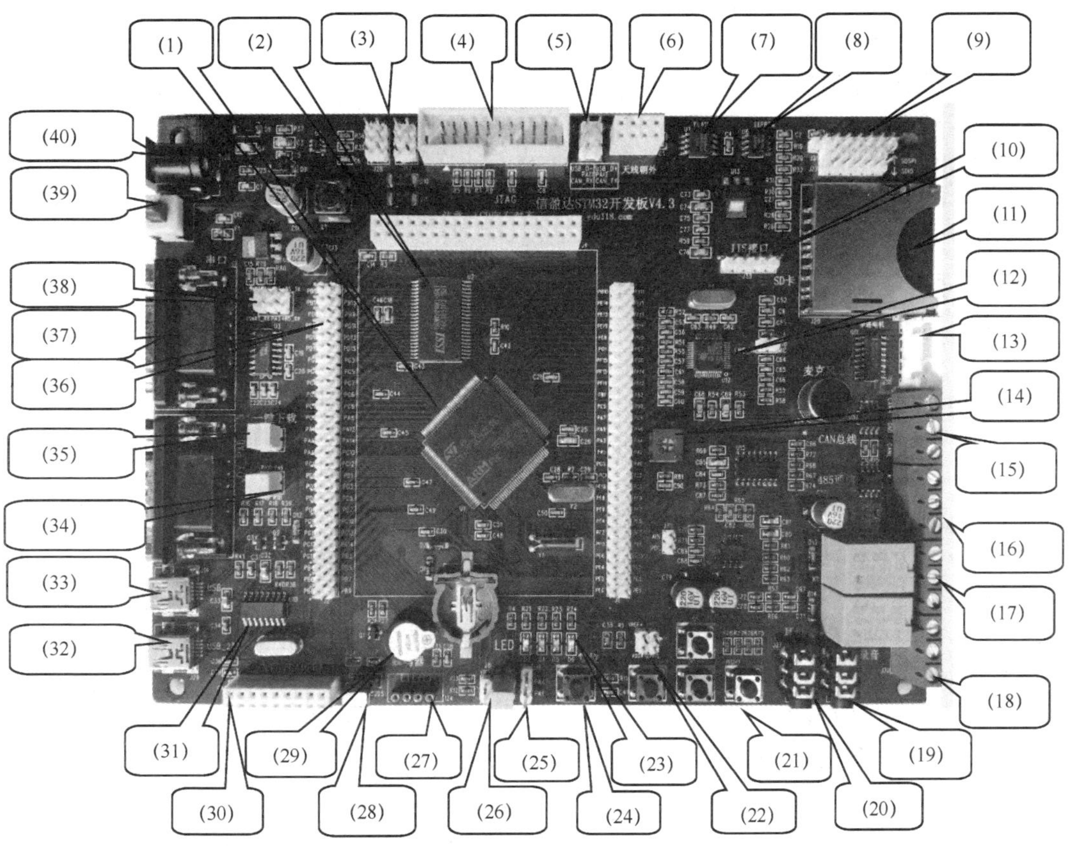

图 3-1 信盈达 STM32F103ZET6 开发板上的资源

信盈达 STM32F103ZET6 开发板上的资源如下。

（1）主控：STM32F103ZET6，封装为 LQFP144，闪存大小为 512KB，SRAM 大小为 64KB。

（2）SRAM：芯片为 IS62WV51216，容量为 1MB，作为外扩内存使用。

（3）外接电源：5V 和 3.3V 外接电源接口，可用于外接电源使用。

（4）标准的 JTAG/SWD 调试下载口。

（5）CAN/USB 选择接口，用于切换 CAN 和 USB 通信。

（6）2.4GHz 无线模块接口，可接 NRF24L01 模块。

（7）外扩闪存：芯片为 W25Q64，容量为 8M 个字节。SPI 接口，可学习 SPI 通信。

（8）EEPROM：芯片为 AT24C02，容量为 256 个字节。I^2C 接口，可学习 I^2C 通信。

（9）SD 卡通信接口，用于选择 SIP 通信方式还是 SDIO 通信方式。

（10）VS1053 芯片 的 IIS 输出接口。

（11）SD 卡卡槽。

（12）高性能音频编解码芯片 VS1053。

（13）步进电机接口。

（14）可调电阻。

（15）CAN 总线接口，采用芯片 TJA1050。

（16）RS485 接口，采用芯片 SP3485。

（17）工控继电器接口。

（18）工控继电器接口。

（19）立体声录音输入接口。

（20）立体声音频输出接口。

（21）4 个按键功能按钮。

（22）ADC 参考电压设置接口。

（23）4 个状态指示灯。

（24）复位按钮，可用于复位 MCU 和 LCD。

（25）DAC 接口。

（26）启动模式选择配置接口。

（27）数字温湿度传感器接口，支持 DS18B20 /DHT11 等。

（28）红外接收头。

（29）蜂鸣器。

（30）摄像头接口。

（31）CH340G 芯片：USB 转 TTL 电平芯片。

（32）USB 串口：可用于程序下载和代码调试（USMART 调试）。

（33）USB SLAVE 接口，用于 USB 通信。

（34）TTL 电平接口。

（35）一键下载电路接口。

（36）开发板引出的 I/O 接口。

（37）DB9 接口。

（38）RS232/RS485 选择接口。

（39）电源开关。

（40）电源输入口。

3.3　外围硬件

3.3.1　CPU 电路

信盈达 STM32F103ZET6 开发板的 CPU 电路如图 3-2 所示。

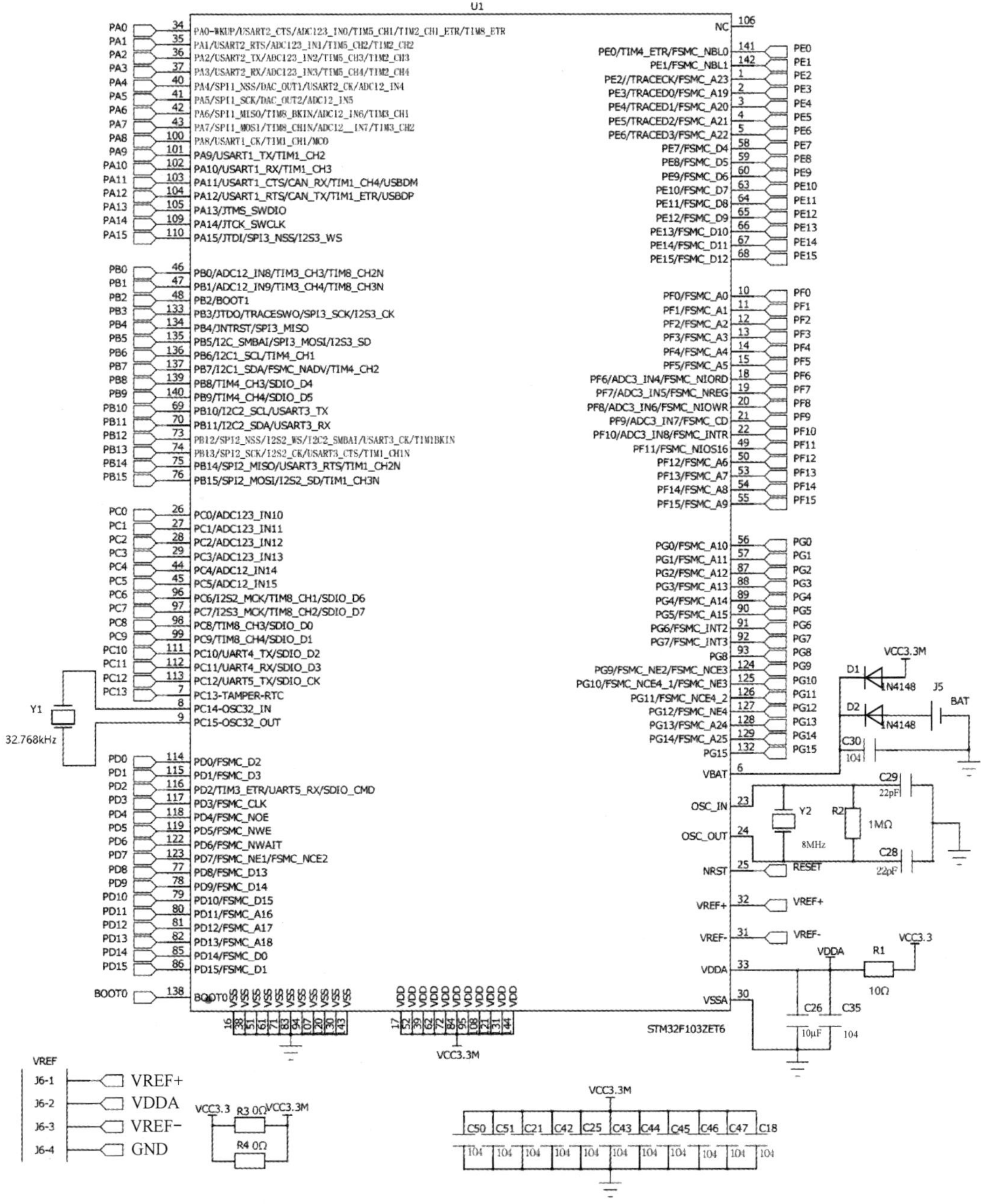

图 3-2　信盈达 STM32F103ZET6 开发板的 CPU 电路

3.3.2 电源电路

信盈达 STM32F103ZET6 开发板的电源电路如图 3-3 所示。

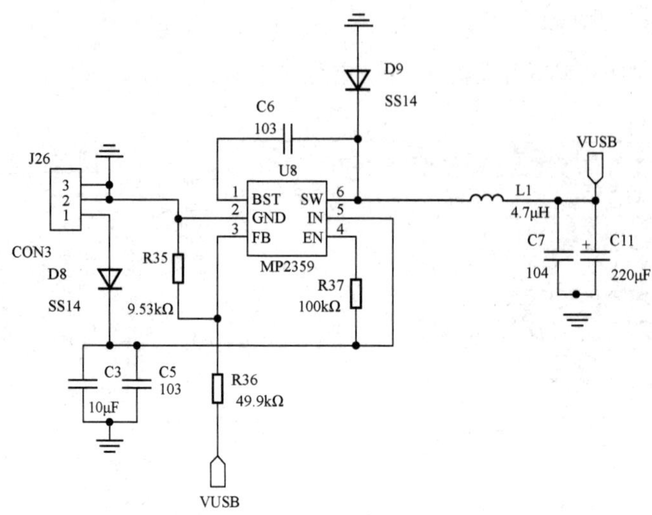

图 3-3 信盈达 STM32F103ZET6 开发板的电源电路

3.3.3 晶振电路

信盈达 STM32F103ZET6 开发板的晶振电路如图 3-4 所示。

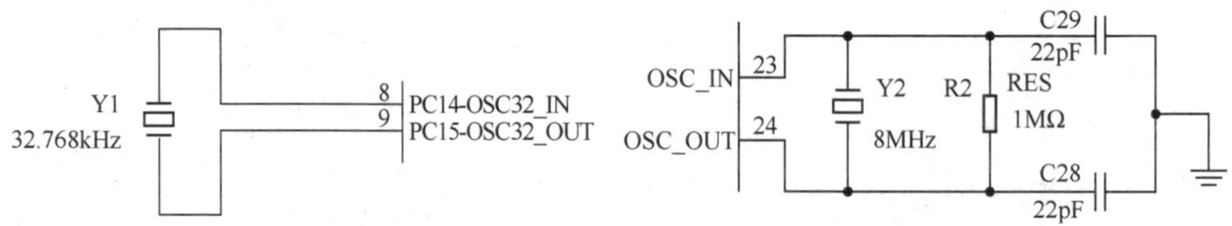

图 3-4 信盈达 STM32F103ZET6 开发板的晶振电路

3.3.4 复位电路

信盈达 STM32F103ZET6 开发板的复位电路如图 3-5 所示。

其他模块电路请参考各个模块实验的硬件设计章节。

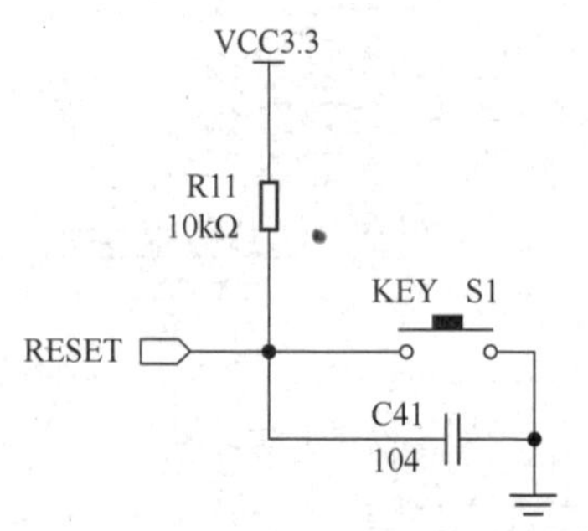

图 3-5 信盈达 STM32F103ZET6 开发板的复位电路

3.4 本章课后作业

3-1 查看信盈达开发板完整原理图并了解其具有的相关功能。

3-2 熟悉信盈达开发板完整原理图和实现的功能。

第 4 章 GPIO 接口实验

4.1 学习目的

（1）了解 STM32F1 的 GPIO 接口分布。

（2）掌握 STM32F1 的 GPIO 接口的工作模式。

（3）掌握 STM32F1 的 GPIO 接口的配置方法及程序的编写。

4.2 GPIO 接口的原理

4.2.1 GPIO 接口简介

GPIO 接口是指通用输入/输出端口，对芯片来说，就是 I/O 引脚。可以通过 I/O 引脚输出高电平或者低电平，也可以读入 I/O 引脚的电平状态（高电平或者低电平）。

STM32F103ZET6 的 GPIO 接口一共分为 7 组，分别为 A 组、B 组、C 组、D 组、E 组、F 组、G 组，每组有 16 个 I/O 引脚（并不是所有的 STM32F1 都具备 7 组 I/O 引脚，不同型号的芯片具有 I/O 引脚的数量是不一样的），而且 I/O 引脚都是多功能的。I/O 引脚在使用前要先由用户配置，以确定其功能，而其默认功能是输入功能。I/O 引脚可以由软件配置成以下 8 种模式。

（1）浮空输入。

（2）上拉输入。

（3）下拉输入。

（4）模拟输入。

（5）开漏输出。

（6）推挽输出。

（7）复用功能推挽输出。

（8）复用功能开漏输出。

注意：可以对每个输入/输出端口位自由编程，然而输入/输出端口寄存器必须按 32 位字被访问（不允许半字或字节访问）。允许 GPIOx_BSRR 和 GPIOx_BRR 寄存器对任何 GPIO 寄存器进行读/写的独立访问；这样，在读和写访问之间产生 IRQ 时不会发生危险。

STM32F1 内部输入/输出端口位的基本结构如图 4-1 所示。

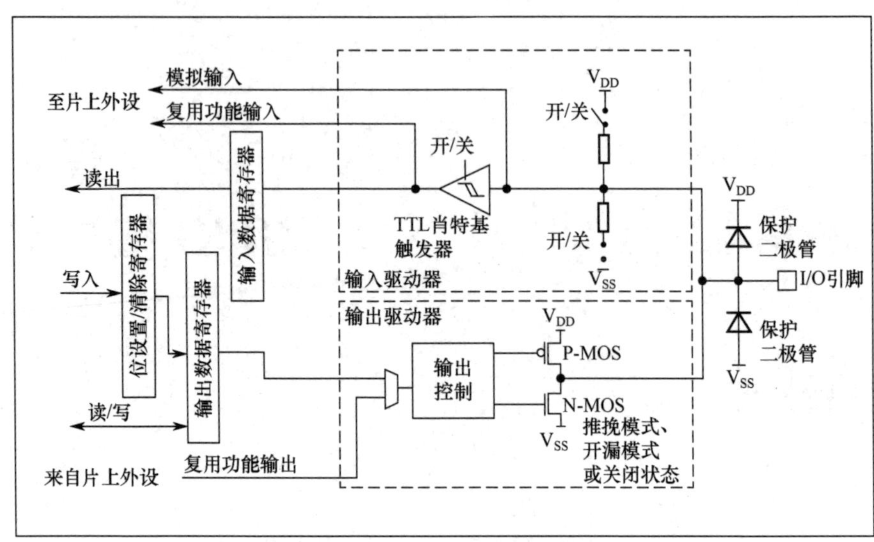

图 4-1 STM32F1 内部输入/输出端口位的基本结构

4.2.2 GPIO 接口类型分析

1. 输出功能

STM32F1 GPIO 接口输出功能模式分为推挽输出模式、开漏输出模式、复用功能推挽输出模式、复用功能开漏输出模式。推挽输出方式可以输出 0（低电平）或 1（高电平），而开漏输出模式只能输出 0，如果想要输出 1，需要其引脚接有上拉电阻才行。开漏输出模式下，P-MOS 管没用，相当于断开。当 MCU 输出一个高电平时，图 4-1 中的 N-MOS 管截止。因此，开漏输出模式没有输出高电平的能力，除非 I/O 引脚接有上拉电阻，才可以正常输出高电平。

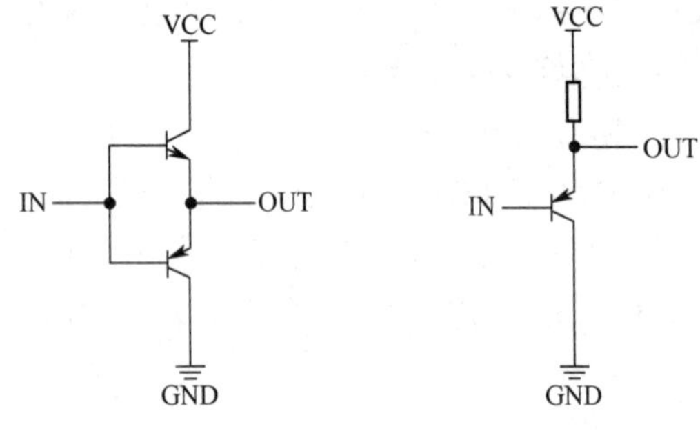

图 4-2 推挽输出电路　　图 4-3 开漏输出电路

（1）推挽输出模式：可以输出高 / 低电平，连接数字器件；推挽输出模式一般是指两个三极管分别受两个互补信号的控制，总是在一个三极管导通的时候，另一个截止。高电平和低电平由芯片的电源决定。推挽输出电路如图 4-2 所示。

（2）开漏输出模式：这种模式适合连接的外设电压比单片机电压低的情况。输出端相当于三极管的集电极，要得到高电平状态需要接上拉电阻才行。适合于做电流型的驱动，其吸收电流的能力相对较强（一般为 20mA 以内）。开漏输出电路如图 4-3 所示。

图 4-2 所示为推挽输出电路，当比较器输出高电平时下面的 PNP 三极管截止，而上面 NPN 三极管导通时，输出电平 VCC（高电平）；当比较器输出低电平时，则恰恰相反，下面的 PNP 三极管导通，输出和地相连，为低电平。

图 4-3 所示为开漏输出电路，需要接上拉电阻。（芯片内部寄存器写“0”，比较器就会输出 1，三极管导通，外部输出低电平；芯片内部寄存器写“1”，比较器输出 0，三极管截止，输出高阻态，如果有外部上拉电阻，即可输出高电平）。

（3）复用功能推挽输出模式：GPIO 接口被用作第二功能时的配置情况（并非作为通用 I/O 端口使用），比如片上外设的 UART 和 SPI 模块对应的输出数据线，以及 UART 发送线都是复用功能。

（4）复用功能开漏输出模式：GPIO 接口被用作第二功能时的配置情况（并非作为通用 I/O 端口使用），比如片上外设的 I^2C 模块对应的数据线和时钟线，使用时要外接上拉电阻，就要配置这种模式。

2. 输入功能

（1）浮空输入模式：浮空输入时，I/O 引脚的电平状态是不确定的，完全由外部输入的电平状态决定。如果该引脚悬空，则读取该引脚的电平是不确定的。如果该引脚作为按键，则这种模式时抗干扰性差，一般在处理信号方面使用这种方式。如果通过该引脚测试一个波形，则可以使用这种方式。

（2）上拉输入模式：经过电阻连接到 VCC，能让 I/O 引脚在没有连接信号时有一个确定的高电平，并且能从 VCC 处获得比较大的驱动电流。

（3）下拉输入模式：经过电阻连接到 GND，能让 I/O 引脚在没有连接信号时有一个确定的低电平。

（4）模拟输入模式：芯片内部外设专用功能（ADC、DAC 对应的 I/O 引脚功能）。

4.2.3 GPIO 接口功能配置

4.2.2 节中已经介绍 STM32F1 的 I/O 引脚是可以配置成多种模式的。本节学习如何配置一个 I/O 引脚的模式。

STM32F1 中一个 I/O 引脚的模式配置是通过使用 GPIOx_CRL 或 GPIOx_CRH 中寄存器中的相邻 4 个位和 GPIOx_ODR（输出数据寄存器）对应的 1 位来选择的，见表 4-1。

表 4-1　GPIO 接口功能配置

<table>
<tr><th colspan="2">配置功能（模式）</th><th>CNF1</th><th>CNF0</th><th>MODE1</th><th>MODE0</th><th>PxODR 寄存器</th></tr>
<tr><td rowspan="4">输出功能</td><td>推挽输出模式</td><td rowspan="2">0</td><td>0</td><td colspan="2" rowspan="4">01
10
11</td><td>0 或 1</td></tr>
<tr><td>开漏输出模式</td><td>1</td><td>0 或 1</td></tr>
<tr><td>复用功能推挽输出模式</td><td rowspan="2">1</td><td>0</td><td>不使用</td></tr>
<tr><td>复用功能开漏输出模式</td><td>1</td><td>不使用</td></tr>
<tr><td rowspan="4">输入功能</td><td>模拟输入模式</td><td rowspan="2">0</td><td>0</td><td colspan="2" rowspan="4">00</td><td>不使用</td></tr>
<tr><td>浮空输入模式</td><td>1</td><td>不使用</td></tr>
<tr><td>下拉输入模式</td><td rowspan="2">1</td><td rowspan="2">0</td><td>0</td></tr>
<tr><td>上拉输入模式</td><td>0</td></tr>
</table>

说明：表 4-1 中有输出功能和输入功能两种配置，其中 CNF1、CNF0 用于配置功能，MODE1、MODE0 用于配置速度 I/O 引脚的翻转速度，见表 4-2。

表 4-2　I/O 输出速度配置

MODE[1:0]	意　义	MODE[1:0]	意　义
00	保留	10	最大输出频率为 2MHz
01	最大输出频率为 10MHz	11	最大输出频率为 50MHz

结合表 4-1 和表 4-2 可以得到，MODE[1:0]两个位也可以看成 I/O 引脚模式配置。在上拉输入模式下，PxODR 寄存器对应位必须写“1”；在下拉输入模式下，PxODR 寄存器对应位必须

写“0”。在上拉输入模式下，内部电阻接到 V_{DD}；在下拉输入模式下，内部电阻接到 GND。

4.2.4 GPIO 接口相关寄存器

1. STM32F1 GPIO 接口时钟开启

为了节省功耗，STM32F1 专门设置了相关的寄存器来控制片上每个外设时钟的开启功能/关闭功能，并且大部分的片上外设在默认情况下都是关闭时钟的，GPIO 接口的每个组都对应于一个片上外设，也有其对应的时钟控制位。

STM32F1 对应片上外设时钟的控制分别使用 RCC_AHBENR、RCC_APB2ENR 和 RCC_APB1ENR 寄存器来配置，这 3 个寄存器包含了 STM32F1 上所有的片上外设时钟的开启、关闭配置，并不局限于 GPIO 接口这个外设，所以本小节内容与之后章节中学习的任何模块都有关系，在配置模块相关寄存器前都必须先使能模块在这两个寄存器中对应的位，否则，对模块寄存器的配置是无效的。可以把这两个寄存器的控制功能看成一个机器的电源，如果电源没有开，则任何对机器的操作都是无效的。

2. AHB 外设时钟使能寄存器（RCC_AHBENR）

偏移地址：0x14。

复位值：0x00000014。

访问：无等待周期，可以字、半字和字节访问。

注：当 AHB 外设时钟没有开启时，软件不能读出外设寄存器的数值，返回的数值始终是 0。AHB 外设时钟使能寄存器各位描述如图 4-4 所示。

31	30	29	28	27	26	25	24	23	22	21	20	19	18	17	16
保留															ETHMAC RXEN
															rw

15	14	13	12	11	10	9	8	7	6	5	4	3	2	1	0
ETHMAC RXEN	ETH MACEN	保留	OTG FSEN	保留					CRCEN	保留	FLITF EN	保留	SRAM EN	DMA2 EN	DMA1 EN
rw	rw		rw						rw		rw		rw	rw	rw

图 4-4　AHB 外设时钟使能寄存器各位描述

AHB 外设时钟使能寄存器各位功能描述见表 4-3。

表 4-3　AHB 外设时钟使能寄存器各位功能描述

位	说　明
31～11	保留，始终读为 0
10	SDIOEN：SDIO 时钟使能 由软件置 1 或 0 0：SDIO 时钟关闭 1：SDIO 时钟开启
9	保留，始终读为 0
8	FSMCEN：FSMC 时钟使能 由软件置 1 或 0 0：FSMC 时钟关闭 1：FSMC 时钟开启

（续表）

位	说　明
7	保留，始终读为 0
6	CRCEN：CRC 时钟使能 由软件置 1 或 0 0：CRC 时钟关闭 1：CRC 时钟开启
5	保留，始终读为 0
4	FLITFEN：闪存接口电路时钟使能 由软件置 1 或 0 来开启或关闭睡眠模式时闪存接口电路时钟 0：睡眠模式时闪存接口电路时钟关闭 1：睡眠模式时闪存接口电路时钟开启
3	保留，始终读为 0
2	SRAMEN：SRAM 时钟使能 由软件置 1 或 0 来开启或关闭睡眠模式时 SRAM 时钟 0：睡眠模式时 SRAM 时钟关闭 1：睡眠模式时 SRAM 时钟开启
1	DMA2EN：DMA2 时钟使能 由软件置 1 或 0 0：DMA2 时钟关闭 1：DMA2 时钟开启
0	DMA1EN：DMA1 时钟使能 由软件置 1 或 0 0：DMA1 时钟关闭 1：DMA1 时钟开启

3．APB2 外设时钟使能寄存器（RCC_APB2ENR）

偏移地址：0x18。

复位值：0x00000000。

访问：可以字、半字和字节访问。

通常无访问等待周期，但在 APB2 上的外设被访问时，将插入等待状态直到 APB2 的外设访问结束。APB2 外设时钟使能寄存器各位描述如图 4-5 所示。

图 4-5　APB2 外设时钟使能寄存器各位描述

只要使用复用功能就一定要把 AFIOEN 位设置为 1。IOPA～IOPE 根据需要设置。APB2 外设时钟使能寄存器各位功能描述见表 4-4。

表 4-4　APB2 外设时钟使能寄存器各位功能描述

位	说　明
31～16	保留，始终读为 0
15	ADC3EN：ADC3 接口时钟使能 由软件置 1 或 0 0：ADC3 接口时钟关闭 1：ADC3 接口时钟开启
14	USART1EN：USART1 时钟使能 由软件置 1 或 0 0：USART1 时钟关闭 1：USART1 时钟开启
13	TIM8EN：TIM8 定时器时钟使能 由软件置 1 或 0 0：TIM8 定时器时钟关闭； 1：TIM8 定时器时钟开启
12	SPI1EN：SPI1 时钟使能 由软件置 1 或 0 0：SPI1 时钟关闭 1：SPI1 时钟开启
11	TIM1EN：TIM1 定时器时钟使能 由软件置 1 或 0 0：TIM1 定时器时钟关闭 1：TIM1 定时器时钟开启
10	ADC2EN：ADC2 接口时钟使能 由软件置 1 或 0 0：ADC2 接口时钟关闭 1：ADC2 接口时钟开启
9	ADC1EN：ADC1 接口时钟使能 由软件置 1 或 0 0：ADC1 接口时钟关闭 1：ADC1 接口时钟开启
8	IOPGEN：输入/输出端口 G 时钟使能 由软件置 1 或 0 0：I/O 端口 G 时钟关闭 1：I/O 端口 G 时钟开启
7	IOPFEN：输入/输出端口 F 时钟使能 由软件置 1 或 0 0：输入/输出端口 F 时钟关闭 1：输入/输出端口 F 时钟开启
6	IOPEEN：输入/输出端口 E 时钟使能 由软件置 1 或 0 0：输入/输出端口 E 时钟关闭 1：输入/输出端口 E 时钟开启

（续表）

位	说　明
5	IOPDEN：输入/输出端口 D 时钟使能 由软件置 1 或 0 0：输入/输出端口 D 时钟关闭 1：输入/输出端口 D 时钟开启
4	IOPCEN：输入/输出端口 C 时钟使能 由软件置 1 或 0 0：输入/输出端口 C 时钟关闭 1：输入/输出端口 C 时钟开启
3	IOPBEN：输入/输出端口 B 时钟使能 由软件置 1 或 0 0：输入/输出端口 B 时钟关闭 1：输入/输出端口 B 时钟开启
2	IOPAEN：输入/输出端口 A 时钟使能 由软件置 1 或 0 0：输入/输出端口 A 时钟关闭 1：输入/输出端口 A 时钟开启
1	保留，始终读为 0
0	AFIOEN：辅助功能 I/O 时钟使能 由软件置 1 或 0 0：辅助功能 I/O 时钟关闭 1：辅助功能 I/O 时钟开启

4．APB1 外设时钟使能寄存器（RCC_APB1ENR）

偏移地址：0x1C。

复位值：0x00000000。

访问：可以字、半字和字节访问。

通常无访问等待周期。但在 APB1 上的外设被访问时，将插入等待状态直到 APB1 外设访问结束。

注：当外设时钟没有开启时，软件不能读出外设寄存器的数值，返回的数值始终是 0x0。APB1 外设时钟使能寄存器各位描述如图 4-6 所示。

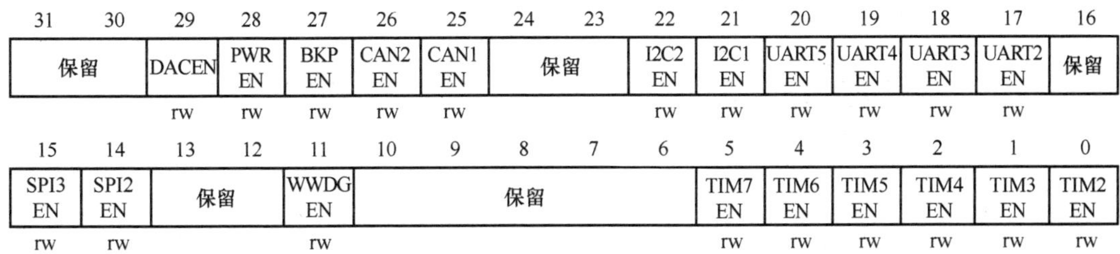

图 4-6　APB1 外设时钟使能寄存器各位描述

APB1 外设时钟使能寄存器各位功能描述见表 4-5。

表 4-5　APB1 外设时钟使能寄存器各位功能描述

位	说　明
31～30	保留，始终读为 0
29	DACEN：DAC 接口时钟使能 由软件置 1 或 0 0：DAC 接口时钟关闭 1：DAC 接口时钟开启
28	PWREN：电源接口时钟使能 由软件置 1 或 0 0：电源接口时钟关闭 1：电源接口时钟开启
27	BKPEN：备份接口时钟使能 由软件置 1 或 0 0：备份接口时钟关闭 1：备份接口时钟开启
26	保留，始终读为 0
25	CANEN：CAN 时钟使能 由软件置 1 或 0 0：CAN 时钟关闭 1：CAN 时钟开启
24	保留，始终读为 0
23	USBEN：USB 时钟使能 由软件置 1 或 0 0：USB 时钟关闭 1：USB 时钟开启
22	I2C2EN：I^2C2 时钟使能 由软件置 1 或 0 0：I^2C 2 时钟关闭 1：I^2C 2 时钟开启
21	I2C1EN：I^2C1 时钟使能 由软件置 1 或 0 0：I^2C 1 时钟关闭 1：I^2C 1 时钟开启
20	UART5EN：UART5 时钟使能 由软件置 1 或 0 0：UART5 时钟关闭 1：UART5 时钟开启
19	UART4EN：UART4 时钟使能 由软件置 1 或 0 0：UART4 时钟关闭 1：UART4 时钟开启
18	USART3EN：USART3 时钟使能 由软件置 1 或 0 0：USART3 时钟关闭 1：USART3 时钟开启

（续表）

位	说　明
17	USART2EN：USART2 时钟使能 由软件置 1 或 0 0：USART2 时钟关闭 1：USART2 时钟开启
16	保留，始终读为 0
15	SPI3EN：SPI 3 时钟使能 由软件置 1 或 0 0：SPI 3 时钟关闭 1：SPI 3 时钟开启
14	SPI2EN：SPI 2 时钟使能 由软件置 1 或 0 0：SPI 2 时钟关闭 1：SPI 2 时钟开启
13～12	保留，始终读为 0
11	WWDGEN：窗口看门狗时钟使能 由软件置 1 或 0 0：窗口看门狗时钟关闭 1：窗口看门狗时钟开启
10～6	保留，始终读为 0
5	TIM7EN：定时器 7 时钟使能 由软件置 1 或 0 0：定时器 7 时钟关闭 1：定时器 7 时钟开启
4	TIM6EN：定时器 6 时钟使能 由软件置 1 或 0 0：定时器 6 时钟关闭 1：定时器 6 时钟开启
3	TIM5EN：定时器 5 时钟使能 由软件置 1 或 0 0：定时器 5 时钟关闭 1：定时器 5 时钟开启
2	TIM4EN：定时器 4 时钟使能 由软件置 1 或 0 0：定时器 4 时钟关闭 1：定时器 4 时钟开启
1	TIM3EN：定时器 3 时钟使能 由软件置 1 或 0 0：定时器 3 时钟关闭 1：定时器 3 时钟开启
0	TIM2EN：定时器 2 时钟使能 由软件置 1 或 0 0：定时器 2 时钟关闭 1：定时器 2 时钟开启

和外设使用寄存器一样，STM32F103 也提供了相应的寄存器来控制每一个片上外设的复位功能，当一个外设工作异常或者想把该外设的相关寄存器参数恢复成默认值时，可以把相应的复位控制位置 1，然后清零。

5. APB2 外设复位寄存器（RCC_APB2RSTR）

偏移地址：0x0C。

复位值：0x00000000。

访问：无等待周期，可以字、半字和字节访问。

APB2 外设复位寄存器各位描述如图 4-7 所示。

31	30	29	28	27	26	25	24	23	22	21	20	19	18	17	16
保留															

15	14	13	12	11	10	9	8	7	6	5	4	3	2	1	0
保留	USART1 RST	保留	SPI1 RST	TIM1 RST	ADC2 RST	ADC1 RST	保留		IOPE RST	IOPD RST	IOPC RST	IOPB RST	IOPA RST	保留	AFIO RST
	rw		rw	rw	rw	rw			rw	rw	rw	rw	rw		rw

图 4-7　APB2 外设复位寄存器各位描述

APB2 外设复位寄存器各位功能描述见表 4-6。

表 4-6　APB2 外设复位寄存器各位功能描述

位	说　明
31～16	保留，始终读为 0
15	ADC3RST：ADC3 接口复位 由软件置 1 或 0 0：无作用 1：复位 ADC3 接口
14	USART1RST：USART1 复位 由软件置 1 或 0 0：无作用 1：复位 USART1
13	TIM8RST：TIM8 定时器复位 由软件置 1 或 0 0：无作用 1：复位 TIM8 定时器
12	SPI1RST：SPI1 复位 由软件置 1 或 0 0：无作用 1：复位 SPI1
11	TIM1RST：TIM1 定时器复位 由软件置 1 或 0 0：无作用 1：复位 TIM1 定时器
10	ADC2RST：ADC2 接口复位 由软件置 1 或 0 0：无作用 1：复位 ADC2 接口

（续表）

位	说　明
9	ADC1RST：ADC1 接口复位 由软件置 1 或 0 0：无作用 1：复位 ADC1 接口
8	IOPGRST：输入/输出端口 G 复位 由软件置 1 或 0 0：无作用 1：复位输入/输出端口 G
7	IOPFRST：输入/输出端口 F 复位 由软件置 1 或 0 0：无作用 1：复位输入/输出端口 F
6	IOPERST：输入/输出端口 E 复位 由软件置 1 或 0 0：无作用 1：复位输入/输出端口 E
5	IOPDRST：输入/输出端口 D 复位 由软件置 1 或 0 0：无作用 1：复位输入/输出端口 D
4	IOPCRST：输入/输出端口 C 复位 由软件置 1 或 0 0：无作用 1：复位输入/输出端口 C
3	IOPBRST：输入/输出端口 B 复位 由软件置 1 或 0 0：无作用； 1：复位输入/输出端口 B
2	IOPARST：输入/输出端口 A 复位 由软件置 1 或 0 0：无作用 1：复位输入/输出端口 A
1	保留，始终读为 0
0	AFIORST：辅助功能输入/输出复位 由软件置 1 或 0 0：无作用 1：复位辅助功能

6. APB1 外设复位寄存器（RCC_APB1RSTR）

偏移地址：0x10。

复位值：0x00000000。

访问：无等待周期，可以字、半字和字节访问。

APB1 外设复位寄存器各位描述如图 4-8 所示。

31	30	29	28	27	26	25	24	23	22	21	20	19	18	17	16
保留		DACRST	PWR RST	BKP RST	CAN2 RST	CAN1 RST	保留		I2C2 RST	I2C1 RST	UART5R ST	UART4R ST	USART3 RST	USART2 RST	保留
		rw	rw	rw	rw	rw			rw	rw	rw	rw	rw	rw	

15	14	13	12	11	10	9	8	7	6	5	4	3	2	1	0
SPI3 RST	SPI2 RST	保留		WWDG RST	保留					TIM7 RST	TIM6 RST	TIM5 RST	TIM4 RST	TIM3 RST	TIM2 RST
rw	rw			rw						rw	rw	rw	rw	rw	rw

图 4-8　APB1 外设复位寄存器各位描述

APB1 外设复位寄存器各位功能描述见表 4-7。

表 4-7　APB1 外设复位寄存器各位功能描述

位	说　明
31～30	保留，始终读为 0
29	DACRST：DAC 接口复位 由软件置 1 或 0 0：无作用 1：复位 DAC 接口
28	PWRRST：电源接口复位 由软件置 1 或 0 0：无作用 1：复位电源接口
27	BKPRST：备份接口复位 由软件置 1 或 0 0：无作用 1：复位备份接口
26	保留，始终读为 0
25	CANRST：CAN 复位 由软件置 1 或 0 0：无作用 1：复位 CAN
24	保留，始终读为 0
23	USBRST：USB 复位 由软件置 1 或 0 0：无作用 1：复位 USB
22	I2C2RST：I^2C 2 复位 由软件置 1 或 0 0：无作用 1：复位 I^2C 2
21	I2C1RST：I2C 1 复位 由软件置 1 或 0 0：无作用 1：复位 I^2C 1

（续表）

位	说　明
20	UART5RST：UART5 复位 由软件置 1 或 0 0：无作用 1：复位 UART5
19	UART4RST：UART4 复位 由软件置 1 或 0 0：无作用 1：复位 UART4
18	USART3RST：USART3 复位 由软件置 1 或 0 0：无作用 1：复位 USART3
17	USART2RST：USART2 复位 由软件置 1 或 0 0：无作用 1：复位 USART2
16	保留，始终读为 0
15	SPI3RST SPI3　复位 由软件置 1 或 0 0：无作用； 1：复位 SPI3
14	SPI2RST：SPI2 复位 由软件置 1 或 0 0：无作用 1：复位 SPI2
13～12	保留，始终读为 0
11	WWDGRST：窗口看门狗复位 由软件置 1 或 0 0：无作用 1：复位窗口看门狗
10～6	保留，始终读为 0
5	TIM7RST：定时器 7 复位 由软件置 1 或 0 0：无作用 1：复位 TIM7 定时器
4	TIM6RST：定时器 6 复位 由软件置 1 或 0 0：无作用 1：复位 TIM6 定时器
3	TIM5RST：定时器 5 复位 由软件置 1 或 0 0：无作用 1：复位 TIM5 定时器

（续表）

位	说　明
2	TIM4RST：定时器 4 复位 由软件置 1 或 0 0：无作用 1：复位 TIM4 定时器
1	TIM3RST：定时器 3 复位 由软件置 1 或 0 0：无作用 1：复位 TIM3 定时器
0	TIM2RST：定时器 2 复位 由软件置 1 或 0 0：无作用 1：复位 TIM2 定时器

7．GPIO 接口配置低寄存器（GPIOx_CRL）（x=A～G）

偏移地址：0x00。

复位值：0x44444444。

STM32F103ZET6 共有 A～G 组 GPIO 接口（不同的型号具有的组数不一样），每组 GPIO 接口最多有 16 个 I/O 引脚，而一个 I/O 引脚功能配置占用连续的 4 个位，所以 1 个寄存器 32 位，最多只能配置一组 GPIO 接口中 8 个 I/O 引脚。因此，STM32F1 提供了两个寄存器来配置每组 GPIO 接口功能。寄存器 GPIOx_CRL 配置的是一组 GPIO 接口的前 8 个 I/O 引脚，其各位描述如图 4-9 所示。

31	30	29	28	27	26	25	24	23	22	21	20	19	18	17	16
CNF7[1:0]		MODE7[1:0]		CNF6[1:0]		MODE6[1:0]		CNF5[1:0]		MODE5[1:0]		CNF4[1:0]		MODE4[1:0]	
rw	rw	rw	rw	rw	rw	rw	rw	rw	rw	rw	rw	rw	rw	rw	rw

15	14	13	12	11	10	9	8	7	6	5	4	3	2	1	0
CNF3[1:0]		MODE3[1:0]		CNF2[1:0]		MODE2[1:0]		CNF1[1:0]		MODE1[1:0]		CNF0[1:0]		MODE0[1:0]	
rw	rw	rw	rw	rw	rw	rw	rw	rw	rw	rw	rw	rw	rw	rw	rw

图 4-9　GPIO 接口配置低寄存器各位描述

GPIO 接口配置低寄存器各位功能描述说明见表 4-8。

表 4-8　GPIO 接口配置低寄存器各位功能描述

位	说　明
31～30 27～26 23～22 19～18 15～14 11～10 7～6 3～2	CNFy[1:0]：端口 x 配置位（y = 0,…,7） 软件通过这些位配置相应的端口，请参考表 4-1 在输入功能（MODE[1:0]=00）下 00：模拟输入模式 01：浮空输入模式（复位后的状态） 10：上拉/下拉输入模式,要配合 ODR 寄存器才能知道是上拉还是下拉 11：保留 在输出功能（MODE[1:0]>00）下 00：推挽输出模式 01：开漏输出模式 10：复用功能推挽输出模式 11：复用功能开漏输出模式

（续表）

位	说　明
29～28 25～24 21～20 17～16 13～12 9～8 5～4 1～0	MODEy[1:0]：端口 x 的功能位（y = 0,…,7） 软件通过这些位配置相应的端口，请参考表 4-1 00：输入功能（复位后的状态） 01：输出功能，最大频率为 10MHz 10：输出功能，最大频率为 2MHz 11：输出功能，最大频率为 50MHz

8. GPIO 接口配置高寄存器（GPIOx_CRH）（x=A～G）

偏移地址：0x04。

复位值：0x44444444。

GPIOx_CRH 配置的是一组 I/O 端口的后 8 个 I/O 引脚，其各位描述如图 4-10 所示。

31	30	29	28	27	26	25	24	23	22	21	20	19	18	17	16
CNF15[1:0]		MODE15[1:0]		CNF14[1:0]		MODE14[1:0]		CNF13[1:0]		MODE13[1:0]		CNF12[1:0]		MODE12[1:0]	
rw	rw	rw	rw	rw	rw	rw	rw	rw	rw	rw	rw	rw	rw	rw	rw
15	14	13	12	11	10	9	8	7	6	5	4	3	2	1	0
CNF11[1:0]		MODE11[1:0]		CNF10[1:0]		MODE10[1:0]		CNF9[1:0]		MODE9[1:0]		CNF8[1:0]		MODE8[1:0]	
rw	rw	rw	rw	rw	rw	rw	rw	rw	rw	rw	rw	rw	rw	rw	rw

图 4-10　GPIO 接口配置高寄存器各位描述

GPIO 接口配置高寄存器各位功能描述见表 4-9。

表 4-9　GPIO 接口配置高寄存器各位功能描述

位	说　明
31～30 27～26 23～22 19～18 15～14 11～10 7～6 3～2	CNFy[1:0]：端口 x 配置位（y = 8,…,15） 软件通过这些位配置相应的端口，请参考表 4.-1 在输入功能（MODE[1:0]=00）下 00：模拟输入模式 01：浮空输入模式（复位后的状态） 10：上拉/下拉输入模式，要配合 ODR 寄存器才能知道是上拉输入模式还是下拉输入模式 11：保留 在输出模式（MODE[1:0]>00）下 00：推挽输出模式 01：开漏输出模式 10：复用功能推挽输出模式 11：复用功能开漏输出模式
29～28 25～24 21～20 17～16 13～12 9～8 5～4 1～0	MODEy[1:0]：端口 x 的功能位（y = 8,…,15） 软件通过这些位配置相应的端口，请参考表 4-1 00：输入功能（复位后的状态） 01：输出功能，最大频率为 10MHz 10：输出功能，最大频率为 2MHz 11：输出功能，最大频率为 50MHz

9. GPIO 接口输入数据寄存器（GPIOx_IDR）（x=A～G）

地址偏移：0x08。

复位值：0x0000xxxx（x 表示不确定的值，下同）。

这个寄存器用于读取对应的 I/O 引脚输出高/低电平。一个位对应于一组 GPIO 接口中的一个引脚。读取结果是 1，表示该 I/O 引脚是高电平，结果是 0，则表示对应的 I/O 引脚是低电平。GPIO 端口输入数据寄存器各位描述如图 4-11 所示。

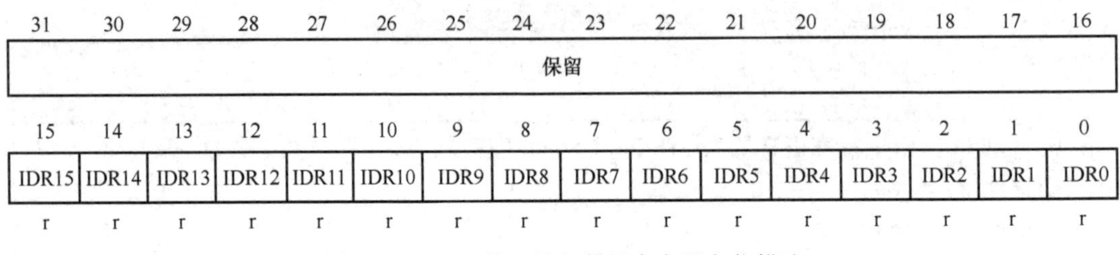

图 4-11　GPIO 接口输入数据寄存器各位描述

GPIO 接口输入数据寄存器各位功能描述见表 4-10。

表 4-10　GPIO 接口输入数据寄存器各位功能描述

位	说　明
31～16	保留，始终读为 0
15～0	IDRy[15:0]：端口输入数据（y = 0,…,15）（Port Input Data） 这些位只读，并只能以字的形式读出。读出的值为对应 I/O 引脚的状态

10. GPIO 接口输出数据寄存器（GPIOx_ODR）（x=A～G）

地址偏移：0C。

复位值：0x00000000。

这个寄存器用于向对应的 I/O 引脚输出高/低电平。一个位对应于一组 GPIO 接口中的一个引脚。往对应的位写入 1，则 I/O 端口相应引脚上输出高电平；写入 0，则对应 I/O 端口相应引脚上输出低电平。GPIO 接口输出数据寄存器各位描述如图 4-12 所示。

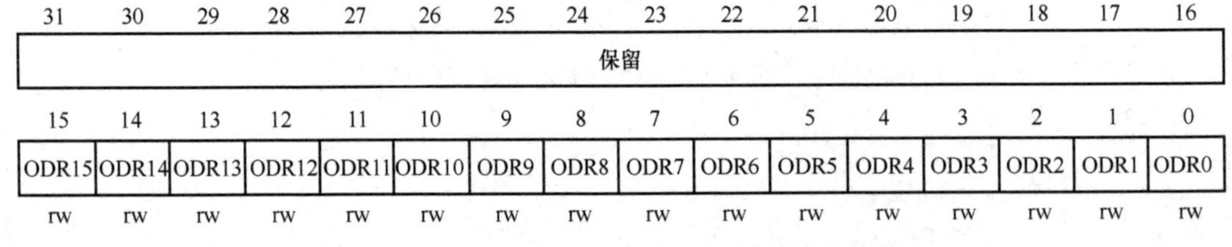

图 4-12　GPIO 接口输出数据寄存器各位描述

GPIO 接口输出数据寄存器各位功能描述见表 4-11。

表 4-11　GPIO 接口输出数据寄存器各位功能描述

位	说　明
31～16	保留，始终读为 0
15～0	ODRy[15:0]：端口输出数据（y = 0,…,15） 这些位可读/写，并只能以字的形式操作 注：对 GPIOx_BSRR（x = A,…,E），可以分别对各个 ODR 位进行独立的设置/清除

11. GPIO 接口位设置/清除寄存器（GPIOx_BSRR）（x=A～G）

地址偏移：0x10。

复位值：0x00000000。

该寄存器和 GPIO 接口输出数据寄存器一样，是用来使指定引脚输出高/低电平的。不同的是，该寄存器的低 16 位专门用于输出高电平，高 16 位专门用于输出低电平，并且，这些位写入 0 是无效的，不会对原来的 I/O 引脚电平状态产生影响。这样就可以像使用移位方式一样直接使指定的 I/O 引脚输出高/低电平，而不用影响其他位。GPIO 接口位设置/清除寄存器各位描述如图 4-13 所示。

31	30	29	28	27	26	25	24	23	22	21	20	19	18	17	16
BR15	BR14	BR13	BR12	BR11	BR10	BR9	BR8	BR7	BR6	BR5	BR4	BR3	BR2	BR1	BR0
w	w	w	w	w	w	w	w	w	w	w	w	w	w	w	w
15	14	13	12	11	10	9	8	7	6	5	4	3	2	1	0
BS15	BS14	BS13	BS12	BS11	BS10	BS9	BS8	BS7	BS6	BS5	BS4	BS3	BS2	BS1	BS0
w	w	w	w	w	w	w	w	w	w	w	w	w	w	w	w

图 4-13　GPIO 接口位设置/清除寄存器各位描述

GPIO 接口位设置/清除寄存器各位功能描述见表 4-12。

表 4-12　GPIO 接口位设置/清除寄存器各位功能

位	说　明
31～16	BRy：清除端口 x 的位 y（y = 0,…,15） 这些位输出低电平，不能输出高电平，只能写入，并只能以字的形式操作 0：对对应的 ODRy 位不产生影响 1：设置对应的 ODRy 位为 0 注：如果同时设置了 BSy 和 BRy 的对应位，则 BSy 位起作用
15～0	BSy：设置端口 x 的位 y（y = 0,…,15） 这些位输出高电平，不能输出低电平，只能写入，并只能以字的形式操作 0：对对应的 ODRy 位不产生影响 1：设置对应的 ODRy 位为 1

12. GPIO 接口位清除寄存器（GPIOx_BRR）（x=A～G）

地址偏移：0x14。

复位值：0x00000000。

该寄存器只能使对应的 I/O 引脚输出低电平，和 GPIO 接口位设置/清除寄存器一样，具有写 1 有效、写 0 无效的特点。GPIO 接口位清除寄存器各位描述如图 4-14 所示。

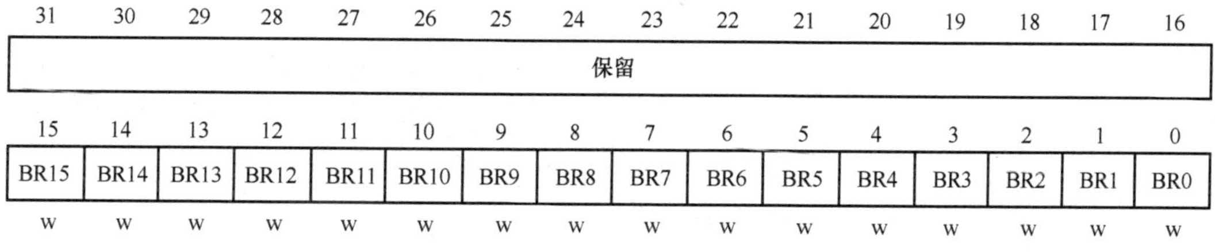

图 4-14　GPIO 接口位清除寄存器各位描述

GPIO 接口位清除寄存器各位功能描述见表 4-13。

表 4-13　GPIO 接口位清除寄存器各位描述

位	说　明
31～16	保留
15～0	BRy：清除端口 x 的位 y（y = 0,…,15） 这些位只能写入，并只能以字的形式操作 0：对对应的 BRy 位不产生影响 1：设置对应的 BRy 位为 0

13．GPIO 接口配置锁定寄存器（GPIOx_LCKR）（x=A～G）

地址偏移：0x18。

复位值：0x00000000。

为了提高芯片的抗干扰能力，以及减少因程序员编程序时不小心造成的错误，STM32F103 提供了 GPIO 接口引脚配置锁定功能。一旦把一个 GPIO 接口引脚的功能确定了，就可以把这个 GPIO 接口引脚功能锁定，这样在整个程序运行周期内，任何重新配置该 GPIO 接口引脚的代码都会失效。

当执行正确的写序列设置了 16 位（LCKK）时，GPIO 接口配置锁定寄存器用来锁定端口位的配置。位[15:0]用于锁定 GPIO 接口的配置。在规定的写入操作期间，不能改变 LCKP[15:0]。当对相应的端口位执行了 LOCK 序列后，在下次系统复位之前将不能再更改端口位的配置。GPIO 接口配置锁定寄存器各位描述如图 4-15 所示。

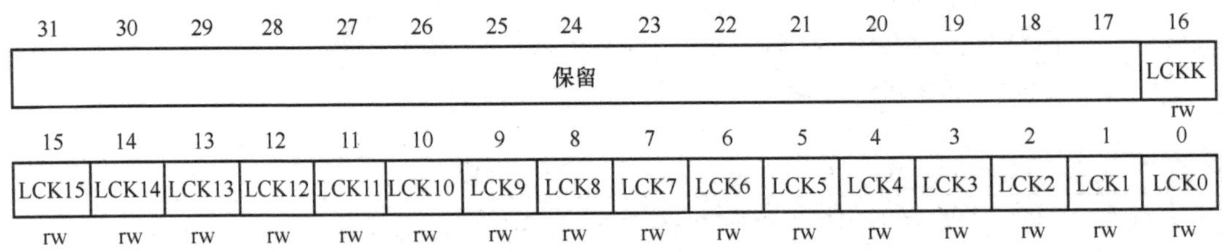

图 4-15　GPIO 端口配置锁定寄存器各位描述

GPIO 接口配置锁定寄存器各位功能描述见表 4-14。

表 4-14　GPIO 接口配置锁定寄存器各位功能描述

位	说　明
31～17	保留
16	LCKK：锁键 该位可随时读出，它只可通过锁键写入序列修改 0：端口配置锁键未激活 1：端口配置锁键被激活，下次系统复位前 GPIOx_LCKR 寄存器被锁住 锁键的写入序列： 写 1 →写 0 →写 1→读 0 →读 1，最后一个读操作可省略，但可以用来确认锁键已被激活 注：在操作锁键的写入序列时，不能改变 LCK[15:0]的值。操作锁键写入序列中的任何错误都不能激活锁键
15～0	LCKy：端口 x 的锁位 y（y = 0,…,15） 这些位可读/写，但只能在 LCKK 位为 0 时写入 0：不锁定端口的配置 1：锁定端口的配置

4.2.5　GPIO 接口相关的库函数

1．STM32F10x GPIO 接口时钟开启

在 STM32 固件库开发中，操作时钟寄存器相关的函数和定义分别在源文件 stm32f10x_rcc.c 和头文件 stm32f10x_rcc.h 中。

在库函数中，操作时钟寄存器是通过时钟初始化函数完成的，RCC_APB2PeriphClockCmd 函数说明见表 4-15。

表 4-15　RCC_APB2PeriphClockCmd 函数说明

函数名	RCC_APB2PeriphClockCmd
函数原型	void RCC_APB2PeriphClockCmd(uint32_t RCC_APB2Periph, FunctionalState NewState)
功能描述	初始化时钟
输入参数 1	RCC_APB2Periph：指定初始化挂载在 ABP2 时钟总线的外设时钟
输入参数 2	NewState：表示状态，即开启（ENABLE）或者关闭（DISABLE）状态
输出参数	无
返回值	无
说明	FunctionalState 是一个枚举类型，在 stm32f10x.h 中定义。双击入口参数类型 FunctionalState 后，在右键快捷菜单中选择【Go todefinition of …】选项，可以查看 FunctionalState 的定义如下 typedef enum {DISABLE = 0, ENABLE = !DISABLE} FunctionalState;

调用 RCC_APB2PeriphClockCmd 函数打开 GPIO 接口时钟见例 4-1。

【例 4-1】调用 RCC_APB2PeriphClockCmd 函数打开 GPIO 接口时钟。

```
RCC_APB2PeriphClockCmd(RCC_APB2Periph_GPIO,ENABLE);
```

其他时钟开启相关函数如下：

```
void RCC_AHBPeriphClockCmd(uint32_t RCC_AHBPeriph, FunctionalState NewState)       /*AHB 时钟总线*/
void RCC_APB1PeriphClockCmd(uint32_t RCC_APB1Periph, FunctionalState NewState)     /*APB1 时钟总线*/
```

其他时钟相关的库函数可查看 stm32f10x_rcc.c 文件。

2．STM32F10x GPIO 接口配置

在 STM32 固件库开发中，操作 GPIO 接口寄存器相关的函数和定义在源文件 stm32f10x_gpio.c 和头文件 stm32f10x_gpio.h 中。

在库函数中，操作 GPIO 接口高配置寄存器（CRH）和低配置寄存器（CRL）是通过 GPIO 接口初始化函数完成的。GPIO_Init 函数说明见表 4-16。

表 4-16　GPIO_Init 函数说明

函数名	GPIO_Init
函数原型	void GPIO_Init(GPIO_TypeDef* GPIOx, GPIO_InitTypeDef* GPIO_InitStruct)
功能描述	根据 GPIO_InitStruct 中指定的参数初始化外设 GPIOx 寄存器
输入参数 1	GPIOx：指定初始化哪一组 GPIO 接口，x=A,B,C,D,E,F,…
输入参数 2	GPIO_InitStruct：GPIO 接口的模式和速度等参数结构体（GPIO_InitTypeDef）变量
输出参数	无
返回值	无
说明	无

GPIO_TypeDef 是一种结构体类型，定义了 GPIO 接口相关寄存器，在 stm32f10x.h 中定义。

```
typedef struct
{
  __IO uint32_t CRL;
  __IO uint32_t CRH;
  __IO uint32_t IDR;
  __IO uint32_t ODR;
  __IO uint32_t BSRR;
  __IO uint32_t BRR;
  __IO uint32_t LCKR;
} GPIO_TypeDef;
```

GPIO_InitTypeDef 也是一种结构体类型，定义了 GPIO 接口的引脚编号、模式与速度。在 stm32f10x_gpio.h 中定义。

```
typedef struct
{
  uint16_t GPIO_Pin;
  GPIOSpeed_TypeDef GPIO_Speed;
  GPIOMode_TypeDef GPIO_Mode;
}GPIO_InitTypeDef;
```

调用 GPIO_Init 函数初始化 PA5 引脚见例 4-2。

【例 4-2】调用 GPIO_Init 函数初始化 PA5 引脚。

```
GPIO_InitTypeDef GPIO_InitStructure;
GPIO_InitStructure.GPIO_Pin = GPIO_Pin_5;                /*选择引脚 PA5*/
GPIO_InitStructure.GPIO_Mode   = GPIO_Mode_Out_PP;       /*推挽输出*/
GPIO_InitStructure.GPIO_Speed = GPIO_Speed_50MHz;        /*输出最大频率为 50MHz*/
GPIO_Init(GPIOA,&GPIO_InitStructure);
```

3. STM32F10x GPIO 接口数据输出

在库函数中，操作 GPIO 接口数据输出寄存器（ODR）是通过 GPIO_Write 函数完成的。GPIO_Write 函数说明见表 4-17。

表 4-17　GPIO_Write 函数说明

函数名	GPIO_Write
函数原型	void GPIO_Write(GPIO_TypeDef* GPIOx, uint16_t PortVal)
功能描述	常用来设置多个端口的值
输入参数 1	GPIOx：指定初始化哪一组 GPIO，x=A,B,C,D,E,F,…
输入参数 2	PortVal：需要设置的值
输出参数	无
返回值	无
说明	如果只要设置或清除一个端口，可以用 GPIO_SetBits 和 GPIO_ResetBits 函数 void GPIO_SetBits(GPIO_TypeDef* GPIOx, uint16_t GPIO_Pin) void GPIO_ResetBits(GPIO_TypeDef* GPIOx, uint16_t GPIO_Pin)

调用 GPIO_SetBits 函数实现 PA5 引脚输出高电平及 GPIO_ResetBits 函数实现 PA5 引脚输出低电平见例 4-3。

【例 4-3】调用 GPIO_SetBits 函数实现 PA5 引脚输出高电平及 GPIO_ResetBits 函数实现 PA5 输出低电平。

```
GPIO_SetBits(GPIOA,GPIO_Pin_5);     /*PA5 引脚输出高电平*/
GPIO_ResetBits(GPIOA,GPIO_Pin_5); /* PA5 引脚输出低电平*/
```

4．STM32F10x GPIO 接口数据输入

在库函数中，操作 GPIO 接口数据输入寄存器（IDR）是通过 GPIO_ReadInputData 函数完成的。GPIO_ReadInputData 函数说明见表 4-18。

表 4-18　GPIO_ReadInputData 函数说明

函数名	GPIO_ReadInputData
函数原型	uint16_t GPIO_ReadInputData(GPIO_TypeDef* GPIOx)
功能描述	常用来读取一组 GPIO 接口的值
输入参数 1	GPIOx：指定初始化哪一组 GPIO 接口，x=A,B,C,D,E,F,···
输出参数	无
返回值	返回读到 GPIO 接口的值
说明	如果只需要读取某个端口，可以用 GPIO_ReadInputDataBit 函数 uint8_t GPIO_ReadInputDataBit(GPIO_TypeDef* GPIOx, uint16_t GPIO_Pin)

调用 GPIO_ReadInputDataBit 函数读取 PA0 引脚的电平状态见例 4-4。

【例 4-4】调用 GPIO_ReadInputDataBit 函数读取 PA0 引脚的电平状态。

```
u8 val = GPIO_ReadInputDataBit(GPIOA,GPIO_Pin_0);/* 读取 PA0 引脚的电平状态*/
```

其他 GPIO 接口函数这里不再介绍，读者可参考 stm32f10x_gpio.c 文件。

4.3　LED 实验硬件设计

4.3.1　硬件原理图

信盈达 STM32F10ZET6 开发板 LED 实验硬件原理图如图 4-16 所示。

4.3.2　LED 实验硬件原理图分析

从图 4-16 中可以看出，LED 分别连接到 PB5、PE5、PA5、PA6 引脚上，并且它们的正极接到了 3.3V 电源正极上。因此，要控制 LED 亮，只需要把 LED 的另一端输出低电平，电流就可以构成回路，从而点亮 LED；要控制 LED 灭，则输出高电平。

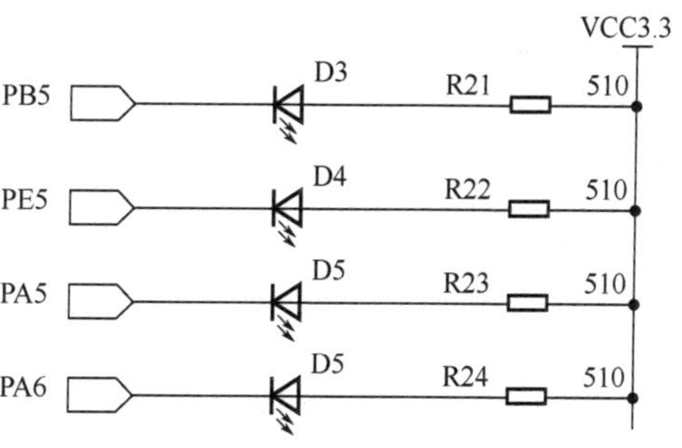

图 4-16　信盈达 STM32F103ZET6 开发板 LED 实验硬件原理图

4.4　LED 实验软件设计

根据 LED 实验硬件原理图分析，可以知道，要把 PB5、PE5、PA5、PA6 引脚配置成输出功能，然后通过 GPIO_SetBits 和 GPIO_ResetBits 函数来控制对应的 I/O 引脚输出高低电平。

根据前面 I/O 引脚的学习，写入初始化函数的步骤如下。

（1）开启 B 组、E 组、A 组和时钟。

（2）配置 I/O 引脚为输出功能，速度随便选择一种。

（3）编写点灯函数，灭灯函数。

LED 实验软件设计流程图如图 4-17 所示。

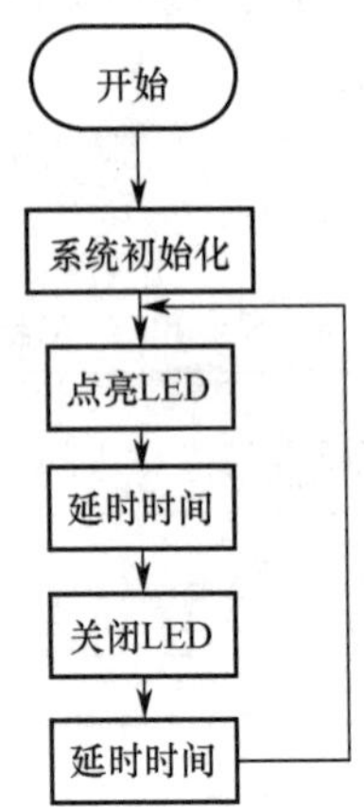

图 4-17　LED 实验软件设计流程图

4.5　LED 实验示例程序分析及仿真

这里列出了部分常用的功能函数。

4.5.1　LED 初始化函数

```
/**************************************************************************
*函数信息：void LED_Init(void)
*功能描述：对 4 个 LED 进行初始化,并让灯闪烁一下，检测灯是否有坏的
*输入参数：无
*输出参数：无
*函数返回：无
*调用提示：无
*  作者：    陈醒醒
**************************************************************************/
void LED_Init(void)
{
        GPIO_InitTypeDef GPIO_InitStructure;
        RCC_APB2PeriphClockCmd(RCC_APB2Periph_GPIOB|RCC_APB2Periph_GPIOA|RCC_APB2Pe
riph_GPIOE,ENABLE);/*开启 PA PB PE 时钟*/
        GPIO_InitStructure.GPIO_Mode  = GPIO_Mode_Out_PP;  /*推挽输出模式*/
        GPIO_InitStructure.GPIO_Speed = GPIO_Speed_50MHz;  /*50M 速度*/
        GPIO_InitStructure.GPIO_Pin = GPIO_Pin_5;       /*选择引脚*/
        GPIO_Init(GPIOB,&GPIO_InitStructure);          /*初始化 PB*/
        GPIO_Init(GPIOE,&GPIO_InitStructure);          /*初始化 PE*/
        GPIO_InitStructure.GPIO_Pin = GPIO_Pin_5 |GPIO_Pin_6; /*选择引脚*/
        GPIO_Init(GPIOA,&GPIO_InitStructure);         /*初始化 PA*/
}
```

4.5.2　LED 闪烁函数

```
/**************************************************************************
*函数信息 ：void LED_FlashingLight(void)
```

```
*功能描述：LED 闪烁
*输入参数：无
*输出参数：无
*函数返回：无
*调用提示：无
*  作者：  陈醒醒
***********************************************************************/
void LED_FlashingLight(void)
{
        LED1(1);   /*通过宏定义使 LED1 对应的 I/O 引脚输出低电平，点亮 LED1*/
        Delay(500); /*延时*/
        LED1(0);   /*通过宏定义使 LED1 对应的 I/O 引脚输出高电平，熄灭 LED1*/
        Delay(500); /*延时*/
}
```

4.5.3　LED 相关宏定义

```
#define LED1(x) x?GPIO_ResetBits(GPIOB,GPIO_Pin_5): GPIO_SetBits(GPIOB,GPIO_Pin_5)
#define LED2(x) x?GPIO_ResetBits(GPIOE,GPIO_Pin_5): GPIO_SetBits(GPIOE,GPIO_Pin_5)
#define LED3(x) x?GPIO_ResetBits(GPIOA,GPIO_Pin_5): GPIO_SetBits(GPIOA,GPIO_Pin_5)
#define LED4(x) x?GPIO_ResetBits(GPIOA,GPIO_Pin_6): GPIO_SetBits(GPIOA,GPIO_Pin_6)
```

这里宏定义使用了 C 语言的三目运算，当 x 的值为 1 时，执行 GPIO_ResetBits(GPIOB, GPIO_Pin_5)，PB5 这个 I/O 引脚输出低电平，反之输出高电平。

4.5.4　LED 实验 main 函数

```
/***********************************************************************
*函数信息：int main ( )
*功能描述：LED 初始化及闪烁
*输入参数：无
*输出参数：无
*函数返回：0
*调用提示：无
*  作者：  陈醒醒
***********************************************************************/
int main()
{
    LED_Init(); /*LED 初始化*/
    while(1)
    {
        LED_FlashingLight();/*LED 闪烁*/
    }
}
```

4.6　按键输入实验

4.6.1　按键输入实验硬件设计

按键输入实验中的按键采用信盈达 STM32F103 开发板上的按键。该按键是独立按键，其工作原理比较简单，如图 4-18 所示。当按键按下时，AB 两端导通；当按键释放时，AB 两端断开。

当 AB 两端导通时，B 端连接到 GND，那么 A 也连接到了 GND，这样可以通过 A 端的状态来判断按键是否按下。

按键输入实验硬件电路如图 4-19 所示。

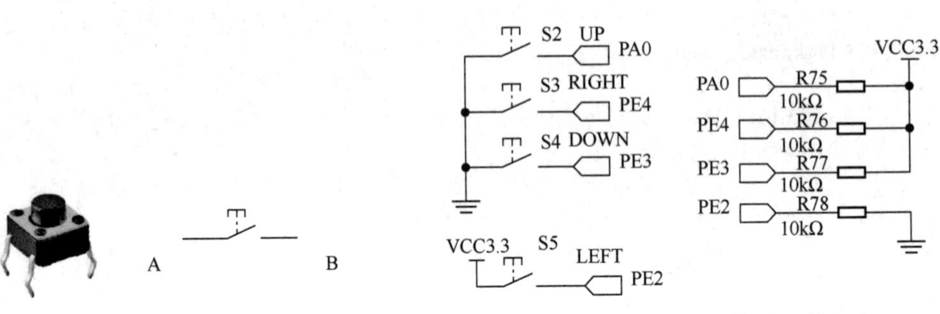

图 4-18　独立按键　　　　图 4-19　按键输入实验硬件电路

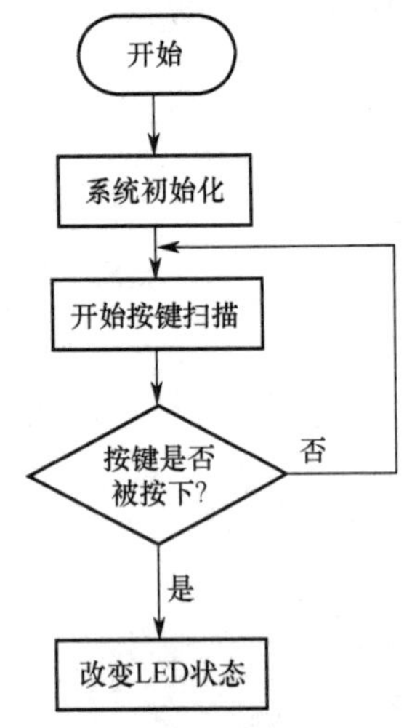

图 4-20　按键软件设计流程图

由图 4-19 可知，当按键 S2 按下时，可以通过 PA0 引脚的电平状态来判断按键 S2 是否被按下。当读到 PA0 引脚的电平为低电平时，按键 S2 为按下状态，反之为松开状态。同理，按键 S3 和按键 S4 是一样的判断方法，而按键 S5 的判断方法刚好相反。

4.6.2　按键输入实验软件设计

通过按键原理图可知，按键 S2、S3、S4 已经外接了上拉电阻，而按键 S5 外接了下接电阻，所以只需要把 PE2、PE3、PE4、PA0 引脚配置成浮空输入模式即可，然后通过 GPIO_ReadInputDataBit 函数来读取对应的 I/O 引脚电平状态。

根据前面 I/O 引脚的学习，写入初始化函数的步骤如下。

（1）开启 E 组、A 组时钟。

（2）配置 I/O 引脚为浮空输入模式。

（3）编写按键扫描函数、主函数。

按键软件设计流程图如图 4-20 所示。

4.6.3　按键扫描函数

这里只列出了部分主要功能函数。

```
/*******************************************************************
*函数信息：void KEY_Scan(void)
*功能描述：对 4 个按键进行扫描
*输入参数：0 表示非连续识别；非 0 表示连续识别
*输出参数：无
*函数返回：0 表示无按键被按下；其他表示对应按键的值
*调用提示：在需要判断按键状态时调用
*  作者：   陈醒醒
********************************************************************/
u8 KEY_Scan(u8 sta)
```

```
{
        static u8 key_flag=1;   /*按键标志，1 表示松开；0 表示按下*/
        if(sta)key_flag=1;      /*1 表示连续识别；0 表示非连续识别*/
        if((key_flag==1)&&(!KEY1() || !KEY2() || !KEY3() || KEY4()))/*有按键被按下*/
        {
                Delay(20);          /*消抖*/
                key_flag=0;
                if(!KEY1())return Key_Up;               /*按键 S2 被按下*/
                else if(!KEY2())return Key_Right;   /*按键 S3 被按下*/
                else if(!KEY3())return Key_Down;    /*按键 S4 被按下*/
                else if(KEY4())return Key_Left;       /*按键 S5 被按下*/
        }
        else if(KEY1()&&KEY2()&&KEY3()&&(!KEY4()))/*按键被松开*/
                key_flag=1;
        return Key_None; /*无按键被按下*/
}
```

4.6.4　KEY 相关宏定义

```
#define KEY1() GPIO_ReadInputDataBit(GPIOA,GPIO_Pin_0) /*读 A-0 引脚状态*/
#define KEY2() GPIO_ReadInputDataBit(GPIOE,GPIO_Pin_4) /*读 E-4 引脚状态*/
#define KEY3() GPIO_ReadInputDataBit(GPIOE,GPIO_Pin_3) /*读 E-3 引脚状态*/
#define KEY4() GPIO_ReadInputDataBit(GPIOE,GPIO_Pin_2) /*读 E-2 引脚状态*/
typedef enum                                                /*枚举按键状态*/
{
        Key_None = 0,Key_Up = 1,Key_Down,Key_Left,Key_Right
}KEY_Type;
```

4.6.5　按键实验 main 函数

```
/*******************************************************************
*函数信息：int main ()
*功能描述：通过按键控制 LED
*输入参数：无
*输出参数：无
*函数返回：无
*调用提示：无
*   作者：   陈醒醒
*******************************************************************/
int main()
{
        u8 Key_num;
        LED_Init(); /*LED 初始化*/
        KEY_Init(); /*按键初始化*/
        while(1)
        {
                Key_num = Key_Scan(0);                          /*得到按键状态*/
                switch(Key_num)
                {
                        case Key_Up:      LED1(1); break;/*点亮 LED1*/
```

```
            case Key_Down:    LED1(0); break;/*熄灭 LED1*/
            case Key_Left:    LED2(1); break;/*点亮 LED2*/
            case Key_Right:   LED2(0); break;/*熄灭 LED2*/
            default:break;
        }
    }
}
```

4.7 本章课后作业

4-1 用 10 种方法实现 4 个 LED 灯循环显示。提示：用 for、if-else、switch-case-break 等语句来实现。

4-2 用 4 个按键分别控制 4 个 LED 灯亮。

4-3 使用其他方式重新编写按键扫描函数。

4-4 编写能够识别短按（按下时间少于 1s）和长按（按下时间大于 3s）函数。

第 5 章 UART 实验

5.1 学习目的

（1）了解通用异步接收发送设备（Universal Asynchronous Receiver/Transmitter，UART）通信协议数据格式。

（2）了解 UART 和个人计算机（Personal Computer，PC）通信硬件电路设计。

（3）掌握 UART 如何发送数据。

（4）掌握 UART 如何接收数据。

5.2 通用串口通信简介

5.2.1 通信概述

计算机与外界的信息交换称为通信。基本的通信方式有并行通信和串行通信两种，如图 5-1 所示。

（1）并行通信（Parallel Communication）：所传送数据的各位同时发送或接收。

（2）串行通信（Serial Communication）：所传送数据的各位按顺序一位一位地发送或接收。

在并行通信中，一个并行数据占多少位二进制数，就要多少根传输线，这种方式的特点是通信速度快，但传输线多，价格较贵，适合近距离传输。

串行通信仅需 1～2 根传输线，故在长距离传输数据时比较经济，但由于它每次只能传送 1 位，所以传送速度较慢。

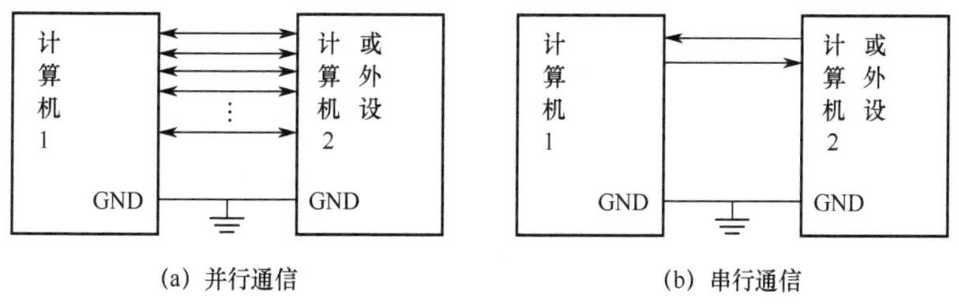

图 5-1　基本的通信方式

5.2.2 同步通信和异步通信

串行通信分为同步通信和异步通信两种方式。

1．同步通信

在同步通信中，数据或字符开始处是用一个同步字符来指示的（一般约定为 1～2 个字符），以实现发送端和接收端同步。一旦检测到约定的同步字符，就开始连续、顺序地发送和接收数据。同步通信如图 5-2 所示。

由于同步通信数据块传送时去掉了每个字符都必须具有的开始和结束的标志，且一次可以发送一个数据段（多个数据），因此其传输速度高于异步通信。这种方式要求接收和发送的时钟要严格保持同步，在通信时通常要求有同步时钟信号，对硬件结构要求较高。由于这种方式易于进行串行外围扩展，所以目前很多型号的单片机都增加了串行同步通信接口，如目前已得到广泛应用的 I²C 串行总线、SPI 串行接口等。

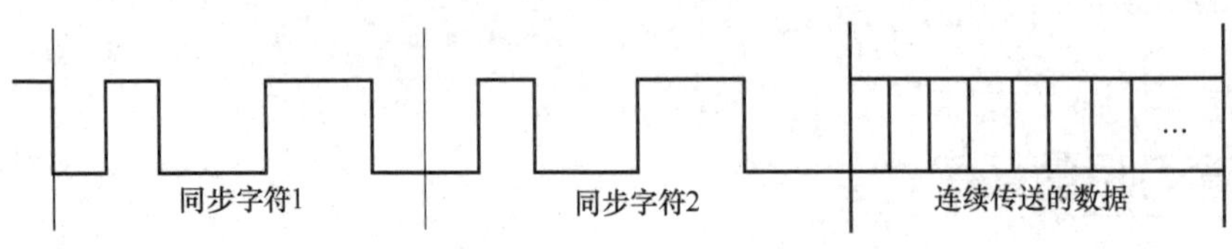

图 5-2　同步通信

2．异步通信

异步通信的主要特点如下。

进行串行通信的单片机的时钟是相互独立的，其时钟频率可以不相同，在通信时不要求有同步时钟信号。由于异步通信是逐帧进行传输的，各位之间的时间间隔应该是相同的，所以必须保证 2 个单片机之间有相同的传送波特率。如果传送波特率不同，则时间间隔不同；当误差超过 5%时，就不能正常进行通信。由于信息传输可以是随时不间断进行的，因而数据帧与数据帧之间的时间间隔可以是不固定的，间隙处为高电平。

由于异步通信传送一帧有固定的格式，通信双方只需按约定的帧格式来发送和接收数据，所以异步通信的硬件结构比同步通信简单。此外，异步通信还能利用校验位检测错误，所以这种通信方式应用较广泛，在单片机中主要采用异步通信。

在异步通信中数据或字符是逐帧传送的。一帧数据定义为一个字符的完整的通信格式，通常也称帧格式。最常见的帧格式一般是先用一个起始位 0 表示字符的开始，然后是 5～8 位数据，规定低位在前高位在后；其后是奇偶校验位；最后是停止位，用以表示字符的结束，停止位可以是 1 位、1.5 位、2 位，不同计算机的规定有所不同。从起始位开始到停止位结束就构成完整的 1 帧。异步通信数据帧格式如图 5-3 所示。

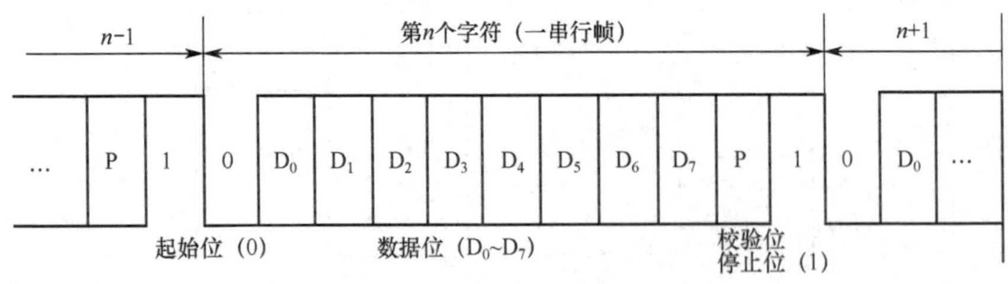

图 5-3　异步通信数据帧格式

下面对异步通信数据帧进行详细描述。

起始位：通信线上没有数据传送时，为高电平（逻辑 1）；当要发送数据时，首先发 1 个低电平信号（逻辑 0），此信号称为“起始位”，表示开始传输 1 帧数据。

数据位：起始位之后的位即数据位。数据位可以是 5、6、7 或 8 位（不同计算机的规定不同），图 5-2 中的数据位为 8 位。一般从最低位开始传送，最高位在最后。

奇偶校验位：数据位之后的位为奇偶校验位。此位可用于判别字符传送的正确性，有 3 种可能的选择，即奇、偶、无校验，用户可根据需要选择。

偶校验：数据位加上这一位后，使得 1 的位数为偶数。

奇校验：数据位加上这一位后，使得 1 的位数为奇数。

停止位：是一个字符数据的结束标志，可以是 1 位、1.5 位（每一位传送时间是固定的，1.5 位就是指高电平时间为 1.5 位的传送时间）、2 位的高电平。由于数据是在传输线上定时的，并且每个设备都有自己的时钟，很可能在通信中两台设备间出现了小小的不同步，因此停止位不仅表示传输的结束，而且提供了计算机校正时钟同步的机会。适用于停止位的位数越多，不同时钟同步的机会就越大，数据传输速度也就越慢。

空闲位：处于逻辑 1 状态，表示当前线路上没有数据传送。

5.2.3　串行通信的数据传送速率

传送速率是指数据传送的速度，用 bit/s（比特 / 秒）表示，称为比特率。在二进制的情况下，比特率与波特率数值相等，因而在单片机的串行通信中，常称为波特率。

假如数据的传送速率为 120 bit/s，每个字符由 1 个起始位、8 个数据位和 1 个停止位组成，则其传送波特率为

$$10\times120\text{bit/s} = 1200\text{bit/s}$$

每一位的传送时间为波特率的倒数，即 1/1200s ≈0. 83ms。

5.2.4　串行通信方式

在串行通信中，数据是在两机之间传送的。按照数据传送方向，串行通信可分为单工（Simplex）制式、半双工（Half Duplex）制式和全双工（Full Duplex）制式。串行通信方式如图 5-4 所示。

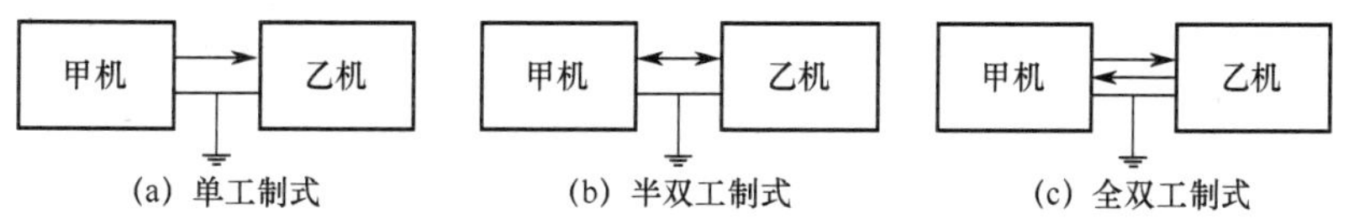

图 5-4　串行通信方式

单工制式：在单工制式下，数据在甲机和乙机之间只允许单方向传送，两机之间只需一条数据线。

半双工制式：在半双工制式下，数据在甲机和乙机之间允许双方向传送，但它们之间只有一个通信回路，接收和发送不能同时进行，只能分时发送和接收（甲机发送，乙机接收，或者乙机发送，甲机接收），因而两机之间只需一条数据线。

全双工制式：在全双工制式下，甲、乙两机之间数据的发送和接收可以同时进行，称为“全双工传送”，两机之间必须使用两条数据线。

注意：不管哪种形式的串行通信，在两机之间均应有公共地线。

5.3　STM32F1 串口模块

5.3.1　STM32F1 串口模块功能描述

通用同步异步收发器（Universal Synchronous/Asynchronous Receiver/Transmitter，USART）为

使用工业标准 NRZ——异步串行数据格式的外部设备之间进行全双工数据交换提供了一种灵活的方法。USART 利用分数波特率发生器提供数据位宽范围的波特率选择。它支持同步通信和半双工单线通信，也支持 LIN（局部互联网）、智能卡协议、IrDA（红外数据组织）规范及调制解调器（CTS/RTS）操作。它还允许多处理器通信，使用多缓冲器配置的 DMA 方式，可以实现高速数据通信。

USART 接口通过 3 个引脚与其他设备连接在一起。任何 USART 双向通信都至少需要两个引脚来接收数据（Receive External Data，RXD）和发送数据（Transmit External Data，TXD）。另外，还有一个引脚用于连接公共地线。

RXD：通过采样技术来区别数据和噪声，从而恢复数据。

TXD：当发送器被禁止时，该引脚恢复到它的端口配置；当发送器被激活，并且不发送数据时，该引脚处于高电平。在单线和智能卡的模式下，该引脚被同时用于数据的发送和接收。

STM32F103ZET6 串口模块提供了 5 个独立的 UART，除标准的串口功能外，还支持单线串口、智能卡接口和同步接口（类似 SPI）功能。本节只介绍基本的串口功能，后面所列出的寄存器也只会涉及相关的基本的串口功能。

下面介绍 STM32F103 USART 的主要特性（只列出基本 UART 的功能）。

（1）全双工异步通信。

（2）分数波特率发生器系统：主要用于提高精度，用来配置传输速率，发送和接收公用的可编程波特率最高达 4.5Mbit/s。

（3）可编程数据长度：通用 UART 可以设置 5～8 位的数据位（不包含校验位），但是 STM32F103 仅支持 8 位或 9 位（包含校验位）。

（4）可配置的停止位：支持 1 或 2 个停止位。

（5）可配置的使用 DMA 的多缓冲器通信：在 SRAM 里利用集中式 DMA 缓冲接收/发送字节。

（6）单独的发送器和接收器使能位：为了适应单线模式而设计的。全双工是不需要的。

（7）检测标志：反映模块工作状态（只列出本实验相关的标志）。

① 接收缓冲器满：表示已收到数据。

② 发送缓冲器空：表示数据已发送完（结构框架图的 TDR 寄存器）SR 寄存器的 TXE 位。

③ 传输结束标志：表示数据已发送完，但是比上面发送缓冲器为空要更加彻底。TDR 和发送移位寄存器都没有数据时产生的标志位，SR 寄存器中的 TC 位。

（8）校验控制。

① 发送校验位。

② 接收数据进行校验。

（9）4 个错误检测标志。

① 溢出错误：当前已经接收到数据，但没有取出来，又来新的数据。

② 噪声错误：数据线检测干扰信号大。

③ 数据帧错误：表示不符合 UART 的数据结构，比如在规定时间内没有收到停止位。

④ 校验错误：只用于接收数据判断。

（10）10 个带标志的中断源。

① CTS 改变：流控制功能，一般情况下比较少用。

② LIN 断开符检测：STM32F1 特有的，不属于 UART 的标准。

③ 发送数据寄存器空。
④ 发送完成。
⑤ 接收数据寄存器满。
⑥ 检测到总线为空闲。
⑦ 溢出错误。
⑧ 数据帧错误。
⑨ 噪声错误。
⑩ 校验错误。

5.3.2　STM32F1 串口模块的结构

STM32F1 串口模块的结构如图 5-5 所示。

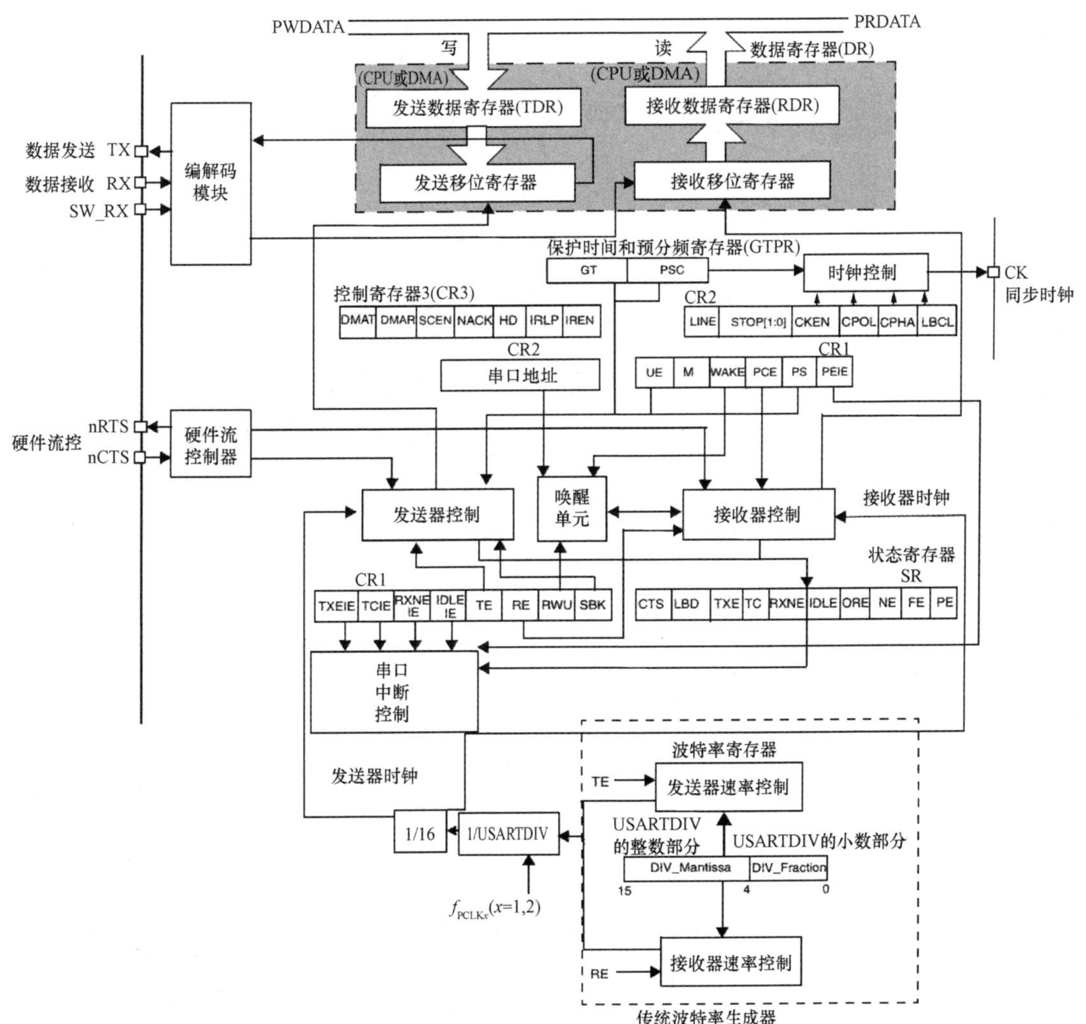

图 5-5　STM32F1 串口模块的结构

注：USARTDIV 为一个无符号的定点数。

5.3.3 STM32F1 串口模块 I/O 接口分布

STM32F1 串口 1 对应的 I/O 接口见表 5-1。

表 5-1 STM32F1 串口 1 对应的 I/O 接口

串口信号线	I/O 接口
TXD	PA9、PB6
RXD	PA10、PB7

STM32F1 串口 2 对应的 I/O 接口见表 5-2。

表 5-2 STM32F1 串口 2 对应的 I/O 接口

串口信号线	I/O 接口
TXD	PA2、PD5
RXD	PA3、PD6

STM32F1 串口 3 对应的 I/O 接口见表 5-3。

表 5-3 STM32F1 串口 3 对应的 I/O 接口

串口信号线	I/O 接口
TXD	PB10、PD8、PC10
RXD	PB11、PD9、PC11

由表 5-1、表 5-2、表 5-3 可以看出，TXD 和 RXD 串口信号线可以连接在不同的 I/O 接口上，但是只能选择连接在一个 I/O 接口上。TXD、RXD 串口信号线连接在哪个 I/O 接口上，是通过 STM32F1 提供的复用重映射和调试 I/O 配置寄存器（AFIO_MAPR）进行配置的。

复用重映射和调试 I/O 配置寄存器（AFIO_MAPR）介绍如下。

地址偏移：0x04。

复位值：0x0000 0000。

复用重映射和调试 I/O 配置寄存器各位描述如图 5-6 所示。

31	30	29	28	27	26	25	24	23	22	21	20	19	18	17	16
保留					SWJ_CFG[2:0]			保留			ADC2_ETRGREG_REMAP	ADC2_ETRGINJ_REMAP	ADC1_ETRGREG_REMAP	ADC1_ETRGINJ_REMAP	TIM5CH4_IREMAP
					w	w	w								

15	14	13	12	11	10	9	8	7	6	5	4	3	2	1	0
PDO1_REMAP	CAN_REMAP[1:0]		TIM4_REMAP	TIM3_REMAP[1:0]		TIM2_REMAP[1:0]		TIM1_REMAP[1:0]		USART3_REMAP[1:0]		USART2_REMAP	USART1_REMAP	I2C1_REMAP	SPI1_REMAP
rw	rw	rw	rw	rw	rw	rw	rw	rw	rw	rw	rw	rw	rw	rw	rw

图 5-6 复用重映射和调试 I/O 配置寄存器各位描述

复用重映射和调试 I/O 配置寄存器各位功能描述见表 5-4。

表 5-4　复用重映射和调试 I/O 配置寄存器各位功能描述

位	说　明
31～27	保留
26～24	SWJ_CFG[2:0]：串行线 JTAG 配置 这些位只可由软件设置，用于配置 SWJ 和跟踪复用功能的 I/O 接口。SWJ（串行线 JTAG）支持 JTAG 或 SWD 访问 Cortex 的调试端口。系统复位后的默认状态是开启 SWJ，但没有跟踪功能，在此状态下可以通过 JTMS/JTCK 引脚上的特定信号选择 JTAG 或 SW（串行线）模式 000：完全 SWJ（JTAG-DP＋SW-DP），复位状态 001：完全 SWJ（JTAG-DP＋SW-DP）但没有 NJTRST 010：关闭 JTAG-DP，启用 SW-DP 100：关闭 JTAG-DP，关闭 SW-DP 其他组合：无作用
23～21	保留
20	ADC2_ETRGREG_REMAP：ADC2 规则转换外部触发重映射 该位可由软件设置为 1 或 0，控制与 ADC2 规则转换外部触发相连的触发输入 当该位为 0 时，ADC2 规则转换外部触发与 EXTI11 相连 当该位为 1 时，ADC2 规则转换外部触发与 TIM8_TRGO 相连
19	ADC2_ETRGINJ_REMAP：ADC2 注入转换外部触发重映射 该位可由软件设置为 1 或 0，控制与 ADC2 注入转换外部触发相连的触发输入 当该位为 0 时，ADC2 注入转换外部触发与 EXTI15 相连 当该位为 1 时，ADC2 注入转换外部触发与 TIM8 通道 4 相连
18	ADC1_ETRGREG_REMAP：ADC1 规则转换外部触发重映射 该位可由软件设置为 1 或 0，控制与 ADC2 规则转换外部触发相连的触发输入 当该位为 0 时，ADC1 规则转换外部触发与 EXTI11 相连 当该位为 1 时，ADC1 规则转换外部触发与 TIM8_TRGO 相连
17	ADC1_ETRGINJ_REMAP：ADC1 注入转换外部触发重映射 该位可由软件设置为 1 或 0，控制与 ADC2 注入转换外部触发相连的触发输入 当该位为 0 时，ADC2 注入转换外部触发与 EXTI15 相连 当该位为 1 时，ADC1 注入转换外部触发与 TIM8 通道 4 相连
16	TIM5CH4_IREMAP：TIM5 通道 4 内部重映射 该位可由软件设置为 1 或 0，控制 TIM5 通道 4 内部重映射 当该位为 0 时，TIM5_CH4 与 PA3 相连 当该位为 1 时，LSI 内部振荡器与 TIM5_CH4 相连，目的是对 LSI 进行校准
15	PD01_REMAP ：PD0/PD1 重映射到 OSC_IN/OSC_OUT 该位可由软件设置为 1 或 0，控制 PD0 和 PD1 的 GPIO 接口的重映射功能。当不使用主振荡器 HSE 时（系统运行于内部的 8MHz 阻容振荡器），PD0 和 PD1 可以重映射到 OSC_IN 和 OSC_OUT 引脚。此功能只能适用于 36、48 和 64 引脚的封装（PD0 和 PD1 出现在 100 引脚和 144 引脚的封装上，不必重映射） 0：不进行 PD0 和 PD1 的重映射 1：PD0 重映射到 OSC_IN，PD1 重映射到 OSC_OUT
14～13	CAN_REMAP[1:0]：CAN 复用功能重映射 这些位可由软件设置为 1 或 0，在只有单个 CAN 接口的产品上控制复用功能 CAN_RX 和 CAN_TX 的重映射 00：CAN_RX 重映射到 PA11，CAN_TX 重映射到 PA12 01：未用组合

（续表）

位	说　明
14～13	10：CAN_RX 重映射到 PB8，CAN_TX 重映射到 PB9（不能用于 36 引脚的封装） 11：CAN_RX 重映射到 PD0，CAN_TX 重映射到 PD1
12	TIM4_REMAP：定时器 4 的重映射 该位可由软件设置为 1 或 0，控制将 TIM4 的通道 1～4 重映射到 GPIO 接口上 0：没有重映射（TIM4_CH1/PB6，TIM4_CH2/PB7，TIM4_CH3/PB8，TIM4_CH4/PB9） 1：完全重映射（TIM4_CH1/PD12，TIM4_CH2/PD13，TIM4_CH3/PD14，TIM4_CH4/PD15） 注：重映射不影响在 PE0 上的 TIM4_ETR
11～10	TIM3_REMAP[1:0]：定时器 3 的重映射 这些位可由软件设置为 1 或 0，控制定时器 3 的通道 1 至 4 在 GPIO 接口的映像 00：没有重映射（CH1/PA6，CH2/PA7，CH3/PB0，CH4/PB1） 01：未用组合； 10：部分重映射（CH1/PB4，CH2/PB5，CH3/PB0，CH4/PB1） 11：完全重映射（CH1/PC6，CH2/PC7，CH3/PC8，CH4/PC9） 注：重映射不影响在 PD2 上的 TIM3_ETR
9～8	TIM2_REMAP[1:0]：定时器 2 的重映射 这些位可由软件设置为 1 或 0，控制定时器 2 的通道 1～4 和外部触发（ETR）在 GPIO 接口的重映射 00：没有重映射(CH1/ETR/PA0，CH2/PA1，CH3/PA2，CH4/PA3) 01：部分重映射(CH1/ETR/PA15，CH2/PB3，CH3/PA2，CH4/PA3) 10：部分重映射(CH1/ETR/PA0，CH2/PA1，CH3/PB10，CH4/PB11) 11：完全重映射(CH1/ETR/PA15，CH2/PB3，CH3/PB10，CH4/PB11)
7～6	TIM1_REMAP[1:0]：定时器 1 的重映射 这些位可由软件设置为 1 或 0，控制定时器 1 的通道 1～4、1N～3N、外部触发（ETR）和刹车输入（BKIN）在 GPIO 接口的重映射 00：没有重映射（ETR/PA12，CH1/PA8，CH2/PA9，CH3/PA10，CH4/PA11，BKIN/PB12，CH1N/PB13，CH2N/PB14，CH3N/PB15） 01：部分重映射（ETR/PA12，CH1/PA8，CH2/PA9，CH3/PA10，CH4/PA11，BKIN/PA6，CH1N/PA7，CH2N/PB0，CH3N/PB1） 10：未用组合 11：完全重映射（ETR/PE7，CH1/PE9，CH2/PE11，CH3/PE13，CH4/PE14，BKIN/PE15，CH1N/PE8，CH2N/PE10，CH3N/PE12）
5～4	USART3_REMAP[1:0]：USART3 的重映射 这些位可由软件设置为 1 或 0，控制 USART3 的 CTS、RTS、CK、TX 和 RX 复用功能在 GPIO 接口的重映射 00：没有重映射（TX/PB10，RX/PB11，CK/PB12，CTS/PB13，RTS/PB14） 01：部分重映射（TX/PC10，RX/PC11，CK/PC12，CTS/PB13，RTS/PB14） 10：未用组合 11：完全重映射（TX/PD8，RX/PD9，CK/PD10，CTS/PD11，RTS/PD12）
3	USART2_REMAP：USART2 的重映射 这些位可由软件设置为 1 或 0，控制 USART2 的 CTS、RTS、CK、TX 和 RX 复用功能在 GPIO 接口的重映射 0：没有重映射（CTS/PA0，RTS/PA1，TX/PA2，RX/PA3，CK/PA4） 1：重映射（CTS/PD3，RTS/PD4，TX/PD5，RX/PD6，CK/PD7）

（续表）

位	说　明
2	USART1_REMAP：USART1 的重映射 该位可由软件设置为 1 或 0，控制 USART1 的 TX 和 RX 复用功能在 GPIO 接口的重映射 0：没有重映射（TX/PA9，RX/PA10） 1：重映射（TX/PB6，RX/PB7）
1	I2C1_REMAP：I²C1 的重映射 该位可由软件设置为 1 或 0，控制 I2C1 的 SCL 和 SDA 复用功能在 GPIO 接口的重映射 0：没有重映射（SCL/PB6，SDA/PB7） 1：重映射（SCL/PB8，SDA/PB9）
0	SPI1_REMAP：SPI1 的重映射 该位可由软件设置为 1 或 0，控制 SPI1 的 NSS、SCK、MISO 和 MOSI 复用功能在 GPIO 接口的重映射 0：没有重映射（NSS/PA4，SCK/PA5，MISO/PA6，MOSI/PA7） 1：重映射（NSS/PA15，SCK/PB3，MISO/PB4，MOSI/PB5）

复用重映射和调试 I/O 配置寄存器中的位 2～位 5 分别是用来配置 UART1～UART3 的 I/O 接口重映射的。

STM32F1 串口 3 的重映射情况见表 5-5。

表 5-5　STM32F1 串口 3 的重映射情况

复用功能	USART3_REMAP[1:0] = 00（没有重映射）	USART3_REMAP[1:0] = 01（部分重映射）①	USART3_REMAP[1:0] = 11（完全重映射）②
USART3_TX	PB10	PC10	PD8
USART3_RX	PB11	PC11	PD9
USART3_CK	PB12	PC12	D10
USART3_CTS	PB13		PD11
USART3_RTS	PB14		PD12

① 重映射只适用于 64、100 和 144 引脚的封装。

② 重映射只适用于 100 和 144 引脚的封装。

STM32F1 串口 2 的重映射情况见表 5-6。

表 5-6　STM32F1 串口 2 的重映射情况

复用功能	USART2_REMAP = 0	USART2_REMAP = 1①
USART2_CTS	PA0	PD3
USART2_RTS	PA1	PD4
USART2_TX	PA2	PD5
USART2_RX	PA3	PD6
USART2_CK	PA4	PD7

① 重映射只适用于 100 和 144 引脚的封装。

STM32F1 串口 1 的重映射情况见表 5-7。

表 5-7　STM32F1 串口 1 的重映射情况

复用功能	USART1_REMAP = 0	USART1_REMAP = 1
USART1_TX	PA9	PB6
USART1_RX	PA10	PB7

注意：配置这个寄存器前，应该先开启 AFIO 复用功能时钟控制位。该位在 RCC_APB2ENR 寄存器中的第 0 位。

在固件库中，可调用 GPIO_PinRemapConfig 函数来配置 GPIO 的重映射功能。

```
void GPIO_PinRemapConfig(uint32_t GPIO_Remap, FunctionalState NewState)
```

这个函数有两个参数，参数 GPIO_Remap 是用来指定需要进行重映射的外设，参数 NewState 表示状态，用于开启或者关闭。

串口 1 的重映射见例 5-1。

【例 5-1】 串口 1 的重映射。

```
GPIO_PinRemapConfig(GPIO_Remap_USART1, ENABLE); /*开启串口 1 的重映射*/
```

5.3.4 STM32F1 串口模块相关寄存器

STM32F1 串口模块相关寄存器介绍如下。

1. 串口状态寄存器（USART_SR）

地址偏移：0x00。

复位值：0x00C0。

串口状态寄存器各位描述如图 5-7 所示。

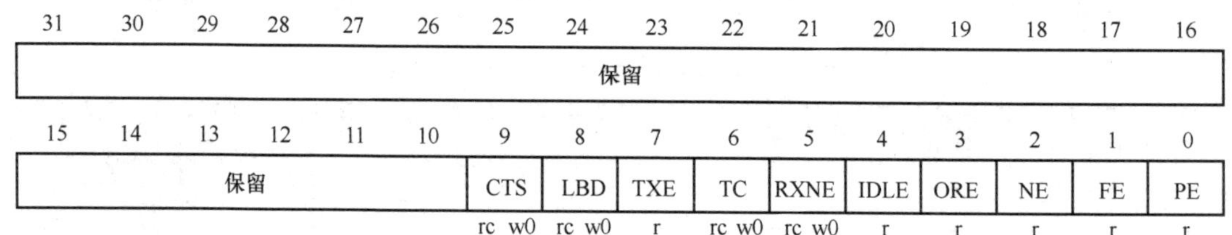

图 5-7 串口状态寄存器各位描述

串口状态寄存器各位功能描述见表 5-8。

表 5-8 串口状态寄存器各位功能描述

位	说 明
31～10	保留位，由硬件将其强制为 0
9	CTS：CTS 标志（CTS flag） 如果设置了 CTSE 位，则当 nCTS 输入变化状态时，该位由硬件置位，由软件清零。如果 USART_CR3 中的 CTSIE 为 1，则产生中断 0：nCTS 状态线上没有变化 1：nCTS 状态线上发生变化 注：UART4 和 UART5 上不存在这一位
8	LBD：LIN 断开检测标志（LIN Break Detection Flag） 当探测到 LIN 断开时，该位由硬件置位，由软件清零（向该位写 0）。如果 USART_CR3 中的 LBDIE 为 1，则产生中断 0：没有检测到 LIN 断开 1：检测到 LIN 断开 注意：若 LBDIE=1，当 LBD 为 1 时产生中断
7	TXE：发送数据寄存器空（Transmit Data Register Empty） 当 TDR 寄存器中的数据被硬件转移到移位寄存器的时候，该位由硬件置位。如果 USART_CR1 寄存器中的 TXEIE 为 1，则产生中断。对 USART_DR 的写操作将该位清零

（续表）

位	说　明
7	0：数据还没有被转移到移位寄存器 1：数据已经被转移到移位寄存器 注意：单缓冲器传输中使用该位
6	TC：发送完成（Transmission Complete） 当包含有数据的一帧发送完成后，并且 TXE=1 时，该位由硬件置位。如果 USART_CR1 中的 TCIE 为 1，则产生中断。由软件序列将该位清零（先读 USART_SR，然后写入 USART_DR）。TC 位也可以通过写入 0 来清零 0：发送还未完成 1：发送已完成
5	RXNE：读数据寄存器非空（Read Data Register Not Empty） 当 RDR 移位寄存器中的数据被转移到 USART_DR 寄存器中，该位被硬件置位 如果 USART_CR1 寄存器中的 RXNEIE 为 1，则产生中断。对 USART_DR 的读操作可以将该位清零。RXNE 位也可以通过写入 0 来清零，只有在多缓存通信中才推荐这种清零程序 0：数据没有收到 1：收到数据，可以读出
4	IDLE：监测到总线空闲（IDLE Line Detected） 当检测到总线空闲时，该位由硬件置位 如果 USART_CR1 中的 IDLEIE 为 1，则产生中断。由软件序列将该位清零（先读 USART_SR，然后读 USART_DR） 0：没有检测到空闲总线 1：检测到空闲总线 注意：IDLE 位不会再次被置位直到 RXNE 位被置位，即又检测到一次空闲总线），在查询方式中，这个位比较少用，后面学习中断后，可以使用空闲中断来判断接收是否结束
3	ORE：过载错误（Overrun Error） 当 RXNE 仍然是 1 时，当前被接收在移位寄存器中的数据，需要传送至 RDR 寄存器，并由硬件将该位置位 如果 USART_CR1 中的 RXNEIE 为 1，则产生中断，并由软件序列将该位清零（先读 USART_SR，然后读 USART_CR） 0：没有过载错误 1：检测到过载错误 注意：该位被置位时，RDR 寄存器中的值不会丢失，但是移位寄存器中的数据会被覆盖 如果设置了 EIE 位，则在多缓冲器通信模式下，ORE 位被置位会产生中断的
2	NE：噪声错误标志（Noise Error Flag） 在接收到的帧检测到噪声时，该位由硬件置位，由软件序列清零（先读 USART_SR，再读 USART_DR） 0：没有检测到噪声 1：检测到噪声 注意：该位不会产生中断，因为它和 RXNE 一起出现，硬件会在设置 RXNE 标志时产生中断。在多缓冲区通信模式下，如果设置了 EIE 位，则设置 NE 标志时会产生中断

（续表）

位	说　明
1	FE：帧错误（Framing Error） 当检测到同步错位、过多的噪声或者检测到断开符时，该位由硬件置位，由软件序列清零（先读USART_SR，再读USART_DR） 0：没有检测到数据帧错误 1：检测到数据帧错误或者break符 注意：该位不会产生中断，因为它和RXNE一起出现，硬件会在设置RXNE标志时产生中断。如果当前传输的数据既产生了帧错误，又产生了过载错误，则硬件还是会继续该数据的传输，并且只设置ORE标志位。在多缓冲区通信模式下，如果设置了EIE位，则设置FE标志时会产生中断
0	PE：校验错误（Parity Error） 在接收模式下，如果出现奇偶校验错误，则该位由硬件置位，由软件序列清零（依次读USART_SR和USART_DR）。在PE位清零前，软件必须等待RXNE标志位置位。如果USART_CR1中的PEIE为1，则产生中断 0：没有奇偶校验错误 1：奇偶校验错误

2．串口数据寄存器（USART_DR）

地址偏移：0x04。

复位值：不确定。

串口数据寄存器各位描述如图5-8所示。

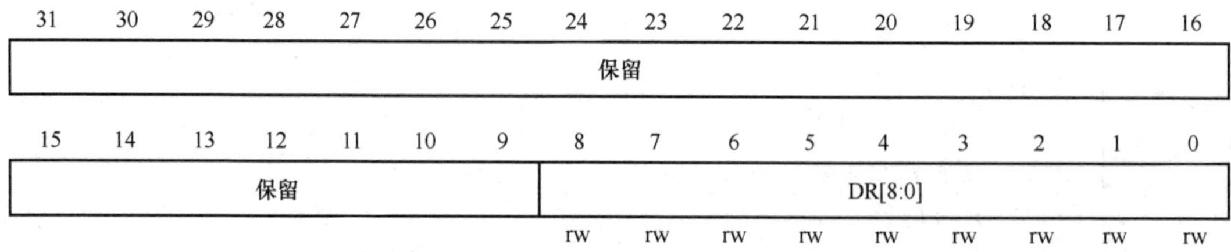

图5-8　串口数据寄存器各位描述

串口数据寄存器各位功能描述见表5-9。

表5-9　串口数据寄存器各位功能描述

位	说　明
31～9	保留位，由硬件将其强制为0
8～0	DR[8:0]：数据值（Data Value） 包含了发送或接收的数据。由于它是由两个寄存器组成的，一个给发送用（TDR），一个给接收用（RDR），该寄存器兼具读和写的功能。TDR寄存器提供了内部总线和输出移位寄存器之间的并行接口。RDR寄存器提供了输入移位寄存器和内部总线之间的并行接口。当使能校验位（USART_CR1中PCE位被置位）进行发送时，写入MSB的值（根据数据的长度不同，MSB是第7位或者第8位）会被后来的校验位取代。当使能校验位进行接收时，读到的MSB位是接收到的校验位

3．串口波特比率寄存器（USART_BRR）

注意：如果TE或RE被分别禁止，则波特计数器停止计数。

地址偏移：0x08。

复位值：0x0000。

串口波特比率寄存器各位描述如图 5-9 所示。

31	30	29	28	27	26	25	24	23	22	21	20	19	18	17	16
保留															
15	**14**	**13**	**12**	**11**	**10**	**9**	**8**	**7**	**6**	**5**	**4**	**3**	**2**	**1**	**0**
DIV_Mantissa[11:0]												DIV_Fraction[3:0]			

图 5-9　串口波特比率寄存器各位描述

串口波特比率寄存器各位功能描述见表 5-10。

表 5-10　串口波特比率寄存器各位功能描述

位	说　明
31～16	保留位，由硬件将其强制为 0
15～4	DIV_Mantissa[11:0]：USARTDIV 的整数部分 这 12 位定义了 USART 分频器除法因子（USARTDIV）的整数部分
3～0	DIV_Fraction[3:0]：USARTDIV 的小数部分 这 4 位定义了 USART 分频器除法因子（USARTDIV）的小数部分

波特率计算公式如下：

$$\text{Tx / Rx波特率} = \frac{f_{ck}}{16 \times \text{USARTDIV}}$$

式中，Tx/Rx 波特率为用户需要使用的传输速度，为已知数；f_{ck} 为外设的时钟频率（PCLK1 用于 USART2～USART5，PCLK2 用于 USART1）；USARTDIV 为填充到 USART_BRR 寄存器的值。但是，不是直接把计算得到的 USARTDIV 直接写入 USART_BRR 寄存器，而是要分别计算其小数部分和整数部分，再分别填充进去。

按照上面的计算公式，USAURT 有可能是浮点数，而寄存器中并不能存储浮点数，所以对于这种情况，波特率和实际波特率会有误差。

波特率计数见例 5-2。

【例 5-2】 已知f_{ck}=72MHz，Tx / Rx 波特率是 115 200bit/s，求填充 USART_BRR 寄存器的值。

USARTDIV 为

$$\text{USARTDIV} = \frac{f_{ck}}{16 \times \text{波特率}} = \frac{72\,000\,000}{16 \times 115\,200} = 39.062\,5$$

则 USARTDIV 的整数部分 DIV_Mantissa=39，USARTDIV 小数部分 DIV_Fraction=(39.062 5−39)×16=1。

所以填充到 USART_BRR 寄存器的值就是（39 << 4 | 1)，并且这个计算出来的小数部分刚好是整数，所以，此时的波特率和实际波特率相同，误差是 0。

为了方便程序编写，常用波特率的计算值见表 5-11。

表 5-11　常用波特率的计算值

波特率/(kbit/s)		f_{pclk}=36MHz			f_{pclk}=72MHz		
序号	kbps	实际值	置于波特率寄存器中的值	误差	实际值	置于波特率寄存器中的值	误差
1	2.4	2.400	937.5	0%	2.4	1875	0%
2	9.6	9.600	234.375	0%	9.6	468.75	0%
3	19.2	19.2	117.1875	0%	19.2	234.375	0%
4	57.6	57.6	39.0625	0%	57.6	78.125	0%
5	115.2	115.384	19.5	0.15%	115.2	39.0625	0%
6	230.4	230.769	9.75	0.16%	230.769	19.5	0.16%
7	460.8	461.538	4.875	0.16%	461.538	9.75	0.16%
8	921.6	923.076	2.4375	0.16%	923.076	4.875	0.16%
9	2250	2250	1	0%	2250	2	0%
10	4500	不可能	不可能	不可能	4500	1	0%

注：1. CPU 的时钟频率越低，则某一特定波特率的误差也越小，达到的波特率上限可以由这组数据计算得到。
2. USART1 使用 PCLK2 时钟，它的 f_{pclk} 最高为 72MHz。其他 USART 使用 PCLK1 时钟，f_{pclk} 最高为 36MHz。

4．串口控制寄存器 1（USART_CR1）

地址偏移：0x0C。

复位值：0x0000。

串口控制寄存器 1 各位描述如图 5-10 所示。

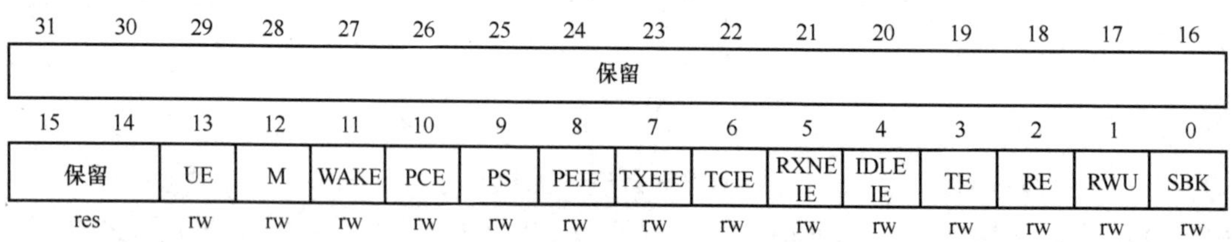

图 5-10　串口控制寄存器 1 各位描述

串口控制寄存器 1 各位功能描述见表 5-12。

表 5-12　串口控制寄存器 1 各位功能描述

位	说　明
31～14	保留位，由硬件将其强制为 0
13	UE：USART 使能 当该位被清零，当前字节传输完成后 USART 的分频器和输出停止工作，以减小功耗。该位由软件设置为 1 或 0 0：USART 分频器和输出被禁止 1：USART 模块使能
12	M：字长，长度包含了校验位 该位定义了数据字的长度，由软件设置为 1 或 0 0：1 个起始位，8 个数据位，*n* 个停止位。一般不使用校验功能时配置 0 1：1 个起始位，9 个数据位，*n* 个停止位。使用校验功能时配置 1 注意：在数据传输过程中（发送或者接收时），不能修改这个位

（续表）

位	说　明
11	WAKE：唤醒的方法 该位决定了把 USART 唤醒的方法，由软件设置为 1 或 0 0：被空闲总线唤醒 1：被地址标记唤醒
10	PCE：检验控制使能 用该位选择是否进行硬件校验控制，对于发送来说就是校验位的产生；对于接收来说就是校验位的检测 当使能了该位，在发送数据的最高位（如果 M=1，最高位就是第 9 位；如果 M=0，最高位就是第 8 位）插入校验位；对接收到的数据检查其校验位 该位由软件设置为 1 或 0。一旦设置了该位，则当前字节传输完成后，校验控制才生效 0：禁止校验控制 1：使能校验控制
9	PS：校验选择 当校验控制使能后，该位用来选择是采用偶校验还是奇校验 该位由软件设置为 1 或 0。当前字节传输完成后，该选择生效 0：偶校验 1：奇校验
8	PEIE：PE 中断使能 该位由软件设置为 1 或 0 0：禁止产生中断 1：当 USART_SR 中的 PE 为 1 时，产生 USART 中断
7	TXEIE：发送缓冲区空中断使能 该位由软件设置为 1 或 0。 0：禁止产生中断 1：当 USART_SR 中的 TXE 为 1 时，产生 USART 中断
6	TCIE：发送完成中断使能 该位由软件设置为 1 或 0 0：禁止产生中断 1：当 USART_SR 中的 TC 为 1 时，产生 USART 中断
5	RXNEIE：接收缓冲区非空中断使能 该位由软件设置为 1 或 0 0：禁止产生中断 1：当 USART_SR 中的 ORE 或者 RXNE 为 1 时，产生 USART 中断
4	IDLEIE：IDLE 中断使能 该位由软件设置为 1 或 0 0：禁止产生中断 1：当 USART_SR 中的 IDLE 为 1 时，产生 USART 中断
3	TE：发送使能 该位使能发送器，由软件设置为 1 或 0 0：禁止发送 1：使能发送

（续表）

寄存器位	说　明
2	RE：接收使能 该位由软件设置为 1 或 0 0：禁止接收 1：使能接收，并开始搜寻 RX 引脚上的起始位
1	RWU：接收唤醒 该位用来决定是否把 USART 置于静默模式。该位由软件设置为 1 或 0。当唤醒序列到来时，该位由硬件清零 0：接收器处于正常工作模式 1：接收器处于静默模式 注意： （1）在把 USART 置于静默模式（设置 RWU 位）之前，USART 需要先接收一个数据字节，否则在静默模式下，不能被空闲总线检测唤醒 （2）当 WAKE 位为 1，RXNE 位被置位时，不能用软件修改 RWU 位
0	SBK：发送断开帧 使用该位来发送断开字符。该位可以由软件设置为 1 或 0。在操作过程中，由软件对该位进行设置，然后在断开帧的停止位时，由硬件将该位复位 0：没有发送断开字符 1：将要发送断开字符

5. 串口控制寄存器 2（USART_CR2）

地址偏移：0x10。

复位值：0x0000。

串口控制寄存器 2 各位描述如图 5-11 所示。

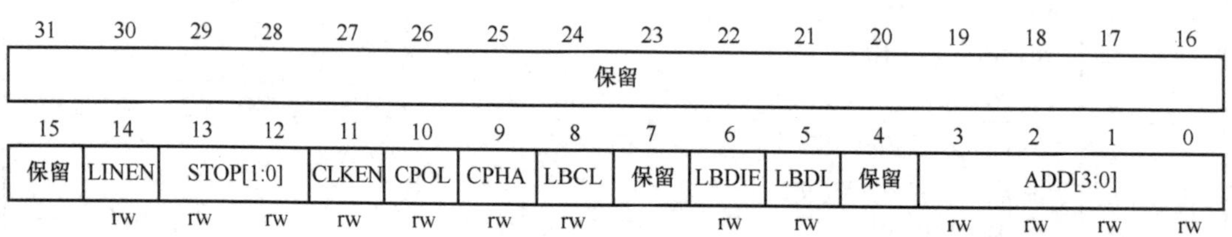

图 5-11　串口控制寄存器 2 各位描述

串口控制寄存器 2 各位功能描述见表 5-13。

表 5-13　串口控制寄存器 2 各位功能描述

位	说　明
31～15	保留位，由硬件将其强制为 0
14	LINEN：LIN 模式使能 该位由软件设置为 1 或 0 0：禁止 LIN 模式 1：使能 LIN 模式。在 LIN 模式下，可以用 USART_CR1 寄存器中的 SBK 位发送 LIN 同步断开符（低 13 位），以及检测 LIN 同步断开符
13～12	STOP：停止位 该两位用来设置停止位的位数

（续表）

位	说　明
13～12	00：1 个停止位 01：0.5 个停止位 10：2 个停止位 11：1.5 个停止位 注：UART4 和 UART5 不能用 0.5 停止位和 1.5 停止位
11	CLKEN：时钟使能 该位在同步功能时才使用，用来使能 CK 引脚 0：禁止 CK 引脚 1：使能 CK 引脚 注：UART4 和 UART5 不存在该位
10	CPOL：时钟极性 在同步模式下，可以用该位选择 SLCK 引脚上时钟输出的极性。和 CPHA 位一起配合来产生需要的时钟/数据的采样关系 0：总线空闲时 CK 引脚上保持低电平 1：总线空闲时 CK 引脚上保持高电平 注：UART4 和 UART5 不存在该位
9	CPHA：时钟相位 在同步模式下，可以用该位选择 SLCK 引脚上时钟输出的相位。和 CPOL 位配合产生需要的时钟/数据的采样关系 0：在时钟的第一个边沿进行数据捕获 1：在时钟的第二个边沿进行数据捕获 注：UART4 和 UART5 不存在该位
8	LBCL：最后一位时钟脉冲 在同步模式下，使用该位来控制是否在 CK 引脚上输出最后发送的那个数据字节（MSB）对应的时钟脉冲 0：最后一位数据的时钟脉冲不从 CK 输出 1：最后一位数据的时钟脉冲会从 CK 输出 注： （1）最后一个数据位就是第 8 或者第 9 个发送位（根据 USART_CR1 寄存器中的 M 位所定义的 8 或者 9 位数据帧格式） （2）UART4 和 UART5 存在该位
7	保留位，由硬件将其强制为 0
6	LBDIE：LIN 断开符检测中断使能 断开符中断屏蔽（使用断开分隔符来检测断开符） 0：禁止中断 1：只要 USART_SR 寄存器中的 LBD 为 1 就产生中断
5	LBDL：LIN 断开符检测长度 该位用来选择是 11 位还是 10 位的断开符检测 0：10 位的断开符检测 1：11 位的断开符检测
4	保留位，由硬件将其强制为 0
3～0	ADD[3:0]：本设备的 USART 节点地址 该位给出本设备 USART 节点的地址，在多处理器通信的静默模式中使用，使用地址标记来唤醒某个 USART 设备

6．串口控制寄存器 3（USART_CR3）

地址偏移：0x14。

复位值：0x0000。

串口控制寄存器 3 各位描述如图 5-12 所示。

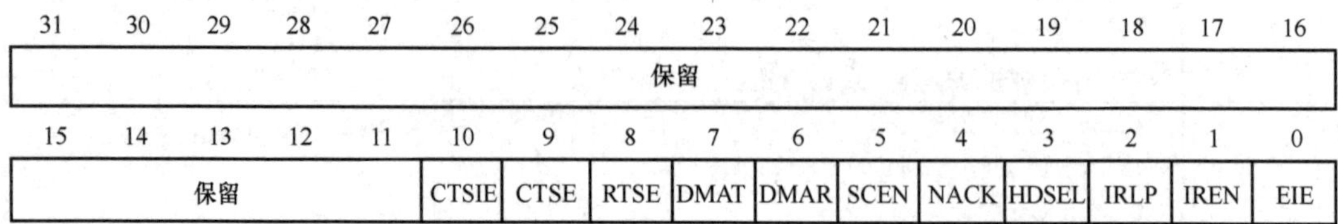

图 5-12　串口控制寄存器 3 各位描述

串口控制寄存器 3 各位功能描述见表 5-14。

表 5-14　串口控制寄存器 3 各位功能描述

位	说　明
31～11	保留位，由硬件将其强制为 0
10	CTSIE：CTS 中断使能 0：禁止中断 1：USART_SR 寄存器中的 CTS 为 1 时产生中断 注：UART4 和 UART5 存在该位
9	CTSE：CTS 使能 0：禁止 CTS 硬件流控制 1：CTS 模式使能，只有 nCTS 输入信号有效（拉成低电平）时才能发送数据 如果在数据传输的过程中，nCTS 信号变成无效，那么发完这个数据后，传输就停止。如果当 nCTS 为无效时，则往数据寄存器里写的数据，要等到 nCTS 有效时才会发送 注：UART4 和 UART5 不存在该位
8	RTSE：RTS 使能 0：禁止 RTS 硬件流控制 1：RTS 中断使能，只有接收缓冲区内有空余的空间时才请求下一个数据 当前数据发送完成后，发送操作就要暂停。如果可以接收数据了，将 nRTS 输出置为有效（拉至低电平）。 注：UART4 和 UART5 不存在该位
7	DMAT：DMA 使能发送 该位由软件设置为 0 或 1 0：禁止发送时的 DMA 模式 1：使能发送时的 DMA 模式 注：UART4 和 UART5 不存在该位
6	DMAR：DMA 使能接收 该位由软件设置为 0 或 1 0：禁止接收时的 DMA 模式 1：使能接收时的 DMA 模式 注：UART4 和 UART5 不存在该位

（续表）

位	说　明
5	SCEN：智能卡模式使能 该位用来使能智能卡模式 0：禁止智能卡模式 1：使能智能卡模式 注：UART4 和 UART5 不存在该位
4	NACK：智能卡 NACK 使能 0：出现校验错误时，不发送 NACK 1：出现校验错误时，发送 NACK 注：UART4 和 UART5 不存在该位
3	HDSEL：半双工选择 选择单线半双工模式 0：不选择半双工模式 1：选择半双工模式
2	IRLP：红外低功耗 该位用来选择普通模式还是低功耗红外模式 0：通常模式 1：低功耗模式
1	IREN：红外模式使能 该位由软件设置为 0 或 1 0：不使能红外模式 1：使能红外模式
0	EIE：错误中断使能 在多缓冲区通信模式下，当有帧错误、过载或者噪声错误（USART_SR 中的 FE=1，或者 ORE=1，或者 NE=1）产生中断时 0：禁止中断 1：只要 USART_CR3 中的 DMAR=1，并且 USART_SR 中的 FE=1，或者 ORE=1，或者 NE=1，则产生中断

其他跟 STM32F1 串口模块基本功能无关的寄存就不再列出。

5.3.5　STM32F1 串口模块相关库函数

在 STM32 固件库开发中，操作串口模块相关寄存器的函数和定义分别在源文件 stm32f10x_ usart.c 和头文件 stm32f10x_usart.h 中。

1．使能串口时钟

调用 RCC_APB2PeriphClockCmd 函数使能串口时钟，具体用法参考 4.2.5 节内容。

2．初始化串口

调用 USART_Init 函数初始化串口，其函数说明见表 5-15。

表 5-15　USART_Init 函数说明

函数名	USART_Init
函数原型	void USART_Init(USART_TypeDef* USARTx, USART_InitTypeDef* USART_InitStruct)
功能描述	根据 USART_InitStruct 中指定的参数初始化外设 USARTx 寄存器

（续表）

输入参数 1	USARTx：指定初始化哪个串口，x=1,2,3,4,5
输入参数 2	USART _InitStruct：串口的波特率、数据位、停止位、奇偶校验位等参数结构体（USART_InitTypeDef）变量
输出参数	无
返回值	无
说明	无

USART_InitTypeDef 结构体类型在 stm32f10x_usart.h 文件中定义。

```
typedef struct
{
  uint32_t USART_BaudRate;          /*波特率*/
  uint16_t USART_WordLength;        /*数据位长度*/
  uint16_t USART_StopBits;          /*停止位*/
  uint16_t USART_Parity;            /*奇偶校验位*/
  uint16_t USART_Mode;              /*发送/接收模式*/
  uint16_t USART_HardwareFlowControl; /*硬件流控制*/
} USART_InitTypeDef;
```

调用 GPIO_Init 函数初始化串口 1 见例 5-1。

【例 5-1】调用 GPIO_Init 函数初始化串口 1。

```
USART_InitTypeDef USART_InitStructure;
USART_InitStructure.USART_BaudRate = 9600;
USART_InitStructure.USART_WordLength = USART_WordLength_8b;
USART_InitStructure.USART_StopBits = USART_StopBits_1;
USART_InitStructure.USART_Parity = USART_Parity_No;
USART_InitStructure.USART_HardwareFlowControl =USART_HardwareFlowControl_None;
USART_InitStructure.USART_Mode = USART_Mode_Tx | USART_Mode_Rx;
USART_Init(USART1, &USART_InitStructure);
```

3. 关闭或开启串口外设

调用 USART_Cmd 函数关闭或开启串口外设，其函数说明见表 5-16。

表 5-16　USART_Cmd 函数说明

函数名	USART_Cmd
函数原型	void USART_Cmd(USART_TypeDef* USARTx, FunctionalState NewState)
功能描述	开启或关闭串口外设
输入参数 1	USARTx：指定初始化哪个串口，x=1,2,3,4,5
输入参数 2	NewState：表示开启（ENABLE）状态或关闭（DISABLE）状态
输出参数	无
返回值	无
说明	无

调用 USART_Cmd 函数开启串口 1 见例 5-4。

【例 5-4】调用 USART_Cmd 函数开启串口 1。

```
USART_Cmd(USART1, ENABLE); /*开启串口 1*/
```

4. 关闭和开启串口中断

调用 USART_ITConfig 函数关闭和开启串口中断，其函数说明见表 5-17。

表 5-17 USART_ITConfig 函数说明

函数名	USART_ITConfig
函数原型	void USART_ITConfig(USART_TypeDef* USARTx, uint16_t USART_IT, FunctionalState NewState)
功能描述	开启或者关闭指定的串口中断
输入参数 1	USARTx：指定哪个串口，x=1,2,3,4,5
输入参数 2	USART_IT：操作的是哪类中断源 其可取以下的值 USART_IT_CTS：CTS 中断（不适用于串口 4 和串口 5） USART_IT_LBD：LIN 中断检测中断 USART_IT_TXE：发送中断，即发送数据寄存器为空 USART_IT_TC：发送完成后中断，即发送移位寄存器为空 USART_IT_RXNE：接收完成后中断 USART_IT_IDLE：空闲中断 USART_IT_PE：奇偶错误中断 USART_IT_ERR：错误中断
输入参数 3	NewState：表示状态，用于开启（ENABLE）或者关闭（DISABLE）
输出参数	无
返回值	无
说明	无

开启串口 1 接收完成中断见例 5-5。

【例 5-5】开启串口 1 接收完成中断。

```
USART_ITConfig(USART1, USART_IT_RXNE, ENABLE); /*开启串口 1，接收完成后中断*/
```

5. 获取串口状态

调用 USART_GetFlagStatus 函数获取串口状态，其函数说明见表 5-18。

表 5-18 USART_GetFlagStatus 函数说明

函数名	USART_GetFlagStatus
函数原型	FlagStatus USART_GetFlagStatus(USART_TypeDef* USARTx, uint16_t USART_FLAG)
功能描述	获取指定的串口标志位的状态
输入参数 1	USARTx：指定哪个串口，x=1,2,3,4,5
输入参数 2	USART_FLAG：获取的是哪个标志位 其可取以下的值 USART_FLAG_CTS：CTS 标志位（不适用于串口 4 和串口 5） USART_FLAG_LBD：LIN 中断检测标志位 USART_FLAG_TXE：发送数据寄存器为空标志位 USART_FLAG_TC：发送数据完成标志位 USART_FLAG_RXNE：接收数据寄存器为非空标志位 USART_FLAG_IDLE：空闲状态标志位 USART_FLAG_ORE：溢出错误标志位 USART_FLAG_NE：噪声错误标志位 USART_FLAG_FE：数据帧错误标志位 USART_FLAG_PE：奇偶错误标志位
输出参数	无
返回值	串口标志的状态，返回 SET（1）或者 RESET（0）
说明	无

等待串口 1 接收数据及等待串口 1 上一次数据发送完成见例 5-6 所示。

【例 5-6】等待串口 1 收数据及等待串口 1 上一次数据发送完成。

```
while(USART_GetFlagStatus(USART1,USART_FLAG_RXNE) == RESET);/*等待串口 1 接收数据*/
while(USART_GetFlagStatus(USART1,USART_FLAG_TXE) == RESET);/*等待串口 1 上次数据发送完成*/
```

6. 获取串口中断状态

调用 USART_GetITStatus 函数获取串口的状态。USART_GetITStatus 函数说明见表 5-19。

表 5-19　USART_GetITStatus 函数说明

函数名	USART_GetITStatus
函数原型	ITStatus USART_GetITStatus(USART_TypeDef* USARTx, uint16_t USART_IT)
功能描述	获取指定的串口中断是否已经发生
输入参数 1	USARTx：指定哪个串口，x=1,2,3,4,5
输入参数 2	USART_IT：获取的是哪一个中断 其可取以下的值 USART_IT_CTS：CTS 中断（不适用于串口 4 和串口 5） USART_ IT _LBD：LIN 中断检测中断 USART_ IT _TXE：发送数据寄存器为空中断 USART_ IT _TC：发送数据完成后中断 USART_ IT _RXNE：接收数据寄存器为非空中断 USART_ IT _IDLE：空闲状态中断 USART_ IT _ORE：溢出错误中断 USART_ IT _NE：噪声错误中断 USART_ IT _FE：帧错误中断 USART_ IT _PE：奇偶错误中断
输出参数	无
返回值	串口标志的状态，返回 SET（1）或者 RESET（0）
说明	无

获取串口 1 接收中断见例 5-7。

【例 5-7】获取串口 1 接收中断。

```
USART_GetITStatus(USART1, USART_IT_RXNE);/*获取串口 1 接收中断的状态*/
```

7. 串口发送数据函数

调用 USART_SendData 函数发送一个数据。USART_SendData 函数说明见表 5-20。

表 5-20　USART_SendData 函数说明

函数名	USART_SendData
函数原型	void USART_SendData(USART_TypeDef* USARTx, uint16_t Data)
功能描述	使用串口发送一个数据
输入参数 1	USARTx：指定哪个串口，x=1,2,3,4,5
输入参数 2	Data：需要发送的数据
输出参数	无
返回值	串口标志的状态，返回 SET（1）或者 RESET（0）
说明	无

串口 1 发送字符 A 见例 5-8。

【例 5-8】串口 1 发送字符 A。

```
USART_SendData(USART1,'A');/*串口 1 发送字符 A*/
```

8．串口接收数据函数

用户可调用 USART_ReceiveData 函数接收一个数据。USART_ReceiveData 函数说明见表 5-21。

表 5-21　USART_ReceiveData 函数说明

函数名	USART_ReceiveData
函数原型	uint16_t USART_ReceiveData(USART_TypeDef* USARTx)
功能描述	使用串口接收一个数据
输入参数 1	USARTx：指定哪个串口，x=1,2,3,4,5
输出参数	无
返回值	串口接收到的数据
说明	无

串口 1 接收一个字节数据见例 5-9。

【例 5-9】串口 1 接收一个字节数据。

```
uint16_t recdata = USART_ReceiveData(USART1); /*串口 1 接收一个字节并保存在变量 recdata 中*/
```

STM32F1 串口固件库的其他功能函数这里不再介绍，读者可参考 stm32f10x_usart.c 文件。

5.4　UART 实验硬件设计

信盈达 STM32F103ZET6 开发板 UART1 实验硬件设计如图 5-13 所示。

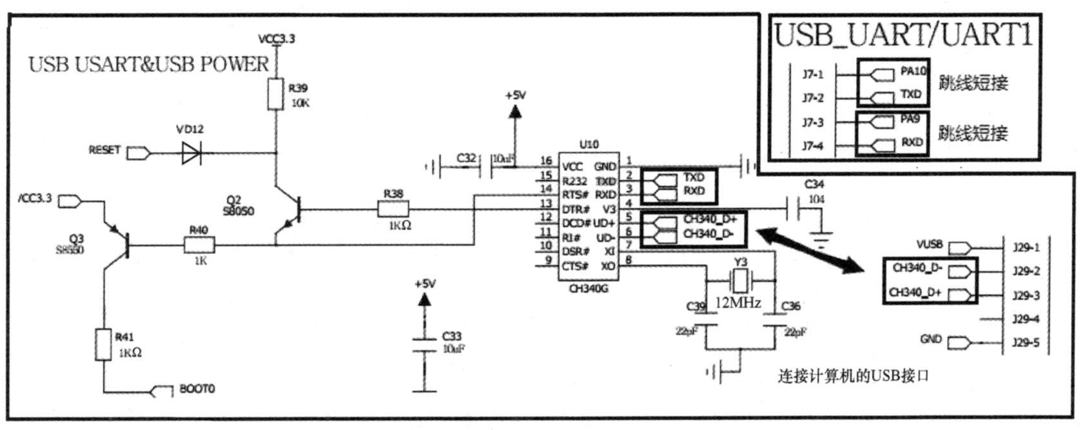

图 5-13　信盈达 STM32F103ZET6 开发板 UART1 实验硬件设计

信盈达 STM32F103ZET6 开发板 UART1 使用的是 CH340G 这个 USB 转换串口芯片。该芯片只要使用 USB 线连接上计算机，并且计算机上安装了 CH340 芯片的硬件驱动程序，计算机就会生成一个 COM 接口。通过使用串口调试软件打开这个 COM 接口，就能实现信盈达 STM32F103ZET6 开发板和计算机之间的通信了。信盈达 STM32F103ZET6 开发板自带 CH340 芯片，很适合便携式计算机。现在的绝大多数便携式计算机是不带 UART 接口的。

5.5 UART 实验软件设计

UART 实验软件设计步骤如下。

（1）配置 I/O 接口时钟和 UART 时钟，以及 I/O 接口功能配置。

（2）配置 UART 参数，如波特率、停止位、数据位、奇偶校验位等。

（3）是否需要开启 UART 相关中断。

（4）使能 UART。

（5）UART 发送数据。

（6）UART 接收数据。

（7）编写 UART 功能测试函数。

UART 实验软件设计流程图如图 5-14 所示。

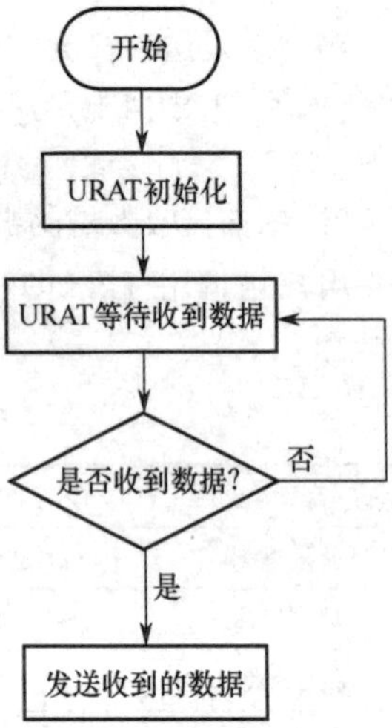

```mermaid
flowchart TD
    A([开始]) --> B[URAT初始化]
    B --> C[URAT等待收到数据]
    C --> D{是否收到数据?}
    D -- 否 --> C
    D -- 是 --> E[发送收到的数据]
```

图 5-14 UART 实验软件设计流程图

5.6 UART 实验示例程序分析及仿真

这里只列出了部分主要功能函数。

5.6.1 UART 初始化函数

```
/*******************************************************************
*函数信息：void UART1_Init(void)
*功能描述：初始化 UART
*输入参数：波特率
*输出参数：无
*函数返回：无
*调用提示：无
*  作者：   陈醒醒
*******************************************************************/
void UART1_Init(u32 boud)
{
      GPIO_InitTypeDef GPIO_Initstructure;
      USART_InitTypeDef USART_Initstructure;
      /*时钟的初始化*/
      RCC_APB2PeriphClockCmd(RCC_APB2Periph_GPIOA |RCC_APB2Periph_USART1,ENABLE);
      GPIO_Initstructure.GPIO_Pin = GPIO_Pin_9;
      GPIO_Initstructure.GPIO_Mode = GPIO_Mode_AF_PP;
      GPIO_Initstructure.GPIO_Speed = GPIO_Speed_50MHz;
      GPIO_Init(GPIOA,&GPIO_Initstructure);      /*初始化 PA9 引脚位*/
      GPIO_Initstructure.GPIO_Pin = GPIO_Pin_10;
      GPIO_Initstructure.GPIO_Mode = GPIO_Mode_IN_FLOATING;
      GPIO_Init(GPIOA,&GPIO_Initstructure);      /*初始化 PA10 引脚位*/
      USART_Initstructure.USART_BaudRate = boud;    /*配置 UART 的波特率*/
      USART_Initstructure.USART_WordLength = USART_WordLength_8b;/*配置 UART 数据位的位宽*/
      USART_Initstructure.USART_StopBits = USART_StopBits_1;/*配置 UART 停止位的位宽*/
      USART_Initstructure.USART_Parity = USART_Parity_No;/*配置 UART 奇偶校验位*/
```

```
        USART_Initstructure.USART_HardwareFlowControl = USART_HardwareFlowControl_None;/*配
置 UART 硬件流控制*/
        USART_Initstructure.USART_Mode = USART_Mode_Rx | USART_Mode_Tx;/*使能接收和发送*/
        USART_Init(USART1,&USART_Initstructure);/*初始化 UART1*/
        USART_Cmd(USART1,ENABLE);                                      /*开启 UART1*/
    }
```

5.6.2 UART 测试函数

```
    /*************************************************************************
    *函数信息：void USART1_Test(void)
    *功能描述：测试 UART，计算机给信盈达 STM32F103ZET6 开发板发送数据，信盈达 STM32F103ZET6
              开发板再把接收到的数据返回给计算机
    *输入参数：
    *输出参数：无
    *函数返回：无
    *调用提示：无
    *  作者：  陈醒醒
    *************************************************************************/
    void USART1_Test(void)
    {
        u8 ch;
        while(USART_GetFlagStatus(USART1,USART_FLAG_RXNE) == RESET);/*等待接收数据*/
        ch = USART_ReceiveData(USART1);/*把接收到的数据保存到 ch 中*/
        while(USART_GetFlagStatus(USART1,USART_FLAG_TXE) == RESET);/*等待上次发送数据发
送完成*/
        USART_SendData(USART1,ch);/*把 ch 中的数据发送到计算机*/
    }
```

5.6.3 UART 实验 main 函数

```
    /*************************************************************************
    *函数信息：int main ()
    *功能描述：URAT 发送/接收数据
    *输入参数：无
    *输出参数：无
    *函数返回：无
    *调用提示：无
    *  作者：  陈醒醒
    *************************************************************************/
    int main()
    {
        UART1_Init(9600);/*初始化 UART1*/
        while(1)
        {
            USART1_Test();/*测试 UART1*/
        }
    }
```

5.6.4 仿真下载测试

STM32F103 串口测试界面如图 5-15 所示。串口助手软件可在本书配套资料（2.软件资料\串口助手）中找到。

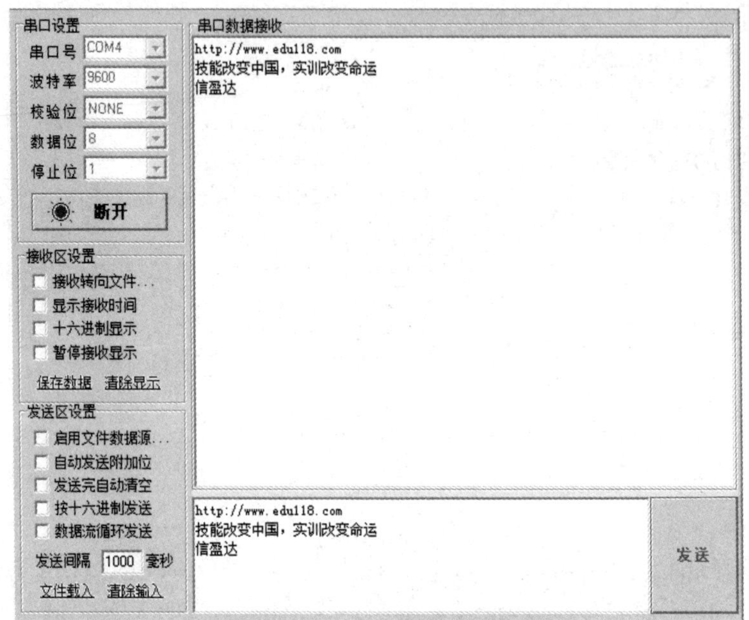

图 5-15 STM32F1 串口测试界面

5.7 本章课后作业

5-1 使 UART2 实现与 UART1 一样的功能。

5-2 程序运行时，计算机发送一串数据到单片机，并且可以控制 LED 亮、灭。

5-3 实现 printf 功能函数和 scanf 功能函数。

第 6 章 外部中断实验

6.1 学习目的

通过学习本章内容，掌握中断的作用、应用，中断的运行机制及中断程序的编写。

6.2 中断概述

6.2.1 中断定义

中断是指 CPU 在正常运行程序时，由于内部/外部事件或由程序预先安排的事件，引起 CPU 暂时停止正在运行的程序，而转到为内部/外部事件或由程序预先安排的事件服务的程序中去，服务完毕，再返回去执行暂时中断的程序。中断定义如图 6-1 所示。

CPU 中断执行过程如图 6-2 所示。

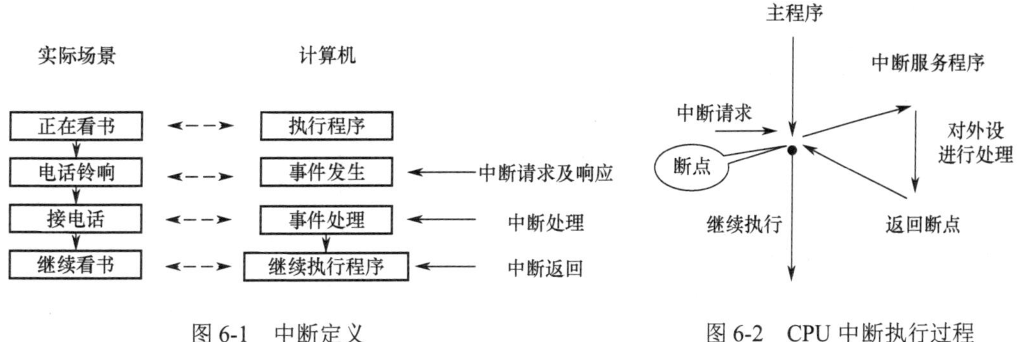

图 6-1　中断定义

图 6-2　CPU 中断执行过程

6.2.2 中断的意义

中断在程序设计中占据非常重要的地位。如果没有中断，则 CPU 的工作效率会打折扣。例如，第 5 章的 UART 模块中，接收计算机发送来的数据使用了 while(查询标志){} 查询状态的方式，如果计算机没有发送数据，则程序会一直“死等”，此时 CPU 做不了其他事情。如果有一种机制，不用 CPU 循环查询是否有数据到来，而是硬件自动接收数据，当收到数据时自动通知 CPU，这时候 CPU 再去把数据读取出来。这样，在没有接收到数据前，CPU 可以去做其他事情，工作效率自然就提高了。在 CPU 硬件系统中，通过中断这种机制来实现这个功能。

6.2.3 中断优先级及中断嵌套

现在的 CPU 都集成了许多外设模块，而每个外设模块都有自己的中断信号。CPU 设计者预先为这些中断源分配好一个固定的地址。当 CPU 收到某个中断信号时，中断源就会强制中止当前的程序，跳转到和中断源对应的中断入口地址，而在这个地址上，通常在编程时放置了一个函数地址。这样，CPU 实际就是去执行这个函数的代码，这个函数称为中断服务函数（又称中断服务程序）。各个中断源之间有优先级之分。比如，先发生一个优先级比较低的中断，CPU 中止当前的程序，转到对应的低优先级中断服务函数地址去执行该函数；在这个执行过程中，如果发生更高优先级的中断，那么 CPU 同样中止当前的程序，转到对应的高优先级中断服务函数地址去执行，当高优先级中断服务函数被执行完成后再返回原来被中断的低优先级中断服务函数断点处继续执行该函数，执行完成后返回到主程序断点处继续执行主程序。中断嵌套如图 6-3 所示。

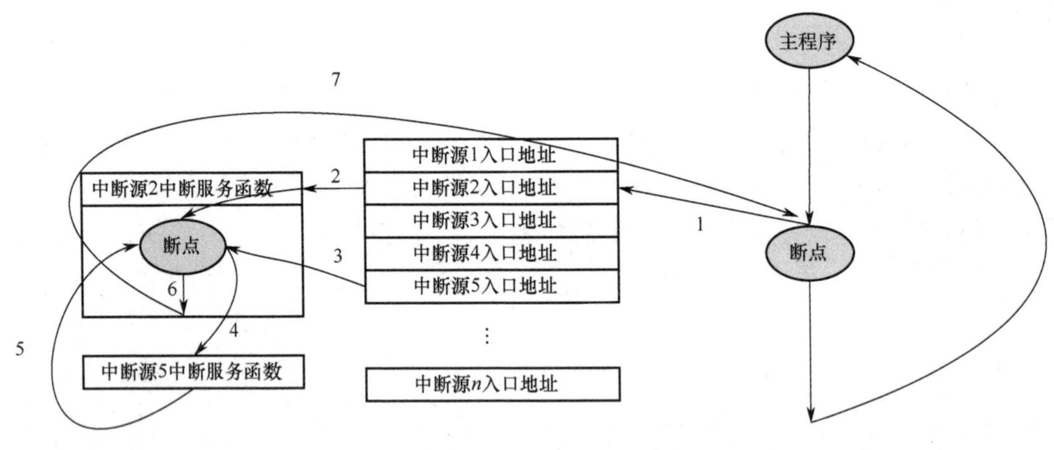

图 6-3 中断嵌套

6.3 Cortex-M3 中断体系

Cortex-M3 的中断是通过嵌入一个向量中断控制器（Nested Vectored Interrupt Controller，NVIC）来实现的。该控制器功能非常强大，在中断处理上效率很高，优先级配置也很灵活。

6.3.1 NVIC 简介

NVIC 最大可以支持 256 个中断和 128 级嵌套。

NVIC 是 Cortex-M3 不可或缺的一部分。NVIC 为 Cortex-M3 提供了卓越的中断处理能力。

Cortex-M3 使用一个向量表，其中包含执行特定中断服务函数的地址。Cortex-M3 会在接受中断时从该向量表中提取相应的地址。

为了减少门数并增强系统灵活性，Cortex-M3 使用一个基于堆栈的异常模型。系统在出现异常情况时会将关键通用寄存器推送到堆栈上，并在完成入栈和指令提取后执行中断服务函数，然后自动还原通用寄存器以继续执行中断的程序恢复正常执行。使用此方法，无须编写汇编器包装器（而这是对基于 C 语言的传统中断服务函数执行堆栈操作所必需的），从而使得应用程序的开发变得非常容易。NVIC 支持中断嵌套，从而允许通过运用较高的优先级较早地为某个中断提供服务。

6.3.2 NVIC 优先级表示

NVIC 优先级使用 8 个二进制位表示，并分成两部分——抢占优先级和响应优先级（子优先级）。

1. 抢占优先级

抢占优先级是指不同优先级的中断可以嵌套执行，高优先级的中断可以中断低优先级的中断，而且 NVIC 中断源编号越小的中断优先级越高。

2. 响应优先级

响应优先级是指不同优先级的中断不能嵌套。当抢占优先级相同、响应优先级不同且多个中断同时发生时，响应优先级高的中断会被优先响应。

3. 自然优先级

自然优先级就是 NVIC 中断源编号。中断源编号越小，其中断优先级越高。当抢占优先级和响应优先级都相同的中断源同时发生中断时，自然优先级高的中断优先被响应。

抢占优先级的等级高于响应优先级的等级。响应优先级的等级高于自然优先级的等级。抢占优先级决定中断是否可以嵌套。

4. NVIC 优先级表示方法

在 Cortex-M3 中，每个中断源可以使用 8 个二进制位设置中断源的优先级，而这 8 个二进制位可以有 8 种分配方式。NVIC 优先级表示方法见表 6-1。

表 6-1 NVIC 优先级表示方法

组编号	PRIGROUP 区域（3 位） AIRCR[10:8]0xE000_ED0C	抢占优先级位数	响应优先级位数	抢占优先级 可配置范围	响应优先级 可配置范围
0	0x07	0	8	0	0～255
1	0x06	1	7	0～1	0～127
2	0x05	2	6	0～3	0～63
3	0x04	3	5	0～7	0～31
4	0x03	4	4	0～15	0～15
5	0x02	5	3	0～31	0～7
6	0x01	6	2	0～63	0～3
7	0x00	7	1	0～127	0～1

注意：不会有将 8 个二进制位都用来表示抢占优先级的情况。

按照表 6-1，把 PRIGROUP 区域的值写入 AIRCR[10:8]中，进行优先级分组。一个程序只能有一种优先级分组。当优先级分组确定后，抢占优先级和响应优先级就确定了。

ARM 公司规定，芯片商可以用少于 8 个二进制位表示中断源的优先级，但是不可少于 3 个二进制位。

以上便是优先级分组的概念，但是 Cortex-M3 允许在较少中断源时使用较少的寄存器二进制位来指定中断源的优先级，因此 STM32F1 把指定中断源优先级的寄存器二进制位减少到了 4 个二进制位。STM32F1 优先级表示方法见表 6-2。

表 6-2　STM32F1 优先级表示方法

组编号	PRIGROUP 区域（3 位）AIRCR[10:8]0xE000_ED0C	抢占优先级位数	响应优先级位数	抢占优先级可配置范围	响应优先级可配置范围
0	0x07	0	4	0	0～15
1	0x06	1	3	0～1	0～7
2	0x05	2	2	0～3	0～3
3	0x04	3	1	0～7	0～1
4	0x03	4	0	0～15	0

6.3.3　Cortex-M3 异常中断向量表

Cortex-M3 异常中断向量表见表 6-3。

表 6-3　Cortex-M3 异常中断向量表

编　号	优先级	优先级类型	名　　称	说　　明	地　　址
0	—	—	—	保留	0x0000_0000
1	-3	固定	Reset	复位	0x0000_0004
2	-2	固定	NMI	不可屏蔽中断 RCC 时钟安全系统（CSS）连接到 NMI 向量	0x0000_0008
3	-1	固定	硬件失效（HardFault）	所有类型的失效	0x0000_000C
4	0	可设置	存储管理（MemManage）	存储器管理	0x0000_0010
5	1	可设置	总线错误（BusFault）	预取指令失败，存储器访问失败	0x0000_0014
6	2	可设置	错误应用（UsageFault）	未定义的指令或非法状态	0x0000_0018
7～10	—	—	—	保留	0x0000_001C～0x0000_002B
11	3	可设置	SVCall	通过 SWI 指令的系统服务调用	0x0000_002C
12	4	可设置	调试监控（DebugMonitor）	调试监控器	0x0000_0030
13	—	—	—	保留	0x0000_0034
14	5	可设置	PendSV	可挂起的系统服务	0x0000_0038
15	6	可设置	SysTick	系统嘀嗒定时器	0x0000_003C
16	7	可设置	IRQ #0	外中断#0	0x0000_0040
17	8	可设置	IRQ #1	外中断#1	0x0000_0044
⋮	⋮	⋮	⋮	⋮	⋮
255	—	可设置	IRQ #239	外中断#239	0x0000_03FC

6.3.4　STM32F1 异常中断向量表

STM32F1 异常中断向量表见表 6-4。

表 6-4 STM32F1 异常中断向量表

编号	优先级	优先级类型	名称	说明	地址
0	—	—	—	保留	0x0000_0000
1	-3	固定	Reset	复位	0x0000_0004
2	-2	固定	NMI	不可屏蔽中断，RCC 时钟安全系统（CSS）连接到 NMI 向量	0x0000_0008
3	-1	固定	硬件失效（HardFault）	所有类型的失效	0x0000_000C
4	0	可设置	存储管理（MemManage）	存储器管理	0x0000_0010
5	1	可设置	总线错误（BusFault）	预取指令失败，存储器访问失败	0x0000_0014
6	2	可设置	错误应用（UsageFault）	未定义的指令或非法状态	0x0000_0018
7～10	—	—	—	保留	0x0000_001C～0x0000_002B
11	3	可设置	SVCall	通过 SWI 指令的系统服务调用	0x0000_002C
12	4	可设置	调试监控(DebugMonitor)	调试监控器	0x0000_0030
13	—	—	—	保留	0x0000_0034
14	5	可设置	PendSV	可挂起的系统服务	0x0000_0038
15	6	可设置	SysTick	系统嘀嗒定时器	0x0000_003C
0	7	可设置	WWDG	窗口看门狗中断	0x0000_0040
1	8	可设置	PVD	连到 EXTI 的电源电压检测(PVD)中断	0x0000_0044
2	9	可设置	TAMPER	侵入检测中断	0x0000_0048
3	10	可设置	RTC	实时时钟（RTC）全局中断	0x0000_004C
4	11	可设置	FLASH	闪存全局中断	0x0000_0050
5	12	可设置	RCC	复位和时钟控制（RCC）中断	0x0000_0054
6	13	可设置	EXTI0	EXTI 线 0 中断	0x0000_0058
7	14	可设置	EXTI1	EXTI 线 1 中断	0x0000_005C
8	15	可设置	EXTI2	EXTI 线 2 中断	0x0000_0060
9	16	可设置	EXTI3	EXTI 线 3 中断	0x0000_0064
10	17	可设置	EXTI4	EXTI 线 4 中断	0x0000_0068
11	18	可设置	DMA1 通道 1	DMA1 通道 1 全局中断	0x0000_006C
12	19	可设置	DMA1 通道 2	DMA1 通道 2 全局中断	0x0000_0070
13	20	可设置	DMA1 通道 3	DMA1 通道 3 全局中断	0x0000_0074
14	21	可设置	DMA1 通道 4	DMA1 通道 4 全局中断	0x0000_0078
15	22	可设置	DMA1 通道 5	DMA1 通道 5 全局中断	0x0000_007C
16	23	可设置	DMA1 通道 6	DMA1 通道 6 全局中断	0x0000_0080
17	24	可设置	DMA1 通道 7	DMA1 通道 7 全局中断	0x0000_0084
18	25	可设置	ADC1_2	ADC1 和 ADC2 全局中断	0x0000_0088
19	26	可设置	CAN1_TX	CAN1 发送中断	0x0000_008C

（续表）

编 号	优先级	优先级类型	名 称	说 明	地 址
20	27	可设置	CAN1_RX0	CAN1 接收 0 中断	0x0000_0090
21	28	可设置	CAN1_RX1	CAN1 接收 1 中断	0x0000_0094
22	29	可设置	CAN_SCE	CAN1 SCE 中断	0x0000_0098
23	30	可设置	EXTI9_5	EXTI 线[9:5]中断	0x0000_009C
24	31	可设置	TIM1_BRK	TIM1 刹车中断	0x0000_00A0
25	32	可设置	TIM1_UP	TIM1 更新中断	0x0000_00A4
26	33	可设置	TIM1_TRG_COM	TIM1 触发和通信中断	0x0000_00A8
27	34	可设置	TIM1_CC	TIM1 捕获比较中断	0x0000_00AC
28	35	可设置	TIM2	TIM2 全局中断	0x0000_00B0
29	36	可设置	TIM3	TIM3 全局中断	0x0000_00B4
30	37	可设置	TIM4	TIM4 全局中断	0x0000_00B8
31	38	可设置	I2C1_EV	I^2C1 事件中断	0x0000_00BC
32	39	可设置	I2C1_ER	I^2C1 错误中断	0x0000_00C0
33	40	可设置	I2C2_EV	I^2C2 事件中断	0x0000_00C4
34	41	可设置	I2C2_ER	I^2C2 错误中断	0x0000_00C8
35	42	可设置	SPI1	SPI1 全局中断	0x0000_00CC
36	43	可设置	SPI2	SPI2 全局中断	0x0000_00D0
37	44	可设置	USART1	USART1 全局中断	0x0000_00D4
38	45	可设置	USART2	USART2 全局中断	0x0000_00D8
39	46	可设置	USART3	USART3 全局中断	0x0000_00DC
40	47	可设置	EXTI15_10	EXTI 线[15:10]中断	0x0000_00E0
41	48	可设置	RTCAlarm	连到 EXTI 的 RTC 闹钟中断	0x0000_00E4

表 6-3 与表 6-4 中的前面 16 个异常中断向量是相同的，而表 6-3 中后面的并没有指明是哪个中断源，而是在具体芯片中确定，由芯片商自定义中断源，并配置优先级。STM32F1 的优先级配置分为抢占优先级和响应优先级，当这些中断源配置成两种优先级都相同时，会优先响应表 6-4 中编号小的中断源。在判断先响应哪个中断源时，先看抢占优先级，再看响应优先级，最后才看自然优先级。

当发生中断时，CPU 会强制 PC 指向对应中断源和入口地址取指令，所以一般在这个入口地址写一个函数地址，这个函数就是中断服务函数。

6.3.5 STM32F1 异常中断向量表的定义

STM32F1 异常向量表已经在启动代码中定义（如 startup_stm32f10x_hd.s 文件）。用户在写中断程序时，只要在任意一个 C 文件中写一个无返回值、无形式参数、名字和异常中断向量表对应地址相同的函数名就可以了，使用起来非常简单。

6.3.6 Cortex-M3 中断设置相关库函数

Cortex-M3 NVIC 相关库函数在内核文件 core_cm3.c 中定义，也可在 misc.c 文件中找到相对应功能的函数。

1. 优先级分组

用户可调用 NVIC_SetPriorityGrouping 函数进行优先级分组，其函数说明见表 6-5。

表 6-5　NVIC_SetPriorityGrouping 函数说明

函数名	NVIC_SetPriorityGrouping
函数原型	static __INLINE void NVIC_SetPriorityGrouping(uint32_t PriorityGroup)
功能描述	设置优先级组
输入参数 1	PriorityGroup：优先级组的编号，对应的值为 0～7。比如，选择第 2 组，则是 2 位抢占优级，那对应的值是 7-2 = 5
输出参数	无
返回值	无
说明	一个工程只设置一次优先级组

设置优先级组的编号为 2 见例 6-1。

【例 6-1】设置优先级组的编号为 2。

```
NVIC_SetPriorityGrouping(7-2);/*设置优先级组的编号为 2*/
```

2. 优先级编码

用户可调用 NVIC_EncodePriority 函数进行优先级编码的设置，其函数说明见表 6-6。

表 6-6　NVIC_EncodePriority 函数说明

函数名	NVIC_EncodePriority
函数原型	static __INLINE uint32_t NVIC_EncodePriority (uint32_t PriorityGroup, uint32_t PreemptPriority, uint32_t SubPriority)
功能描述	设置优先级编码，即把优先级组的编号、抢占优先级值、子优先级值编码成一个 32 位的数字
输入参数 1	PriorityGroup：优先级组的编号
输入参数 2	PreemptPriority：抢占优先级值
输入参数 3	SubPriority：响应优先级值
输出参数	无
返回值	优先级编码
说明	这个函数并没有把优先级设置到寄存器中，只是简单地合成一个表示优先级的数字，之后还要使用 NVIC_SetPriority 函数将这个数字设置到寄存器中

设置优先级组的编号为 2、抢占优先级为 1、响应优先级为 3 的优先级编码见例 6-2。

【例 6-2】设置优先级组的编号为 2、抢占优先级为 1、响应优先级为 3 的优先级编码。

```
uint32_t  Pri = NVIC_EncodePriority (7-2, 1, 3);/* 优先级组的编号为 2、抢占优先级为 1、响应优先级为 3*/
```

3. 中断源的优先级

用户可调用 NVIC_SetPriority 函数进行中断源的优先级设置，其函数说明见表 6-7。

表 6-7　NVIC_SetPriority 函数说明

函数名	NVIC_EncodePriority
函数原型	static __INLINE void NVIC_SetPriority(IRQn_Type IRQn, uint32_t priority)
功能描述	指定中断源的优先级
输入参数 1	IRQn：中断源编号

（续表）

输入参数 2	priority：优先级，即 NVIC_EncodePriority 函数的返回值
输出参数	无
返回值	无
说明	IRQn_Type 在 stm32F10x.h 文件中定义，是一个枚举类型，定义了 STM32F10x 对应所有的中断源编号。双击入口参数类型 IRQn_Type 后在右键快捷菜单中选择【Go todefinition of …】选项，可以查看 IRQn_Type 的定义

设置串口 1 的优先级组的编号为 2、抢占优先级为 1、响应优先级为 3 见例 6-3。

【例 6-3】设置串口 1 的优先级组的编号为 2、抢占优先级为 1、响应优先级为 3。

```
uint32_t   Pri   = NVIC_EncodePriority (7-2, 1, 3) ;/* 优先级组的编号为 2、抢占优先级为 1、响应优先级为 3*/
NVIC_SetPriority(USART1_IRQn , Pri );          /*设置串口 1 的优先级*/
```

4. 开启指定中断源的中断

用户可调用 NVIC_EnableIRQ 函数开启指定中断源的中断，其函数说明见表 6-8。

表 6-8　NVIC_EnableIRQ 函数说明

函数名	NVIC_EnableIRQ
函数原型	static __INLINE void NVIC_EnableIRQ(IRQn_Type IRQn)
功能描述	开启指定中断源的中断
输入参数 1	IRQn：中断源编号
输出参数	无
返回值	无
说明	无

开启串口 1 的中断见例 6-4。

【例 6-4】开启串口 1 的中断。

```
NVIC_EnableIRQ(USART1_IRQn);/*开启串口 1 的中断*/
```

5. 关闭指定中断源的中断

用户可调用 NVIC_ DisableIRQ 函数关闭指定中断源的中断，其函数说明见表 6-9。

表 6-9　NVIC_ DisableIRQ 函数说明

函数名	NVIC_ DisableIRQ
函数原型	static __INLINE void NVIC_DisableIRQ(IRQn_Type IRQn)
功能描述	关闭指定中断源的中断
输入参数 1	IRQn：中断源编号
输出参数	无
返回值	无
说明	无

关闭串口 1 的中断见例 6-5。

【例 6-5】关闭串口 1 的中断。

```
NVIC_DisableIRQ (USART1_IRQn);/*关闭串口 1 的中断*/
```

6.3.7　中断服务函数

中断服务函数代码和普通代码很相似。当用户根据需要编写中断服务函数代码时，该函数代码中一定要有清除中断标志的代码。中断服务函数名要和启动代码对应中断源的中断入口标志相同，且函数原型是 void USART1_IRQHandler(void)。

USART1 中断服务函数格式见例 6-6。

【例 6-6】USART1 中断服务函数格式。

```
void USART1_IRQHandler(void)
{
      /*将发生串口 1 中断时要进行的操作代码写在这里*/
}
```

中断服务函数名可在启动文件（startup_stm32f10x_hd.s）中找到，如图 6-4 所示。

startup_stm32f10x_hd.s

```
                DCD     TAMPER_IRQHandler             ; Tamper
                DCD     RTC_IRQHandler                ; RTC
                DCD     FLASH_IRQHandler              ; Flash
                DCD     RCC_IRQHandler                ; RCC
                DCD     EXTI0_IRQHandler              ; EXTI Line 0
                DCD     EXTI1_IRQHandler              ; EXTI Line 1
                DCD     EXTI2_IRQHandler              ; EXTI Line 2
```

图 6-4　中断服务函数名

6.4　外部中断

6.4.1　外部中断简介

对于互联型 STM32F1 产品，外部中断/事件控制器由 20 个产生事件/中断请求信号的边沿检测器组成，对于其他 STM32F1 产品，则有 19 个产生事件/中断请求信号的边沿检测器。每个输入线可以独立地配置输入信号类型（脉冲或挂起信号）和对应的触发事件（上升沿或下降沿或双边沿触发），每个输入线都可以独立地被屏蔽，挂起寄存器保持着状态线的中断请求信号。

6.4.2　外部中断/事件控制器的结构

STM32F1 外部中断/事件控制器的结构如图 6-5 所示。

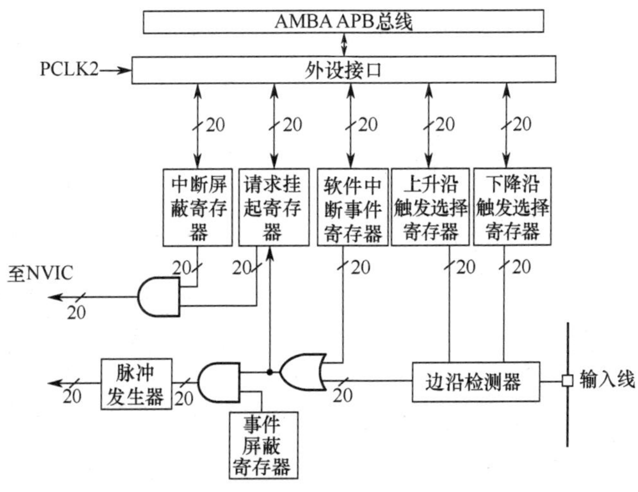

图 6-5　外部中断/事件控制器的结构

6.4.3 外部中断线配置

STM32F1 外部中断对应的 GPIO 接口和大部分 CPU 一样，是要进行配置才能使用的。STM32F1 和 GPIO 接口相关的外部中断最多是 16 个，且一个外部中断线可以分布在每组 GPIO 接口上，但是，一组 GPIO 接口最多 16 个引脚，总共有 A～G 组。外部中断信号只能出现在和外部中断线编号相同的任何一组 GPIO 接口的引脚上。该引脚通过 GPIO_EXTILineConfig 函数进行选择，如图 6-6 所示。

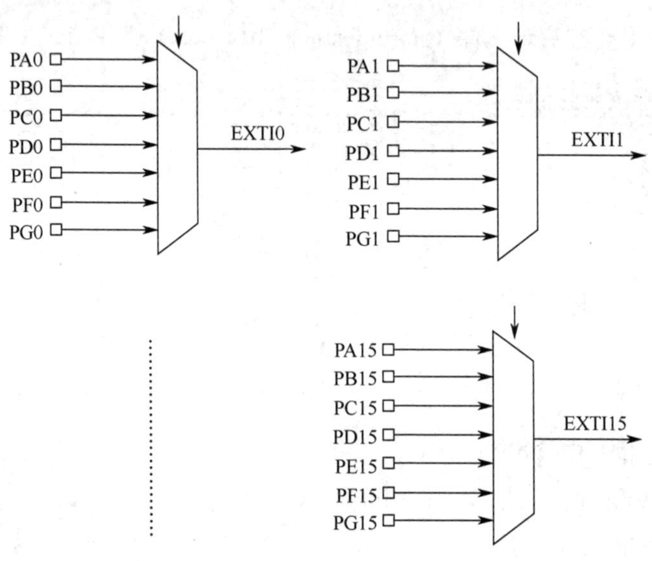

图 6-6　外部中断线

6.4.4 外部中断相关库函数

在利用 STM32 固件库进行开发时，操作外部中断寄存器相关的函数和定义在源文件 stm32f10x_exti.c 和头文件 stm32f10x_exti.h 中。

1．外部中断复用功能时钟

用户可调用 RCC_APB2PeriphClockCmd 函数开启外部中断复用功能时钟，具体用法参考本书 4.2.5 节相关内容。

2．外部中断线配置

用户可调用 GPIO_EXTILineConfig 函数进行外部中断线配置，其函数说明见表 6-10。

表 6-10　GPIO_EXTILineConfig 函数说明

函数名	GPIO_EXTILineConfig
函数原型	void GPIO_EXTILineConfig(uint8_t GPIO_PortSource, uint8_t GPIO_PinSource)
功能描述	选择 GPIO 接口的引脚作为外部中断线使用
输入参数 1	GPIO_PortSource：使用的是哪组 GPIO 接口
输入参数 2	GPIO_PinSource：使用的是哪个 GPIO 接口。该参数取 GPIO_PinSourcex（x=0～15）
输出参数	无
返回值	无
说明	无

设置 PA0 作为外部中断线见例 6-6。

【例 6-6】设置 PA0 作为外部中断线。

```
GPIO_EXTILineConfig(GPIO_PortSourceGPIOA,GPIO_PinSource0);/*设置 PA0 作为外部中断线*/
```

3．外部中断初始化

用户可调用 EXTI_Init 函数进行外部中断初始化，其函数说明见表 6-11。

表 6-11　EXTI_Init 函数说明

函数名	EXTI_Init
函数原型	void EXTI_Init(EXTI_InitTypeDef* EXTI_InitStruct)
功能描述	根据设置的属性初始化外部中断
输入参数 1	EXTI_InitStruct：外部中断的属性，如触发方式等
输出参数	无
返回值	无
说明	EXTI_InitTypeDef 是一个结构体类型，在 stm32f10x_exti.h 中定义如下 typedef struct { uint32_t EXTI_Line; EXTIMode_TypeDef EXTI_Mode; EXTITrigger_TypeDef EXTI_Trigger; FunctionalState EXTI_LineCmd; }EXTI_InitTypeDef;

初始化外部中断 0 见例 6-7。

【例 6-7】初始化外部中断 0。

```
EXTI_InitTypeDef EXTI_InitStructure;
EXTI_InitStructure.EXTI_Line = EXTI_Line0;/*配置 GPIO 接口的引脚*/
EXTI_InitStructure.EXTI_Trigger = EXTI_Trigger_Falling;/ *配置触发方式*/
EXTI_InitStructure.EXTI_Mode = EXTI_Mode_Interrupt;/ *选择中断模式*/
EXTI_InitStructure.EXTI_LineCmd = ENABLE;/ *使能该引脚*/
EXTI_Init(&EXTI_InitStructure);/ *初始化外部中断寄存器*/
```

4．获取外部中断标志状态

用户可调用 EXTI_GetITStatus 函数获取指定的外部中断标志状态，以判断指定的外部中断是否发生，其函数说明见表 6-12。

表 6-12　EXTI_GetITStatus 函数说明

函数名	EXTI_GetITStatus
函数原型	ITStatus EXTI_GetITStatus(uint32_t EXTI_Line)
功能描述	获取指定的外部中断标志状态
输入参数 1	EXTI_Line：指定的外部中断
输出参数	无
返回值	指定的外部中断标志状态，SET（1）或 RESET（0）
说明	无

判断是否为外部中断 3 见例 6-8。

【例 6-8】判断是否为外部中断 3。

```
if(EXTI_GetITStatus(EXTI_Line3) != RESET) { }/*判断是否是外部中断 3*/
```

5．清除外部中断标志

用户可调用 EXTI_ClearITPendingBit 函数清除指定的外部中断标志，其函数说明见表 6-13。

表 6-13　EXTI_ClearITPendingBit 函数说明

函数名	EXTI_ClearITPendingBit
函数原型	void EXTI_ClearITPendingBit(uint32_t EXTI_Line)
功能描述	清除指定的外部中断标志
输入参数 1	EXTI_Line：指定的外部中断
输出参数	无
返回值	无
说明	无

清除外部中断 3 标志见例 6-9。

【例 6-9】清除外部中断 3 标志。

```
EXTI_ClearITPendingBit(EXTI_Line3); /*清除外部中断 3 标志*/
```

EXTI 其他固件库函数这里不再介绍，用户可参考 stm32f10x_exti.c 文件。

6.4.5　NVIC 相关库函数

在 STM32 固件库开发中，操作 NVIC 相关的函数和定义分别在 msic.c 和头文件 msic.h 中。NVIC 的配置也可以使用 6.3.6 节介绍的库函数来进行。

1．设置优先级分组

用户可调用 NVIC_PriorityGroupConfig 函数进行优先级组的设置，其函数说明见表 6-14。

表 6-14　NVIC_PriorityGroupConfig 函数说明

函数名	NVIC_PriorityGroupConfig
函数原型	void NVIC_PriorityGroupConfig(uint32_t NVIC_PriorityGroup)
功能描述	设置优先级组
输入参数 1	NVIC_PriorityGroup：优先级组的编号
输出参数	无
返回值	无
说明	无

设置优先级组的编号为 2 见例 6-10。

【例 6-10】设置优先级组的编号为 2。

```
NVIC_PriorityGroupConfig(NVIC_PriorityGroup_2); /*设置优先级组的编号为 2*/
```

2．优先级的设置

用户可调用 NVIC_Init 函数进行优先级的设置，其函数说明见表 6-15。

表 6-15　NVIC_Init 函数说明

函数名	NVIC_Init
函数原型	void NVIC_Init(NVIC_InitTypeDef* NVIC_InitStruct)
功能描述	优先级的设置
输入参数 1	NVIC_InitStruct：NVIC 的参数结构体，包括抢占优先级、响应优先级等

（续表）

输出参数	无
返回值	无
说明	NVIC_InitTypeDef 类型在 msic.h 中定义如下 typedef struct { uint8_t NVIC_IRQChannel; uint8_t NVIC_IRQChannelPreemptionPriority; uint8_t NVIC_IRQChannelSubPriority; FunctionalState NVIC_IRQChannelCmd; } NVIC_InitTypeDef;

设置外部中断 0 的抢占优先级为 1、响应优先级为 1 见例 6-11。

【例 6-11】设置外部中断 0 的抢占优先级为 1、响应优先级为 1。

```
NVIC_InitTypeDef NVIC_InitStructure;
VIC_InitStructure.NVIC_IRQChannel = EXTI0_IRQn;                    /*初始化通道*/
NVIC_InitStructure.NVIC_IRQChannelPreemptionPriority = 1;         /*设置抢占优先级*/
NVIC_InitStructure.NVIC_IRQChannelSubPriority = 1;                /*设置响应优先级*/
NVIC_InitStructure.NVIC_IRQChannelCmd = ENABLE;                   /*该中断通道使能*/
NVIC_Init(&NVIC_InitStructure);
```

NVIC 其他的库函数读者可查看 msic.c 文件。

6.5 外部中断实验硬件设计

如图 6-7 所示的外部中断实验硬件设计原理图源于信盈达 STM32F103ZET6 开发板的按键设计的硬件原理图。

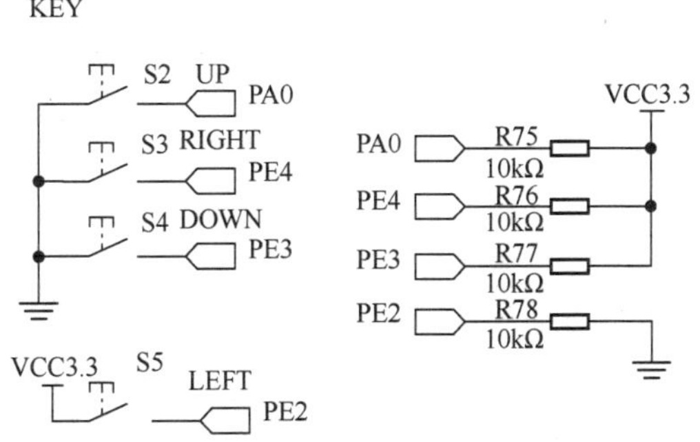

图 6-7　外部中断实验硬件设计原理图

6.6 外部中断实验软件设计

1．编写初始化函数

（1）初始化 I/O 引脚。

（2）配置外部中断线。

（3）配置外部中断模块。

（4）NVIC 配置。

2．编写中断服务函数

外部中断实现流程图如图 6-8 所示。

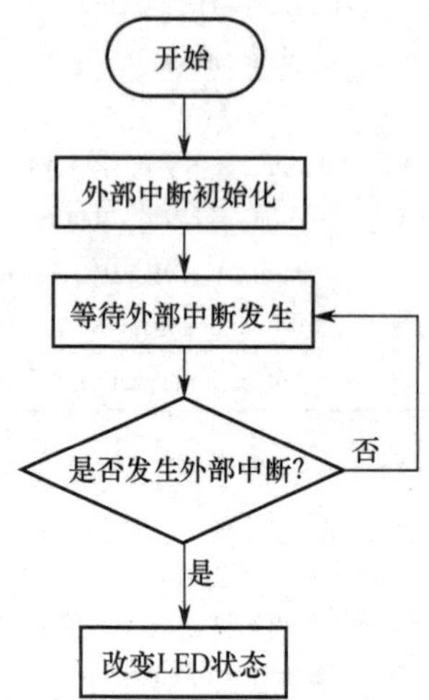

图 6-8　外部中断实现流程图

6.7　外部中断实验示例程序分析及仿真

这里只列出了部分主要功能函数。

6.7.1　外部中断 0 初始化函数

```
/*************************************************************************
*函数信息：void Exti_Init(void)
*功能描述：外部中断 0 初始化
*输入参数：无
*输出参数：无
*函数返回：无
*调用提示：无
*   作者：   陈醒醒
*   其他：   只初始化外部中断 0
*************************************************************************/
void Exti_Init(void)
{
    NVIC_InitTypeDef NVIC_InitStructure;
    EXTI_InitTypeDef EXTI_InitStructure;
    KEY_Init();
    RCC_APB2PeriphClockCmd(RCC_APB2Periph_AFIO,ENABLE);
    NVIC_PriorityGroupConfig(NVIC_PriorityGroup_2);              /*设置优先级组的编号为 2*/
    EXTI_InitStructure.EXTI_Line = EXTI_Line0;                   /*配置 GPIO 接口的引脚*/
    EXTI_InitStructure.EXTI_Trigger = EXTI_Trigger_Falling;      /*配置触发方式*/
    EXTI_InitStructure.EXTI_Mode = EXTI_Mode_Interrupt;          /*选择中断模式*/
    EXTI_InitStructure.EXTI_LineCmd = ENABLE;                    /*使能该引脚*/
    EXTI_Init(&EXTI_InitStructure);                              /*初始化外部中断寄存器*/
```

```
        GPIO_EXTILineConfig(GPIO_PortSourceGPIOA,GPIO_PinSource0);/*选择 PA0 引脚*/
        NVIC_InitStructure.NVIC_IRQChannel = EXTI0_IRQn;                 /*初始化通道*/
        NVIC_InitStructure.NVIC_IRQChannelPreemptionPriority = 1;            /*设置抢占优先级*/
        NVIC_InitStructure.NVIC_IRQChannelSubPriority = 1;               /*设置响应优先级*/
        NVIC_InitStructure.NVIC_IRQChannelCmd = ENABLE;                      /*该中断通道使能*/
        NVIC_Init(&NVIC_InitStructure);
}
```

6.7.2 外部中断服务函数

```
/*************************************************************************
*函数信息：void EXTI0_IRQHandler(void)
*功能描述：通过外部中断 0 中断服务函数，用【up】键改变 LED 状态
*输入参数：无
*输出参数：无
*函数返回：无
*调用提示：无
*  作者：   陈醒醒
*************************************************************************/
void EXTI0_IRQHandler(void)
{
        static u32 sta = 0;
        Delay(20);          /*消抖*/
        if( !KEY1())
        {
                sta++;
                if(sta%2)   LED1(1);
                else   LED1(0);
        }
        EXTI_ClearITPendingBit(EXTI_Line0); /*将中断标志位清零*/
}
```

6.8 本章课后作业

6-1 实现其他 3 个按键的外部中断功能。

6-2 实现串口接收中断功能。

6-3 使用串口接收中断功能实现上位机（计算机串口助手）控制下位机（开发板）。

第 7 章 SysTick 定时器实验

7.1 学习目的

通过学习本章内容，掌握 SysTick 定时器的功能及其应用，用它实现精准延时及心跳包的功能。

7.2 SysTick 定时器概述

SysTick 定时器被内嵌在 NVIC 中，用于产生 SysTick 异常中断信号（异常中断号：15）。SysTick 定时器中断对操作系统尤其重要。例如，操作系统可以为多个任务分配不同数目的时间片，确保没有一个任务能霸占整个操作系统，或者把每个定时器周期内的某个时间范围赋予特定的任务等。操作系统提供的各种定时功能都与这个 SysTick 定时器有关。

SysTick 定时器有两个可选的时钟，一个是外部时钟（STCLK，等于 HCLK/8 且仅限于 STM32F1），另一个是内部时钟（FCLK，等于 HCLK）。SysTick 定时器有一个 24 位递减计数器。该计数器每经历一个系统时钟周期，计数器值减 1，那么当计数器值减到 0 时，所经历的时间为系统时钟周期乘以计数器初值。当将计数器初值设为（72000−1）时，当计数器值减到 0 时，就经过了 1/(72MHz)× (71999+1)=0.001s，即 1ms。

以前 ARM7/9/11 内部的定时器都是芯片厂家配置上去的。每个芯片厂家的定时器配置方法各不相同，意味着 C 代码不同。如果要把一个程序移植到另一个芯片上，程序的修改就比较大。Cortex-M3 嵌入的 SysTick 定时器就解决了这个问题。只要是基于 Cortex-M3 内核的芯片，SysTick 定时器的配置就是相同的，因为 SysTick 定时器不属于具体芯片厂家的外设。

7.2.1 SysTick 定时器的作用

1. 产生操作系统的时钟节拍

以前，大多操作系统需要一个硬件定时器来产生操作系统需要的 SysTick 定时器中断，作为整个系统的时基。因此，可以配置 SysTick 定时器来产生周期性的中断（操作系统的时钟节拍），而且最好还要让用户程序不能随意访问它的寄存器，以维持操作系统“心跳”的节律。

2. 便于不同处理器之间程序移植

Cortex-M3 内嵌了一个简单的 SysTick 定时器。因为所有的 Cortex-M3 都带有这个 SysTick 定时器，所以软件在不同 Cortex-M3 间的移植工作得以化简。SysTick 定时器的时钟源可以是内部时钟（FCLK，Cortex-M3 上的自由运行时钟），或者是外部时钟（Cortex-M3 上的 STCLK）。

不过，STCLK 信号的具体来源则由芯片设计者决定。因此，不同芯片的时钟频率可能会大不相同。芯片设计者需要检视芯片的器件手册来决定选择什么作为时钟源。SysTick 定时器能产生中断。Cortex-M3 为 SysTick 定时器专门设定出一个异常类型，并且在异常向量表中有它的一席之地。SysTick 定时器使操作系统和其他系统软件在 Cortex-M3 间的移植变得简单，就是因为在所有 Cortex-M3 中对其处理都是相同的。

3．作为一个闹铃测量时间

SysTick 定时器除了能服务于操作系统之外，还能用于其他目的，如作为一个闹铃，用于测量时间等。要注意的是，当处理器在调试期间被停止（halt）时，SysTick 定时器亦将暂停运行。

7.2.2　SysTick 定时器的结构

SysTick 定时器的结构如图 7-1 所示。

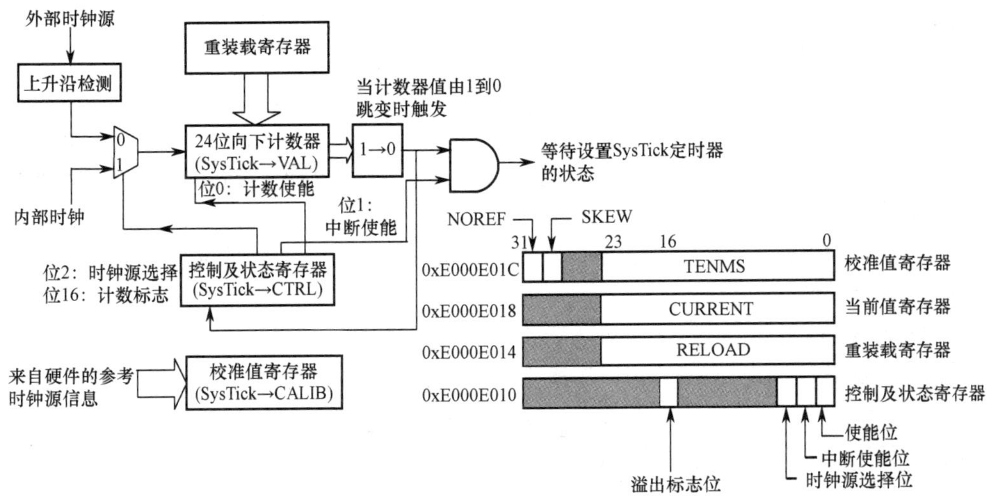

图 7-1　SysTick 定时器的结构

下面对图 7-1 进行介绍。

（1）使能位：开启或关闭 SysTick 定时器计数功能。

（2）中断使能位：开启或关闭 SysTick 定时器中断功能。

（3）时钟源选择位：仅限于 STM32F10x 的内部时钟。

（4）RELOAD：重装载值（SysTick 定时器计数初始值）。

（5）CURRENT：当前值（一直在变化中）。

（6）TENMS：校准值（无须配置）。

7.2.3　SysTick 定时器的寄存器

STM32F1 SysTick 定时器的寄存器介绍如下。

1．控制及状态寄存器

控制及状态寄存器地址为 0xE000E010，其各位描述见表 7-1。

表 7-1　控制及状态寄存器各位描述

位	名称	类型	复位值	描　述
16	溢出标志	只读	0	如果在上次读取本寄存器后，SysTick 定时器计数值已经为 0，则该位为 1；如果读取该位，该位自动清零

（续表）

位	名称	类型	复位值	描　述
2	时钟源选择	读/写	0	0：外部时钟（STCLK） 1：内部时钟（FCLK）
1	中断使能	读/写	0	0：无动作 1：SysTick 定时器计数值为 0 时 SysTick 定时器产生中断信号
0	使能	读/写	0	0：关闭 SysTick 定时器计数功能 1：开启 SysTick 定时器计数功能

控制与状态寄存器是用来反映 SysTick 定时器工作状态的，简称 SYST_CSR。此寄存器中：

第 0 位是使能位。当该位的值为 1 时，开启 SysTick 定时器计数功能；当该位的值为 0 时，关闭 SysTick 定时器计数功能。

第 1 位是中断使能位。当该位的值为 1 时，开启 SysTick 定时器中断功能；当该位的值为 0 时，关闭 SysTick 定时器中断功能。

第 2 位是时钟源选择位。当该位的值为 1 时，选择内部时钟作为计数脉冲的参考时钟；当该位的值为 0 时，选择外部时钟作为计数脉冲的参考时钟。

第 16 位是溢出标志位。当 SysTick 定时器计数值递减到 0 时，该位被置 1；在读取该位后，该位自动清零。

2. 重装载寄存器

重装载寄存器地址为 0xE000E014，其各位描述见表 7-2。

表 7-2　重装载寄存器各位描述

位	名称	类型	复位值	描　述
23～0	重装载值	读/写	0	当 SysTick 定时器计数值为 0 时重新装载的数值

重装载寄存器是用来重新装载 SysTick 定时器计数初始值的，和定时时间有关，简称 SYST_RVR。

3. 当前值寄存器

当前值寄存器地址为 0xE000E018，其各位描述见表 7-3。

表 7-3　当前值寄存器各位描述

位	名称	类型	复位值	描　述
23～0	当前值	读/写	0	在读该寄存器时为 SysTick 定时器当前的计数值；在写该寄存器时则为 0，同时还会清除在控制及状态寄存器中的溢出标志

当前值寄存器反映了 SysTick 定时器当前的计数值，简称 SYST_CVR。

4. 校准值寄存器

校准值寄存器地址为 0xE000E01C，其各位描述见表 7-4。

表 7-4　校准值寄存器各位描述

位	名称	类型	复位值	描　述
31	基准	只读	—	0：外部时钟可用 1：没有外部时钟（STCLK 不可使用）
30	校准值	只读	—	0：校准值是准确的 10ms 1：校准值不是准确的 10ms

（续表）

位	名称	类型	复位值	描 述
23～0	间隔时间	读/写	0	在 10ms 中倒计数的间隔数。芯片设计者应该通过 Cortsex-M3 的输入信号提供该值。若读到的该值为 0，则表示无法使用校准功能

校准值寄存器是用来校准误差的，简称 SYST_CALIB。这个寄存器一般不用程序员修改，而是由芯片设计者设定并写入校准值。

SysTick 定时器的初始值由系统时钟频率、系统时钟选择和载入的初始值共同决定。假设外部时钟频率为 24MHz，默认情况下 SysTick 定时器的时钟源选择位的值为 0，即选择外部时钟频率，则计数周期为 1/（24MHz）=1/24μs，即计数 24 次就是 1μs。但实际上 SysTick 定时器采用的是倒数计数方式，即从最大计数值依次递减计数直到 0 产生溢出信号。同时要注意的是，由于此计数器的位宽是 24 位，所以最大计数值不能超过 2 的 24 次方（即 16 777 216 减 1）。由此，可得出微秒级的初始值计算公式：

$$\text{LOAD} = 24m-1$$

其中，m 取值范围 1～699 050(16 777 216÷24≈699 050)。

同理，可得出毫秒级的初始值计算公式：

$$\text{LOAD} = 24\,000n-1$$

其中，n 取值范围 1～699(16 777 216÷24 000≈699)。

从上述可以看出，其实 SysTick 定时器就是一个普通的定时器，在使用时按以下顺序进行操作即可。

（1）确定时钟源，配置控制及状态寄存器的第 2 位。

（2）根据定时时间给 SYST_RVR 写入计数初始值，注意不要溢出，不能超过 16 777 215。

（3）写 SYST_CVR 以对计数值进行清零。

（4）设置 SYST_CSR 开启定时、中断功能。

7.2.4 SysTick 定时器的库函数

SysTick 定时器的库函数在 core_cm3.h 文件中定义。

用户可调用 SysTick_Config 函数进行 SysTick 定时器的配置，其函数说明见表 7-5。

表 7-5 SysTick_Config 函数说明

函数名	SysTick_Config
函数原型	Static __INLINE uint32_t SysTick_Config(uint32_t ticks)
功能描述	SysTick 定时器的配置
输入参数 1	ticks：写入 SysTick 定时器重装载寄存器的值
输出参数	无
返回值	设置的状态。返回 1 说明配置失败，返回 0 说明配置成功
说明	无

设置 SysTick 定时器实现 1ms 定时见例 7-1。

【例 7-1】设置 SysTick 定时器实现 1ms 定时。

```
if(SysTick_Config(72000000 /1000)) { }/*配置 SysTick 定时器*/
```

7.3 SysTick 定时器实验硬件设计

本实验使用信盈达 STM32F103ZET6 开发板上的 LED 模块，实现 LED 的闪烁。

7.4 SysTick 定时器实验软件设计

利用 SysTick 定时器延时 1s 功能，点亮 LED 后经过 1s 再熄灭 LED，实现过程如下。

（1）初始化 SysTick 定时器。

（2）配置 LED I/O 引脚，编写点亮和熄灭 LED 的函数。

（3）编写指定时间的延时函数。

（4）main 函数综合测试。

7.5 SysTick 定时器实验示例程序分析及仿真

这里只列出了部分主要功能函数。

7.5.1 SysTick 初始化函数

```
/*********************************************************************
*函数信息：void Delay_ms(u32 time)
*功能描述：实现精确延时（ms 级）
*输入参数：延时时间，单位为 mm
*输出参数：无
*函数返回：无
*调用提示：无
*  作者：   陈醒醒
*********************************************************************/
void Delay_ms(u32 time)
{
        TimeDelay = time*1000;
        SysTick->CTRL |= SysTick_CTRL_ENABLE_Msk;
        while(TimeDelay !=0);
        SysTick->CTRL &=  ~SysTick_CTRL_ENABLE_Msk;
}
/*********************************************************************
*函数信息：void SysTick_Handler(void)
*功能描述：SysTick 定时器中断服务函数
*输入参数：无
*输出参数：无
*函数返回：无
*调用提示：无
*  作者：   陈醒醒
*********************************************************************/
void SysTick_Handler(void)
{
        if(TimeDelay > 0)
                TimeDelay--;
}
```

7.5.2　SysTick 定时器实验 main 函数

```
/***********************************************************************
*函数信息：int main ()
*功能描述：LED 闪烁，使用 SysTick 定时器实现延时
*输入参数：无
*输出参数：无
*函数返回：无
*调用提示：无
***********************************************************************/
int main()
{
	LED_Init();			/*LED 初始化*/
	SysTick_Init();	/*SysTick 定时器初始化*/
	while(1)
	{
		LED1(1);
		Delay_ms(1000);
		LED1(0);
		Delay_ms(1000);
	}
}
```

7.6　本章课后作业

7-1　使用扫描方式实现延时功能。

7-2　使用 SysTick 定时器做一个简单的时、分、秒电子表，在串口每秒输出一次时间。

第 8 章 基本定时器实验

8.1 学习目的

（1）掌握 CPU 定时原理。

（2）掌握 STM32F1 基本定时器编程方法。

8.2 基本定时器

STM32F1 有以下三类定时器。

（1）基本定时器：功能较少，只提供基本定时功能及 DAC 触发功能。

（2）通用定时器：包含基本定时功能，同时具备输入捕获、输出比较、PWM 输入、PWM 输出功能，还具有多种时钟源和多种工作模式。

（3）高级定时器：包含通用定时器功能，同时具备 PWM 互补输出、死区、刹车等功能，非常适合电机方面的控制，也是这三类定时器中功能最强大的。

8.2.1 基本定时器简介

TIM6、TIM7 为 STM32F1 中的两个基本定时器（并不是所有的 STM32 都具备 TIM6 和 TIM7 这两个定时器）。它们相互独立并且不共享任何资源。

这两个基本定时器由可编程预分频器驱动的 16 位自动装载计数器构成，可以完成定时功能，也可以在计数器溢出时产生中断信号或 DMA 请求信号。

8.2.2 基本定时器特征

STM32F1 基本定时器特征如下。

（1）16 位自动重装载累加计数器。

（2）16 位可编程（可实时修改）预分频器，用于对输入的时钟信号按 1～65 536 的任意数值分频。

（3）触发 DAC 的同步电路。

（4）在更新事件（计数器溢出）时产生中断信号或 DMA 请求信号。

8.2.3 基本定时器的结构

STM32F1 基本定时器的结构如图 8-1 所示。

（1）STM32F1 基本定时器只有一种时钟源——内部时钟（频率为 72MHz）。

（2）STM32F1 基本定时器能通过触发控制器输出信号控制 DAC。

（3）STM32F1 基本定时器具备主模式功能。

（4）自动重装载寄存器、预分频寄存器含有影子寄存器。

（5）真正起作用的不是自动重装载寄存器、预分频寄存器，而是影子寄存器。

（6）自动重装载寄存器、预分频寄存器只有在更新事件时才会把相应的值传递给它们各自的影子寄存器。

（7）计数器只有向上计数模式，没有向下计数模式。

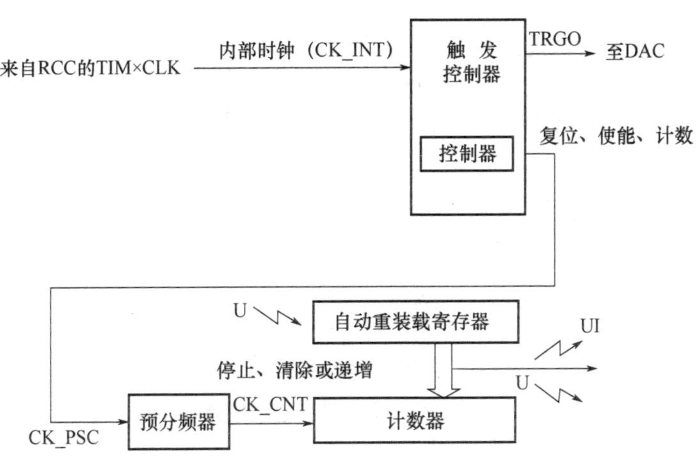

图 8-1　STM32F1 基本定时器的结构

注：↘表示事件；↗表示中断和 DMA 输出。

8.2.4　基本定时器时基单元

STM32F1 基本定时器时基单元包括计数器（TIMx_CNT）、预分频器（TIMx_ PSC）和自动重装载寄存器（TIMx_ARR）,可调用 TIM_TimeBaseInit 函数设置这些寄存器参数。

计数器（TIMx_CNT）：16 位计数器从 0 累加计数到重装载值，然后重新从 0 开始计数并产生一个计数器溢出事件。

预分频器（TIMx_PSC）（16 位）：对时钟源进行分频，并有缓冲器，即影子寄存器。

自动重装载寄存器（TIMx_ARR）（16 位）：决定计数器寄存器一个周期（STM32F1 基本定时器的周期）计数的次数，并有缓冲器，即影子寄存器（预装载寄存器）。可调用 TIM_ARRPreloadConfig 函数开启或者关闭自动重装载寄存器。

影子寄存器的作用：用户在程序中能够访问的是自动重装载寄存器，而芯片中实际工作的是影子寄存器，也就是每次与计数器进行比较的寄存器是影子寄存器，设定在自动重装载寄存器中的值在每次更新事件发生时传入影子寄存器中。预分频寄存器和它的影子寄存器的关系也是如此。开启影子寄存器的时序图如图 8-2 所示。

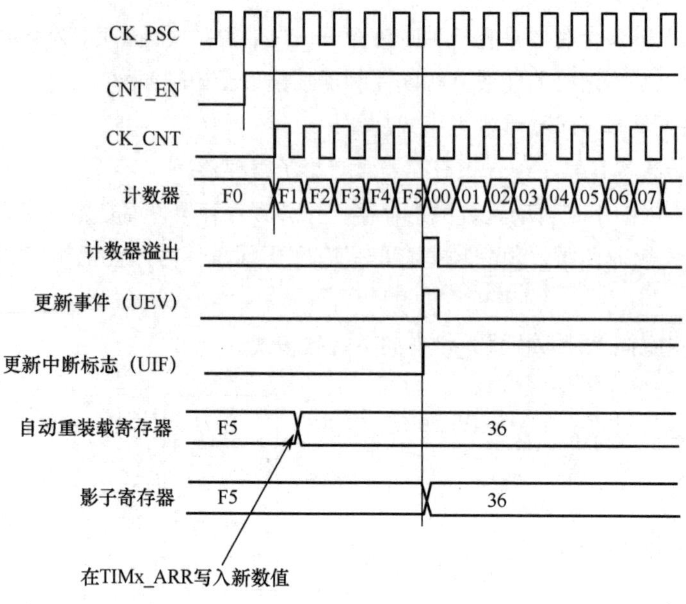

图 8-2 开启影子寄存器的时序图

8.2.5 基本定时器相关库函数

在 STM32 固件库开发中，操作定时器相关寄存器的函数和定义分别放在源文件 stm32f10x_tim.c 和头文件 stm32f10x_tim.h 中。基本定时器相关寄存器的函数同样适用于通用定时器和高级定时器。

1．基本定时器时钟使能

用户可调用 RCC_APB1PeriphClockCmd 函数使能基本定时器时钟，具体用法参考 4.2.5 节。

2．定时器初始化

用户可调用 TIM_TimeBaseInit 函数初始化定时器相关参数，其函数说明见表 8-1。

表 8-1 TIM_TimeBaseInit 函数说明

函数名	TIM_TimeBaseInit
函数原型	void TIM_TimeBaseInit(TIM_TypeDef* TIMx, TIM_TimeBaseInitTypeDef* TIM_TimeBaseInitStruct)
功能描述	初始化定时器相关参数，如预装载值、时钟分频系数、计数模式等
输入参数 1	TIMx：指定初始化哪个定时器，x = 1,2,3,4,5…
输入参数 2	TIM_TimeBaseInitStruct：指向 TIM_TimeBaseInitTypeDef 结构体类型的指针，包含了 TIMx 相关参数
输出参数	无
返回值	无
说明	无

TIM_TimeBaseInitTypeDef 结构体数据类型在 stm32f10x_tim.h 中定义如下。

```
typedef struct
{
  uint16_t TIM_Prescaler;        /*时钟分频系数*/
  uint16_t TIM_CounterMode;      /*计数模式*/
```

```
    uint16_t TIM_Period;              /*预装载值*/
    uint16_t TIM_ClockDivision;    /*时钟分频因子*/
    uint8_t TIM_RepetitionCounter; /*高级定时器使用，基本定时器不使用*/
} TIM_TimeBaseInitTypeDef;
```

初始化基本定时器 6 相关参数见例 8-1。

【例 8-1】初始化基本定时器 6 相关参数。

```
TIM_TimeBaseInitTypeDef TIM_TimeBaseInitStructure;
TIM_TimeBaseInitStructure.TIM_Period = arr-1;                          /*配置预装载值*/
TIM_TimeBaseInitStructure.TIM_Prescaler = psc -1;                      /*配置时钟分频系数*/
TIM_TimeBaseInitStructure.TIM_ClockDivision = TIM_CKD_DIV1; /*开启通用定时器中滤波寄存器
的时钟分频*/
TIM_TimeBaseInitStructure.TIM_CounterMode = TIM_CounterMode_Up; /*设置为向上计数模式*/
TIM_TimeBaseInitStructure.TIM_RepetitionCounter = 0;        /*用于高级定时器，这里可以不设置*/
TIM_TimeBaseInit(TIM6,&TIM_TimeBaseInitStructure);
```

3. 定时器中断使能

用户可调用 TIM_ITConfig 函数进行定时器的中断配置，其函数说明见表 8-2。

表 8-2　TIM_ITConfig 函数说明

函数名	TIM_ITConfig
函数原型	void TIM_ITConfig(TIM_TypeDef* TIMx, uint16_t TIM_IT, FunctionalState NewState)
功能描述	使能或者关闭指定的定时器中断
输入参数 1	TIMx：指定初始化哪个定时器，x=1,2,3,4,5…
输入参数 2	TIM_IT：指定哪类定时器中断源 TIM_IT_Update：更新中断源 TIM_IT_CC1：捕获/比较 1 中断源 TIM_IT_CC2：捕获/比较 2 中断源 TIM_IT_CC3：捕获/比较 3 中断源 TIM_IT_CC4：捕获/比较 4 中断源 TIM_IT_COM：换向中断源 TIM_IT_Trigger：触发中断源 TIM_IT_Break：退出中断源
输入参数 3	NewState：表示状态，即表示使能（ENABLE）或者关闭（DISABLE）状态
输出参数	无
返回值	无
说明	（1）TIM6 和 TIM7 只有更新中断源 （2）TIM9、TIM12 和 TIM15 只有更新中断源、捕获/比较 1 中断源、捕获/比较 2 中断源和触发中断源 （3）TIM10、TIM11、TIM13、TIM14、TIM16 和 TIM17 具有更新中断源或者捕获/比较 1 中断源 （4）退出中断源只有 TIM1、TIM8 和 TIM15 具备 （5）换向中断源只有 TIM1、TIM8、TIM15、TIM16 和 TIM17 具备

使能基本定时器 6 更新中断见例 8-2。

【例 8-2】使能基本定时器 6 更新中断。

```
TIM_ITConfig(TIM6,TIM_IT_Update,ENABLE); /*使能基本定时器 6 更新中断*/
```

4. 定时器使能

用户可调用 TIM_Cmd 函数使能或者关闭定时器，其函数说明见表 8-3。

表 8-3　TIM_Cmd 函数说明

函数名	TIM_Cmd
函数原型	void TIM_Cmd(TIM_TypeDef* TIMx, FunctionalState NewState)
功能描述	使能或者关闭指定的定时器
输入参数 1	TIMx：指定初始化哪个定时器，x=1,2,3,4,5…
输入参数 2	NewState：表示状态，即表示使能（ENABLE）或者关闭（DISABLE）状态
输出参数	无
返回值	无
说明	无

使能基本定时器 6 见例 8-3。

【例 8-3】使能基本定时器 6。

```
TIM_Cmd(TIM6,ENABLE);                    /*使能基本定时器 6*/
```

5．获取定时器中断标志状态

用户可调用 TIM_GetITStatus 函数获取定时器中断标志状态，其函数说明见表 8-4。

表 8-4　TIM_GetITStatus 函数说明

函数名	TIM_GetITStatus
函数原型	ITStatus TIM_GetITStatus(TIM_TypeDef* TIMx, uint16_t TIM_IT)
功能描述	获取定时器中断标志状态
输入参数 1	TIMx：指定初始化哪个定时器，x=1,2,3,4,5…
输入参数 2	TIM_IT：指定哪类定时器中断源，可参考 TIM_ITConfig 函数第二个参数
输出参数	无
返回值	表示定时器标志状态，返回 SET（1）或者 RESET（0）
说明	无

判断基本定时器 6 是否发生更新中断见例 8-4。

【例 8-4】判断基本定时器 6 是否发生更新中断。

```
if(TIM_GetITStatus(TIM6,TIM_IT_Update)) { }/*判断基本定时器 6 是否发生更新中断*/
```

6．清除定时器中断标志状态

用户可调用 TIM_ClearITPendingBit 函数清除定时器中断标志，其函数说明见表 8-5。

表 8-5　TIM_ClearITPendingBit 函数说明

函数名	TIM_ClearITPendingBit
函数原型	void TIM_ClearITPendingBit(TIM_TypeDef* TIMx, uint16_t TIM_IT)
功能描述	清除定时器中断标志
输入参数 1	TIMx：指定初始化哪个定时器，x=1,2,3,4,5…
输入参数 2	TIM_IT：指定哪类定时器中断源，可参考 TIM_ITConfig 函数第二个参数
输出参数	无
返回值	无
说明	无

清除基本定时器 6 更新中断标志参见例 8-5。

【例 8-5】清除基本定时器 6 更新中断标志。

```
TIM_ClearITPendingBit(TIM6,TIM_IT_Update);        /*清除基本定时器 6 更新中断标志*/
```

7．重装载影子寄存器设置

用户可调用 TIM_ARRPreloadConfig 函数使能或关闭重装载影子寄存器，其函数说明见表 8-6。

表 8-6　TIM_ARRPreloadConfig 函数说明

函数名	TIM_ARRPreloadConfig
函数原型	void TIM_ARRPreloadConfig(TIM_TypeDef* TIMx, FunctionalState Newstate)
功能描述	使能或者关闭 TIMx 在 ARR 上的影子寄存器
输入参数 1	TIMx：指定初始化哪个定时器，x=1,2,3,4,5…
输入参数 2	NewState：表示状态，即表示使能（ENABLE）或者关闭（DISABLE）状态
输出参数	无
返回值	无
说明	无

使能基本定时器 6 的重装载影子寄存器见例 8-6。

【例 8-6】使能基本定时器 6 的重装载影子寄存器。

```
TIM_ARRPreloadConfig(TIM6, ENABLE);       /*使能基本定时器 6 的重装载影子寄存器*/
```

8.3　基本定时器实验硬件设计

基本定时器属于 STM32 内部模块，因此无须单独设计其硬件模块，可以使用 LED 进行测试。

8.4　基本定时器实验软件设计

编程实现一个定时功能。可以通过基本定时器实现 LED 每秒钟闪烁一次。开启定时中断，在中断程序中改变 LED 的状态。基本定时器软件实现流程图如图 8-3 所示。

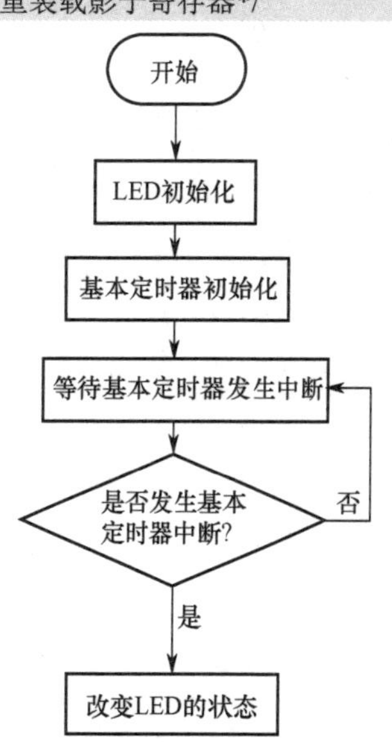

图 8-3　基本定时器软件实现流程图

8.5　基本定时器实验示例程序分析及仿真

这里只列出了部分主要功能函数。

8.5.1　基本定时器初始化函数

```
/*************************************************************************
*函数信息：void Timer6_Init(u16 arr,u16 psc)
*功能描述：初始化基本定时器 6 寄存器和基本定时器 6 的中断寄存器
*输入参数：arr 表示重装载值；psc 表示分频系数
*输出参数：无
*函数返回：无
*调用提示：无
*  作者：   陈醒醒
*  其他：   定时时间= arr*psc/72000000(s)    5000*7200/72000000 = 0.5s
*************************************************************************/
```

```
void Timer6_Init(u16 arr,u16 psc)
{
    TIM_TimeBaseInitTypeDef TIM_TimeBaseInitStructure;
    NVIC_InitTypeDef NVIC_InitStructure;
    RCC_APB1PeriphClockCmd(RCC_APB1Periph_TIM6,ENABLE); /*开启基本定时器 6 时钟*/
    TIM_TimeBaseInitStructure.TIM_Period = arr-1;                /*配置预装载值*/
    TIM_TimeBaseInitStructure.TIM_Prescaler = psc -1;            /*配置时钟分频系数*/
    TIM_TimeBaseInitStructure.TIM_ClockDivision = TIM_CKD_DIV1; /*开启通用定时器中滤波寄
存器的时钟分频*/
    TIM_TimeBaseInitStructure.TIM_CounterMode = TIM_CounterMode_Up;    /*设置为向上计数
模式*/
    TIM_TimeBaseInitStructure.TIM_RepetitionCounter = 0;   /*用于高级定时器，这里可以不设置*/
    TIM_TimeBaseInit(TIM6,&TIM_TimeBaseInitStructure);   /*初始化基本定时器 6*/
    NVIC_InitStructure.NVIC_IRQChannel = TIM6_IRQn;       /*开启基本定时器 6 中断*/
    NVIC_InitStructure.NVIC_IRQChannelPreemptionPriority = 1;/*抢占优先级为 1*/
    NVIC_InitStructure.NVIC_IRQChannelSubPriority = 2;          /*响应优先级为 2*/
    NVIC_InitStructure.NVIC_IRQChannelCmd = ENABLE;             /*中断使能*/
    NVIC_Init(&NVIC_InitStructure);                             /*NVIC 初始化*/
    TIM_ITConfig(TIM6,TIM_IT_Update,ENABLE);                    /*基本定时器 6 更新中断使能*/
    TIM_Cmd(TIM6,ENABLE);                                       /*使能定时器 6*/
}
```

8.5.2 基本定时器中断服务函数

```
/*************************************************************************
*函数信息：void TIM6_IRQHandler(void)
*功能描述：基本定时器 6 的中断服务函数，LED 闪烁
*输入参数：无
*输出参数：无
*函数返回：无
*调用提示：无
*  作者：   陈醒醒
*************************************************************************/
void TIM6_IRQHandler(void)
{
    static u8 flag = 0;
    if(TIM_GetITStatus(TIM6,TIM_IT_Update) != RESET) /*判断基本定时器 6 是否发生更新中断*/
    {
        TIM_ClearITPendingBit(TIM6,TIM_IT_Update);      /*清除基本定时器 6 更新中断标志*/
        flag = !flag;
        LED1(flag);
    }
}
```

8.6 本章课后作业

8-1 使用基本定时器扫描方式实现 LED 闪烁。

8-2 使用基本定时器实现一个电子表功能。

8-3 使用基本定时器实现延时功能。

第 9 章 通用定时器实验

9.1 学习目的

（1）了解通用定时器的结构和工作原理。

（2）掌握通用定时器驱动程序的设计。

（3）学会通用定时器 PWM 应用。

（4）了解通用定时器捕获模式。

9.2 通用定时器概述

9.2.1 通用定时器介绍

通用定时器除具有基本定时器的功能外，还具有测量输入脉冲信号长度（输入捕获）或者产生输出波形（输出比较和 PWM）的功能。

基本定时器只有向上计数模式，而通用定时器有向上计数、向下计数、中心对齐（向上/向下计数）三种计数模式。

基本定时器的时钟源只有系统时钟，而通用定时器有以下 4 种时钟源。

（1）内部时钟（CK_INT）。

（2）外部时钟模式 1：外部输入脚（Tix）。

（3）外部时钟模式 2：外部触发输入（ETR）。

（4）内部触发输入（ITRx0）：使用一个定时器作为另一个定时器的预分频器。例如，可以配置一个定时器 Timer1 作为另一个定时器 Timer2 的预分频器。

每个定时器都是完全独立的，没有互相共享任何资源，它们可以一起同步操作。

9.2.2 通用定时器的结构

STM32F1 通用定时器的结构如图 9-1 所示。

（1）通用定时器时钟源选择为内部时钟。

（2）对于自动重装载寄存器、预分频器、计数器的设置与基本定时器一致。

（3）当选择捕获模式时，通道设置为输入通道；当捕获到设定的信号边沿时，将计数器中的值存入捕获/比较寄存器中。

（4）当选择 PWM 模式时，通道设置为输出通道，设定捕获/比较寄存器中的值。例如，当计数器的值小于捕获/比较寄存器的值时，计数器输出低电平信号，否则计数器输出高电平信号。

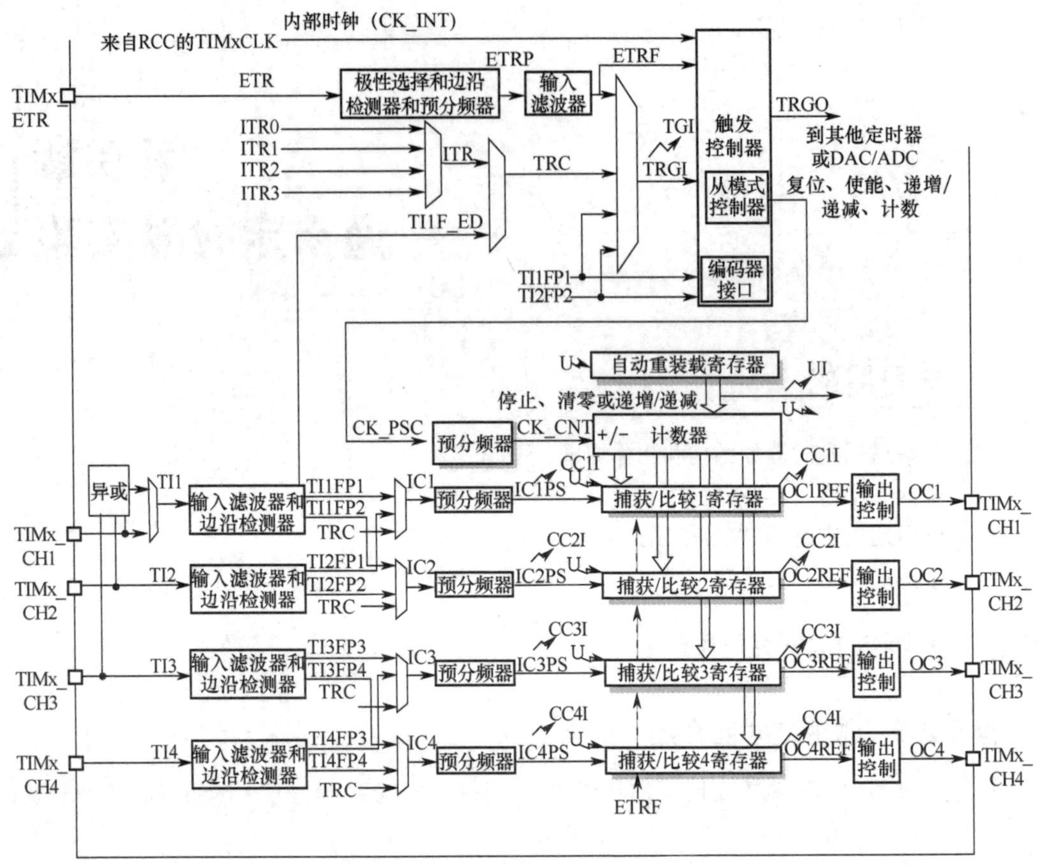

图 9-1　STM32F1 通用定时器的结构

注：表示事件；表示中断和 DMA 输出。

9.2.3　通用定时器 PWM 应用

1．PWM 简介

PWM 是利用微处理器的数字输出信号对模拟电路进行控制的一种非常有效的技术，广泛应用在测量、通信、功率控制与变换的许多领域中。例如，通过高分辨率计数器调制方波的占空比对一个具体模拟信号的电平进行编码。只要带宽足够，任何模拟值都可以使用 PWM 进行编码。

2．PWM 具体应用

稳压的控制方式除了 PWM 型，还有 PFM 型，PWM、PFM 混合型。PWM 型稳压电路是在控制输出电压频率不变的情况下，通过反馈调整输出电压的（PWM 波）的占空比达到稳定输出电压的目的。

1）PWM 软件法控制充电电流

PWM 软件法控制充电电流的基本思想是，利用单片机的 PWM 端口，在不改变 PWM 波周期的前提下，通过软件的方法调整单片机的 PWM 控制寄存器来调整 PWM 波的占空比（可应用在改变电动机转速），从而控制充电电流的。PWM 软件法控制充电电流所要求的单片机必须具有 ADC 端口和 PWM 端口，而且 ADC 端口的引脚数（位数）要尽量高，单片机的工作速度要尽量快。在调整充电电流前，单片机先快速读取充电电流的大小，然后把设定的充电电流与实际读取到的充电电流进行比较。若实际电流偏小，则向增加充电电流的方向调整 PWM 波的占空比；若实际电流偏大，则向减小充电电流的方向调整 PWM 波的占空比。在这个调整过程中，通过合理采用算术平均法等数字滤波技术，减少读数偏差和电源工作电压等引入的纹波干扰。

2）在 LED 控制电路中的应用

当 PWM 应用在 LED 控制电路的电源部分时，PWM 波的频率通常大于 100Hz，以便人眼不会感到 LED 闪烁。

3. PWM 配置过程

PWM 模式通过 TIM_OC1Init 系列函数进行配置，从而可以获得一个由自动重装载寄存器（TIMx_ARR）确定频率、由捕获/比较寄存器（TIMx_CCRx）确定占空比的信号。在捕获/比较寄存器（TIMx_CCRx）中的 OcxM 位写入“110”（PWM 模式 1）或“111”（PWM 模式 2），能够独立地设置每个输出通道产生一路 PWM 波。必须设置捕获/比较寄存器（TIMx_CCRx）的 OcxPE 位以使能相应的预装载寄存器，最后还要设置控制寄存器 1（TIMx_CR1）的 ARPE 位，（在向上计数或中心对齐模式中）使能自动重装载数值的预装载寄存器。仅当发生一个更新事件的时候，预装载寄存器的值才能被传送到影子寄存器中。因此，在计数器开始计数之前，必须通过设置事件产生寄存器（TIMx_EGR）中的 UG 位来初始化所有的寄存器。输出通道捕获/比较使能寄存器（Ocx）的极性可以通过软件在捕获/比较使能寄存器（TIMx_CCER）中的 CCxP 位设置，且可以设置为高电平有效或低电平有效。捕获/比较使能寄存器（TIMx_CCER）中的 CcxE 位控制 Ocx 输出使能。

在 PWM 模式（模式 1 或模式 2）下，TIMx_CNT 和 TIMx_CCRx 始终在进行比较，（依据计数器的计数模式）以确定是否符合捕获/比较寄存器的值（TIMx_CCRx）不大于计数器的值（TIMx_CNT）或者计数器的值（TIMx_CNT）不大于捕获/比较寄存器的值（TIMx_CCRx）。当比较的结果改变时，输出通道的输出信号也会发生变化。例如，当 TIMx_CR1 中的 DIR 位为低电率时计数器执行向上计数。

9.2.4　通用定时器捕获模式

捕获模式常用于测量输入脉冲信号长度，即时钟脉冲信号的周期和占空比。一个捕获/比较通道都对应着一个捕获/比较寄存器（包含影子寄存器），包括捕获的输入部分（滤波器、多路复用部分和预分频器）和输出部分（比较器和输出控制部分）。

输入部分对相应的外部输入信号 Tix 进行采样，并产生一个滤波后的信号 TixF。然后，一个带极性选择的边沿检测器产生一个信号（TixFPx），可以作为从模式控制器的输入触发或者捕获控制信号。该信号通过预分频器进入捕获/比较寄存器（IcxPS）。捕获/比较寄存器由一个预装载寄存器和一个影子寄存器组成。读/写过程仅操作预装载寄存器。在捕获模式下，捕获发生在影子寄存器上，然后再复制到预装载寄存器中。捕获/比较通道 1 示意图如图 9-2 所示。

关于输入通道上滤波器的解释如下。

（1）滤波器在连续采样到 N 次有效电平信号时就输出一个有效电平信号。

（2）滤波器在没有连续采样到 N 次有效电平时再从 0 开始计数，输出一直保持上一次输出的有效电平信号。例如，滤波器如果上一次输出高电平信号，本次连续采样到 N-1 次高电平信号，但第 N 次是个低电平信号，那么滤波器仍然保持上次输出的高电平信号，并重新开始计数，记录 1 次低电平，如果其后采样 *N*-1 次低电平，此时滤波器才输出低电平信号，于是一个下降沿信号才出现在 IC1 上。

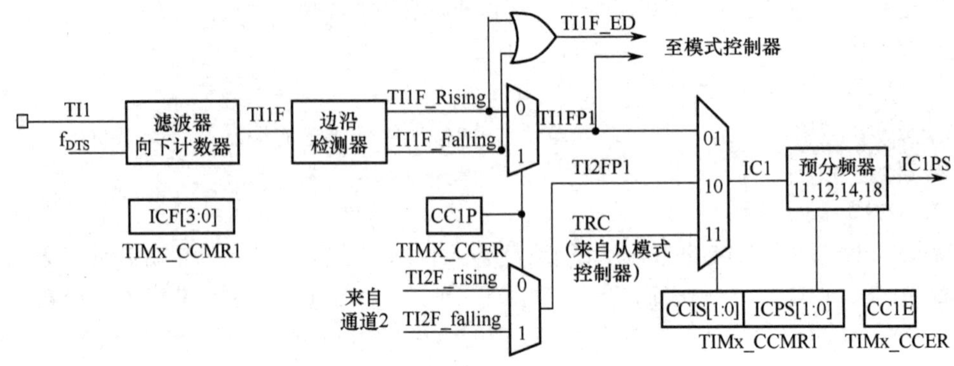

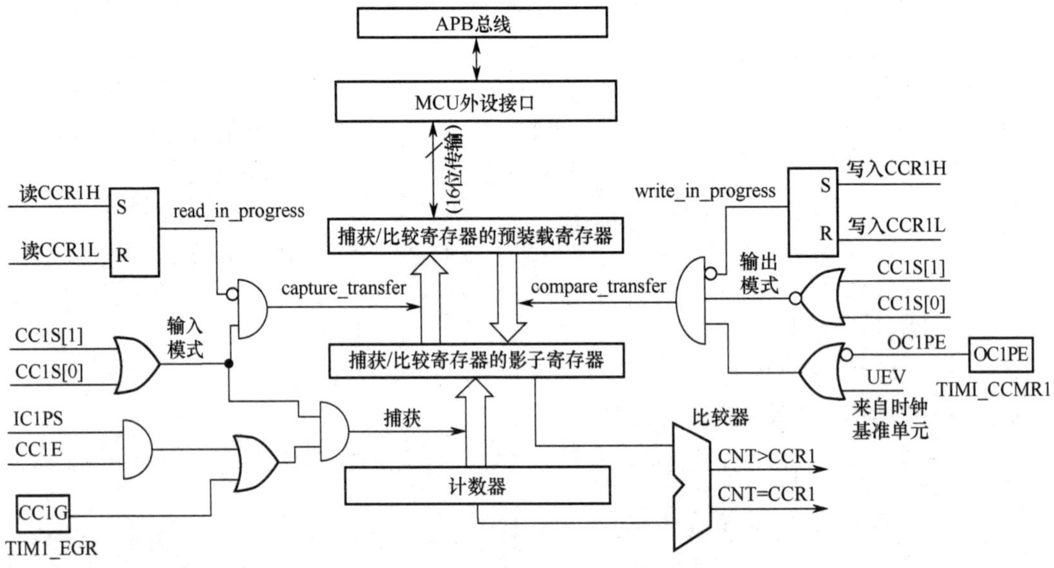

图 9-2　捕获/比较通道 1 示意图

9.2.5　通用定时器相关库函数

通用定时器相关寄存器的函数也适用于高级定时器。因为通用定时器可以实现基本定时器的功能，所以通用定时器也可以使用第 8 章介绍的基本定时器相关库函数。本节介绍通用定时器的其他功能库函数。

1. 通用定时器参数初始化

用户可调用 TIM_OC1Init 函数初始化通用定时器通道 1 的 PWM 相关参数，其函数说明见表 9-1。

表 9-1　TIM_OC1Init 函数说明

函数名	TIM_OC1Init
函数原型	void TIM_OC1Init(TIM_TypeDef* TIMx, TIM_OCInitTypeDef* TIM_OCInitStruct)

（续表）

功能描述	初始化通用定时器通道 1 的 PWM 相关参数，如预装载值、时钟分频系数、计数模式等
输入参数 1	TIMx：指定初始化哪个定时器，x = 1,2,3,4,5…
输入参数 2	TIM_OCInitStruct：指向 TIM_OCInitTypeDef 结构体类型的指针，包含了 TIMx 的相关参数
输出参数	无
返回值	无

说明	1. 参数 TIM_OCInitStruct 表示 PWM 相关参数，而 TIM_OCInitTypeDef 是一个结构体类型，在 stm32f10x_ tim.h 中定义如下
	typedef struct
	{
	uint16_t TIM_OCMode;
	uint16_t TIM_OutputState;
	uint16_t TIM_OutputNState;
	uint16_t TIM_Pulse;
	uint16_t TIM_OCPolarity;
	uint16_t TIM_OCNPolarity;
	uint16_t TIM_OCIdleState;
	uint16_t TIM_OCNIdleState;
	} TIM_OCInitTypeDef;
	2. 通用定时器其他通道配置函数如下
	void TIM_OC2Init(TIM_TypeDef* TIMx, TIM_OCInitTypeDef* TIM_OCInitStruct);
	void TIM_OC3Init(TIM_TypeDef* TIMx, TIM_OCInitTypeDef* TIM_OCInitStruct);
	void TIM_OC4Init(TIM_TypeDef* TIMx, TIM_OCInitTypeDef* TIM_OCInitStruct);

初始化通用定时器 3 通道 1 参数见例 9-1。

【例 9-1】初始化通用定时器 3 通道 1 参数。

```
TIM_OCInitTypeDef TIM_OCInitStructure;
TIM_OCInitStructure.TIM_OCMode = TIM_OCMode_PWM1;                /*选择 PWM 模式 1*/
TIM_OCInitStructure.TIM_OutputState = TIM_OutputState_Enable;    /*使能比较输出*/
TIM_OCInitStructure.TIM_OCPolarity = TIM_OCPolarity_High;        /*输出极性为高电平*/
TIM_OCInitStructure.TIM_Pulse =100;                              /*设置占空比*/
TIM_OC1Init(TIM3,&TIM_OCInitStructure);                          /*初始化外设 TIM3 OC1*/
```

2. 使能或关闭通用定时器通道 1 的预装载寄存器

用户可调用 TIM_OC1PreloadConfig 函数使能或关闭通用定时器通道 1 的预装载寄存器，其函数说明见表 9-2。

表 9-2　TIM_OC1PreloadConfig 函数说明

函数名	TIM_OC1PreloadConfig
函数原型	void TIM_OC1PreloadConfig(TIM_TypeDef* TIMx, uint16_t TIM_OCPreload)
功能描述	使能或者关闭通用定时器通道 1 的预装载寄存器
输入参数 1	TIMx：指定初始化哪个定时器，x=1,2,3,4,5…
输入参数 2	TIM_OC1Preload：使能或关闭通用定时器通道 1 的预装载寄存器；TIM_OC1Preload_Enable 表示使能通用定时器通道 1 的预装载寄存器，TIM_OC1Preload_Disable 表示关闭通用定时器通道 1 的预装载寄存器
输出参数	无

（续表）

返回值	无

说明	其他通道配置函数如下
	void TIM_OC2PreloadConfig(TIM_TypeDef* TIMx, uint16_t TIM_OCPreload);
	void TIM_OC3PreloadConfig(TIM_TypeDef* TIMx, uint16_t TIM_OCPreload);
	void TIM_OC4PreloadConfig(TIM_TypeDef* TIMx, uint16_t TIM_OCPreload);

使能通用定时器 3 通道 1 的预装载寄存器见例 9-2。

【例 9-2】使能通用定时器 3 通道 1 的预装载寄存器。

```
TIM_OC1PreloadConfig(TIM3,TIM_OCPreload_Enable);     /*使能通用定时器 3 通道 1 的预装载寄存器*/
```

3．使能或关闭自动重装载寄存器上的预装载寄存器

用户可调用 TIM_ARRPreloadConfig 函数使能或关闭通用定时器自动重装载寄存器上的预装载寄存器，其函数说明见表 9-3。

表 9-3　TIM_ARRPreloadConfig 函数说明

函数名	TIM_ARRPreloadConfig
函数原型	void TIM_ARRPreloadConfig(TIM_TypeDef* TIMx, FunctionalState NewState)
功能描述	使能或者关闭通用定时器自动重装载寄存器上的预装载寄存器
输入参数 1	TIMx：指定初始化哪个定时器，x=1,2,3,4,5…
输入参数 2	NewState：表示状态，即表示使能（ENABLE）或者关闭（DISABLE）状态
输出参数	无
返回值	无
说明	无

使能通用定时器 3 自动重装载寄存器上的预装载寄存器见例 9-3。

【例 9-3】使能通用定时器 3 自动重装载寄存器上的预装载寄存器。

```
TIM_ARRPreloadConfig(TIM3,ENABLE);     /*使能通用定时器 3 自动重装载寄存器上的预装载寄存器*/
```

4．设置捕获比较 1 寄存器的值

用户可调用 TIM_SetCompare1 函数设置通用定时器捕获/比较 1 寄存器的值，其函数说明见表 9-4。

表 9-4　TIM_SetCompare1 函数说明

函数名	TIM_SetCompare1
函数原型	void TIM_SetCompare1(TIM_TypeDef* TIMx, uint16_t Compare1)
功能描述	设置通用定时器捕获/比较 1 寄存器的值
输入参数 1	TIMx：指定初始化哪个定时器，x=1,2,3,4,5…
输入参数 2	Compare1：捕获/比较 1 寄存器的值
输出参数	无
返回值	无

说明	其他捕获比较寄存器设置函数如下
	void TIM_SetCompare2(TIM_TypeDef* TIMx, uint16_t Compare2);
	void TIM_SetCompare3(TIM_TypeDef* TIMx, uint16_t Compare3);
	void TIM_SetCompare4(TIM_TypeDef* TIMx, uint16_t Compare4);

设置通用定时器 3 捕获/比较 1 寄存器的值见例 9-4。

【例 9-4】设置通用定时器 3 捕获/比较 1 寄存器的值。

```
void TIM_SetCompare1(TIM_TypeDef* TIMx, uint16_t Compare1)
```

通用定时器其他固件函数这里不再介绍，读者可参考 stm32f10x_tim.c 文件。

9.3　通用定时器实验硬件设计

通用定时器属于 STM32F1 内部模块，因此无须单独设计硬件模块，且可以使用 LED 的硬件进行测试。本实验使用 PWM 波实现对呼吸灯的控制。PA6 引脚一个复用功能为通用定时器 3 的通道 1。因此可以使用通用定时器 3 通道 1 产生 PWM 波以实现对呼吸灯的控制。

9.4　通用定时器实验软件设计

通用定时器实现 PWM 的流程图如图 9-3 所示。

（1）初始化 PA6 引脚，把 PA6 引脚配置为复用功能。

（2）配置通用定时器 3 以实现和基本定时器一样的功能。

（3）配置通用定时器 3 以实现 PWM 波的输出。

（4）更改 PWM 波的占空比，改变呼吸灯的亮度。

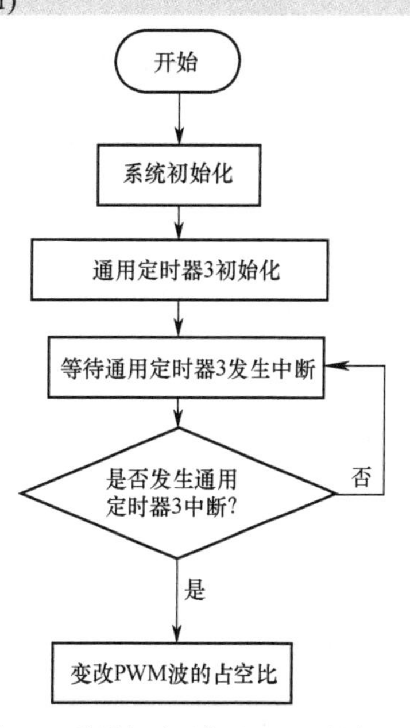

图 9-3　通用定时器实现 PWM 的流程图

9.5　通用定时器实验示例程序分析及仿真

这里只列出了部分主要功能函数。

9.5.1　通用定时器 3 初始化函数

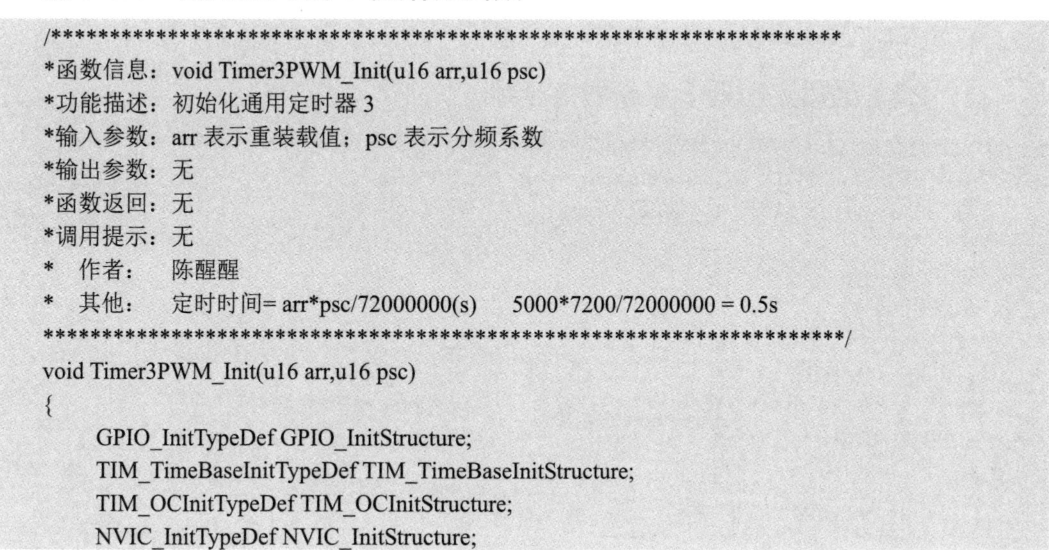

```
/*******************************************************************
*函数信息：void Timer3PWM_Init(u16 arr,u16 psc)
*功能描述：初始化通用定时器 3
*输入参数：arr 表示重装载值；psc 表示分频系数
*输出参数：无
*函数返回：无
*调用提示：无
*  作者：   陈醒醒
*  其他：   定时时间= arr*psc/72000000(s)    5000*7200/72000000 = 0.5s
*******************************************************************/
void Timer3PWM_Init(u16 arr,u16 psc)
{
    GPIO_InitTypeDef GPIO_InitStructure;
    TIM_TimeBaseInitTypeDef TIM_TimeBaseInitStructure;
    TIM_OCInitTypeDef TIM_OCInitStructure;
    NVIC_InitTypeDef NVIC_InitStructure;
```

```
    /*PA6 引脚初始化，配置为复用功能（通用定时器 3 通道 1）*/
    RCC_APB2PeriphClockCmd(RCC_APB2Periph_GPIOA,ENABLE);
    RCC_APB2PeriphClockCmd(RCC_APB2Periph_AFIO,ENABLE);
    GPIO_InitStructure.GPIO_Pin = GPIO_Pin_6;
    GPIO_InitStructure.GPIO_Mode = GPIO_Mode_AF_PP;
    GPIO_InitStructure.GPIO_Speed = GPIO_Speed_50MHz;
    GPIO_Init(GPIOA,&GPIO_InitStructure);
    /*配置通用定时器 3 功能*/
    RCC_APB1PeriphClockCmd(RCC_APB1Periph_TIM3,ENABLE);     /*开启通用定时器 3*/
    TIM_TimeBaseInitStructure.TIM_Period = arr-1;            /*配置预装载数*/
    TIM_TimeBaseInitStructure.TIM_Prescaler = psc -1;        /*配置时钟分频系数*/
    TIM_TimeBaseInitStructure.TIM_CounterMode = TIM_CounterMode_Up;      /*设置为向上计数
模式*/
    TIM_TimeBaseInitStructure.TIM_RepetitionCounter = 0;            /*用于高级定时器，这里可以
不设置*/
    TIM_TimeBaseInit(TIM3,&TIM_TimeBaseInitStructure);              /*初始化通用定时器 3*/
    NVIC_InitStructure.NVIC_IRQChannel = TIM3_IRQn;                 /*通用定时器 3 中断*/
    NVIC_InitStructure.NVIC_IRQChannelPreemptionPriority = 0;/*抢占优先级为 0*/
    NVIC_InitStructure.NVIC_IRQChannelSubPriority = 2;              /*响应优先级为 2*/
    NVIC_InitStructure.NVIC_IRQChannelCmd = ENABLE;                 /*使能中断*/
    NVIC_Init(&NVIC_InitStructure);                                 /*初始化 NVIC*/
    /*配置定时器 3PWM 功能*/
    TIM_OCInitStructure.TIM_OCMode = TIM_OCMode_PWM1;               /*选择 PWM 模式 1*/
    TIM_OCInitStructure.TIM_OutputState = TIM_OutputState_Enable; /*使能比较输出*/
    TIM_OCInitStructure.TIM_OCPolarity = TIM_OCPolarity_High;       /*输出信号为高电平*/
    TIM_OCInitStructure.TIM_Pulse = arr>>2;                         /*设置占空比为 50%*/
    TIM_OC1Init(TIM3,&TIM_OCInitStructure);                   /*初始化通用定时器 3 的通道 1*/
    TIM_OC1PreloadConfig(TIM3,TIM_OCPreload_Enable);          /*使能通用定时器 3 通道 1 的预装
载寄存器*/
    TIM_ARRPreloadConfig(TIM3,ENABLE);                        /*使能自动重装载寄存器上的预装
载寄存器*/
    TIM_ITConfig(TIM3,TIM_IT_Update,ENABLE);                  /*使能通用定时器 3 更新中断*/
    TIM_Cmd(TIM3,ENABLE);                                     /*使能通用定时器 3*/
}
```

9.5.2　通用定时器 3 中断服务函数

```
/*********************************************************************
*函数信息：void TIM3_IRQHandler(void)
*功能描述：通用定时器 3 的中断服务函数
*输入参数：无
*输出参数：无
*函数返回：无
*调用提示：无
*  作者：   陈醒醒
*********************************************************************/
void TIM3_IRQHandler(void)
{
    static u32   leddiv = 0;
    static u8    ledflag = 1 ;
```

```
        if(TIM_GetITStatus(TIM3,TIM_IT_Update) != RESET)  /*判断通用定时器 3 是否发生更新中断*/
        {
            TIM_ClearITPendingBit(TIM3,TIM_IT_Update);   /*清除通用定时器 3 更新中断标志*/
            if(ledflag)leddiv++;
            else leddiv--;
            if(leddiv>2000-1)ledflag=0;
            if(leddiv==0)       ledflag=1;
            TIM_SetCompare1(TIM3,leddiv);                              /*修改 PWM 波的占空比*/
        }
}
```

9.5.3　通用定时器实验 main 函数

```
/************************************************************************
*函数信息：int main ()
*功能描述：通用定时器实现 PWM
*输入参数：无
*输出参数：无
*函数返回：无
*调用提示：无
*  作者：   陈醒醒
************************************************************************/
int main()
{
    Timer3PWM_Init(2000,72);/*通用定时器 3 初始化，产生 PWM 波*/
    while(1)
    {
    }
}
```

9.6　本章课后作业

9-1　使用 I/O 接口的普通功能实现对呼吸灯的控制。

9-2　使用 PB5 引脚实现通用定时器的 PWM 功能。

9-3　实现通用定时器输入捕获功能。

第 10 章 看门狗实验

10.1 学习目的

（1）掌握看门狗的工作原理。

（2）掌握看门狗的作用。

（3）掌握独立看门狗模块的应用。

（4）掌握窗口看门狗模块的应用。

10.2 独立看门狗

看门狗实际上是一个定时器。这个定时器有一个输出端，可以输出复位信号。一般情况下，这个定时器设置了一个比较大的初始值，然后从这个初始值开始进行递减操作，当减到 0 时就会发出复位信号，以复位 CPU。用户可以在 CPU 正常运行时周期性地重置这个定时器的值。只要这个定时器的值在减到 0 之前被重置，这个动作就称为“喂狗”，这样 CPU 就不会被复位了。但是，如果在某些时候 CPU 的程序脱离正常的运行，这种情况称为程序跑飞。这样，这个定时器由于得不到重新初始化，有机会递减到 0，产生复位信号；CPU 被复位后，CPU 的程序从头开始运行。所以，看门狗可以监控 CPU 的程序运行，防止 MCU 死机。看门狗的基本程序见例 10-1。

【例 10-1】看门狗的基本程序。

```
int main()
{
    …
    看门狗初始化;
    while(1)
    {
      …
      喂狗;（重新设置定时器初始值）
      …
    }
}
```

独立看门狗（Independent Watchdog，IWDG）由专用的低速内部时钟（Low Speed Internal RC，LSI）驱动，即使主时钟发生故障仍然有效。

10.2.1 独立看门狗的特征

独立看门狗具有以下特性。

（1）自由运行的递减计数器。

（2）时钟由独立的 RC 振荡器提供（在停止和待机模式下仍可工作）。

（3）看门狗被激活后，则在计数器计数至 0x000 时被复位。

10.2.2　独立看门狗的结构

独立看门狗的结构如图 10-1 所示。

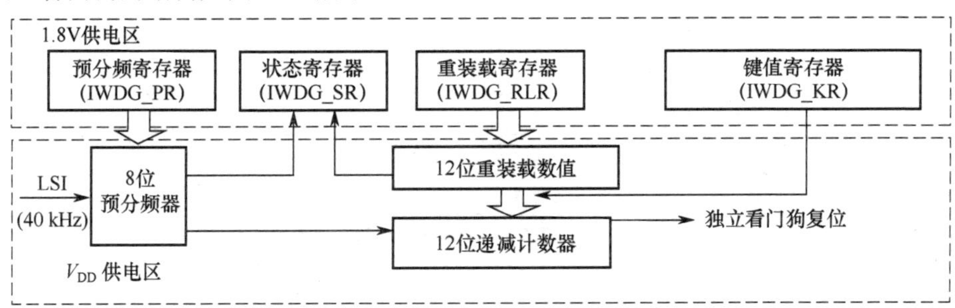

图 10-1　独立看门狗的结构

由图 10-1 可见，输入时钟源是 LSI，为芯片内部低速时钟，其频率大约为 40kHz。这个时钟还要经过一个 8 位预分频器，用户可以通过设置这个 8 位预分频器延长独立看门狗的设置时间。这个 8 位预分频器的值是来源于预分频寄存器。

从 8 位预分频器出来的时钟信号直接驱动独立看门狗的 12 位递减计数器。当对键值寄存器（IWDG_KR）进行写操作时，从 12 位重装载寄存器复制下来的 12 位重装载数值就加载到 12 位递减计数器。所以，初始化独立看门狗是先把初始值写入重装载寄存器（IWDG_RLR），然后操作键值寄存器（IWDG_KR），每操作一次键值寄存器（IWDG_KR），12 位递减计数器值就被重新设置。

当 12 位递减计数器的值递减到 0 时，就会发出独立看门狗复位信号，从而复位 CPU。

10.2.3　独立看门狗的超时时间

独立看门狗的超时时间[40kHz 的输入时钟（LSI）]见表 10-1。

表 10-1　独立看门狗的超时时间[40kHz 的输入时钟（LSI）]

预分频系数	PR[2:0]位	最短时间/ms　RL[11:0]=0x000	最长时间/ms　RL[11:0]=0xFFF
4	0	0.1	409.6
8	1	0.2	819.2
16	2	0.4	1 638.4
32	3	0.8	3 276.8
64	4	1.6	6 553.6
128	5	3.2	13 107.2
256	6 或 7	6.4	26 214.4

表 10-1 中的时间是按照 40kHz 的输入时钟给出的。实际上，MCU 内部的 RC 振荡器的频率会在 30～60kHz 变化。此外，即使 RC 振荡器的频率是精确的，确切的时序仍然依赖于 APB 接口时钟与 RC 振荡器时钟之间的相位差，因此，总会有一个完整的 RC 振荡器的周期是不确定的。

10.2.4 独立看门狗相关库函数

在 STM32 固件库开发中，操作独立看门狗相关寄存器的函数和定义分别在源文件 stm32f10x_iwdg.c 和头文件 stm32f10x_iwdg.h 中。

1. 使能或关闭写保护

用户可调用 IWDG_WriteAccessCmd 函数使能或者关闭对预分频寄存器和重装载寄存器的写操作，其函数说明见表 10-2。

表 10-2 IWDG_WriteAccessCmd 函数说明

函数名	IWDG_WriteAccessCmd
函数原型	void IWDG_WriteAccessCmd(uint16_t IWDG_WriteAccess)
功能描述	使能或者关闭对预分频寄存器和重装载寄存器的写操作
输入参数 1	IWDG_WriteAccess：表示状态。IWDG_WriteAccess_Enable 表示使能状态；IWDG_WriteAccess_Disable 表示关闭状态
输出参数	无
返回值	无
说明	无

使能预分频寄存器和重装载寄存器的写操作见例 10-2。

【例 10-2】使能预分频寄存器和重装载寄存器的写操作。

```
IWDG_WriteAccessCmd(IWDG_WriteAccess_Enable);   /*使能预分频寄存器和重装载寄存器的写操作*/
```

2. 设置独立看门狗预分频值

用户可调用 IWDG_SetPrescaler 函数设置独立看门狗预分频值，其函数说明见表 10-3。

表 10-3 IWDG_SetPrescaler 函数说明

函数名	IWDG_SetPrescaler
函数原型	void IWDG_SetPrescaler(uint8_t IWDG_Prescaler)
功能描述	设置独立看门狗预分频值
输入参数 1	IWDG_Prescaler：需要设置的 IWDG 预分频值，其可取的值在 stm32f10x_iwdg.h 定义如下 #define IWDG_Prescaler_4 ((uint8_t)0x00) #define IWDG_Prescaler_8 ((uint8_t)0x01) #define IWDG_Prescaler_16 ((uint8_t)0x02) #define IWDG_Prescaler_32 ((uint8_t)0x03) #define IWDG_Prescaler_64 ((uint8_t)0x04) #define IWDG_Prescaler_128 ((uint8_t)0x05) #define IWDG_Prescaler_256 ((uint8_t)0x06)
输出参数	无
返回值	无
说明	无

设置独立看门狗的 LSI 为 64 分频见例 10-3。

【例 10-3】设置独立看门狗的 LSI 为 64 分频。

```
IWDG_SetPrescaler(IWDG_Prescaler_64); /*设置独立看门狗的 LSI 为 64 分频*/
```

3. 设置独立看门狗重装载值

用户可调用 IWDG_SetReload 函数设置独立看门狗重装载值，其函数说明见表 10-4。

表 10-4 IWDG_SetReload 函数说明

函数名	IWDG_SetReload
函数原型	void IWDG_SetReload(uint16_t Reload)
功能描述	设置独立看门狗重装载值
输入参数 1	Reload：需要设置的独立看门狗重装载值
输出参数	无
返回值	无
说明	无

设置独立看门狗重装载值见例 10-4。

【例 10-4】设置独立看门狗重装载值。

```
IWDG_SetReload(3000); /*设置独立看门狗重装载值*/
```

4. 重新设置独立看门狗计数器的值

用户可调用 IWDG_ReloadCounter 函数重新设置独立看门狗计数器的值，其函数说明见表 10-5。

表 10-5 IWDG_ReloadCounter 函数说明

函数名	IWDG_ReloadCounter
函数原型	void IWDG_ReloadCounter(void)
功能描述	重新设置独立看门狗计数器的值，相当于喂狗功能
输入参数	无
输出参数	无
返回值	无
说明	无

重新设置独立看门狗计数器的值见例 10-5。

【例 10-5】重新设置独立看门狗计数器的值，即喂狗。

```
IWDG_ReloadCounter();/*喂狗*/
```

5. 获取独立看门狗的状态

用户可调用 IWDG_GetFlagStatus 函数获取独立看门狗的状态，其函数说明见表 10-6。

表 10-6 IWDG_GetFlagStatus 函数说明

函数名	IWDG_GetFlagStatus
函数原型	FlagStatus IWDG_GetFlagStatus(uint16_t IWDG_FLAG)
功能描述	获取独立看门狗的状态
输入参数	IWDG_FLAG：需要获取的状态值。IWDG_FLAG_PVU 表示获取预分频值；IWDG_FLAG_RVU 表示获取重装载值
输出参数	无
返回值	返回状态值（SET 或者 RESET）
说明	无

获取独立看门狗重装载值见例 10-6。

【例 10-6】获取独立看门狗重装载值。

```
if(IWDG_GetFlagStatus(IWDG_FLAG_RVU)){ } /*获取重装载值*/
```

6．使能独立看门狗

用户可调用 IWDG_Enable 函数使能独立看门狗，其函数说明见表 10-7。

表 10-7　IWDG_Enable 函数说明

函数名	IWDG_Enable
函数原型	void IWDG_Enable(void)
功能描述	使能独立看门狗
输入参数	无
输出参数	无
返回值	无
说明	独立看门狗使能之后是无法通过函数关闭的

使能独立看门狗见例 10-7。

【例 10-7】使能独立看门狗。

```
IWDG_Enable(); /*使能独立看门狗*/
```

10.3　独立看门狗实验硬件设计

独立看门狗属于 STM32 内部模块，无须外部器件。本实验使用按键来进行喂狗操作，即按下按键就喂狗，没有按下按键就复位程序。

10.4　独立看门狗实验软件设计

独立看门狗配置过程如下。

（1）使能对预分频寄存器和重装载寄存器的写操作。

（2）设置喂狗时间，即设置预分频值与重装载值。

（3）按照重装载值重新设置独立看门狗计数器的值。

（4）在规定时间内喂狗，不然程序会复位。可通过 LED 闪烁来判断程序是否复位。

独立看门狗软件实现流程图如图 10-2 所示。

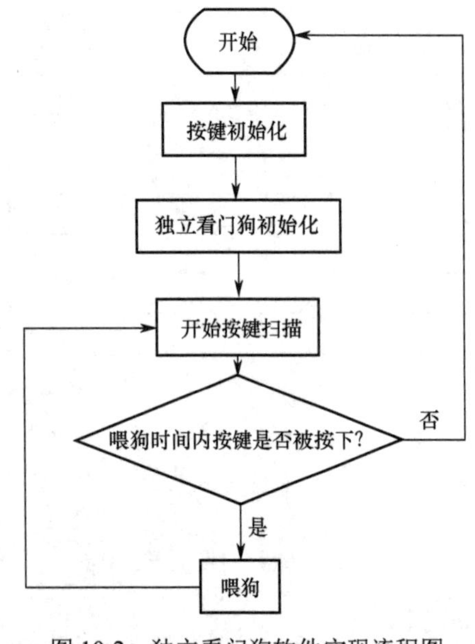

图 10-2　独立看门狗软件实现流程图

10.5　独立看门狗实验示例程序分析及仿真

这里只列出了部分主要功能函数。

10.5.1　独立看门狗初始化函数

```
/*******************************<头文件>***********************************/
#include "iwdg.h"
/*************************************************************************
```

```
*函数信息：void IWDG_Init(void)
*功能描述：独立看门狗初始化
*输入参数：pr 表示预分频值; rlr 表示重装载值
*输出参数：无
*函数返回：无
*调用提示：无
*  作者：   陈醒醒
*  其他：   喂狗时间 =((4*2^pr)*rlr)/32 (ms)
*********************************************************************/
void IWDG_Init(u8 pr,u16 rlr)
{
    IWDG_WriteAccessCmd(IWDG_WriteAccess_Enable); /*使能预分频和重装载寄存器的写操作*/
    IWDG_SetPrescaler(pr);   /*设置预分频值*/
    IWDG_SetReload(rlr);      /*设置重装载值*/
    IWDG_ReloadCounter();     /*喂狗*/
    IWDG_Enable();                  /*使能独立看门狗*/
}
```

10.5.2　独立看门狗实验 main 函数

```
/*********************************************************************
*函数信息：int main ()
*功能描述：必须在 2s 内按下按键喂狗，不然程序复位
*输入参数：无
*输出参数：无
*函数返回：无
*调用提示：无
*  作者:     陈醒醒
*********************************************************************/
int main()
{
    LED_Init();              /*LED 初始化*/
    KEY_Init();              /*按键初始化*/
    UART1_Init(9600); /*串口 1 初始化*/
    SysTick_Init();     /*SysTick 定时器初始化*/
    /*如果不喂狗，程序复位，并会看到 LED 一直闪烁*/
    LED_SetAll();
    Delay_ms(500);
    LED_ClearAll();
    IWDG_Init(IWDG_Prescaler_64,3000);/*独立看门狗初始化*/
    while(1)
    {
        if(Key_Scan(0))
        {
            IWDG_Feed();/*喂狗*/
        }
    }
}
```

10.6 窗口看门狗

窗口看门狗（Window Watchdog ，WWDG）通常用于监测由外部干扰或不可预见的逻辑条件造成的应用程序背离正常的运行顺序而产生的软件故障。

10.6.1 窗口看门狗特征

（1）窗口看门狗是具有可编程的自由递减计数器。

（2）窗口看门狗产生复位信号的条件如下：

如果启动了窗口看门狗，则当递减计数器的值小于 0x40 时，窗口看门狗产生复位信号。

如果启动了窗口看门狗，则当递减计数器的值在窗口时间外被重装载时，窗口看门狗产生复位信号。窗口看门狗不能在窗口时间外重新设置计数器的值。

（3）如果启动了窗口看门狗并且允许中断，当递减计数器等于 0x40 时，产生早期唤醒中断（EWI），从而重装载递减计数器的值，以避免窗口看门狗产生复位信号。

10.6.2 窗口看门狗的结构

窗口看门狗的结构如图 10-3 所示。

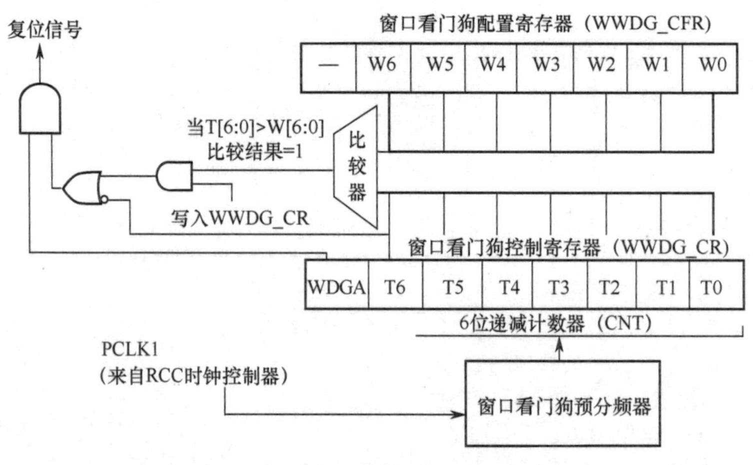

图 10-3 窗口看门狗的结构

（1）T[6:0]大于 0x3F 并且小于 W[6:0]。

（2）在临界点（0x40）时会产生早期中断，可以在早期中断程序中进行喂狗或只做一些“善后”工作。

（3）由于窗口看门狗喂狗时机不好掌握，不建议在早期中断程序中进行喂狗。

10.6.3 窗口看门狗的超时时间

如图 10-4 所示，可以在 W[6:0]～0x3F 重装载窗口看门狗的递减计数器的值（允许刷新），即喂狗。

计算窗口看门狗的超时时间：

$$T_{WWDG}=T_{PCLK1}\times 4096\times 2^{WDGTB}\times (T[5:0]+1)$$

式中，T_{WWDG}为窗口看门狗的超时时间；T_{PCLK1}为 APB1 以 ms 为单位的时钟间隔。

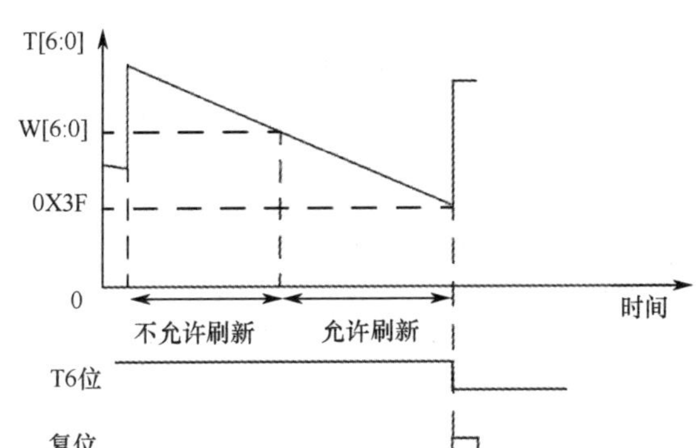

图 10-4　窗口看门狗的超时时间计算

在 PCLK1=36MHz 时窗口看门狗的最小/最大超时时间见表 10-8。

表 10-8　在 PCLK1=36MHz 时窗口看门狗的最小/最大超时时间

窗口看门狗预分频系数（WDGTB）	窗口看门狗的最小超时时间/ms	窗口看门狗的最大超时时间/ms
0	113	7.28
1	227	14.56
2	455	29.12
3	910	58.25

10.6.4　窗口看门狗相关库函数

在 STM32 固件库开发中，操作窗口看门狗相关寄存器的函数和定义分别在源文件 stm32f10x_wwdg.c 和头文件 stm32f10x_wwdg.h 中。

1．使能窗口看门狗时钟

用户可调用 RCC_APB1PeriphClockCmd 函数使能窗口看门狗的时钟，具体用法参考 4.2.5 节。

2．设置窗口看门狗预分频值

用户可调用 WWDG_SetPrescaler 函数设置窗口看门狗预分频值，其函数说明见表 10-9。

表 10-9　WWDG_SetPrescaler 函数说明

函数名	WWDG_SetPrescale
函数原型	void WWDG_SetPrescaler(uint32_t WWDG_Prescaler)
功能描述	设置窗口看门狗预分频值
输入参数 1	WWDG_Prescaler：需要设置的窗口看门狗预分频值，其可取的值在 stm32f10x_wwdg.h 定义如下 #define WWDG_Prescaler_1 ((uint32_t)0x00000000) #define WWDG_Prescaler_2 ((uint32_t)0x00000080) #define WWDG_Prescaler_4 ((uint32_t)0x00000100) #define WWDG_Prescaler_8 ((uint32_t)0x00000180)
输出参数	无
返回值	无
说明	无

设置窗口看门狗时钟为 8 分频见例 10-8。

【例 10-8】设置窗口看门狗时钟为 8 分频。

```
WWDG_SetPrescaler(WWDG_Prescaler_8); /*设置窗口看门狗时钟为 8 分频*/
```

3. 设置窗口看门狗窗口值

用户可调用 WWDG_SetWindowValue 函数设置窗口看门狗窗口值，其函数说明见表 10-10。

表 10-10 WWDG_SetWindowValue 函数说明

函数名	WWDG_SetWindowValue
函数原型	void WWDG_SetWindowValue(uint8_t WindowValue)
功能描述	设置窗口看门狗窗口值
输入参数 1	WindowValue：需要设置的窗口看门狗窗口值，必须小于 0x80
输出参数	无
返回值	无
说明	无

设置窗口看门狗窗口值为 0x5F 见例 10-9。

【例 10-9】设置窗口看门狗窗口值为 0x5F。

```
WWDG_SetWindowValue (0x5F); /*窗口看门狗窗口值设置为 0x5F*/
```

4. 设置窗口看门狗计数器的值

用户可调用 WWDG_SetCounter 函数设置窗口看门狗计数器的值，其函数说明见表 10-11。

表 10-11 WWDG_SetCounter 函数说明

函数名	WWDG_SetCounter
函数原型	void WWDG_SetCounter(uint8_t Counter)
功能描述	设置窗口看门狗计数器的值，且此函数通常用于喂狗
输入参数 1	Counter：需要设置的窗口看门狗计数器的值，写入的该值必须在 0x40 到 0x7F 之间
输出参数	无
返回值	无
说明	无

设置窗口看门狗计数器的值为 0x5F 见例 10-10。

【例 10-10】设置窗口看门狗计数器的值为 0x5F。

```
WWDG_SetCounter(0x5F);/*设置窗口看门狗计数器的值为 0x5F*/
```

5. 使能窗口看门狗并设置计数器的值

用户可调用 WWDG_Enable 函数使能窗口看门狗并设置窗口看门狗计数器的值，其函数说明见表 10-12。

表 10-12 WWDG_Enable 函数说明

函数名	WWDG_Enable
函数原型	void WWDG_Enable(uint8_t Counter)
功能描述	使能窗口看门狗并设置窗口看门狗计数器的值
输入参数 1	Counter：需要设置的窗口看门狗计数器的值，写入的该值必须在 0x40 到 0x7F 之间
输出参数	无
返回值	无
说明	无

使能窗口看门狗并设置窗口看门狗计数器的值为 0x5F 见例 10-11。

【例 10-11】使能窗口看门狗并设置窗口看门狗计数器的值为 0x5F。

```
WWDG_Enable(0x5F);/*使能窗口看门狗并设置窗口看门狗计数器的值为 0x5F*/
```

6. 获取窗口看门狗状态

用户可调用 WWDG_GetFlagStatus 函数获取窗口看门狗的状态，其函数说明见表 10-13。

表 10-13　WWDG_GetFlagStatus 函数说明

函数名	WWDG_GetFlagStatus
函数原型	FlagStatus WWDG_GetFlagStatus(void)
功能描述	获取窗口看门狗的状态
输入参数	无
输出参数	无
返回值	返回状态值（SET 或者 RESET）
说明	无

获取窗口看门狗的状态见例 10-12。

【例 10-12】获取窗口看门狗的状态。

```
if(WWDG_GetFlagStatus() != RESET) { }/*获取窗口看门狗的状态*/
```

7. 清除窗口看门狗状态

用户可调用 WWDG_ClearFlag 函数清除窗口看门狗的状态，其函数说明见表 10-14。

表 10-14　WWDG_ClearFlag 函数说明

函数名	WWDG_ClearFlag
函数原型	void WWDG_ClearFlag(void)
功能描述	清除窗口看门狗的状态
输入参数	无
输出参数	无
返回值	无
说明	无

清除窗口看门狗的状态见例 10-13。

【例 10-13】清除窗口看门狗的状态。

```
WWDG_ClearFlag();/*清除窗口看门狗的状态*/
```

8. 使能窗口看门狗中断

用户可调用 WWDG_EnableIT 函数使能窗口看门狗的中断，其函数说明见表 10-15。

表 10-15　WWDG_EnableIT 函数说明

函数名	WWDG_EnableIT
函数原型	void WWDG_EnableIT(void)
功能描述	使能窗口看门狗的中断
输入参数	无
输出参数	无
返回值	无
说明	无

使能窗口看门狗的中断见例 10-14。

【例 10-14】使能窗口看门狗的中断。

```
WWDG_EnableIT (); /*使能窗口看门狗的中断*/
```

10.7 窗口看门狗实验硬件设计

窗口看门狗属于 STM32 内部模块，无须外部器件。本实验使用窗口看门狗的中断进行喂狗。

10.8 软件看门狗实验软件设计

窗口看门狗配置过程如下。

（1）使能窗口看门狗时钟。

（2）设置窗口看门狗预分频值、窗口值及计数器的值。

（3）设置窗口看门狗 NVIC。

（4）清除中断标志并使能窗口看门狗的中断。

（5）编写中断服务函数。

（6）执行喂狗操作。

窗口看门狗软件设计流程图如图 10-5 所示。

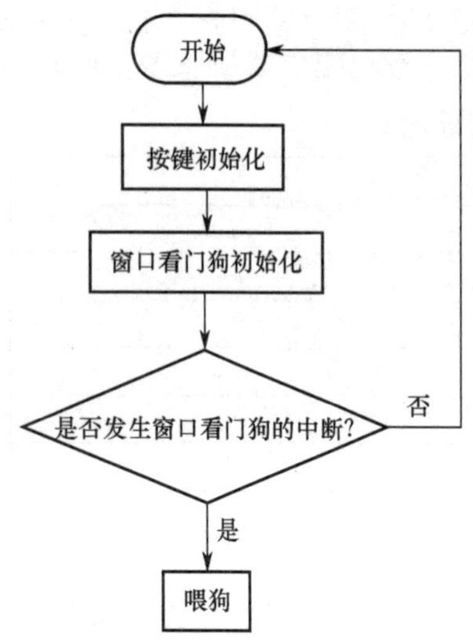

图 10-5　窗口看门狗软件设计流程图

10.9 窗口看门狗实验示例程序分析及仿真

这里只列出了部分主要功能函数。

10.9.1 窗口看门狗初始化函数

```
/*********************************************************************
*函数信息：void WWDG_Init(uint32_t Prescaler,u16 WindowValue,u8 Counter)
*功能描述：窗口看门狗初始化
*输入参数：Prescaler 表示预分频值；Counter 表示计数器的值；WindowValue 表示窗口值
*输出参数：无
*函数返回：无
*调用提示：无
*  作者：    陈醒醒
*  其他：    喂狗时间 =PCLK1/(4096*2^fprer)..
*********************************************************************/
void WWDG_Init(uint32_t Prescaler,u16 Counter,u16 WindowValue)
{
    NVIC_InitTypeDef NVIC_InitStructure;
    COUNTER&=Counter;              /*得到新的窗口看门狗计数器的值*/
    RCC_APB1PeriphClockCmd(RCC_APB1Periph_WWDG,ENABLE);/*使能窗口看门狗时钟*/
    WWDG_SetPrescaler(Prescaler);            /*设置窗口看门狗预分频值*/
    WWDG_SetWindowValue(WindowValue);/*设置窗口看门狗窗口值*/
    WWDG_Enable(COUNTER);                              /*使能窗口看门狗计数器的值*/
    WWDG_ClearFlag();                                  /*清除窗口看门狗中断标志*/
    /*配置窗口看门狗 NVIC*/
```

```
    NVIC_InitStructure.NVIC_IRQChannel = WWDG_IRQn;
    NVIC_InitStructure.NVIC_IRQChannelPreemptionPriority = 2;
    NVIC_InitStructure.NVIC_IRQChannelSubPriority = 3;
    NVIC_InitStructure.NVIC_IRQChannelCmd=ENABLE;
    NVIC_Init(&NVIC_InitStructure);
    WWDG_EnableIT(); /*使能窗口看门狗的中断*/
}
```

10.9.2　窗口看门狗中断服务函数

```
/*****************************************************************
*函数信息：WWDG_IRQHandler
*功能描述：窗口看门狗喂狗中断服务函数
*输入参数：无
*输出参数：无
*函数返回：无
*调用提示：无
*  作者：   陈醒醒
*  其他：
*****************************************************************/
void WWDG_IRQHandler(void)
{
    if(WWDG_GetFlagStatus() != RESET)
    {
        WWDG_ClearFlag(); /*清除 WWDG 状态*/
        WWDG_SetCounter(COUNTER);/*喂狗，如果屏蔽此语句，STM32 会不断重启*/
    }
}
```

10.9.3　窗口看门狗实验 main 函数

```
/*****************************************************************
*函数信息：int main ()
*功能描述：在窗口看门狗中断服务函数中喂狗，如果不喂狗，则程序复位
*输入参数：无
*输出参数：无
*函数返回：无
*调用提示：无
*  作者：   陈醒醒
*****************************************************************/
int main()
{
    LED_Init();             /*LED 初始化*/
    KEY_Init();             /*按键初始化*/
    UART1_Init(9600);/*串口 1 初始化*/
    SysTick_Init();   /*SysTick 定时器初始化*/
    /*如果不喂狗，则程序复位，并会看到 LED 一直闪烁*/
    LED_SetAll();
    Delay_ms(500);
    LED_ClearAll();
```

```
        WWDG_Init(WWDG_Prescaler_1,0x7f,0x4f);/*窗口看门狗初始化*/
        while(1)
        {
        }
}
```

10.10 本章课后作业

10-1 在独立看门狗中使用延时进行喂狗，测试程序会复位和不会复位两种情况。

10-2 在窗口看门狗中不使用中断，而使用延时进行喂狗，测试程序会复位和不会复位两种情况。

第 11 章 RTC 实验

11.1 学习目的

（1）了解 RTC 的功能。

（2）了解常用 RTC 及其特点。

（3）掌握 STM32F1 的 RTC 的特点，以及和其他 RTC 的区别。

（4）掌握 STM32F1 的 RTC 的编程。

11.2 RTC 概述

实时时钟（Real Time Clock，RTC）通常称为时钟芯片。RTC 电路如图 11-1 所示。RTC 通常情况下需要外接 32.768kHz 晶振，并匹配电容、备份电源等元器件。

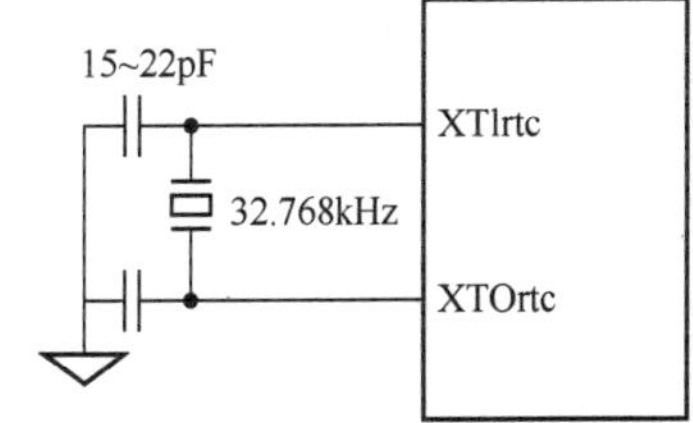

图 11-1 RTC 电路

11.3 常用 RTC

11.3.1 DS1302

DS1302 使用 SPI 接口，直接提供年、月、日，时、分、秒，星期功能，还可以提供自动计算闰年功能。用户只要通过 SPI 接口读取内部相应的时间寄存器就可以得到时间。DS1302 硬件连接如图 11-2 所示。

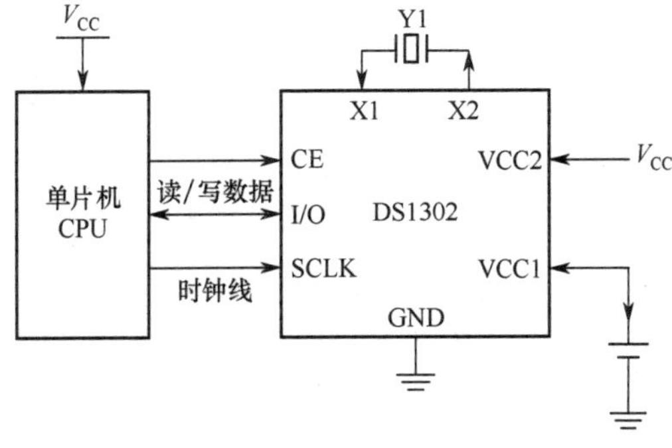

图 11-2 DS1302 硬件连接

11.3.2 PCF8563

PCF8563 使用 I^{2}C 接口，直接提供年、月、日，时、分、秒，星期功能，还可以提供自动计算闰年功能。用户只要通过 I²C 接口读取内部相应的时间寄存器就可以得到时间。PCF8563 硬件连接如图 11-3 所示。

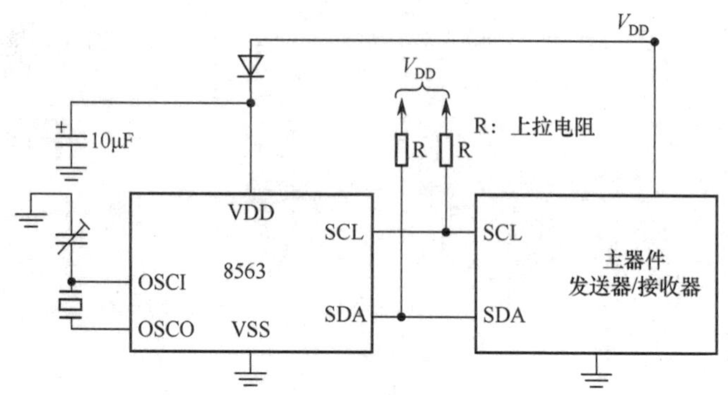

图 11-3　PCF8563 硬件连接

11.4　STM32F1 RTC

11.4.1　STM32F1 RTC 概述

STM32F1 RTC 是一个独立的定时器。STM32F1 RTC 拥有一组连续计数的计数器，在相应软件配置下可提供时钟日历的功能。修改这组计数器的值可以重新设置系统当前的时间和日期。

STM32F1 RTC 模块和时钟配置系统（RCC_BDCR 寄存器）处于后备区域，即在系统复位或从待机模式唤醒后，STM32F1 RTC 的设置和时间维持不变。

系统复位后，对后备寄存器和 STM32F1 RTC 的访问被禁止，这是为了防止对后备区域（BKP）的意外写操作。可通过 PWR_BackupAccessCmd 函数使能对后备寄存器和 STM32F1 RTC 的访问。

对 STM32F1 RTC 的操作主要如下。

（1）设置寄存器 RCC_APB1ENR 的 PWREN 和 BKPEN 位，使能电源和后备接口时钟。

（2）设置寄存器 PWR_CR 的 DBP 位，使能对后备寄存器和 RTC 的访问。

（3）STM32F1 内部 RTC 只提供了一个秒计数器，所以要进行一番运算才能得到当前日期。

（4）可编程的预分频系数最高可设置为 220。

（5）32 位的可编程计数器可用于较长时间的测量。

（6）2 个分离的时钟用于 APB1 接口的 PCLK1 和 RTC 时钟（RTC 时钟的频率必须小于 PCLK1 时钟频率的 1/4 以上）。

（7）可以选择以下三种 STM32F1 RTC 的时钟源。

① 经过 128 分频后的高速外部时钟。

② 低速外部时钟，实际上是外部的 32.768kHz 晶振。

③ 低速内部时钟，由内部 RC 电路产生，精度低。

（8）可进行两种类型的复位。

① APB1 接口由系统复位。

② STM32F1 RTC 核心（预分频器、闹钟、计数器和分频器）只能由后备区域复位。

（9）可产生 3 个专门的可屏蔽中断。

① 闹钟中断：是一个软件可编程的中断。

② 秒中断：一个可编程的周期性中断（最长可达 1s）。

③ 溢出中断：指示内部可编程计数器溢出并回转为 0 的状态。

（10）可以提供唤醒 CPU 功能，让 CPU 退出待机模式。

（11）STM32F1 RTC 不像专门 RTC 一样提供具体时间（不能直接得到年、月、日，时、分、秒，星期等）。这一点是 STM32F1 RTC 和其他 RTC 不同的。ST 公司的 Cortex-M4 系统芯片的 RTC 也实现了和 PCF8563 一样的功能，可以直接提供具体时间。严格上讲，STM32F1 RTC 只是一个定时器。

11.4.2　STM32F1 RTC 的结构

STM32F1 RTC 的结构如图 11-4 所示。

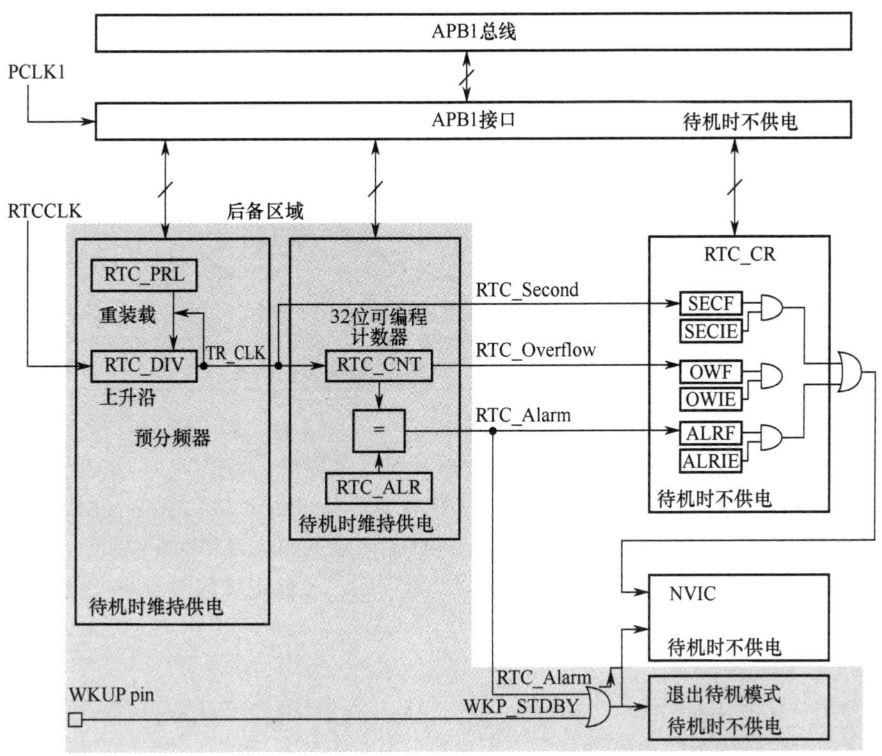

图 11-4　STM32F1 RTC 的结构

11.4.3　STM32F1 RTC 时钟源

STM32F1 RTC 一共有 3 个时钟源，分别为高速外部时钟、低速外部时钟、低速内部时钟。STM32F1 RTC 时钟源如图 11-5 所示。此外，高速内部时钟被作为 STM32F1 RTC 模块的备用时钟。

1．高速外部时钟

高速外部（High Speed External，HSE）时钟一般为晶振/陶瓷谐振器或者用户外部时钟。高速外部时钟信号源见表 11-1。

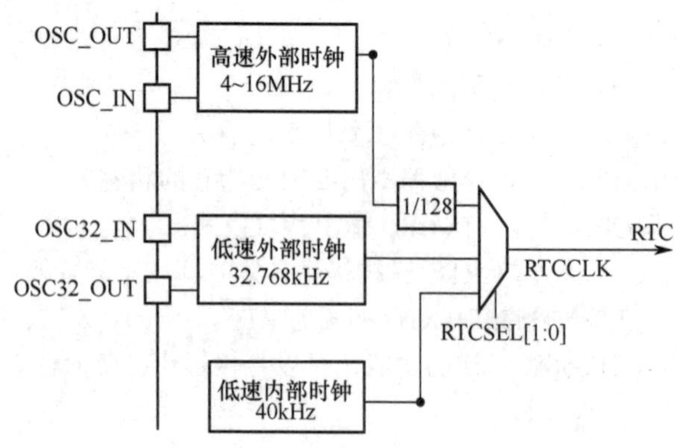

图 11-5　STM32F1 RTC 时钟源

表 11-1　高速外部时钟的硬件配置

高速外部时钟类型	硬 件 配 置
用户外部时钟	OSC_OUT (HiZ) 用户外部时钟
晶振/陶瓷谐振器	OSC_IN　OSC_OUT C_{L1}　C_{L2} 负载电容

用户外部时钟的频率最高可达 25MHz。

高速外部时钟频率一般为 4～16MHz，可为系统提供精确的主时钟，调用 RCC_HSEConfig 函数可开启或关闭高速外部时钟。开启高速外部时钟后，调用 RCC_WaitForHSEStartUp 函数等待高速外部振荡器稳定。为了减少高速外部时钟输出信号的失真和缩短启动稳定时间，晶振/陶瓷谐振器和负载电容器必须尽可能地靠近振荡器引脚。负载电容的大小必须根据所选择的振荡器来调整。

2. 高速内部时钟

高速内部（High Speed Internal，HSI）时钟为内部 8MHz 的 RC 振荡器，可直接作为系统时钟。高速内部时钟的 RC 振荡器能够在不需要任何外部器件的条件下提供系统时钟，而且它的启动时间比 HSE 晶振的启动时间短，然而它在校准之后的时钟频率精度仍较差。

校准制造工艺决定了不同芯片的 RC 振荡器频率不同，这就是为什么每个芯片的高速内部时钟频率在出厂前已经被 ST 公司校准到 1%（25°C）的原因。系统复位时，工厂校准值被装载到时钟控制寄存器的 HSICAL[7:0]位。

不同的电压或环境温度会影响高速内部时钟的 RC 振荡器的精度。可以通过时钟控制寄存器里的 HSITRIM[4:0]位调整高速内部频率，从而调整高速内部时钟的 RC 振荡器的精度。

时钟控制寄存器的 HSIRDY 位用来指示高速内部时钟的 RC 振荡器是否稳定。在高速内部时钟启动过程中，直到这一位被硬件置 1，高速内部时钟信号才被释放出来。高速内部时钟的 RC 振荡器可由时钟控制寄存器中的 HSION 位来启动或关闭。

如果高速外部时钟的晶振失效，高速内部时钟会被作为备用时钟源。

3．低速外部时钟

低速外部（Low Speed External，LSE）时钟是一个 32.768kHz 的低速外部晶振或陶瓷谐振器。它可为实时时钟或者其他定时单元提供一个低功耗且精确的时钟信号。可以通过 RCC_LSEConfig 函数启动或关闭低速外部时钟。启动低速外部时钟后，通过 RCC_GetFlagStatus 函数判断 LSE 晶振是否稳定。

用户可以通过设置在备份域控制寄存器（RCC_BDCR）里的 LSEBYP 和 LSEON 位选择。具有 50%占空比的低速外部时钟信号（方波、正弦波或三角波）必须连到 OSC32_IN 引脚，同时保证 OSC32_OUT 引脚悬空。

4．低速内部时钟

低速内部（Low Speed Internal，LSI）时钟是一个低功耗的时钟源。它可以在停机和待机模式下保持运行，为独立看门狗和自动唤醒单元提供时钟信号。低速内部时钟频率大约为 40kHz（30～60kHz），可以通过 RCC_LSICmd 函数启动或关闭低速内部时钟。

11.4.4　STM32F1 RTC 时钟源相关库函数介绍

在 STM32 固件库开发中，操作 STM32F1 RTC 时钟源相关寄存器的函数文件有：

源文件 stm32f10x_bkp.c 和头文件 stm32f10x_bkp.h；

源文件 stm32f10x_pwr.c 和头文件 stm32f10x_pwr.h；

源文件 stm32f10x_rcc.c 和头文件 stm32f10x_rcc.h。

1．使能 BKP 时钟

BKP 时钟是挂载在 APB1 总线上的，直接调用 APB1 时钟使能函数 RCC_ APB1PeriphClockCmd 即可使能 BKP 时钟，见例 11-1。

【例 11-1】使能 BKP 时钟。

```
RCC_APB1PeriphClockCmd(RCC_APB1Periph_BKP,ENABLE);/*使能 BKP 时钟*/
```

2．使能对 RTC 备份区域的访问

使能对 RTC 备份区域的访问是通过调用 PWR_BackupAccessCmd 函数实现的，其函数说明见表 11-2。

表 11-2　PWR_BackupAccessCmd 函数说明

函数名	PWR_BackupAccessCmd
函数原型	void PWR_BackupAccessCmd(FunctionalState NewState)
功能描述	使能对 RTC 备份区域的访问
输入参数 1	NewState：表示状态。ENABLE 表示使能状态；DISABLE 表示关闭状态
输出参数	无
返回值	无
说明	无

调用 PWR_BackupAccessCmd 函数使能对 RTC 备份区域的写操作见例 11-2。

【例 11-2】调用 PWR_BackupAccessCmd 函数使能对 RTC 备份区域的写操作。

```
PWR_BackupAccessCmd(ENABLE);/*使能对 RTC 备份区域的写操作*/
```

3．设置低速外部时钟

设置低速外部时钟是通过调用 RCC_LSEConfig 函数来实现的，其函数说明见表 11-3。

表 11-3　RCC_LSEConfig 函数说明

函数名	RCC_LSEConfig
函数原型	void RCC_LSEConfig(uint8_t RCC_LSE)
功能描述	设置低速外部时钟
输入参数 1	RCC_LSE：表示低速外部时钟的状态。RCC_LSE_ON 表示打开低速外部时钟，RCC_LSE_OFF 表示关闭低速外部时钟
输出参数	无
返回值	无
说明	无

调用 RCC_LSEConfig 函数选择低速外部时钟见例 11-3。

【例 11-3】调用 RCC_LSEConfig 函数选择低速外部时钟。

```
RCC_LSEConfig(RCC_LSE_ON);/*打开低速外部时钟)*/
```

4．获取指定的 RCC 标志位的状态

获取指定的 RCC 标志位的状态是通过调用 RCC_GetFlagStatus 函数来实现的，其函数说明见表 11-4。

表 11-4　RCC_GetFlagStatus 函数说明

函数名	RCC_GetFlagStatus
函数原型	FlagStatus RCC_GetFlagStatus(uint8_t RCC_FLAG)
功能描述	获取指定的 RCC 标志位的状态
输入参数 1	RCC_FLAG：表示需要获取的状态类型，在 stm32f10x_rcc.h 中定义
输出参数	无
返回值	返回状态值（SET 或者 RESET）
说明	无

RCC_GetFlagStatus 的参数 RCC_FLAG 在 stm32f10x_rcc.h 中定义如下。

```
#define RCC_FLAG_HSIRDY              ((uint8_t)0x21)
#define RCC_FLAG_HSERDY              ((uint8_t)0x31)
#define RCC_FLAG_PLLRDY              ((uint8_t)0x39)
#define RCC_FLAG_LSERDY              ((uint8_t)0x41)
#define RCC_FLAG_LSIRDY              ((uint8_t)0x61)
#define RCC_FLAG_PINRST              ((uint8_t)0x7A)
#define RCC_FLAG_PORRST              ((uint8_t)0x7B)
#define RCC_FLAG_SFTRST              ((uint8_t)0x7C)
#define RCC_FLAG_IWDGRST             ((uint8_t)0x7D)
#define RCC_FLAG_WWDGRST             ((uint8_t)0x7E)
#define RCC_FLAG_LPWRRST             ((uint8_t)0x7F)
```

调用 RCC_GetFlagStatus 函数等待低速外部时钟就绪见例 11-4。

【例 11-4】调用 RCC_GetFlagStatus 函数等待低速外部时钟就绪。

```
while(RCC_GetFlagStatus(RCC_FLAG_LSERDY) == RESET);/*等待低速外部时钟就绪*/
```

5．时钟源的选择

时钟源的选择是通过调用 RCC_RTCCLKConfig 函数来实现的，其函数说明见表 11-5。

表 11-5 RCC_RTCCLKConfig 函数说明

函数名	RCC_RTCCLKConfig
函数原型	void RCC_RTCCLKConfig(uint32_t RCC_RTCCLKSource)
功能描述	选择时钟源
输入参数 1	RCC_RTCCLKSource：需要选择的时钟源。RCC_RTCCLKSource_LSE 表示选择低速外部时钟作为时钟源；RCC_RTCCLKSource_LSI 表示选择低速内部时钟作为时钟源；RCC_RTCCLKSource_HSE_Div128 表示选择经过 128 分频后的高速外部时钟作为时钟源
输出参数	无
返回值	无
说明	无

调用 RCC_RTCCLKConfig 函数选择低速外部时钟作为时钟源见例 11-5。

【例 11-5】调用 RCC_RTCCLKConfig 函数选择低速外部时钟作为时钟源。

```
RCC_RTCCLKConfig(RCC_RTCCLKSource_LSE);/*选择低速外部时钟作为时钟源*/
```

6. 使能 RTC

使能 RTC 是通过调用 RCC_RTCCLKCmd 函数来实现的，其函数说明见表 11-6 所示。

表 11-6 RCC_RTCCLKCmd 函数说明

函数名	RCC_RTCCLKCmd
函数原型	void RCC_RTCCLKCmd(FunctionalState NewState)
功能描述	使能 RTC
输入参数 1	NewState：表示状态。ENABLE 表示使能状态；DISABLE 表示关闭状态
输出参数	无
返回值	无
说明	无

调用 RCC_RTCCLKCmd 函数使能 RTC 见例 11-6。

【例 11-6】调用 RCC_RTCCLKCmd 函数使能 RTC。

```
RCC_RTCCLKCmd(ENABLE);/*使能 RTC*/
```

7. 写入备份数据寄存器的值

写入备份数据寄存器的值是通过调用 BKP_WriteBackupRegister 函数来实现的，其函数说明见表 11-7。

表 11-7 BKP_WriteBackupRegister 函数说明

函数名	BKP_WriteBackupRegister
函数原型	void BKP_WriteBackupRegister(uint16_t BKP_DR, uint16_t Data)
功能描述	写入备份数据寄存器的值
输入参数 1	BKP_DR: 表示读取的是哪个备份寄存器。BKP_DRx 中的 x 为 1～42；Data 表示写入的数据
输出参数	无
返回值	无
说明	备份数据寄存器的值不会被系统复位、电源复位、从待机模式唤醒复位

调用 BKP_WriteBackupRegister 函数向备份数据寄存器写入数据见例 11-7。

【例 11-7】调用 BKP_WriteBackupRegister 函数向备份数据寄存器写入数据。

```
BKP_WriteBackupRegister(BKP_DR1, 0x1234);/*向备份数据寄存器 1 写入 0x1234*/
```

8．读取备份数据寄存器的值

读取备份数据寄存器的值是通过调用 BKP_ReadBackupRegister 函数来实现，其函数说明见表 11-8。

表 11-8　BKP_ReadBackupRegister 函数说明

函数名	BKP_ReadBackupRegister
函数原型	uint16_t BKP_ReadBackupRegister(uint16_t BKP_DR)
功能描述	读取备份数据寄存器的值
输入参数 1	BKP_DR：表示读取的是哪个备份寄存器。BKP_DRx 中的 x 为 1～42
输出参数	无
返回值	函数返回备份数据寄存器的值
说明	备份数据寄存器的值不会被系统复位、电源复位、从待机模式唤醒复位

调用 BKP_ReadBackupRegister 函数读取备份数据寄存器数据见例 11-8。

【例 11-8】调用 BKP_ReadBackupRegister 函数读取备份数据寄存器数据。

```
uint16_t bkp_val = BKP_ReadBackupRegister(BKP_DR1);/*读取备份数据寄存器 1 的值并存放在变量
bkp_val 中*/
```

9．开启或者关闭高速外部时钟

开启或者关闭高速外部时钟是通过调用 RCC_HSEConfig 函数来实现的，其函数说明见表 11-9。

表 11-9　RCC_HSEConfig 函数说明

函数名	RCC_HSEConfig
函数原型	void RCC_HSEConfig(u32 RCC_HSE)
功能描述	开启或者关闭高速外部时钟
输入参数 1	RCC_HSE：高速外部时钟新的状态
输出参数	无
返回值	无
说明	如果高速外部时钟直接或者通过 PLL 用于系统时钟，那么它不能停振

RCC_HSEConfig 的参数 RCC_HSE 在 stm32f10x_rcc.h 中定义如下。

```
#define RCC_HSE_OFF                    ((uint32_t)0x00000000)
#define RCC_HSE_ON                     ((uint32_t)0x00010000)
#define RCC_HSE_Bypass                 ((uint32_t)0x00040000)
```

调用 RCC_HSEConfig 函数开启高速外部时钟见例 11-9。

【例 11-9】调用 RCC_HSEConfig 函数开启高速外部时钟。

```
RCC_HSEConfig(RCC_HSE_ON);/* 开启高速外部时钟*/
```

11.4.5　STM32F1 RTC 相关库函数

在 STM32 固件库开发中，操作 STM32F1 RTC 相关寄存器的函数和定义分别在源文件 stm32f10x_rtc.c 和头文件 stm32f10x_rtc.h 中。

1．等待上次 RTC 寄存器操作完成

等待上次 RTC 寄存器操作完成是通过调用 RTC_WaitForLastTask 函数来实现的，其函数说明见表 11-10。

表 11-10　RTC_WaitForLastTask 函数说明

函数名	RTC_WaitForLastTask
函数原型	void RTC_WaitForLastTask(void)
功能描述	等待上次 RTC 寄存器操作完成
输入参数	无
输出参数	无
返回值	无
说明	无

调用 RTC_WaitForLastTask 函数等待上次 RTC 寄存器操作完成见例 11-10。

【例 11-10】调用 RTC_WaitForLastTask 函数等待上次 RTC 寄存器操作完成。

```
RTC_WaitForLastTask(); /*等待上次 RTC 寄存器操作完成*/
```

2. 等待 RTC 同步

等待 RTC 同步是通过调用 RTC_ WaitForSynchro 函数来实现的，其函数说明见表 11-11。

表 11-11　RTC_WaitForSynchro 函数说明

函数名	RTC_WaitForSynchro
函数原型	void RTC_WaitForSynchro(void)
功能描述	等待 RTC 同步
输入参数	无
输出参数	无
返回值	无
说明	无

调用 RTC_WaitForLastTask 函数等待 RTC 同步见例 11-11。

【例 11-11】调用 RTC_WaitForLastTask 函数等待 RTC 同步。

```
RTC_WaitForSynchro();   /*等待 RTC 同步*/
```

3. 使能 RTC 相关中断

使能 RTC 相关中断是通过调用 RTC_ITConfig 函数来实现的，其函数说明见表 11-12。

表 11-12　RTC_ITConfig 函数说明

函数名	RTC_ITConfig
函数原型	void RTC_ITConfig(uint16_t RTC_IT, FunctionalState NewState)
功能描述	使能 RTC 相关中断
输入参数 1	RTC_IT：表示中断的类型。RTC_IT_OW 表示溢出中断；RTC_IT_ALR 表示闹钟中断；RTC_IT_SEC 表示秒中断
输入参数 2	NewState：表示状态。ENABLE 表示使能状态；DISABLE 表示关闭状态
输出参数	无
返回值	无
说明	无

调用 RTC_ITConfig 函数使能 RTC 秒中断见例 11-12。

【例 11-12】调用 RTC_ITConfig 函数使能 RTC 秒中断。

```
RTC_ITConfig(RTC_IT_SEC, ENABLE);/*使能 RTC 秒中断*/
```

4. 进入 RTC 配置模式

进入 RTC 配置模式是通过调用 RTC_EnterConfigMode 函数来实现的，其函数说明见表 11-13。

表 11-13 RTC_EnterConfigMode 函数说明

函数名	RTC_EnterConfigMode
函数原型	void RTC_EnterConfigMode(void)
功能描述	进入 RTC 配置模式
输入参数	无
输出参数	无
返回值	无
说明	只有 RTC 进入配置模式后才能设置 RTC 的时间、日期等，而设置 RTC 的时间、日期等完成之后，要退出 RTC 配置模式

调用 RTC_EnterConfigMode 函数进入 RTC 配置模式见例 11-13。

【例 11-13】调用 RTC_EnterConfigMode 函数进入 RTC 配置模式。

```
RTC_EnterConfigMode(); /*进入 RTC 配置模式*/
```

5. 退出 RTC 配置模式

退出 RTC 配置模式是通过调用 RTC_ExitConfigMode 函数来实现的，其函数说明见表 11-14。

表 11-14 RTC_ExitConfigMode 函数说明

函数名	RTC_ExitConfigMode
函数原型	void RTC_ExitConfigMode(void)
功能描述	退出 RTC 配置模式
输入参数	无
输出参数	无
返回值	无
说明	无

调用 RTC_ExitConfigMode 函数退出 RTC 配置模式见例 11-14。

【例 11-14】调用 RTC_ExitConfigMode 函数退出 RTC 配置模式。

```
RTC_ExitConfigMode();   /*退出 RTC 配置模式*/
```

6. 设置 RTC 分频值

设置 RTC 分频值是通过调用 RTC_SetPrescaler 函数来实现的，其函数说明见表 11-15。

表 11-15 RTC_SetPrescaler 函数说明

函数名	RTC_SetPrescaler
函数原型	void RTC_SetPrescaler(uint32_t PrescalerValue)
功能描述	设置 RTC 分频值
输入参数 1	PrescalerValue：需要设置的 RTC 分频值
输出参数	无
返回值	无
说明	RTC 的分频系数是设置的 RTC 分频值加 1。例如，设置的 RTC 分频值为 1，则表示 2 分频

调用 RTC_SetPrescaler 函数设置 RTC 分频值见例 11-15。

【例 11-15】调用 RTC_SetPrescaler 函数设置 RTC 分频值。

```
RTC_SetPrescaler(32768-1);/*设置 RTC 的分频系数为 32768*/
```

7. 设置 RTC 计数器的值

设置 RTC 计数的值是通过调用 RTC_SetCounter 函数来实现的，其函数说明见表 11-16。

表 11-16 RTC_SetCounter 函数说明

函数名	RTC_SetCounter
函数原型	void RTC_SetCounter(uint32_t CounterValue)
功能描述	换算单位后的时间写入 RTC 计数器
输入参数 1	CounterValue：表示写入 RTC 计数器的值，此值可以调用 mktime 函数得到
输出参数	无
返回值	无
说明	无

调用 RTC_SetCounterr 函数设置 RTC 计数器的值见例 11-16。

【例 11-16】调用 RTC_SetCounterr 函数设置 RTC 计数器的值。

```
time_t time = 0;
struct tm newtime= /*定义时间结构体*/
{
        .tm_year = 2021-1900,
        .tm_mon   = 11,
        .tm_mday = 11,
        .tm_hour = 11,
        .tm_min   = 11,
        .tm_sec    = 11,
};
time = mktime(&newtime); /*把 RTC 时间转化为总秒数*/
RTC_SetCounter(time); /*设置 RTC 时间*/
```

8. 获取 RTC 计数器的值

获取 RTC 计数器的值是通过调用 RTC_GetCounter 函数来实现的，其函数说明见表 11-17。

表 11-17 RTC_GetCounter 函数说明

函数名	RTC_GetCounter
函数原型	uint32_t RTC_GetCounter(void)
功能描述	获取 RTC 计数器的值
输入参数	无
输出参数	无
返回值	返回 RTC 计数器的值
说明	此函数的返回值并不是时间，而是时间的总秒数，需要调用 localtime 函数转换成当地时间，而 localtime 函数在 C 语言库 time.h 中定义

调用 RTC_GetCounter 函数获取 RTC 计数器的值见例 11-17。

【例 11-17】调用 RTC_GetCounter 函数获取 RTC 计数器的值。

```
time_t time;
struct tm *ptime;
time = RTC_GetCounter();/*获取 RTC 时间*/
ptime = localtime(&time); /*把时间的总秒数转换成当地时间*/
```

9. 设置 RTC 闹钟

设置 RTC 闹钟是通过调用 RTC_SetAlarm 函数来实现的，其函数说明见表 11-18。

表 11-18　RTC_SetAlarm 函数说明

函数名	RTC_SetAlarm
函数原型	void RTC_SetAlarm(uint32_t AlarmValue)
功能描述	将时间的总秒数写入 RTC 闹钟寄存器
输入参数 1	AlarmValue：表示写入 RTC 闹钟寄存的值。该值可以调用 mktime 函数得到，而 mktime 函数在 C 语言库 time.h 中定义
输出参数	无
返回值	无
说明	无

调用 RTC_SetAlarm 函数设置 RTC 闹钟见例 11-18。

【例 11-18】调用 RTC_SetAlarm 函数设置 RTC 闹钟。

```
time_t time = 0;
struct tm newtime=    /*定义时间结构体*/
{
        .tm_year = 2021-1900,
        .tm_mon   = 11,
        .tm_mday = 11,
        .tm_hour = 11,
        .tm_min   = 12,
        .tm_sec   = 11,
};
time = mktime(&newtime); /*把 RTC 时间转化为总秒数*/
RTC_SetAlarm (time); /*设置 RTC 时间*/
```

10. 获取 RTC 状态

获取 RTC 状态是通过调用 RTC_GetFlagStatus 函数来实现的，其函数说明见表 11-19。

表 11-19　RTC_GetFlagStatus 函数说明

函数名	RTC_GetFlagStatus
函数原型	FlagStatus RTC_GetFlagStatus(uint32_t RTC_FLAG)
功能描述	获取 RTC 状态，如秒中断、闹钟中断
输入参数 1	RTC_FLAG: 指定标志状态
输出参数	无
返回值	返回状态值（SET 或者 RESET）
说明	无

传入 RTC_GetFlagStatus 函数的实参在 stm32f10x_rtc.h 中定义如下。

```
#define RTC_FLAG_RECALPF                    ((uint32_t)0x00010000)
#define RTC_FLAG_TAMP1F                     ((uint32_t)0x00002000)
#define RTC_FLAG_TSOVF                      ((uint32_t)0x00001000)
#define RTC_FLAG_TSF                        ((uint32_t)0x00000800)
#define RTC_FLAG_WUTF                       ((uint32_t)0x00000400)
#define RTC_FLAG_ALRBF                      ((uint32_t)0x00000200)
#define RTC_FLAG_ALRAF                      ((uint32_t)0x00000100)
```

```
#define RTC_FLAG_INITF              ((uint32_t)0x00000040)
#define RTC_FLAG_RSF                ((uint32_t)0x00000020)
#define RTC_FLAG_INITS              ((uint32_t)0x00000010)
#define RTC_FLAG_SHPF               ((uint32_t)0x00000008)
#define RTC_FLAG_WUTWF              ((uint32_t)0x00000004)
#define RTC_FLAG_ALRBWF             ((uint32_t)0x00000002)
#define RTC_FLAG_ALRAWF             ((uint32_t)0x00000001)
```

调用 RTC_GetFlagStatus 函数获取 RTC 闹钟中断状态见例 11-19。

【例 11-19】调用 RTC_GetFlagStatus 函数获取 RTC 闹钟中断状态。

```
if(RTC_GetFlagStatus(RTC_FLAG_ALRAF)==SET){ }/*获取 RTC 闹钟 A 中断状态*/
```

11．清除 RTC 状态

清除 RTC 状态是通过调用 RTC_ClearFlag 函数来实现的，其函数说明见表 11-20。

表 11-20　RTC_ClearFlag 函数说明

函数名	RTC_ClearFlag
函数原型	void RTC_ClearFlag(uint32_t RTC_FLAG)
功能描述	清除 RTC 状态，如秒中断、闹钟中断
输入参数 1	RTC_FLAG: 指定标志状态
输出参数	无
返回值	无
说明	传入该函数的参数，在 stm32f10x_rtc.h 中定义

调用 RTC_ ClearFlag 函数清除 RTC 闹钟中断状态见例 11-20。

【例 11-20】调用 RTC_ ClearFlag 函数清除 RTC 闹钟中断状态。

```
RTC_ClearFlag(RTC_FLAG_ALRAF); /*清除 RTC 闹钟 A 中断标志*/
```

RTC 其他的库函数这里不再介绍，读者可参考 stm32f10x_rtc.c 文件。

11.5　RTC 实验硬件设计

信盈达 STM32F103ZET6 开发板 RTC 硬件设计如图 11-6 所示。

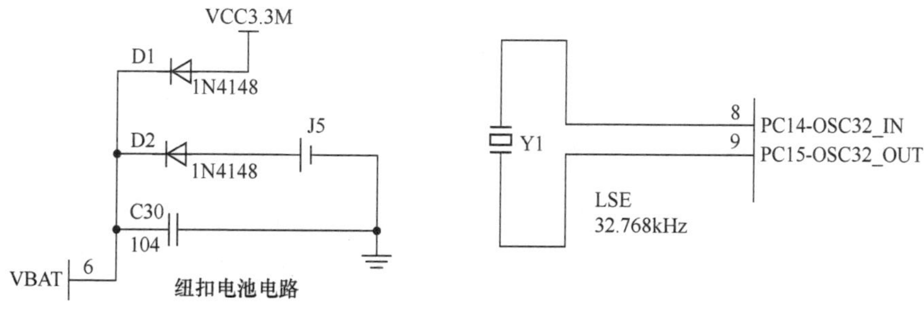

图 11-6　信盈达 STM32F103ZET6 开发板 RTC 硬件设计

11.6　RTC 实验软件设计

信盈达 STM32F103ZET6 开发板 RTC 软件设计步骤如下。

（1）使能 BKP 时钟。

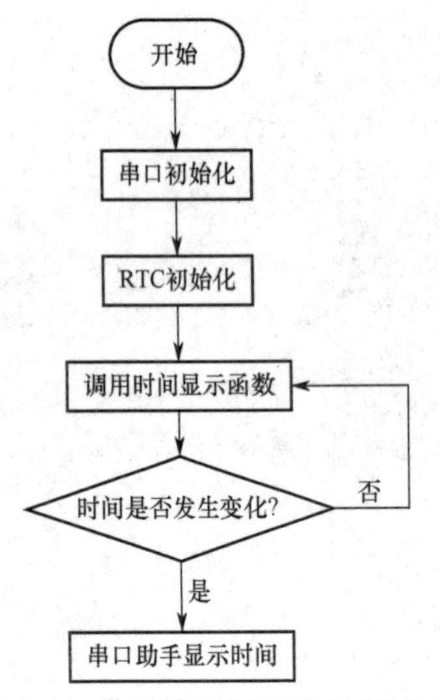

图 11-7　信盈达 STM32F103ZET6 开发板的 RTC 软件设计流程图

（2）允许对备份区域写操作。
（3）初始化低速外部时钟并等待其就绪。
（4）选择低速外部作为 RTC 时钟源。
（5）使能 RTC。
（6）等待上次写 RTC 寄存器操作完成。
（7）等待同步。
（8）进入修改寄存器模式。
（9）设置 RTC 分频值。
（10）等待写 RTC 寄存器操作完成。
（11）设置 RTC 时间。
（12）进入修改寄存器模式。
（13）读取 RTC 时间。
（14）通过串口显示 RTC 时间。

信盈达 STM32F103ZET6 开发板的 RTC 软件设计流程图如图 11-7 所示。

11.7　RTC 实验示例程序分析及仿真

这里只列出了部分主要功能函数。

11.7.1　RTC 初始化函数

```
/**********************************************************************
*函数信息：void RTC_INIT(void)
*功能描述：RTC 初始化
*输入参数：无
*输出参数：无
*函数返回：1 表示初始化失败；0 表示初始化成功
*调用提示：无
*  作者:    陈醒醒
*  其他:    如果低速外部时钟有问题，此初始化函数会失败
**********************************************************************/
u8 RTC_INIT(void)
{
    u32 StartUpCounter = 0;
    RCC_APB1PeriphClockCmd(RCC_APB1Periph_BKP|RCC_APB1Periph_PWR,ENABLE);/*使能
BKP 时钟*/
    PWR_BackupAccessCmd(ENABLE);/*允许对备份区域写操作*/
    RCC_LSEConfig(RCC_LSE_ON);/*初始化低速外部时钟(外部 32.768kHz 的晶振)*/
    do{  /*等待 RTC 低速外部时钟是否初始化完毕*/
        StartUpCounter++;
        Delay_ms(1);
    }while((RCC_GetFlagStatus(RCC_FLAG_LSERDY) == RESET) && (StartUpCounter != LSE_
STARTUP_TIMEOUT));
    if(StartUpCounter>=3000)return 1;//初始化时钟失败,晶振有问题
    RCC_RTCCLKConfig(RCC_RTCCLKSource_LSE);/*配置 RTC 时钟源为低速外部时钟*/
```

```
        RCC_RTCCLKCmd(ENABLE);                                  /*RTC 时钟使能*/
        /*设置 RTC 分频值和计数器的值*/
        RTC_WaitForLastTask(); /*等待上次 RTC 寄存器操作完成*/
        RTC_WaitForSynchro();   /*等待 APB1 与 RTC 同步*/
        RTC_EnterConfigMode(); /*进入可以修改寄存器模式*/
        RTC_SetPrescaler(32768-1);/*设置 RTC 分频值*/
        RTC_WaitForLastTask(); /*等待上次 RTC 寄存器操作完成*/
        RTC_SetTime(&newtime); /*设置 RTC 时间*/
        RTC_ExitConfigMode();   /*退出修改寄存器模式*/
        return 0 ;
}
```

11.7.2　RTC 设置及显示时间函数

```
/*******************************************************************
*函数信息：void RTC_SetTime(struct tm *ptime)
*功能描述：RTC 时间设置
*输入参数：ptime 表示时间结构体
*输出参数：无
*函数返回：无
*调用提示：无
*   作者：   陈醒醒
*   其他：   调用 mktime 函数
*******************************************************************/
void RTC_SetTime(struct tm *ptime)
{
      time_t time = 0;
      time = mktime(ptime); /*把 RTC 时间转化为总秒数*/
      RTC_SetCounter(time); /*设置 RTC 时间*/
      RTC_WaitForLastTask();/*等待上次数据传输完成*/
      printf("RTC 时间设置完成！ \r\n");
}
/*******************************************************************
*函数信息：void RTC_ShowTime(void)
*功能描述：获取并通过串口显示时间
*输入参数：无
*输出参数：无
*函数返回：无
*调用提示：无
*   作者：   陈醒醒
*   其他：   调用 asctime 及 localtime 函数
*******************************************************************/
void RTC_ShowTime(void)
{
      static time_t time=0,old_time=0;
      time = RTC_GetCounter();/*获取 RTC 时间*/
      if(old_time != time)
      {
            old_time = time;
```

```
        /*先把 RTC 时间转成当地时间（localtime），再转成字符输出（asctime）*/
        printf("time = %d\r\nCurrent time: %s\r\n",time,asctime(localtime(&time)));
    }
}
```

11.7.3 RTC 实验 main 函数

```
/*******************************************************************
*函数信息：int main ()
*功能描述：RTC 功能测试；如果 RTC 配置成功，则在串口助手上打印时间
*输入参数：无
*输出参数：无
*函数返回：无
*调用提示：无
*作者：    陈醒醒
*******************************************************************/
int main()
{
    LED_Init();              /*LED 初始化*/
    KEY_Init();              /*按键初始化*/
    UART1_Init(9600);        /*串口 1 初始化*/
    SysTick_Init();  /*SysTick 定时器初始化*/
    if(RTC_INIT())   /*RTC 初始化*/
        printf("RTC 初始化失败!\r\n");
    while(1)
    {
        RTC_ShowTime();
    }
}
```

11.7.4 RTC 实验测试结果

RTC 测试结果如图 11-8 所示。

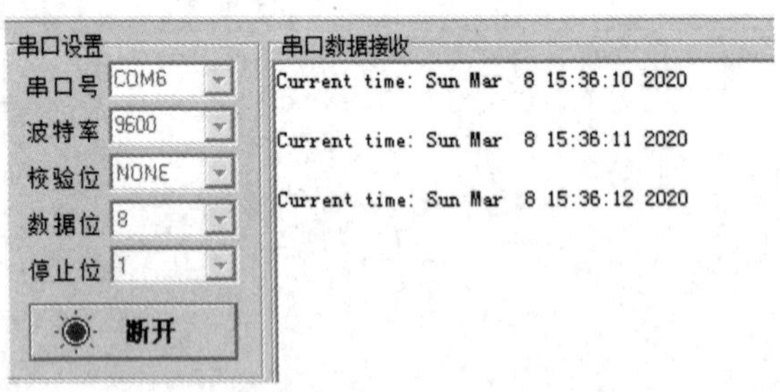

图 11-8 RTC 测试结果

11.8 本章课后作业

11-1 使用 RTC 秒中断实现时间的打印。

11-2 实现 RTC 闹钟功能。

第 12 章 DMA 模块实验

12.1 学习目的

（1）掌握 DMA 模块的作用。

（2）了解 DMA 模块的工作原理。

（3）掌握 STM32F1 DMA 模块编程。

12.2 DMA 模块

直接存储器访问（Direct Memory Access，DMA）是一种高速输入/输出方式，即不必中断当前程序，就可以在外设和存储器之间或者存储器和存储器之间进行高速数据传输。DMA 无须 CPU 干预，因此可以节省 CPU 的资源。

DMA 模块的每个通道专门用来管理来自一个或多个外设对存储器访问的请求，还有一个仲裁器用来协调各个 DMA 请求的优先权。

DMA 模块是一个无须 CPU 干预的独立硬件模块，可以直接进行外设和存储器，以及存储器和存储器之间的数据传输，只要 CPU 告诉它数据源在哪里，搬到哪里去，一次搬运多少字节，总共搬运多少个字节，然后启动 DMA 功能，那么 DMA 模块就会在需要的时候自动进行数据的搬移。

12.3 STM32F1 DMA 模块

12.3.1 STM32F1 DMA 模块的主要特性

（1）拥有 12 个独立的可配置的通道（请求），其中 DMA1 模块有 7 个通道，DMA2 模块有 5 个通道。

（2）每个通道都直接连接专用的硬件 DMA 请求，每个通道都同样支持软件触发。这些功能通过软件来配置。

（3）通道（请求）的优先级可以通过软件编程设置（共有 4 级：很高、高、中和低），而在相等优先级时由硬件决定（请求 0 优先于请求 1，依此类推）。

（4）源和目标数据区具有独立的传输宽度（字节、半字、全字）。在模拟打包和拆包的过程中，源和目标地址必须按数据传输宽度对齐。

（5）支持循环的缓冲器管理。

（6）每个通道都有 3 个事件标志（数据传输过半、数据传输完成和数据传输出错）。这 3 个事件标志状态可以成为一个单独的中断请求。

（7）可进行存储器和存储器之间的数据传输。

（8）可进行外设和存储器之间的数据传输。

（9）闪存、SRAM、外设的 SRAM、APB1、APB2 和 AHB 均可作为访问的源和目标。

（10）可编程的数据传输量大为 65 536B。

12.3.2 STM32F1 DMA 模块的结构

STM32F1 DMA 模块的结构如图 12-1 所示。

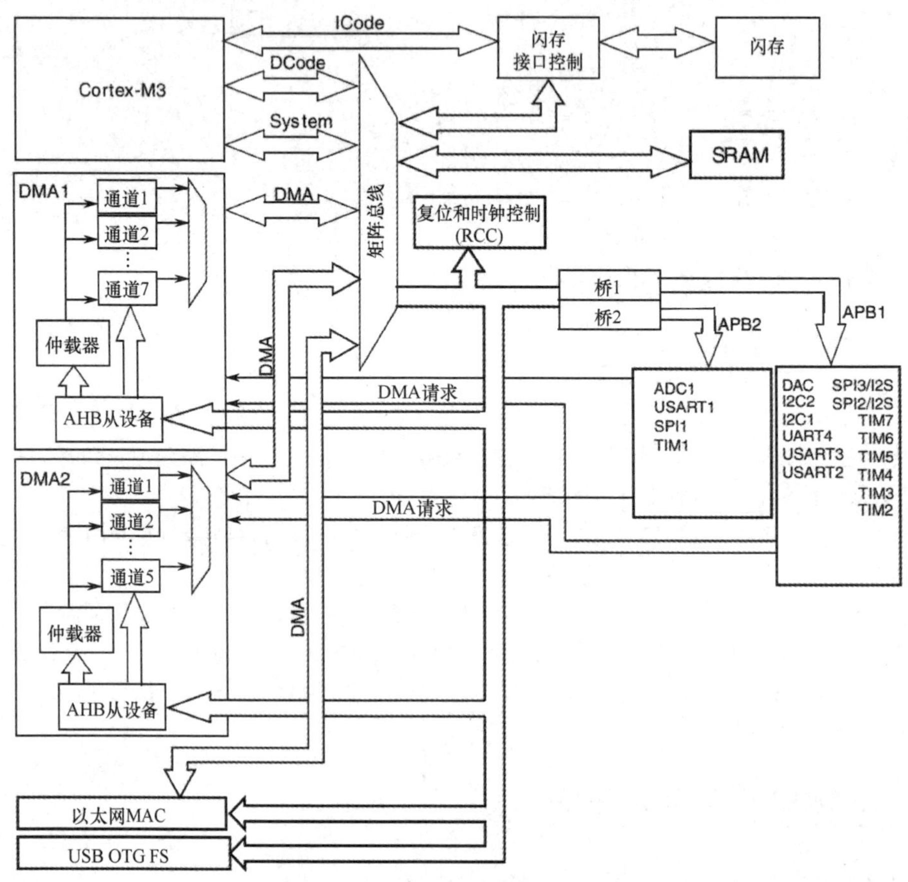

图 12-1 STM32F1 DMA 模块的结构

12.3.3 STM32F1 DMA 模块的功能

STM32F1 DMA 模块和 Cortex-M3 内核共享系统数据总线，执行直接存储器数据传输。当 STM32F1 的 CPU 和 DMA 模块同时访问相同的目标（RAM 或外设）时，DMA 请求可能会停止，CPU 访问系统总线达若干个周期，仲裁器执行循环调度，以保证 CPU 至少可以得到一半的系统总线（存储器或外设）带宽。

1. DMA 处理

在发生一个事件后，外设发送一个请求信号到 STM32F1 DMA 模块。STM32F1 DMA 模块根据通道的优先级处理这个请求信号。当 STM32F1 DMA 模块开始访问外设时，STM32F1 DMA 模块立即发送给外设一个应答信号。当外设从 STM32F1 DMA 模块得到应答信号时，外设立即释放它的请求信号。一旦外设释放了这个请求，STM32F1 DMA 控制器同时撤销应答信号。如果发生更多的请求，外设可以启动下次处理。

总之，DMA 处理由以下 3 个操作步骤组成（通过 DMA_Init 和 DMA_SetCurrData Counter 函数设置）。

（1）从外设数据寄存器或者从当前外设/存储器地址寄存器指示的存储器地址取数据。

（2）把数据存到外设数据寄存器或者当前外设/存储器地址寄存器指示的存储器地址。

（3）执行一次所设置的传输数量的递减操作，包含未完成的操作数。

2．仲裁器

仲裁器根据通道（请求）的优先级来启动外设/存储器的访问。通道的优先级分软件优先级和硬件优先级。每个通道的软件优先级可以通过函数 DMA_Init 设置，并分为最高优先级、高优先级、中等优先级、低优先级这 4 个等级。STM32F1 DMA 模块的通道有 7 个或 5 个，等级只有 4 个，则一定会有重复的等级。当相同等级的外设请求发生时，较低编号通道的外设请求优先被响应。如果有相同软件优先级的 2 个外设请求发生，则较低编号通道的外设请求优先被响应。例如，当通道 2 和通道 4 具有相同的软件优先级时，通道 2 的外设请求优先被响应，即通过 2 具有更高的硬件优先级。

注意：在大容量产品和互联型产品中，DMA1 模块通道的优先级高于 DMA2 模块通道的优先级。

3．DMA 通道

STM32F1 DMA 每个通道都可以在有固定地址的外设寄存器和存储器之间执行 DMA，且传输的数据量是可编程的（通过 DMA_SetCurrDataCounter 函数设置），最大达到 65 536B。

4．循环模式

循环模式用于处理循环缓冲区连续的数据传输（如 ADC 的扫描模式）。DMA_CCRx 寄存器（第 4 位）的 CIRC 位用于开启这一功能。如果启动了循环模式，传输的数据量在变为 0 时将自动恢复成配置通道时设置的初始值，且 DMA 操作将会继续进行。

5．存储器到存储器模式

对 STM32F1 DMA 模块通道操作可以在没有外设请求的情况下进行。这种操作就是存储器到存储器模式，并通过 DMA_Init 函数设置。存储器到存储器模式不能与循环模式同时使用。

6．可编程的数据传输宽度

可以通过 DMA_Init 函数设置数据传输宽度，且在一般情况下源和目标的数据传输宽度设置为一致。

7．错误管理

读/写一个保留的地址区域，将会产生 DMA 传输错误。如果在 DMA 读/写操作时发生了 DMA 传输错误，则硬件会自动清除发生错误的通道，且该通道操作被停止。此时，如果开启了错误中断，则将产生中断。

8．DMA 中断

STM32F1 DMA 模块的每个通道都可以在数据传输过半、数据传输完成和数据传输出错时产生中断。考虑到应用的灵活性，这些中断可通过 DMA_ITConfig 函数来打开。DMA 中断见表 12-1。

表 12-1　DMA 中断

中断事件	事件标志位
传输过半	DMA_IT_HT
传输完成	DMA_IT_TC
传输错误	DMA_IT_TE

注意：在大容量产品中，DMA2 模块通道 4 和 DMA2 模块通道 5 的中断被映射在同一个中断向量上。在互联型产品中，DMA2 模块通道 4 和 DMA2 模块通道 5 的中断分别有独立的中断向量。STM32F1 DMA 模块其他的 DMA 通道都有自己的中断向量。中断标志位是否置 1 和中断使能位没有关系。中断使能位只管是否能发生中断。

9．DMA 请求

1）DMA1 模块

DMA1 模块各个通道的 DMA 请求见表 12-2，其中 USART1_TX 对应的是 DMA1 模块通道 4)。DMA1 模块各个通道同一时间只能有一个 DMA 请求有效（比如通道 1 在同一时间的 DMA 请求只能是 ADC1 或者 TIM2_CH3 或者 TIM4_CH1）。可以通过 DMA_Init 函数单独设置 DMA1 模块各个通道的 DMA 请求开启或关闭。

表 12-2　DMA1 模块各个通道的 DMA 请求

外设	通道 1	通道 2	通道 3	通道 4	通道 5	通道 6	通道 7
ADC1	ADC1						
SPI/I²S		SPI1_RX	SPI1_TX	SPI/I²S2_RX	SPI/I²S2_TX		
USART		USART3_TX	USART3_RX	USART1_TX	USART1_RX	USART2_RX	USART2_TX
I²C				I²C2_TX	I²C2_RX	I²C1_TX	I²C1_RX
TIM1		TIM1_CH1	TIM1_CH2	TIM1_TX4 TIM1_TRIG TIM1_COM	TIM1_UP	TIM1_CH3	
TIM2	TIM2_CH3	TIM2_UP			TIM2_CH1		TIM2_CH2 TIM2_CH4
TIM3		TIM3_CH3	TIM3_CH4 TIM3_UP			TIM3_CH1 TIM3_TRIG	
TIM4	TIM4_CH1			TIM4_CH2	TIM4_CH3		TIM4_UP

2）DMA2 模块

DMA2 模块的各个通道的 DMA 请求见表 12-3。DMA2 模块各个通道同一时间只能有一个 DMA 请求有效可以通过 DMA_Init 函数单独设置 DMA2 模块各个通道的 DMA 请求开启或关闭。

表 12-3　DMA2 控制器的各个外设通道的请求表

外　设	通道 1	通道 2	通道 3	通道 4	通道 5
ADC3①					ADC3
SPI/I²S3	SPI/I²S3_RX	SPI/I²S3_TX			
UART4			UART4_RX		UART4_TX
SDIO①				SDIO	
TIM5	TIM5_CH4 TIM5_TRIG	TIM5_CH3 TIM5_UP		TIM5_CH2	TIM5_CH1
TIM6/ DAC 通道 1			TIM6_UP/ DAC 通道 1		
TIM7/ DAC 通道 2				TIM7_UP/ DAC 通道 2	
TIM8①	TIM8_CH3 TIM8_UP	TIM8_CH4 TIM8_TRIG TIM8_COM	TIM8_CH1		TIM8_CH2

① ADC3、SDIO 和 TIM8 的 DMA 请求只在大容量的产品中存在。

12.3.4　STM32F1 DMA 模块相关库函数

在 STM32 固件库开发中，操作 DMA 模块相关寄存器的函数和定义分别在源文件

stm32f10x_ dma.c 和头文件 stm32f10x_dma.h 中。

1. 初始化 DMA 模块时钟

调用 RCC_AHBPeriphClockCmd 函数使能或关闭 DMA 模块时钟，具体用法参考 4.2.5 节。

2. 初始化 DMA 模块

初始化 DMA 模块是通过调用 DMA_Init 函数来实现的，其函数说明见表 12-4。

表 12-4　DMA_Init 函数说明

函数名	DMA_Init
函数原型	void DMA_Init(DMA_Channel_TypeDef* DMAy_Channelx, DMA_InitTypeDef* DMA_InitStruct)
功能描述	初始化 DMA 模块
输入参数 1	DMAy_Channelx; 表示哪个 DMA 模块的哪个通道
输入参数 2	DMA_InitStruct: 表示 DMA 模块功能参数
输出参数	无
返回值	无
说明	无

DMA_InitTypeDef 结构体类型在 stm32f10x_dma.h 中定义如下。

```
typedef struct
{
  uint32_t DMA_PeripheralBaseAddr;         /*外设地址*/
  uint32_t DMA_MemoryBaseAddr;             /*存储器地址*/
  uint32_t DMA_DIR;                        /*传输方向 */
  uint32_t DMA_BufferSize;                 /*缓冲区大小*/
  uint32_t DMA_PeripheralInc;              /*外设地址增量模式 */
  uint32_t DMA_MemoryInc;                  /*存储器地址增量模式*/
  uint32_t DMA_PeripheralDataSize;         /*外设数据宽度*/
  uint32_t DMA_MemoryDataSize;             /*存储器数据宽度*/
  uint32_t DMA_Mode;                       /*工作模式*/
  uint32_t DMA_Priority;                   /*优先级*/
  uint32_t DMA_M2M;                        /*存储器到存储器模式 */
}DMA_InitTypeDef;
```

调用 DMA_Init 函数配置 DMA 模块功能见例 12-1。

【例 12-1】调用 DMA_Init 函数配置 DMA 模块功能。

```
DMA_InitTypeDef DMA_InitStructure;
u8 DMA_TransmitBuf[]={"嵌入式 Cortex-M3 基础与项目实践 DMA 实验"}; DMA_InitStructure.DMA_PeripheralBaseAddr =(u32)&USART1->DR;      /*外设地址*/
DMA_InitStructure.DMA_MemoryBaseAddr =(u32) DMA_TransmitBuf;    /*存储器地址*/
DMA_InitStructure.DMA_DIR = DMA_DIR_PeripheralDST;              /*存储器到外设模式*/
DMA_InitStructure.DMA_BufferSize = 256;                         /*传输的数据量*/
DMA_InitStructure.DMA_PeripheralInc = DMA_PeripheralInc_Disable;  /*外设地址非增量模式*/
DMA_InitStructure.DMA_MemoryInc = DMA_MemoryInc_Enable;         /*存储器地址增量模式*/
DMA_InitStructure.DMA_PeripheralDataSize = DMA_PeripheralDataSize_Byte; /*外设数据宽度为 8 位*/
DMA_InitStructure.DMA_MemoryDataSize = DMA_MemoryDataSize_Byte; /*存储器数据宽度为 8 位*/
DMA_InitStructure.DMA_Mode = DMA_Mode_Normal;                   /*工作在正常模式*/
DMA_InitStructure.DMA_Priority = DMA_Priority_High;             /*高优先级*/
DMA_InitStructure.DMA_M2M = DMA_M2M_Disable;                    /*关闭存储器到存储器模式*/
DMA_Init(DMAy_Channelx, &DMA_InitStructure);                    /*初始化 DMA 模块*/
```

3．设置 DMA 模块通道传输的数据量

设置 DMA 模块通道传输的数据量是通过调用 DMA_SetCurrDataCounter 函数来实现的，其函数说明见表 12-5。

表 12-5　DMA_SetCurrDataCounter 函数说明

函数名	DMA_SetCurrDataCounter
函数原型	Void DMA_SetCurrDataCounter(DMA_Channel_TypeDef* DMAy_Channelx, uint16_t DataNumber)
功能描述	设置 DMA 模块通道传输的数据量
输入参数 1	DMAy_Channelx：表示 DMA 模块通道
输入参数 2	DataNumber 表示需要传输的数据量
输出参数	无
返回值	无
说明	无

调用 DMA_SetCurrDataCounter 函数设置 DMA1 通道 4 传输 256 个字节见例 12-2。

【例 12-2】调用 DMA_SetCurrDataCounter 函数设置 DMA1 通道 4 传输 256 个字节。

```
DMA_SetCurrDataCounter(DMA1_Channel4,256);/*DMA1 模块通道 4 传输 256 个字节*/
```

4．使能 DMA 模块通道

使能 DMA 模块通道是通过调用 DMA_Cmd 函数来实现的，其函数说明见表 12-6。

表 12-6　DMA_Cmd 函数说明

函数名	DMA_Cmd
函数原型	void DMA_Cmd(DMA_Channel_TypeDef* DMAy_Channelx, FunctionalState NewState)
功能描述	使能 DMA 模块通道
输入参数 1	DMAy_Channelx：表示 DMA 模块通道
输入参数 2	NewState 表示使能或者关闭状态。ENABLE 表示使能状态；DISABLE 表示关闭状态
输出参数	无
返回值	无
说明	无

调用 DMA_Cmd 函数使能 DMA1 模块通道 4 见例 12-3。

【例 12-3】调用 DMA_Cmd 函数使能 DMA1 模块通道。

```
DMA_Cmd(DMA1_Channel4, DISABLE );   /*关闭 DMA1 模块通道 4*/
DMA_Cmd(DMA1_Channel4, ENABLE);     /*使能 DMA1 模块通道 4*/
```

5．获取 DMA 状态

获取 DMA 状态是通过调用 DMA_GetFlagStatus 函数来实现的，其函数说明见表 12-7。

表 12-7　DMA_GetFlagStatus 函数说明

函数名	DMA_GetFlagStatus
函数原型	FlagStatus DMA_GetFlagStatus(uint32_t DMAy_FLAG)
功能描述	获取 DMA 状态
输入参数 1	DMAy_FLAG：表示获取的指定标志
输出参数	无
返回值	返回状态值（SET 或者 RESET）
说明	无

DMA_GetFlagStatus 函数的实参在 stm32f10x_dma.h 中定义如下（这里只列出了 DMA1 模块通道 1 的标志，其他通道的标志使用方法类似）。

```
#define DMA1_FLAG_GL1                  ((uint32_t)0x00000001)
#define DMA1_FLAG_TC1                  ((uint32_t)0x00000002)
#define DMA1_FLAG_HT1                  ((uint32_t)0x00000004)
#define DMA1_FLAG_TE1                  ((uint32_t)0x00000008)
```

调用 DMA_GetFlagStatus 函数等待 DMA1 模块通道 4 数据传输完成见例 12-4。

【例 12-4】调用 DMA_GetFlagStatus 函数等待 DMA1 模块通道 4 数据传输完成。

```
while(DMA_GetFlagStatus(DMA1_FLAG_TC4)!=RESET); /*等待 DMA1 模块通道 4 数据传输完成*/
```

6. 清除 DMA 状态

清除 DMA 状态是通过调用 DMA_ClearFlag 函数来实现的，其函数说明见表 12-8。

表 12-8　DMA_ClearFlag 函数说明

函数名	DMA_ClearFlag
函数原型	void DMA_ClearFlag(uint32_t DMAy_FLAG)
功能描述	清除 DMA 状态
输入参数 1	DMAy_FLAG：表示清除的指定标志
输出参数	无
返回值	无
说明	状态在 stm32f10x_dma.h 中定义

调用 DMA_ClearFlag 函数清除 DMA1 模块通道 4 数据传输完成标志见例 12-5。

【例 12-5】调用 DMA_ClearFlag 函数清除 DMA1 模块通道 4 数据传输完成标志。

```
DMA_ClearFlag(DMA1_FLAG_TC4);                /*清除 DMA1 模块通道 4 传输完成标志*/
```

7. 使能 DMA 中断

使能 DMA 中断是通过调用 DMA_ITConfig 函数来实现的，其函数说明见表 12-9。

表 12-9　DMA_ITConfig 函数说明

函数名	DMA_ITConfig
函数原型	void DMA_ITConfig(DMA_Channel_TypeDef* DMAy_Channelx, uint32_t DMA_IT, FunctionalStateNewState)
功能描述	使能 DMA 中断
输入参数 1	DMAy_Channelx: 表示哪个 DMA 模块的哪个通道
输入参数 2	DMA_IT: 表示中断类型，如 DMA_IT_TC 表示数据传输完成中断
输入参数 3	NewState: 表示关闭或使能状态。ENABLE 表示使能状态；DISABLE 表示关闭状态
输出参数	无
返回值	无
说明	无

调用 DMA_ITConfig 函数开启 DMA1 模块通道 4 传输中断见例 12-6。

【例 12-6】调用 DMA_ITConfig 函数开启 DMA1 模块通道 4 传输中断。

```
DMA_ITConfig(DMA1_Channel4, DMA_IT_TC, ENABLE); /*使能 DMA1 模块通道 4 传输中断*/
```

这里不再介绍 STM32F1 DMA 模块其他库函数，读者可参考 stm32f10x_dma.c 文件。

12.4 DMA 模块实验硬件设计

本实验使用串口 1，先通过 DMA 模拟发送数据，然后按下开发板的按键，通过 DMA 模块把存储器的数据发送到串口。DMA 模块属于 STM32 内部模块，无须单独外接外部器件，硬件还是使用串口。

通过学习 12.2.4 节可知，串口 1 的 DMA 请求对应的是 DMA1 模块通道 4，因此本实验使用 DMA1 模块通道 4。

12.5 DMA 模块实验软件设计

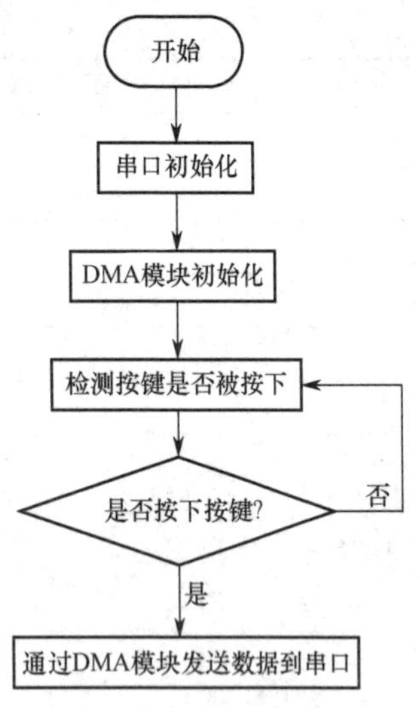

图 12-2 DMA 软件实现流程图

DMA 软件实现步骤如下。

（1）初始化 DMA 模块时钟。

（2）设置外设地址。

（3）设置存储器地址。

（4）设置传输的数据量。

（5）设置传输模式。

（6）设置外设地址增量模式。

（7）设置存储器地址增量模式。

（8）设置外设数据宽度。

（9）设置存储器数据宽度。

（10）设置优先级。

（11）初始化 DMA 模块。

（12）使能 DMA 模块通道。

（13）编写 main 函数实现按键启动 DMA 模块。

DMA 软件实现流程图如图 12-2 所示。

12.6 DMA 模块实验示例程序分析及仿真

这里只列出了部分主要功能函数。

12.6.1 DMA 模块初始化函数

```
/*************************************************************************
*函数信息：void DMAy_Channelx_Init(DMA_Channel_TypeDef* DMAy_Channelx,u32 CAPRx,u32
          CMARx,u16 CNDTRx)
*功能描述：初始化 DMA 模块
*输入参数：DMAy_Channelx 表示 DMA 模块通道，如 DMA1_Channel4
*          CAPRx 表示外设地址；CMARx 表示寄存器地址；CNDTRx 表示传输的数据量
*输出参数：无
*函数返回：无
*调用提示：无
*  作者：   陈醒醒
*  其他：   此初始化配置的 DMA 模块为存储器到外设模式
*************************************************************************/
```

```
void DMAy_Channelx_Init(DMA_Channel_TypeDef* DMAy_Channelx,u32 CAPRx,u32 CMARx,u16 CNDTRx)
{
    DMA_InitTypeDef DMA_InitStructure;
    RCC_AHBPeriphClockCmd(RCC_AHBPeriph_DMA1, ENABLE); /*使能 DMA1 模块时钟*/
    DMA_DeInit(DMAy_Channelx);                                  /*复位 DMA 模块*/
    DMA_InitStructure.DMA_PeripheralBaseAddr = CAPRx;           /*外设地址*/
    DMA_InitStructure.DMA_MemoryBaseAddr = CMARx;               /*存储器地址*/
    DMA_InitStructure.DMA_DIR = DMA_DIR_PeripheralDST;          /*存储器到外设模式*/
    DMA_InitStructure.DMA_BufferSize = CNDTRx;                  /*传输的数据量*/
    DMA_InitStructure.DMA_PeripheralInc = DMA_PeripheralInc_Disable; /*外设地址非增量模式*/
    DMA_InitStructure.DMA_MemoryInc = DMA_MemoryInc_Enable;     /*存储器地址增量模式*/
    DMA_InitStructure.DMA_PeripheralDataSize = DMA_PeripheralDataSize_Byte; /*外设数据宽度为 8 位*/
    DMA_InitStructure.DMA_MemoryDataSize = DMA_MemoryDataSize_Byte; /*存储器数据宽度为 8 位*/
    DMA_InitStructure.DMA_Mode = DMA_Mode_Normal;               /*工作在正常模式*/
    DMA_InitStructure.DMA_Priority = DMA_Priority_High;         /*高优先级*/
    DMA_InitStructure.DMA_M2M = DMA_M2M_Disable;            /*关闭存储器到存储器模式*/
    DMA_Init(DMAy_Channelx, &DMA_InitStructure);            /*初始化 DMA 模块*/
}
```

12.6.2　DMA 模块启动发送函数

```
/***********************************************************************
*函数信息：void DMAx_TransmitEnable(DMA_Channel_TypeDef* DMAy_Channelx,u16 CNDTRx)
*功能描述：使能 DMA 模块
*输入参数：DMAy_Channelx 表示 DMA 模块通道，如 DMA1_Channel4；CNDTRx 表示传输数量
*输出参数：无
*函数返回：无
*调用提示：无
*  作者：   陈醒醒
*  其他：   调用此函数后 DMA 模块才会启动
***********************************************************************/
void DMAx_TransmitEnable(DMA_Channel_TypeDef* DMAy_Channelx,u16 CNDTRx)
{
    DMA_Cmd(DMAy_Channelx, DISABLE );                       /*关闭 DMA 模块*/
    DMA_SetCurrDataCounter(DMAy_Channelx,CNDTRx);/*设置传输的数据量*/
    DMA_Cmd(DMAy_Channelx, ENABLE);                     /*使能 DMA 模块*/
}
```

12.6.3　DMA 模块实验 main 函数

```
/***********************************************************************
*函数信息：int main ()
*功能描述：按下按键，把存储器的内容通过 DMA 模块发送到串口
*输入参数：无
*输出参数：无
*函数返回：无
*调用提示：无
*  作者：   陈醒醒
```

```
* 其他: 先使能外设（UART1）的 DMA 模块，不然无法实现此函数功能
*****************************************************************************/
int main()
{
    u8 DMA_TransmitBuf[]={"嵌入式 Cortex-M3 基础与项目实践 DMA 实验\r\n"};/*发送的数据*/
    u16 DMA_TransmitLen = strlen((char *)DMA_TransmitBuf);        /*发送的数据长度*/
    KEY_Init();          /*按键初始化*/
    UART1_Init(9600);/*串口 1 初始化*/
    SysTick_Init();   /*SysTick 定时器初始化*/
    USART_DMACmd(USART1,USART_DMAReq_Tx,ENABLE);/*使能串口 1 的 DMA 模块*/
    /*DMA1 模块通道 4 初始化,外设地址是串口 1 数据寄存器地址,存储器地址为 DMA_TransmitBuf,
        数据传输长度为 DMA_TransmitLen*/
    DMAy_Channelx_Init(DMA1_Channel4,(u32)&USART1->DR,(u32)DMA_TransmitBuf,DMA_TransmitLen);
    while(1)
    {
        if(Key_Scan(0)) /*有按键按下*/
        {
            USART_DMACmd(USART1,USART_DMAReq_Tx,ENABLE); /*使能串口 1 的 DMA
模块*/
            DMAx_TransmitEnable(DMA1_Channel4,DMA_TransmitLen);/*使能 DMA1 模块通道 4*/
            while(1)/*等待数据传输完成*/
            {
                if(DMA_GetFlagStatus(DMA1_FLAG_TC4)!=RESET)  /*判断 DMA1 模块通道
4 是否数据传输完成*/
                {
                    DMA_ClearFlag(DMA1_FLAG_TC4);/*清除 DMA1 模块通道 4 数据传输
完成标志*/
                    break;
                }
            }
        }
    }
}
```

12.6.4 DMA 模块实验测试结果

下载程序后，当按下按键时，就可以在串口上看到发送的数据内容。DMA 模块实验测试结果如图 12-3 所示。

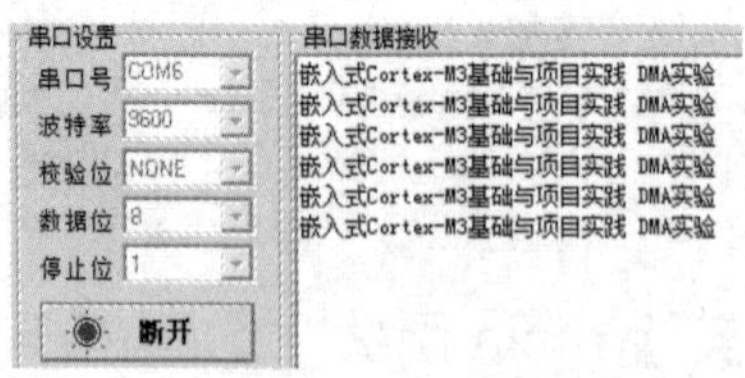

图 12-3 DMA 模块实验测试结果

12.7 本章课后作业

12-1 实现 DMA 模块数据传输完成中断功能。

12-2 实现 DMA 模块存储器到存储器模式功能。

12-3 实现 DMA 模块外设到存储器模式功能。

第 13 章 ADC 实验

13.1 学习目的

（1）了解 ADC 的工作原理、用途。

（2）掌握 STM32F1 ADC 的编程方法。

（3）掌握 STM32F1 ADC 结合 DMA 的使用。

13.2 通用 ADC 介绍

13.2.1 ADC 概述

工业检测控制和生活中的许多物理量都是连续变化的模拟量，如温度、压力、流量、速度等，这些模拟量可以通过传感器或换能器转换成与之对应的电压、电流或频率等模拟量。为了实现数字系统对模拟量的检测、运算和控制，常常要将模拟量转换成数字量（A/D 转换），而完成这种转换的电路称为模数转换器（ADC），又称 A/D 转换器。

13.2.2 ADC 的工作原理

模拟信号转换为数字信号，一般分为 4 个步骤进行，即取样、保持、量化和编码。其中，前两个步骤在取样—保持电路中完成，后两个步骤则在 ADC 中完成。

ADC 常用类型有积分型、逐次逼近型、并行比较型、串并行比较型、Σ-Δ 调制型、电容阵列逐次比较型及压频变换型。下面简要介绍常用的几种 ADC 的工作原理及特点。

1．积分型 ADC（如 TLC7135）

积分型 ADC 的工作原理是将输入的电压信号转换成时间或频率信号，然后由定时器/计数器获得数字信号值。积分型 ADC 的优点是用简单电路就能获得高分辨率的信号积分型 ADC 的缺点是由于转换精度依赖于积分时间，因此转换速度极低。初期的单片 ADC 大多采用积分型，现在逐次比较型已逐步成为主流。双积分是一种常用的 A/D 转换技术，具有转换精度高、抗干扰能力强等优点。但是高精度的双积分型 ADC 价格较贵，增加了单片机系统的成本。

2．逐次逼近型 ADC（如 TLC0831）

逐次逼近型 ADC 由比较器、DAC、缓冲寄存器和若干控制逻辑电路构成，从最高位开始，顺序地对每一位输入的电压信号与内置 DAC 输出电压信号进行比较，经 n 次比较而输出数字信号。它的电路规模属于中等。逐次逼近型 ADC 的优点是转换速度较高、功耗低。低分辨率（不小于 12 位）逐次逼近型 ADC 价格便宜，而高分辨率（大于 12 位）逐次逼近型 ADC 价格很高。

3．并行比较型 ADC 和串并行比较型 ADC（如 TLC5510）

并行比较型 ADC 是采用多个比较器仅做一次比较实现 A/D 转换的，又称 FLash 型 ADC。并行比较型 ADC 由于转换速度极高，*n* 位的转换需要 2*n*−1 个比较器，因此电路规模也极大，价格也高，只适用于视频 A/D 转换等转换速度要求特别高的领域。串并行比较型 ADC 结构上介于并行比较型 ADC 和逐次比较型 ADC 之间。最典型的并行比较型 ADC 是由 2 个 *n*/2 位的并行型 ADC 配合 DAC 组成的，是做两次比较实现 A/D 转换的，又称 Half Flash 型 ADC。

4．Σ-Δ 调制型 ADC（如 AD7701）

Σ-Δ 型调制型 ADC 以很低的采样分辨率（1 位）和很高的采样速度将模拟信号数字化，并通过使用过采样、噪声整形和数字滤波等方法增加有效分辨率，然后对 ADC 输出信号进行采样抽取处理以降低有效采样速度。Σ-Δ 调制型 ADC 的电路由非常简单的模拟电路和十分复杂的数字信号处理电路构成。

Σ-Δ 调制型 ADC 的性能和特点如下。

（1）Σ-Δ 调制型 ADC 利用采样速度换取分辨率的提高，是目前分辨率最高的 ADC 类型。

（2）Σ-Δ 调制型 ADC 具有一个先天优势，即分辨率即使达到 16 位至 18 位，也不需要特别的微调或校准。

（3）Σ-Δ 调制型 ADC 不需要在模拟输入端增加快速滚降的抗混叠滤波器。

（4）Σ-Δ 调制型 ADC 的过采样特性还可用来“平滑”模拟输入信号中的系统噪声。

Σ-Δ 调制型 ADC 的不足如下。

Σ-Δ 调制型 ADC 的过采样倍率至少是 16，一般会更多。这就要求 Σ-Δ 调制型 ADC 内部模拟电路的工作速度远远大于最终的数据传输速度。Σ-Δ 调制型 ADC 内部数字滤波器的设计也是一个挑战，并且它要消耗很多硅片面积。

5．电容阵列逐次比较型 ADC

电容阵列逐次比较型 ADC 又称电荷再分配型 ADC，其内置 DAC 采用电容阵列，一般的电阻阵列 DAC 中多数电阻的值必须一致。在单芯片上生成高精度的电阻并不容易。如果用电容阵列取代电阻阵列，就可以用低廉成本制成高精度单片 ADC。最近的逐次比较型 ADC 大多为电容阵列式的。

6．压频变换型 ADC（如 AD650）

压频变换型 ADC 是通过间接转换方式实现模数转换的。它的原理是首先将输入的模拟信号转换成频率信号，然后用计数器将频率信号转换成数字信号。从理论上讲这种 ADC 的分辨率几乎可以无限增加，只要采样的时间能够满足输出频率分辨率要求的累积脉冲个数的宽度。它的优点是分辨率高、功耗低、价格低，但是需要外部计数电路共同完成 A/D 转换。

13.3　STM32F1 ADC 功能

13.3.1　STM32F1 ADC 概述

STM32F1 ADC 是一种 12 位的逐次逼近型模数转换器。它有多达 18 个通道，可测量 16 个外部信号源和 2 个内部信号源。它的各通道的 A/D 转换可以通过单次、连续、扫描或间断模式进行。它的 A/D 转换结果能以左对齐或右对齐方式存储在 16 位数据寄存器中。STM32F1 ADC 模拟看门狗特性允许应用程序检测输入电压是否超出用户定义的高/低阈值。它的输入时钟频率不得超过 14MHz。它的输入时钟信号是由 PCLK2 经分频产生的（PCLK2 标准是 72MHz，所以它是一定要进行分频的）。

13.3.2 STM32F1 ADC 的特征

STM32F1 ADC 具有以下特征。

（1）具有 12 位分辨率。

（2）转换结束、注入转换结束和发生模拟看门狗事件时均产生中断。

（3）具有单次和连续转换模式。

（4）具有从通道 0 到通道 *n* 的自动扫描模式。

（5）具有自校准功能，即可以根据当前温度校准温漂。

（6）带内嵌数据一致性的数据对齐（后面转换结果的存放方式）。

（7）采样间隔可以按通道分别编程。

（8）规则转换和注入转换均有外部触发选项。

（9）具有间断模式。

（10）具有双重模式（带 2 个或以上的 ADC）。

（11）A/D 转换时间如下。

① STM32F103xx 增强型产品：时钟频率为 56MHz 时为 1μs（时钟频率为 72MHz 为 1.17μs）。

② STM32F101xx 基本型产品：时钟频率为 28MHz 时为 1μs（时钟频率为 36MHz 为 1.55μs）。

③ STM32F102xxUSB 型产品：时钟频率为 48MHz 时为 1.2μs。

④ STM32F105xx 和 STM32F107xx 产品：时钟为 56MHz 时为 1μs（时钟为 72MHz 为 1.17μs）。

（12）供电要求：2.4～3.6V。

（13）电压输入范围：$V_{REF-} \leqslant V_{DDA} \leqslant V_{REF+}$（实际电压测量范围）。

（14）规则通道转换期间有 DMA 请求产生。

13.3.3 STM32F1 ADC 的结构

STM32F1 ADC 的结构如图 13-1 所示。

STM32F1 ADC 引脚描述见表 13-1。

13.3.4 STM32F1 ADC 的开关控制

通过调用 ADC_Cmd 函数可给 STM32F1 ADC 上电。当第一次设置上电时，STM32F1 ADC 将从断电状态下被唤醒。

STM32F1 ADC 上电延迟一段时间后，再次调用 ADC_Cmd 函数开启 A/D 转换。第一次 A/D 转换，需要调用两次 ADC_Cmd 函数，之后每次 A/D 转换只调用一次 ADC_Cmd 函数。

13.3.5 STM32F1 ADC 的时钟配置

由时钟控制器提供的 ADCCLK 时钟和 PCLK2 时钟（APB2 时钟）同步。RCC 控制器为 STM32F1 ADC 时钟提供一个专用的可编程预分频器。该预分频器通过 RCC_ADCCLKConfig 函数配置。

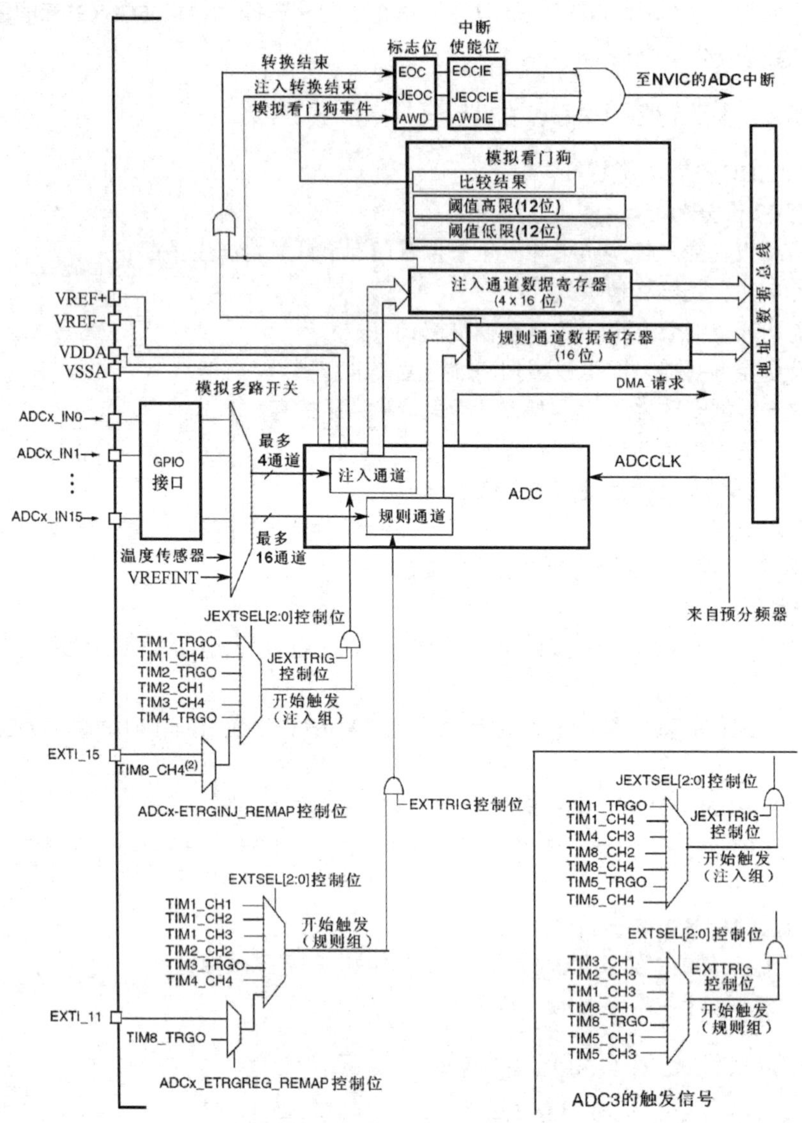

图 13-1　STM32F1 ADC 的结构

表 13-1　STM32F1 ADC 引脚描述

引　脚	名　称	注　解
VREF+	正极模拟参考电压	STM32F1 ADC 使用的高端/正极参考电压，$2.4V \leqslant V_{REF+} \leqslant V_{DDA}$
VDDA	模拟电源	等效于 VDD 的模拟电源，且 $2.4V \leqslant V_{DDA} \leqslant V_{DD}$（最大值为 3.6V）
VREF-	负极模拟参考电压	STM32F1 ADC 使用的低端/负极参考电压，$V_{REF-} = V_{SSA}$
VSSA	模拟电源地	等效于 VSS 的模拟电源地
ADCx_IN[15:0]	模拟输入端	16 个模拟输入端

注：VDDA 和 VSSA 应该分别连接到 VDD 和 VSS。

13.3.6　STM32F1 ADC 的通道选择

STM32F1 ADC 有 16 个多路通道，可以把 A/D 转换组织成两组：规则组和注入组。在任意多个通道上以任意顺序进行的一系列 A/D 转换构成组。例如，可以如下顺序完成 A/D 转换：通道 3、通道 8、通道 2、通道 2、通道 0、通道 2、通道 2、通道 15。

（1）规则组由多达 16 个 A/D 转换组成。规则通道和它们的转换顺序由 ADC_RegularChannelConfig 函数配置。

（2）注入组由多达 4 个 A/D 转换组成。注入通道和它们的转换顺序由 ADC_InjectedChannelConfig 函数配置。

如果在 A/D 转换期间组被更改，当前的 A/D 转换被清除，一个新的启动脉冲将发送到 STM32F1 ADC 以转换新选择的组。

13.3.7　STM32F1 ADC 的转换模式

1. 单次转换模式

在单次转换模式下，STM32F1 ADC 只执行一次 A/D 转换。该模式可通过 ADC_Init 函数设置。

如果一个规则通道被 A/D 转换完成，转换数据通过 ADC_GetConversionValue 函数返回；如果开启了中断，则会触发中断，然后 STM32F1 ADC 停止。

如果一个注入通道被 A/D 转换完成，转换数据通过 ADC_GetInjectedConversionValue 函数返回；如果开启了中断，则会触发中断，然后 STM32F1 ADC 停止。

2. 连续转换模式

在连续转换模式中，STM32F1 ADC 将当前 A/D 转换完成后马上启动下一次 A/D 转换。此模式可通过 ADC_Init 函数设置。

如果一个规则通道被 A/D 转换完成，转换数据通过 ADC_GetConversionValue 函数返回；如果开启了中断，则会触发中断，然后 STM32F1 ADC 继续 A/D 转换下一个通道。

如果一个注入通道被 A/D 转换完成，转换数据通过 ADC_GetInjectedConversionValue 函数返回；如果开启了中断，则会触发中断，然后 STM32F1 ADC 继续 A/D 转换下一个通道。

13.3.8　STM32F1 ADC 的转换时序

STM32F1 ADC 在开始精确 A/D 转换前需要一个稳定时间 t_{STAB}。STM32F1 ADC 在开始 A/D 转换和 14 个时钟周期后，EOC 标志被设置，16 位 ADC 数据寄存器包含 A/D 转换的结果。STM32F1 ADC 转换时序图如图 13-2 所示。

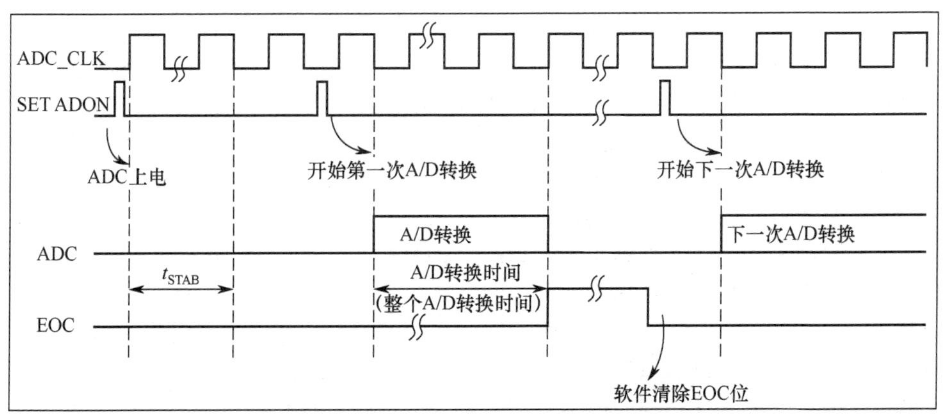

图 13-2　STM32F1 ADC 转换时序图

13.3.9 STM32F1 ADC 的扫描模式

STM32F1 ADC 的扫描模式用来扫描一组（不是一个）模拟通道，并可通过 ADC_Init 函数设置。一旦设置了扫描模式，STM32F1 ADC 就会扫描所有通道，并在每个组的每个通道上执行单次 A/D 转换。在每个 A/D 转换结束时，同一组的下一个通道将会自动执行 A/D 转换。

如果设置了循环转换模式，A/D 转换不会在选择组的最后一个通道上停止，而是再次从选择组的第一个通道继续被执行。

如果设置了单次转换模式，则 A/D 转换会一直在一组通道的第一个通道上执行。

如果使能 STM32F1 DMA 模块，在每次 A/D 转换结束后，STM32F1 DMA 模块把规则组通道的转换数据传输到 SRAM 中，而注入通道的转换数据总是存储在注入通道的数据寄存器中。

注意：规则组只有一个数据寄存器，且 16 个通道共同使用该寄存器，所以要及时取出规则组通道的转换数据，防止被下一个通道的转换数据覆盖。

13.3.10 STM32F1 ADC 的间断模式

STM32F1 ADC 的间断模式主要有规则组的间断模式和注入组的间断模式两种。

1．规则组的间断模式

规则组的间断模式通过 ADC_DiscModeCmd 函数设置。规则组的间断模式可以用来执行一个短序列的 n 次 A/D 转换（可以理解为触发一次，n 个通道执行 A/D 转换）（$n \leqslant 8$）。

例如，当 $n=3$，被 A/D 转换的通道为 0、1、2、3、6、7、9、10 时：

第一次触发 A/D 转换的序列为 0、1、2；

第二次触发 A/D 转换的序列为 3、6、7；

第三次触发 A/D 转换的序列为 9、10，并产生 A/D 转换完成事件；

第四次触发 A/D 转换的序列为 0、1、2；

按上面的顺序依次循环。

注意：当以间断模式 A/D 转换一个规则组时，一个短序列 A/D 转换结束后将不再自动从头开始执行 A/D 转换。

当所有子组 A/D 转换完成后，下一次触发启动第一个子组的 A/D 转换。在上面的例子中，第四次触发重新 A/D 转换第一子组的通道 0、1 和 2。

2．注入组的间断模式

注入组的间断模式通过 ADC_InjectedDiscModeCmd 函数设置。在一个外部触发事件后，该模式按通道序列逐个 A/D 转换已选择的通道。

一个外部触发信号可以启动下一个通道序列的 A/D 转换，直到该序列所有通道的 A/D 转换完成为止。总的序列长度由 ADC_InjectedChannelConfig 函数配置。

例如，当 $n=1$，A/D 转换的通道为 1、2、3 时：

第一次触发通道 1 执行 A/D 转换；

第二次触发通道 2 执行 A/D 转换；

第三次触发通道 3 执行 A/D 转换，并且产生 A/D 转换完成事件；

第四次触发通道 1 执行 A/D 转换。

注意：

（1）当完成所有注入通道 A/D 转换后，下一次触发将启动第一个注入通道的 A/D 转换。例如，第四次触发重新 A/D 转换通道 1。

（2）不能同时使用自动注入和间断模式。

（3）必须避免同时为规则组和注入组设置间断模式。间断模式只能作用于一组的 A/D 转换。

13.3.11　STM32F1 ADC 的数据对齐方式

ADC_Init 函数可设置 STM32F1 ADC 的数据对齐方式。STM32F1 ADC 的数据对齐方式如图 13-3 所示。

数据右对齐

注入组

SEXT	SEXT	SEXT	SEXT	D11	D10	D9	D8	D7	D6	D5	D4	D3	D2	D1	D0

规则组

0	0	0	0	D11	D10	D9	D8	D7	D6	D5	D4	D3	D2	D1	D0

数据左对齐

注入组

SEXT	D11	D10	D9	D8	D7	D6	D5	D4	D3	D2	D1	D0	0	0	0

规则组

D11	D10	D9	D8	D7	D6	D5	D4	D3	D2	D1	D0	0	0	0	0

图 13-3　STM32F1 ADC 的数据对齐方式

注入组通道 A/D 转换的结果已经减去了在注入通道数据寄存器中定义的偏移量，因此该结果可以是一个负值。SEXT 位是扩展的符号位。

规则组通道 A/D 转换的结果不用减去偏移量，因此该结果只有 12 个有效位。

13.3.12　STM32F1 ADC 的采样时间

STM32F1 ADC 使用若干个 ADC_CLK 周期对输入电压采样，而采样周期数可以通过 ADC_Regular ChannelConfig 函数进行设置。每个通道可以分别用不同的时间采样。

总 A/D 转换时间计算如下：

TCONV =采样时间+12.5 个周期

例如：

当 ADCCLK=14MHz，采样时间为 1.5 个周期时，TCONV=1.5 个周期+12.5 个周期=14 个周期=1μs。

13.3.13　STM32F1 ADC 的中断

规则组和注入组 A/D 转换结束时能产生中断，而当模拟看门狗状态位被设置时也能产生中断。它们都可以通过 ADC_ITConfig 函数进行独立的设置。STM32F1 ADC 的中断见表 13-2。

表 13-2　STM32F1 ADC 的中断

中断事件	中断源
规则组 A/D 转换结束	ADC_IT_EOC
注入组 A/D 转换结束	ADC_IT_JEOC
设置了模拟看门狗状态位	ADC_IT_AWD

13.3.14 STM32F1 ADC 的 DMA 请求

因为规则组通道 A/D 转换的结果储存在一个仅有的数据寄存器中，所以当 A/D 转换多个规则组通道时需要使用 DMA 功能，可调用 ADC_DMACmd 函数启动 STM32F1 ADC DMA 功能。只有在规则组通道的 A/D 转换结束时才产生 DMA 请求，并将 A/D 转换的结果从 ADC 数据寄存器传输到用户指定的目的地址。

注：只有 ADC1 和 ADC3 拥有 DMA 功能。

13.3.15 STM32F1 ADC 相关库函数

在 STM32 固件库开发中，操作 ADC 相关寄存器的函数和定义分别在源文件 stm32f10x_adc.c 和头 stm32f10x_adc.h 中，而 ADC 分频系数在 stm32f10x_rcc.c 中定义。

1．使能 ADC 时钟

使能 ADC 时钟是通过调用 RCC_ APB2PeriphClockCmd 或 RCC_ APB1PeriphClockCmd 函数来实现的，具体用法参考 4.2.5 节。

2．设置 ADC 时钟分频系数

设置 ADC 时钟分频系数是通过调用 RCC_ADCCLKConfig 函数来实现的，其函数说明见表 13-3。

表 13-3 RCC_ADCCLKConfig 函数说明

函数名	RCC_ADCCLKConfig
函数原型	void RCC_ADCCLKConfig(uint32_t RCC_PCLK2)
功能描述	设置 ADC 时钟分频系数
输入参数 1	RCC_PCLK2：分频系数
输出参数	无
返回值	无
说明	参数 RCC_PCLK2 传入的是分频值，在 stm32f10x_rcc.h 中定义。ADC 是挂载在 APB2 总线上的，而 ADC 时钟频率为 72MHz 且不能超过 14MHz，所以 ADC 时钟至少要经过 6 分频

调用 RCC_ADCCLKConfig 函数对 ADC 时钟进行 6 分频见例 13-1。

【例 13-1】调用 RCC_ADCCLKConfig 函数对 ADC 时钟进行 6 分频。

```
RCC_ADCCLKConfig(RCC_PCLK2_Div6);        /*设置 ADC 分频系数为 6，72MHz/6 = 12MHz*/
```

3．初始化 ADC

初始化 ADC 是通过调用 ADC_Init 函数来实现的，其函数说明见表 13-4。

表 13-4 ADC_Init 函数说明

函数名	ADC_Init
函数原型	ADC_Init(ADC_TypeDef* ADCx, ADC_InitTypeDef* ADC_InitStruct)
功能描述	初始化 ADC
输入参数 1	ADCx: 表示初始化哪个 ADC
输入参数 2	ADC_InitStruct 表示 ADC 功能参数，包括单次、连续转换模式，扫描、非扫描模式，启动 A/D 转换方式，数据对齐方式，转换通道总数等功能参数
输出参数	无
返回值	无
说明	无

ADC_InitTypeDef 结构体类型在 stm32f10x_adc.h 中定义如下。

```
typedef struct
{
  uint32_t ADC_Mode;                          /*启动 A/D 转换模式 */
  FunctionalState ADC_ScanConvMode;           /*是否开启扫描模式 */
  FunctionalState ADC_ContinuousConvMode; /*是否开启连续转换模式*/
  uint32_t ADC_ExternalTrigConv;              /*启动 A/D 转换方式 */
  uint32_t ADC_DataAlign;                     /*数据对齐方式 */
  uint8_t ADC_NbrOfChannel;                   /*转换通道总数*/
}ADC_InitTypeDef;
```

调用 ADC_Init 函数设置 ADC1 采集参数见例 13-2。

【例 13-2】调用 ADC_Init 函数设置 ADC1 采集参数。

```
ADC_InitTypeDef ADC_InitStructure;
ADC_InitStructure.ADC_Mode = ADC_Mode_Independent;                    /*独立模式*/
ADC_InitStructure.ADC_ScanConvMode = DISABLE;                         /*非扫描模式*/
ADC_InitStructure.ADC_ContinuousConvMode = DISABLE;                   /*单次转换模式*/
ADC_InitStructure.ADC_ExternalTrigConv = ADC_ExternalTrigConv_None;  /*由软件触发启动 A/D 转换*/
ADC_InitStructure.ADC_DataAlign = ADC_DataAlign_Right;                /*数据右对齐*/
ADC_InitStructure.ADC_NbrOfChannel = 1;                               /*转换通道总数为 1 个*/
ADC_Init(ADC1, &ADC_InitStructure);                                   /*初始化 ADC*/
```

4．使能 ADC

使能 ADC 是通过调用 ADC_Cmd 函数来实现的，其函数说明见表 13-5。

表 13-5　ADC_Cmd 函数说明

函数名	ADC_Cmd
函数原型	void ADC_Cmd(ADC_TypeDef* ADCx, FunctionalState NewState)
功能描述	使能 ADC
输入参数 1	ADCx：表示使能哪个 ADC
输入参数 2	NewState：表示使能（ENABLE）状态或关闭（DISABLE）
输出参数	无
返回值	无
说明	无

调用 ADC_Cmd 函数使能 ADC1 见例 13-3。

【例 13-3】调用 ADC_Cmd 函数使能 ADC1。

```
ADC_Cmd(ADC1, ENABLE); /*使能 ADC1*/
```

5．复位校准 ADC

复位校准 ADC 是通过调用 ADC_ResetCalibration 函数来实现的，其函数说明见表 13-6。

表 13-6　ADC_ResetCalibration 函数说明

函数名	ADC_ResetCalibration
函数原型	void ADC_ResetCalibration(ADC_TypeDef* ADCx)
功能描述	复位校准 ADC
输入参数 1	ADCx：表示复位校准哪个 ADC
输入参数 2	NewState：表示使能（ENABLE）状态或关闭（DISABLE）状态

（续表）

输出参数	无
返回值	无
说明	调用此函数之后，需要调用获取 ADC 复位校准状态函数等待复位校准完成

调用 ADC_ResetCalibration 函数复位校准 ADC1 见例 13-4。

【例 13-4】调用 ADC_ResetCalibration 函数复位校准 ADC1。

```
ADC_ResetCalibration(ADC1);    /*复位校准 ADC1*/
```

6．获取 ADC 复位校准状态

获取 ADC 复位校准状态是通过调用 ADC_GetResetCalibrationStatus 函数来实现的，其函数说明见表 13-7。

表 13-7　ADC_ GetResetCalibrationStatus 函数说明

函数名	ADC_GetResetCalibrationStatus
函数原型	FlagStatus ADC_GetResetCalibrationStatus(ADC_TypeDef* ADCx)
功能描述	获取 ADC 复位校准状态
输入参数 1	ADCx：表示获取的是哪个 ADC 的复位标准状态
输入参数 2	NewState：表示使能（ENABLE）状态或关闭（DISABLE）状态
输出参数	无
返回值	SET 表示复位校准完成；RESET 表示复位校准失败
说明	无

调用 ADC_ GetResetCalibrationStatus 函数等待 ADC1 复位校准完成见例 13-5。

【例 13-5】调用 ADC_ GetResetCalibrationStatus 函数等待 ADC1 复位校准完成。

```
while(ADC_GetResetCalibrationStatus(ADC1));    /*等待 ADC1 复位校准完成*/
```

7．开启 ADC 校准功能

开启 ADC 校准功能是通过调用 ADC_StartCalibration 函数来实现的，其函数说明见表 13-8。

表 13-8　ADC_StartCalibration 函数说明

函数名	ADC_StartCalibration
函数原型	void ADC_StartCalibration(ADC_TypeDef* ADCx)
功能描述	开启 ADC 校准功能
输入参数 1	ADCx：表示开启的是哪个 ADC 的校准功能
输出参数	无
返回值	无
说明	调用此函数之后，需要调用获取 ADC 校准状态函数等待校准完成

调用 ADC_StartCalibration 开启 ADC1 校准功能见例 13-6。

【例 13-6】调用 ADC_StartCalibration 开启 ADC1 校准功能。

```
ADC_StartCalibration(ADC1);    /*开启 ADC1 校准功能*/
```

8．获取 ADC 校准状态

获取 ADC 校准状态是通过调用 ADC_GetResetCalibrationStatus 函数来实现的，其函数说明见表 13-9。

表 13-9　ADC_GetResetCalibrationStatus 函数说明

函数名	ADC_GetResetCalibrationStatus
函数原型	FlagStatus ADC_GetResetCalibrationStatus(ADC_TypeDef* ADCx)
功能描述	获取 ADC 校准状态
输入参数 1	ADCx：表示获取的是哪个 ADC 的状态
输出参数	无
返回值	SET 表示校准完成；RESET 表示校准失败
说明	无

调用 ADC_GetResetCalibrationStatus 函数等待 ADC1 校准完成参见例 13-7。

【例 13-7】调用 ADC_GetResetCalibrationStatus 函数等待 ADC1 校准完成。

```
while(ADC_GetCalibrationStatus(ADC1));    /*等待 ADC1 校准完成*/
```

9．设置 ADC 的规则组通道及它们的转化顺序、采样时间

设置 ADC 的规则组通道及它们的转化顺序和采样时间是通过调用 ADC_RegularChannelConfig 函数来实现的，其函数说明见表 13-10。

表 13-10　ADC_RegularChannelConfig 函数说明

函数名	ADC_RegularChannelConfig
函数原型	void ADC_RegularChannelConfig(ADC_TypeDef* ADCx, uint8_t ADC_Channel, uint8_t Rank, uint8_t ADC_SampleTime)
功能描述	设置 ADC 的规则组通道及它们的转化顺序和采样时间
输入参数 1	ADCx：表示设置的是哪个 ADC
输入参数 2	ADC_Channel：表示设置的通道，通道选择在 stm32f10x_adc.h 中定义
输入参数 3	Rank：表示规则组采样顺序，取值范围为 1～16
输入参数 4	DC_SampleTime：表示 ADC 通道的采样时间，采样时间选择在 stm32f10x_adc.h 中定义
输出参数	无
返回值	无
说明	无

ADC_RegularChannelConfig 函数的 ADC_Channel 参数在 stm32f10x_adc.h 定义如下。

```
#define ADC_Channel_0                  ((uint8_t)0x00)
#define ADC_Channel_1                  ((uint8_t)0x01)
#define ADC_Channel_2                  ((uint8_t)0x02)
#define ADC_Channel_3                  ((uint8_t)0x03)
#define ADC_Channel_4                  ((uint8_t)0x04)
#define ADC_Channel_5                  ((uint8_t)0x05)
#define ADC_Channel_6                  ((uint8_t)0x06)
#define ADC_Channel_7                  ((uint8_t)0x07)
#define ADC_Channel_8                  ((uint8_t)0x08)
#define ADC_Channel_9                  ((uint8_t)0x09)
#define ADC_Channel_10                 ((uint8_t)0x0A)
#define ADC_Channel_11                 ((uint8_t)0x0B)
#define ADC_Channel_12                 ((uint8_t)0x0C)
#define ADC_Channel_13                 ((uint8_t)0x0D)
#define ADC_Channel_14                 ((uint8_t)0x0E)
```

```
#define ADC_Channel_15                                        ((uint8_t)0x0F)
#define ADC_Channel_16                                        ((uint8_t)0x10)
#define ADC_Channel_17                                        ((uint8_t)0x11)
```

ADC_RegularChannelConfig 函数的 ADC_SampleTime 参数在 stm32f10x_adc.h 定义如下。

```
#define ADC_SampleTime_1Cycles5                               ((uint8_t)0x00)
#define ADC_SampleTime_7Cycles5                               ((uint8_t)0x01)
#define ADC_SampleTime_13Cycles5                              ((uint8_t)0x02)
#define ADC_SampleTime_28Cycles5                              ((uint8_t)0x03)
#define ADC_SampleTime_41Cycles5                              ((uint8_t)0x04)
#define ADC_SampleTime_55Cycles5                              ((uint8_t)0x05)
#define ADC_SampleTime_71Cycles5                              ((uint8_t)0x06)
#define ADC_SampleTime_239Cycles5                             ((uint8_t)0x07)
```

调用 ADC_RegularChannelConfig 设置 ADC1 通道 1 转换参数见例 13-8。

【例 13-8】调用 ADC_RegularChannelConfig 设置 ADC1 通道 1 转换参数。

```
/*选择 ADC1 的通道 1,只有 1 个转换顺序，采样时间为 239.5 周期*/
ADC_RegularChannelConfig(ADCx, ADC_Channel_1, 1, ADC_SampleTime_239Cycles5 );
```

10．使能 ADC 的软件转换

使能 ADC 的软件转换是通过调用 ADC_SoftwareStartConvCmd 函数来实现的，其函数说明见表 13-11。

表 13-11　ADC_SoftwareStartConvCmd 函数说明

函数名	ADC_SoftwareStartConvCmd
函数原型	void ADC_SoftwareStartConvCmd(ADC_TypeDef* ADCx, FunctionalState NewState)
功能描述	使能 ADC 的软件转换
输入参数 1	ADCx：表示使能哪个 ADC 的软件转换
输入参数 2	NewState：表示使能（ENABLE）状态或关闭（DISABLE）状态
输出参数	无
返回值	无
说明	无

调用 ADC_SoftwareStartConvCmd 函数使能 ADC1 的软件转换见例 13-9。

【例 13-9】调用 ADC_SoftwareStartConvCmd 函数使能 ADC1 的软件转换。

```
ADC_SoftwareStartConvCmd(ADC1, ENABLE); /*使能 ADC1 的软件转换*/
```

11．获取 ADC 状态

获取 ADC 状态是通过调用 ADC_GetFlagStatus 函数来实现的，其函数说明见表 13-12。

表 13-12　ADC_GetFlagStatus 函数说明

函数名	ADC_GetFlagStatus
函数原型	FlagStatus ADC_GetFlagStatus(ADC_TypeDef* ADCx, uint8_t ADC_FLAG)
功能描述	获取 ADC 状态
输入参数 1	ADCx：表示获取的是哪个 ADC 的状态
输入参数 2	ADC_FLAG：获取的是哪一类标志状态
输出参数	无
返回值	无
说明	无

ADC_GetFlagStatus 函数的 ADC_FLAG 参数在 stm32f10x_adc.h 中定义如下。

```
#define ADC_FLAG_AWD                              ((uint8_t)0x01)
#define ADC_FLAG_EOC                              ((uint8_t)0x02)
#define ADC_FLAG_JEOC                             ((uint8_t)0x04)
#define ADC_FLAG_JSTRT                            ((uint8_t)0x08)
#define ADC_FLAG_STRT                             ((uint8_t)0x10)
```

调用 ADC_GetFlagStatus 函数等待 ADC1 转换完成见例 13-10。

【例 13-10】调用 ADC_GetFlagStatus 函数等待 ADC1 转换完成。

```
while(!ADC_GetFlagStatus(ADC1, ADC_FLAG_EOC ));   /*等待 ADC1 转换结束*/
```

12. 获取 ADC 的转换结果

获取 ADC 的转换结果是通过调用 ADC_GetConversionValue 函数来实现的，其函数说明见表 13-13。

表 13-13　ADC_GetConversionValue 函数说明

函数名	ADC_GetConversionValue
函数原型	uint16_t ADC_GetConversionValue(ADC_TypeDef* ADCx)
功能描述	获取 ADC 的转换结果
输入参数 1	ADCx：表示获取哪个 ADC 的转换结果
输出参数	无
返回值	返回 A/D 转换值
说明	无

调用 ADC_GetConversionValue 函数获取 ADC1 的转换结果见例 13-11。

【例 13-11】调用 ADC_GetConversionValue 函数获取 ADC1 的转换结果。

```
uint16_t   ADC_Val = ADC_GetConversionValue(ADC1); /*获取 ADC1 的转换结果并存在变量 ADC_
Val 中*/
```

13. 使能 ADC 的 DMA 请求

使能 ADC 的 DMA 请求是通过调用 ADC_DMACmd 函数来实现的，其函数说明见表 13-14。

表 13-14　ADC_DMACmd 函数说明

函数名	ADC_DMACmd
函数原型	void ADC_DMACmd(ADC_TypeDef* ADCx, FunctionalState NewState)
功能描述	使能 ADC 的 DMA 请求
输入参数 1	ADCx：表示使能哪个 ADC
输入参数 2	NewState: 表示使能（ENABLE）状态或关闭（DISABLE）状态
输出参数	无
返回值	无
说明	无

调用 ADC_DMACmd 函数使能 ADC1 的 DMA 请求见例 13-12。

【例 13-12】调用 ADC_DMACmd 函数使能 ADC1 的 DMA 请求。

```
ADC_DMACmd(ADC1, ENABLE); /*使能 ADC1 的 DMA 请求*/
```

14. 使能 ADC 的中断

使能 ADC 的中断是通过调用 ADC_ITConfig 函数来实现的，其函数说明见表 13-15。

表 13-15　ADC_ITConfig 函数说明

函数名	ADC_ITConfig
函数原型	void ADC_ITConfig(ADC_TypeDef* ADCx, uint16_t ADC_IT, FunctionalState NewState)
功能描述	使能 ADC 的中断
输入参数 1	ADCx：表示使能哪个 ADC 的中断
输入参数 2	ADC_IT: 表示中断的类型
输入参数 3	NewState: 表示使能（ENABLE）状态或关闭（DISABLE）状态
输出参数	无
返回值	无
说明	无

ADC_ITConfig 函数的 ADC_IT 参数在 stm32f10x_adc.h 中定义如下。

```
#define ADC_IT_EOC                                  ((uint16_t)0x0220)
#define ADC_IT_AWD                                  ((uint16_t)0x0140)
#define ADC_IT_JEOC                                 ((uint16_t)0x0480)
```

调用 ADC_ITConfig 函数使能 ADC1 的转换完成中断见例 13-13。

【例 13-13】调用 ADC_ITConfig 函数使能 ADC1 的转换完成中断。

```
ADC_ITConfig(ADC1, ADC_IT_EOC, ENABLE);/*使能 ADC1 的转换完成中断*/
```

其他 STM32F1 ADC 库函数这里不再介绍，读者可参考 stm32f10x_adc.c 文件。

13.4　ADC 实验硬件设计

ADC 实验硬件设计如图 13-4 所示。

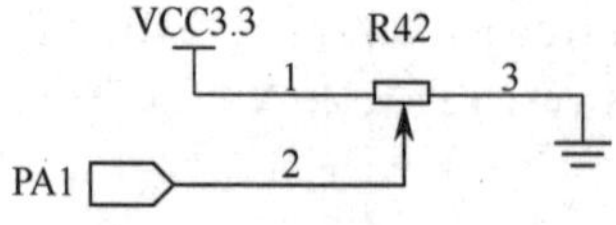

图 13-4　ADC 实验硬件设计

由图 13-4 可知，ADC 连接了一个电位器。当改变电位器滑动触点位置时，测量到的 A/D 转换值也会发生相应的改变，即输出电压会发生改变。

13.5　ADC 实验软件设计

ADC 实验软件实现步骤如下。

（1）初始化 PA1，配置为模拟输入功能。

（2）初始化 ADC。

（3）写一个启动 A/D 转换的函数（使用查询标志方式）。

（4）为了获得更精确的数据，对 ADC 进行软件滤波。

（5）使用 UART1 输出采集的 A/D 转换值。

ADC 实验软件实现流程图如图 13-5 所示。

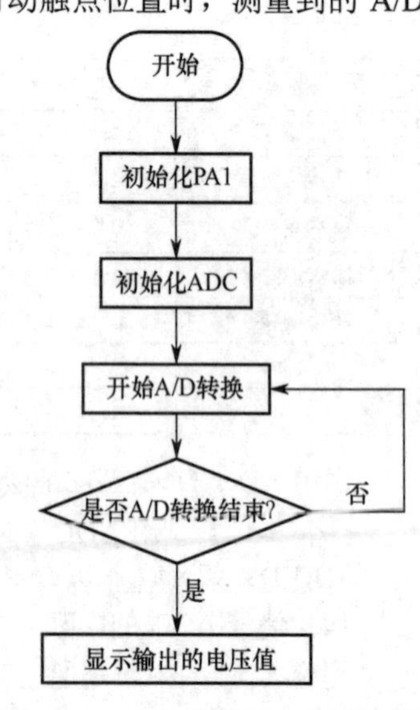

图 13-5　ADC 实验软件实现流程图

13.6　ADC 实验示例程序分析及仿真

这里只列出了部分主要功能函数。

13.6.1　ADC 初始化函数

```
/**********************************************************************
*函数信息：void ADCx_Init(ADC_TypeDef* ADCx,GPIO_TypeDef* GPIOx,uint16_t GPIO_Pin)
*功能描述：ADC 初始化
*输入参数：ADCx，如 ADC1、ADC2、ADC3
*
*            GPIO_Pin 表示 GPIO 接口，GPIO_Pin_x（x=0,...,15）
*输出参数：无
*函数返回：无
*调用提示：无
*  作者：   陈醒醒
**********************************************************************/
void ADCx_Init(ADC_TypeDef* ADCx,GPIO_TypeDef* GPIOx,uint16_t GPIO_Pin)
{
    ADC_InitTypeDef ADC_InitStructure;
    GPIO_InitTypeDef GPIO_InitStructure;
    if(GPIOx==GPIOA)
        RCC_APB2PeriphClockCmd(RCC_APB2Periph_GPIOA , ENABLE ); /*GPIO 接口 A 时钟使
能*/
    else if(GPIOx==GPIOC)
        RCC_APB2PeriphClockCmd(RCC_APB2Periph_GPIOC , ENABLE ); /*GPIO 接口 C 时钟使能*/
    GPIO_InitStructure.GPIO_Pin = GPIO_Pin;                     /*选择 GPIO 接口*/
    GPIO_InitStructure.GPIO_Mode = GPIO_Mode_AIN;               /*模拟输入模式*/
    GPIO_Init(GPIOx, &GPIO_InitStructure);                      /*GPIO 接口初始化*/
    if (ADCx == ADC1)
        RCC_APB2PeriphClockCmd(RCC_APB2Periph_ADC1, ENABLE );   /*ADC1 时钟使能*/
    else if (ADCx == ADC2)
        RCC_APB2PeriphClockCmd(RCC_APB2Periph_ADC2, ENABLE );   /*ADC2 时钟使能*/
    else
        RCC_APB2PeriphClockCmd(RCC_APB2Periph_ADC3, ENABLE );/*ADC3 时钟使能*/
    RCC_ADCCLKConfig(RCC_PCLK2_Div6); /*设置分频系数为 6,ADC 最大频率不能超过 14MHz*/
    ADC_DeInit(ADCx);                                           /*复位 ADC*/
    ADC_InitStructure.ADC_Mode = ADC_Mode_Independent;          /*独立模式*/
    ADC_InitStructure.ADC_ScanConvMode = DISABLE;               /*非扫描模式*/
    ADC_InitStructure.ADC_ContinuousConvMode = DISABLE; /*单次转换模式*/
    ADC_InitStructure.ADC_ExternalTrigConv = ADC_ExternalTrigConv_None; /*由软件触发启动
A/D 转换*/
    ADC_InitStructure.ADC_DataAlign = ADC_DataAlign_Right;              /*数据右对齐*/
    ADC_InitStructure.ADC_NbrOfChannel = 1;                     /*转换通道总数*/
    ADC_Init(ADCx, &ADC_InitStructure);                         /*初始化 ADC*/
    ADC_Cmd(ADCx, ENABLE);                                      /*ADC 使能*/
    ADC_ResetCalibration(ADCx);                                 /*ADC 复位校准 */
    while(ADC_GetResetCalibrationStatus(ADCx));                 /*等待 ADC 复位校准结束*/
    ADC_StartCalibration(ADCx);                                 /*开启 ADC 校准*/
    while(ADC_GetCalibrationStatus(ADCx));                      /*等待 ADC 校准结束*/
}
```

13.6.2 ADC 转换函数

```
/*****************************************************************
*函数信息：void ADCx_ValGet(ADC_TypeDef* ADCx)
*功能描述：获取 ADC 原始数据
*输入参数：ADCx，如 ADC1、ADC2、ADC3
*          ADC_Channel 表示 ADC 通道
*输出参数：无
*函数返回：ADC 原始数据值
*调用提示：无
*  作者：  陈醒醒
*  其他：  调用此函数后 ADC 才会启动 A/D 转换
*****************************************************************/
u16 ADCx_ValGet(ADC_TypeDef* ADCx ,u8 ADC_Channel)
{
    /*选择 ADC 的通道,采样时间为 239.5 周期*/
    ADC_RegularChannelConfig(ADCx, ADC_Channel, 1, ADC_SampleTime_239Cycles5 );
    ADC_SoftwareStartConvCmd(ADCx, ENABLE);        /*使能 ADCx 软件转换启动功能*/
    while(!ADC_GetFlagStatus(ADCx, ADC_FLAG_EOC )); /*等待 ADCx A/D 转换结束*/
    return ADC_GetConversionValue(ADCx);                  /*返回规则组的 ADC 的值*/
}
```

13.6.3 ADC 实验 main 函数

```
/*****************************************************************
*函数信息：int main ()
*功能描述：使用 PA1 引脚的 ADC 功能测量电压，移动电位器的滑动触点可以改变输出电压的大小
*输入参数：无
*输出参数：无
*函数返回：无
*调用提示：无
*  作者：  陈醒醒
*****************************************************************/
int main()
{
    u16 ADC_Val;
    float Voltage_Val ;
    LED_Init();              /*初始化 LED*/
    UART1_Init(9600);/*初始化 UART1，波特率为 9600*/
    SysTick_Init();   /*初始化 SysTick 定时器*/
    ADCx_Init(ADC1,GPIOA,GPIO_Pin_1);/*初始化作为 ADC1 的 PA1 引脚*/
    while(1)
    {
        ADC_Val = ADCx_Filtrate(ADC1,ADC_Channel_1,20); /*获取滤波后 ADC1 通道 1 的 A/D 转
换值*/
        Voltage_Val=(float)ADC_Val*(3.3/4096);              /*把 A/D 转换值换算为电压值*/
        printf("Voltage_Val=%.2f\r\n",Voltage_Val);         /*串口打印电压值*/
        Delay_ms(500);
    }
}
```

13.6.4 ADC 实验测试结果

信盈达 STM32F103ZET6 开发板的 ADC 实验测试结果如图 13-6 所示。

图 13-6 信盈达 STM32F103ZET6 开发板的 ADC 实验测试结果

13.7 本章课后作业

13-1 实现 STM32 内部温度传感器功能。

13-2 使用 ADC 转换完成中断功能。

13-3 使用 ADC 的 DMA 功能。

13-4 使用 ADC 及光敏电阻实现简单智能灯项目。

第 14 章 DAC 实验

14.1 学习目的

（1）了解 DAC 的工作原理。

（2）掌握 STM32F1 DAC 的编程方法。

14.2 通用 DAC

14.2.1 DAC 的工作原理

将数字信号（数字量）转换为模拟信号（模拟量）的电路称为数模转换器（DAC），又称 D/A 转换器。

数字量是用代码按数位组合起来表示的。对于有权码，每位代码都有一定的位权。为了将数字量转换成模拟量，必须将每位代码按其位权的大小转换成相应的模拟量，然后将这些模拟量相加，即可得到与数字量成正比的总模拟量，从而实现了 D/A 转换。这就是组成 DAC 的基本指导思想。

DAC 输入数字量与输出电压的对应关系如图 14-1 所示。由图 14-1 还可看出，两个相邻数码转换出的电压值是不连续的，且两者的电压差由最低码位代表的位权值决定。是信息所能分辨的最小量，并用 LSB（Least Significant Bit，最低有效位）表示。对应于最大输入数字量的输出电压值（绝对值）用 FSR（Full Scale Range）表示。

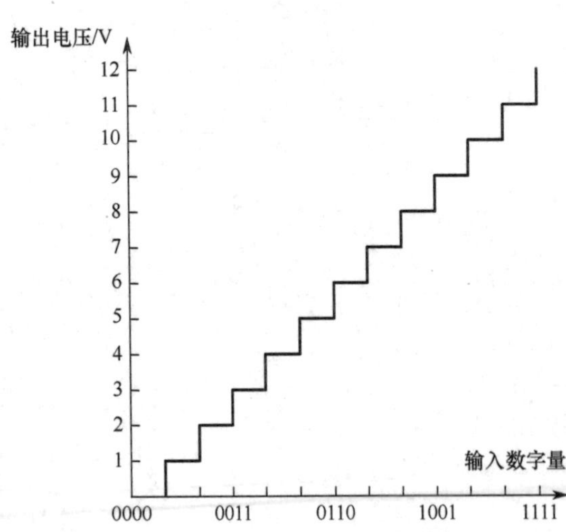

图 14-1　DAC 输入数字量与输出电压的对应关系

D/A 转换器由数码寄存器、模拟开关、位权网络、求和电路及基准电压组成。数字量以串行或并行方式输入、存储于数码寄存器中。数码寄存器输出的各位数码，分别控制对应位的模拟电子开关，使数码为 1 的位在位权网络上产生与其权值成正比的电流值，再由求和电路将各种权值相加，即得到数字量对应的模拟量。n 位 DAC 框图如图 14-2 所示。

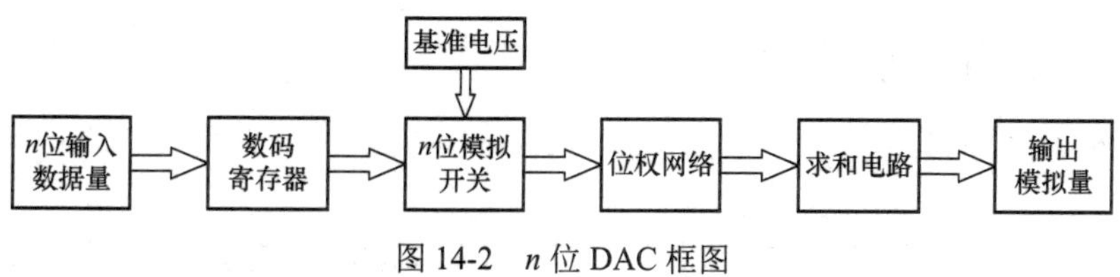

图 14-2　n 位 DAC 框图

14.2.2　DAC 的类型

1. 按位权网络结构分类

（1）T 形电阻网络 DAC。

（2）倒 T 形电阻网络 DAC。

（3）权电流 DAC。

（4）权电阻网络 DAC。

2. 按模拟开关分类

（1）CMOS 开关型 DAC（速度要求不高)。

（2）双极型开关 DAC。

① 电流开关型 DAC（速度要求较高)。

② ECL 电流开关型 DAC（转换速度更高)。

14.3　STM32F1 DAC 功能

14.3.1　STM32F1 DAC 简介

STM32F1 DAC（以下简称 DAC）是 12 位数字输入、电压输出的 DAC。DAC 可以配置为 8 位或 12 位模式，也可以与 DMA 控制器配合使用。当 STM32F1 DAC 工作在 12 位模式时，数据可以设置成左对齐或右对齐。STM32F1 DAC 有 2 个通道，每个通道都有单独的 DAC，这点和 STM32F1 ADC 不同。这 2 个通道可以独立地进行 D/A 转换，也可以同时进行 D/A 转换并同步地更新输出量。STM32F1 DAC 可以通过引脚输入参考电压 V_{REF+}以获得更精确的 D/A 转换结果。

14.3.2　STM32F1 DAC 的主要特征

STM32F1 DAC 主要有以下特征。

（1）2 个 DAC：每个 DAC 对应 1 个输出通道。

（2）8 位或者 12 位单调输出。

（3）在 12 位模式下，数据可以左对齐或者右对齐。

（4）具有同步更新功能。

（5）能生成噪声波形—相当于产生纹波效果。

（6）能生成三角波形。

（7）双 DAC 通道可以同时或者分别进行 D/A 转换（单 DAC 通道或双 DAC 通道模式)。

（8）每个通道都有 DMA 功能。

（9）可以外部触发 D/A 转换。

（10）可以输入参考电压 V_{REF+}。

14.3.3 STM32F1 DAC 的结构

STM32F1 DAC 的结构如图 14-3 所示。

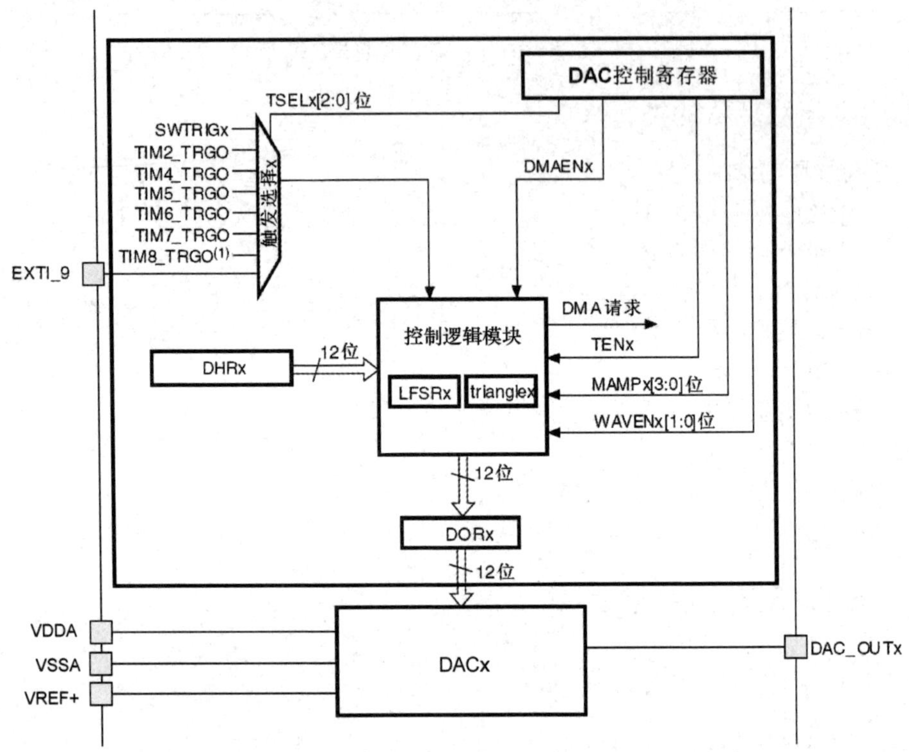

图 14-3 STM32F1 DAC 的结构

STM32F1 DAC 引脚说明见表 14-1。

表 14-1 STM32F1 DAC 引脚说明

引　脚	名　称	注　释
VREF+	正极模拟参考电压	STM32F1 DAC 使用的高端/正极参考电压，2.4V≤V_{REF+}≤V_{DDA}（3.3V）
VDDA	模拟电源	STM32F1 DAC 使用的模拟电源
VSSA	模拟电源地	STM32F1 DAC 使用的模拟电源地
DAC_OUTx	模拟输出端	STM32F1 DACx 通道的模拟输出端

注意：一旦使能 DACx 通道，相应的 GPIO 接口引脚（PA4 或者 PA5）就会自动与 DAC 的模拟输出端（DAC_OUTx）相连。为了避免寄生的干扰和额外的功耗，引脚 PA4 或者 PA5 应设置成模拟输入（AIN）状态。

14.3.4 STM32F1 DAC 通道使能

调用 DAC_Cmd 函数可以打开对 DACx 通道的供电，且经过一段启动时间，DACx 通道即被使能。

注意：DAC_Cmd 函数只会使能 DACx 通道的模拟部分，即便该位被置 0，DACx 通道的数字部分仍然工作。

14.3.5 STM32F1 DAC 输出缓存

STM32F1 DAC 集成了 2 个输出缓存，可以减少输出阻抗，从而无须外接运算放大器即可直接驱动外部负载。STM32F1 DAC 的每个 DAC 通道输出缓存可以通过 DAC_Init 函数使能或者关闭。

STM32F1 DAC 输出信号一般比较小。STM32F1 DAC 集成了 2 个输出缓存，可以让其输出信号直接驱动外部负载。

14.3.6 STM32F1 DAC 数据格式

用户可根据选择的配置模式，将数据写入相应的寄存器。

（1）用户可调用 DAC_SetChannel1Data 函数（设置 DAC1 通道）或者 DAC_SetChannel2Data（设置 DAC2 通道）设置单 DAC 通道模式的数据寄存器，如图 14-4 所示。

（2）用户可调用 DAC_SetDualChannelData 函数设置双 DAC 通道模式的数据寄存器，如图 14-5 所示。

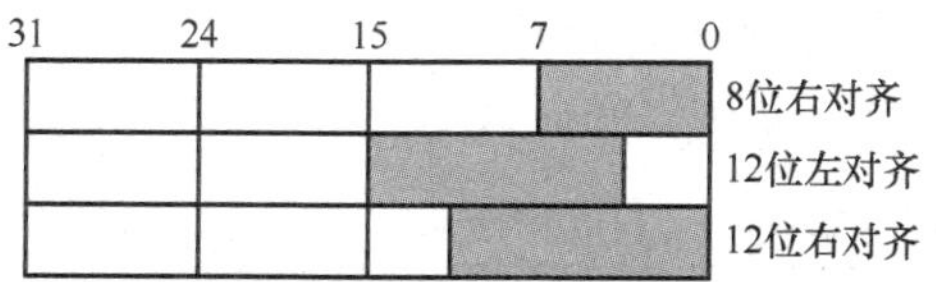

图 14-4 单 DAC 通道模式的数据寄存器的设置

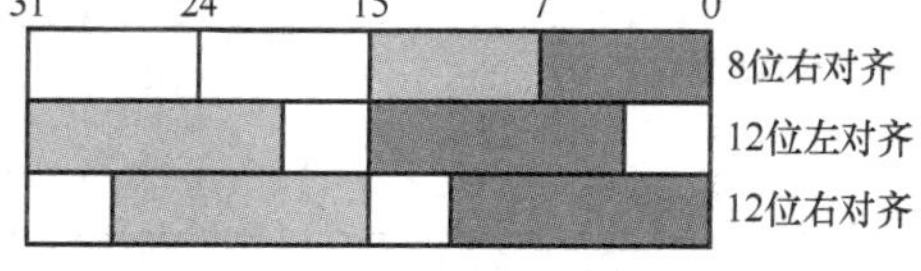

图 14-5 双 DAC 通道模式的数据寄存器的设置

14.3.7 STM32F1 DAC 转换使能

如果没有选中硬件触发 D/A 转换方式，DAC_SetChannel1Data（DAC_SetChannel2Data）函数写入的数据会在一个 APB1 时钟周期后自动传至数据输出寄存器。如果选中硬件触发 D/A 转换方式，DAC_SetChannel1Data（DAC_SetChannel2Data）函数写入的数据会在该触发发生以后 3 个 APB1 时钟周期后自动传至数据输出寄存器。

14.3.8 STM32F1 DAC 触发方式

用户可调用 DAC_Init 函数设置 STM32F1 DAC 触发 D/A 转换方式。STM32F1 DAC 触发源见表 14-2。

表 14-2 STM32F1 DAC 触发源

触发源	说明	DAC_Init 函数的标志值
定时器 6 TRGO 事件		DAC_Trigger_T6_TRGO
互联型产品为定时器 3 TRGO 事件 或大容量产品为定时器 8 TRGO 事件		DAC_Trigger_T8_TRGO DAC_Trigger_T3_TRGO
定时器 7 TRGO 事件	来自片上定时器的内部信号	DAC_Trigger_T7_TRGO
定时器 5 TRGO 事件		DAC_Trigger_T5_TRGO
定时器 2 TRGO 事件		DAC_Trigger_T2_TRGO
定时器 4 TRGO 事件		DAC_Trigger_T4_TRGO
EXTI 线路 9	来自外部引脚	DAC_Trigger_Ext_IT9
SWTRIG	来自软件控制位	DAC_Trigger_Software

14.3.9 STM32F1 DAC DMA 请求

STM32F1 DAC 的 2 个 DAC 通道都具有 DMA 功能，可分别进行 DMA 请求。用户可调用 DAC_DMACmd 函数来启动 STM32F1 DAC 的 DMA 功能。

STM32F1 DAC 的 DMA 请求不会累计，因此如果 STM32F1 DAC 第 2 个外部触发 D/A 转换发生在响应第 1 个外部触发 D/A 转换之前，则不能处理 STM32F1 DAC 第 2 个 DMA 请求，也不会报告错误。

14.3.10 STM32F1 DAC 相关库函数介绍

在 STM32 固件库开发中，操作 DAC 相关寄存器的函数和定义分别在源文件 stm32f10x_dac.c 和头文件 stm32f10x_dac.h 中。

1．使能 DAC 时钟

使能 DAC 时钟是通过调用 RCC_APB1PeriphClockCmd 函数来实现的，其具体用法参考 4.2.5 节。

2．初始化 DAC

初始化 DAC 是通过调用 DAC_Init 函数来实现的，其函数说明见表 14-3。

表 14-3 DAC_Init 函数说明

函数名	DAC_Init
函数原型	void DAC_Init(uint32_t DAC_Channel, DAC_InitTypeDef* DAC_InitStruct)
功能描述	初始化 DAC
输入参数 1	DAC_Channel: 表示初始化指定的 DAC 通道，如 DAC_Channel_1 表示 DAC1 通道，DAC_Channel_2 表示 DAC2 通道
输入参数 2	DAC_InitStruct: 表示 DAC 的参数
输出参数	无
返回值	无
说明	无

DAC_InitTypeDef 结构体类型在 stm32f10x_dac.h 中定义如下。

```
typedef struct
{
  uint32_t DAC_Trigger;                  /*是否使用触发功能*/
  uint32_t DAC_WaveGeneration;           /*是否使用波形发生*/
  uint32_t DAC_LFSRUnmask_TriangleAmplitude; /*是否屏蔽幅值设置*/
  uint32_t DAC_OutputBuffer;             /*是否使用输出缓存 */
}DAC_InitTypeDef;
```

调用 DAC_Init 函数设置 DAC1 通道各项参数见例 14-1。

【例 14-1】调用 DAC_Init 函数设置 DAC1 通道各项参数。

```
DAC_InitTypeDef DAC_InitStructure;
DAC_InitStructure.DAC_Trigger=DAC_Trigger_None;  /*不使用触发功能*/
DAC_InitStructure.DAC_WaveGeneration=DAC_WaveGeneration_None; /*不使用波形发生*/
DAC_InitStructure.DAC_LFSRUnmask_TriangleAmplitude=DAC_LFSRUnmask_Bit0;/*屏蔽幅值设置*/
```

```
DAC_InitStructure.DAC_OutputBuffer=DAC_OutputBuffer_Disable ;              /*关闭输出缓存*/
DAC_Init(DAC_Channel_1,&DAC_InitStructure);  /*初始化 DAC 通道 1*/
```

3．使能 DAC

使能 DAC 是通过调用 DAC_Cmd 函数来实现的，其函数说明见表 14-4。

表 14-4　DAC_Cmd 函数说明

函数名	DAC_Cmd
函数原型	void DAC_Cmd(uint32_t DAC_Channel, FunctionalState NewState)
功能描述	使能 DAC
输入参数 1	DAC_Channel：表示使能指定的 DAC 通道，如 DAC_Channel_1 表示 DAC1 通道，DAC_Channel_2 表示 DAC2 通道
输入参数 2	NewState：表示使能（ENABLE）状态或关闭（DISABLE）状态
输出参数	无
返回值	无
说明	无

调用 DAC_Cmd 函数使能 DAC1 通道见例 14-2。

【例 14-2】调用 DAC_Cmd 函数使能 DAC1 通道。

```
DAC_Cmd(DAC_Channel_1, ENABLE);              /*使能 DAC1 通道*/
```

4．设置 DAC1 通道的输出值

设置 DAC1 通道的输出值是通过调用 DAC_SetChannel1Data 函数来实现的，其函数说明见表 14-5。

表 14-5　DAC_SetChannel1Data 函数说明

函数名	DAC_SetChannel1Data
函数原型	void DAC_SetChannel1Data(uint32_t DAC_Align, uint16_t Data)
功能描述	设置 DAC1 通道输出值
输入参数 1	DAC_Align: 表示数据对齐方式
输入参数 2	Data: 表示写入的数据
输出参数	无
返回值	无
说明	无

DAC_SetChannel1Data 函数中的参数 DAC_Align 在 stm32f10x_dac.h 中定义如下。

```
#define DAC_Align_12b_R                    ((uint32_t)0x00000000)
#define DAC_Align_12b_L                    ((uint32_t)0x00000004)
#define DAC_Align_8b_R                     ((uint32_t)0x00000008)
```

调用 DAC_SetChannel1Data 函数设置 12 位右对齐数据格式的 DAC1 通道输出值见例 14-3。

【例 14-3】调用 DAC_SetChannel1Data 函数设置 12 位右对齐数据格式的 DAC1 通道输出值。

```
DAC_SetChannel1Data(DAC_Align_12b_R,DAC_Val);/*设置 12 位右对齐数据格式的 DAC1 通道输出
值*/
```

5．设置 DAC2 通道的输出值

设置 DAC2 通道的输出值是通过调用 DAC_SetChannel2Data 函数来实现的，其函数说明见表 14-6。

表 14-6　DAC_SetChannel2Data 函数说明

函数名	DAC_SetChannel2Data
函数原型	void DAC_SetChannel2Data(uint32_t DAC_Align, uint16_t Data)
功能描述	设置 DAC2 通道输出值
输入参数 1	DAC_Align: 表示数据对齐方式
输入参数 2	Data: 表示写入的数据
输出参数	无
返回值	无
说明	无

调用 DAC_SetChannel2Data 函数设置 12 位右对齐数据格式的 DAC2 通道输出值见例 14-4。

【例 14-4】调用 DAC_SetChannel2Data 函数设置 12 位右对齐数据格式的 DAC2 通道输出值。

```
DAC_SetChannel2Data(DAC_Align_12b_R,DAC_Val);/*以设置 12 位右对齐数据格式 DAC2 通道输出值*/
```

其他 STM32F1 DAC 库函数这里不再介绍，读者可参考 stm32f10x_dac.c 文件。

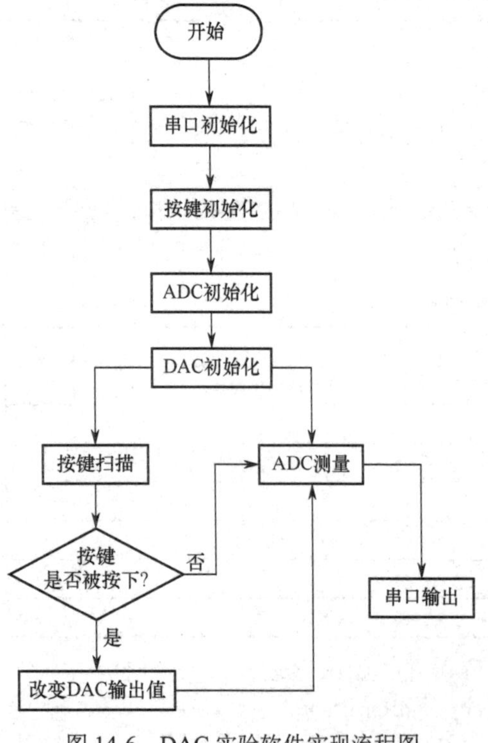

图 14-6　DAC 实验软件实现流程图

14.4　DAC 实验硬件设计

DAC 实验使用 DAC1 的通道（PA4 引脚）产生一个模拟信号，然后使用 ADC2 通道（PA2 引脚）去采集此信号，并且通过按键改变 DAC 模拟量输出值。这里需要使用杜邦线把 PA4 引脚和 PA2 引脚连接在一起。

14.5　DAC 实验软件设计

DAC 实验软件设计步骤如下。

（1）初始化 PA4，配置为模拟输入模式。

（2）配置 DAC 各项参数并初始化。

（3）使能 DAC。

（4）编写更改 DAC 输出值函数。

（5）通过按键更改 DAC 输出值。

（6）编写 main 函数。

DAC 实验软件实现流程图如图 14-6 所示。

14.6　DAC 实验示例程序分析及仿真

这里只列出了部分主要功能函数。

14.6.1　DAC 初始化函数

```
/************************************************************************
*函数信息：void DAC_ChannelInit(uint16_t DAC_GPIO_Pin)
```

```
*功能描述：初始化 DAC
*输入参数：DAC_Channel 表示 DAC 通道
*输出参数：无
*函数返回：无
*调用提示：无
*  作者：   陈醒醒
**************************************************************************/
void DAC_ChannelInit(uint16_t DAC_Channel)
{
    GPIO_InitTypeDef GPIO_InitStructure;
    DAC_InitTypeDef DAC_InitStructure;
    RCC_APB2PeriphClockCmd(RCC_APB2Periph_GPIOA , ENABLE );   /*使能 GPIO 接口 A 时钟*/
    if(DAC_Channel ==DAC_Channel_1)
    {
        GPIO_InitStructure.GPIO_Pin = GPIO_Pin_4;                 /*选择 GPIO 接口*/
        GPIO_InitStructure.GPIO_Mode = GPIO_Mode_AIN;             /*采用模拟输入模式*/
        GPIO_InitStructure.GPIO_Speed = GPIO_Speed_50MHz;         /*输出频率为 50MHz*/
        GPIO_Init(GPIOA, &GPIO_InitStructure);                    /*初始化 GPIO 接口*/
        GPIO_SetBits(GPIOA,GPIO_Pin_4);                           /*DAC 引脚输出高电平*/
    }
    else if(DAC_Channel ==DAC_Channel_2)
    {
        GPIO_InitStructure.GPIO_Pin = GPIO_Pin_5;                 /*选择 GPIO 接口*/
        GPIO_InitStructure.GPIO_Mode = GPIO_Mode_AIN;             /*采用模拟输入模式*/
        GPIO_InitStructure.GPIO_Speed = GPIO_Speed_50MHz;         /* 输出频率为 50MHz */
        GPIO_Init(GPIOA, &GPIO_InitStructure);                    /*初始化 GPIO 接口*/
        GPIO_SetBits(GPIOA,GPIO_Pin_5);                           /*DAC 引脚输出高电平*/
    }
    RCC_APB1PeriphClockCmd(RCC_APB1Periph_DAC, ENABLE );          /*使能 DAC 时钟*/
    DAC_InitStructure.DAC_Trigger=DAC_Trigger_None;               /*不使用触发功能*/
    DAC_InitStructure.DAC_WaveGeneration=DAC_WaveGeneration_None; /*不使用波形发生*/
    DAC_InitStructure.DAC_LFSRUnmask_TriangleAmplitude=DAC_LFSRUnmask_Bit0;/*屏蔽幅值
设置*/
    DAC_InitStructure.DAC_OutputBuffer=DAC_OutputBuffer_Disable ;  /*关闭输出缓存*/
    if(DAC_Channel ==DAC_Channel_1)
    {
        DAC_Init(DAC_Channel_1,&DAC_InitStructure);         /*初始化 DAC1 通道*/
        DAC_Cmd(DAC_Channel_1, ENABLE);                     /*使能 DAC1 通道*/
    }
  else if(DAC_Channel ==DAC_Channel_2)
    {
        DAC_Init(DAC_Channel_2,&DAC_InitStructure);         /*初始化 DAC2 通道*/
        DAC_Cmd(DAC_Channel_2, ENABLE);                     /*使能 DAC2 通道*/
    }
  DAC_SetChannel1Data(DAC_Align_12b_R, 0);              /*设置 12 位右对齐数据格式*/
}
```

14.6.2 DAC 输出值设置函数

```
/*********************************************************************
*函数信息：void DAC_SetVal(u16 DAC_Channel,u16 DAC_Val)
*功能描述：设置 DAC 输出值
*输入参数：DAC_Channel 表示 DAC 通道
*          DAC_Val 表示 DAC 输出值
*输出参数：无
*函数返回：无
*调用提示：无
*  作者：  陈醒醒
*********************************************************************/
void DAC_SetVal(u16 DAC_Channel,u16 DAC_Val)
{
  if(DAC_Channel ==DAC_Channel_1)
  {
     DAC_SetChannel1Data(DAC_Align_12b_R,DAC_Val);/*设置 12 位右对齐数据格式的 DAC1 通道输出值*/
  }
  else if(DAC_Channel ==DAC_Channel_2)
  {
     DAC_SetChannel2Data(DAC_Align_12b_R,DAC_Val);/*设置 12 位右对齐数据格式的 DAC2 通道输出值*/
  }
}
```

14.6.3 DAC 实验 main 函数

```
/*********************************************************************
*函数信息：int main ()
*功能描述：使用 PA2 引脚的 ADC 测量 DAC 通道输出值
*输入参数：无
*输出参数：无
*函数返回：无
*调用提示：无
*  作者：  陈醒醒
*  其他：  需要把 PA2 引脚与 PA4 引脚用杜邦线连接起来才能测量
*********************************************************************/
int main()
{
     u16 ADC_Val;
     float Voltage_Val ;
     u8 time=0;
     u16 DAC_Val = 0;
     LED_Init();                  /*初始化 LED*/
     KEY_Init();                  /*初始化按键*/
     UART1_Init(9600);/*初始化串口 1，波特率为 9600*/
     SysTick_Init();  /*初始化 SysTick 定时器*/
     ADCx_Init(ADC1,GPIOA,GPIO_Pin_2);/*初始化 PA2 引脚的 ADC1*/
```

```
        DAC_ChannelInit(DAC_Channel_1);    /*初始化 DAC1*/
        while(1)
        {
            if(Key_Scan(0)) /*通过按键改变 DAC 输出值*/
            {
                DAC_Val+=100;
                DAC_SetVal(DAC_Channel_1,DAC_Val);/*设置 DAC1 通道输出值*/
                if(DAC_Val>4095)    DAC_Val = 0 ;
            }
            if(time%50==0) /*测量 A/D 转换值*/
            {
                time = 0 ;
                ADC_Val = ADCx_Filtrate(ADC1,ADC_Channel_2,20); /*获取滤波后 ADC1 通道 2 的
A/D 转换值*/
                Voltage_Val=(float)ADC_Val*(3.3/4096);          /*把 A/D 转换值换算为电压值*/
                printf("DAC_Val：%d    ,Voltage_Val=%.2f\r\n",DAC_Val,Voltage_Val);      /*串口打印
电压值*/
            }
            Delay_ms(10);
            time++;
        }
    }
```

14.6.4　DAC 实验测试结果

DAC 实验测试结果如图 14-7 所示。

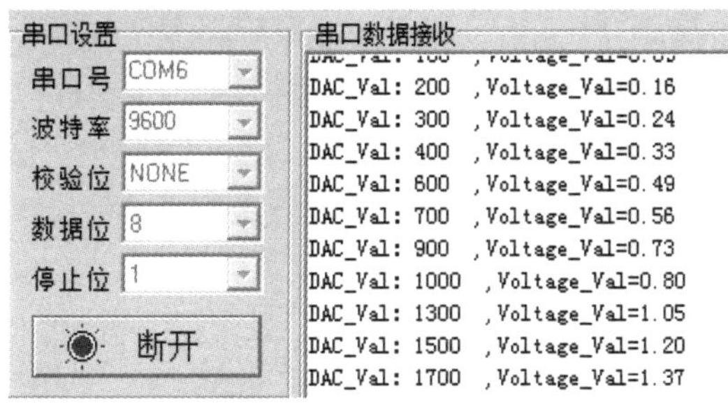

图 14-7　DAC 实验测试结果

14.7　本章课后作业

14-1　编写程序实现 DAC2 通道功能。

14-2　实现 PWM DAC 功能（控制 STM32F1 的 TIM1_CH1 的 PWM 输出信号，经过二阶 RC 滤波后转换为 DAC 输出值，通过 ADC1 通道 2 采集 PWM DAC 输出值（电压值），在串口助手上面显示 ADC 获取到的电压值以及 PWM DAC 设定的输出值等信息）。

第 15 章 I^2C 总线实验

15.1 学习目的

（1）掌握 I^2C 总线协议。
（2）掌握 I^2C 总线模拟方法。
（3）掌握 AT24C02 编程。

15.2 I^2C 总线知识

集成电路总线简称 IIC 或 I^2C（Inter-Integrated Circuit）总线，产生于 20 世纪 80 年代，是由飞利浦（Philips）公司开发的两线式串行总线，用于连接微控制器及其外围设备，最初是为音频和视频设备开发的。

I^2C 总线规程使用主/从双向通信协议。如果器件发送数据到 I^2C 总线上，则将该器件定义为发送器，又称主器件。如果器件从 I^2C 总线上接收数据，则将该器件定义为接收器，又称从器件。主器件和从器件都可以工作于接收和发送状态。

I^2C 总线由串行数据（Serial Data，SDA）线和串行时钟（Serial Clock，SCL）线组成（不包含共地线）。I^2C 必须由主器件（通常为微控制器）控制。主器件产生 SCL 线的传输方向信号，并产生起始和停止条件。SDA 线上的数据仅在 SCL 线为低电平时才能改变。

UART 和 I^2C 总线相比，UART 总线是异步串行全双工通信总线，I^2C 总线是同步串行半双工通信总线。

15.2.1 I^2C 总线物理拓扑结构

I^2C 总线物理拓扑结构如图 15-1 所示。

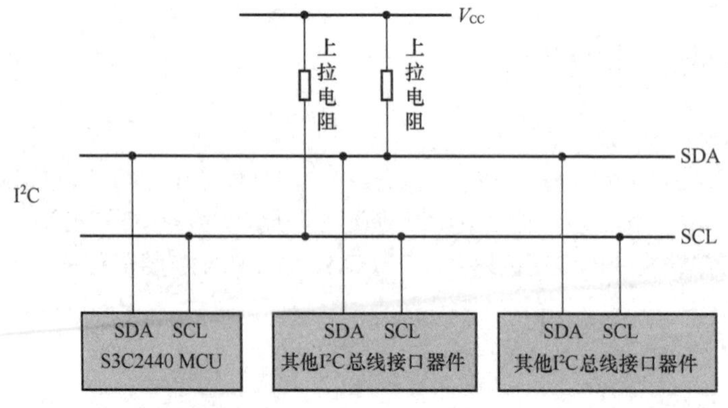

图 15-1 I^2C 总线物理拓扑结构

由图 15-1 可见，I^2C 总线在物理连接上非常简单。I^2C 总线通信原理是通过控制 SCL 线和 SDA 线高低电平时序，产生 I^2C 总线协议所需要的信号来进行数据传送的。在 I^2C 总线空闲状态时，这两根线一般被上面所接的上拉电阻拉为高电平。上拉电阻范围一般为 4.7～100kΩ。

15.2.2　I^2C 总线特征

I^2C 总线上的每个器件都可以作为主器件或者从器件，而且每个器件都会对应唯一的一个地址（可以从 I^2C 总线器件的数据手册得知）。主器件与从器件就是通过这个地址进行通信的。在通常的应用中，把 CPU 带 I^2C 总线接口的模块作为主器件（如 STM32），把挂接在 I^2C 总线上的其他器件都作为从器件。

I^2C 总线可挂接的器件数量受 I^2C 总线的最大电容（400pF）限制。如果所挂接的是相同型号的器件，则还受器件地位的限制。

I^2C 总线设备地址一般是 7 位地址（也有 10 位地址）。理论上这 7 位地址对应 128 个器件，但实际中 I^2C 总线不会挂载这么多器件。

I^2C 总线数据传输速率在标准模式下可达 100kbit/s，在快速模式下可达 400kbit/s，在高速模式下可达 3.4Mbit/s。一般通过 I^2C 总线接口可编程时钟来实现数据传输速率的调整。I^2C 总线上的主器件与从器件之间以字节（8 位）为单位进行双向的数据传输。

15.3　I^2C 总线协议

15.3.1　I^2C 总线基本时序

I^2C 总线基本时序如图 15-2 所示。

（1）空闲状态：SCL 线和 SDA 线都保持着高电平。

（2）起始条件：当 SCL 线为高电平时，SDA 线由高电平到低电平的跳变，表示产生一个起始条件。在起始条件产生后，I^2C 总线处于忙状态，由本次数据传输的主、从器件独占，无法被其他 I^2C 总线器件访问。

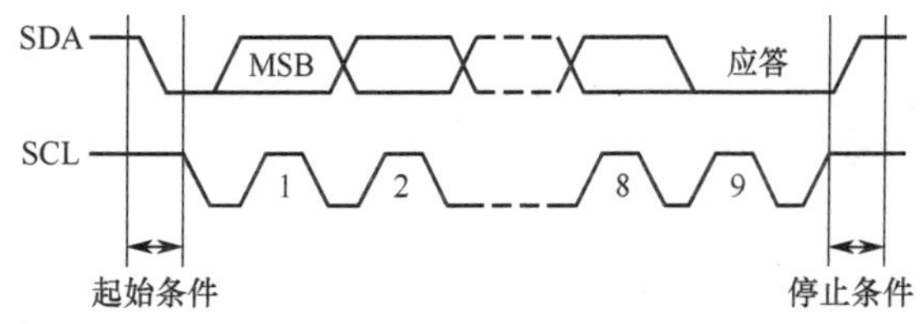

图 15-2　I^2C 总线协议基本时序

（3）停止条件：当 SCL 线为高电平时，SDA 线由低电平到高电平的跳变，表示产生一个停止条件。

（4）答应信号：每个数据字节传输完成后的下一个时钟信号，在 SCL 线为高电平期间，SDA 线为低电平，则表示一个应答信号。

（5）非答应信号：每个数据字节传输完成后的下一个时钟信号，在 SCL 线为高电平期间，SDA 线为高电平，则表示一个非应答信号。

其中，应答信号或非应答信号是由从器件发出的，主器件则是检测这个信号的。

注意：起始和停止条件总是由主器件产生的。

15.3.2　I^2C 总线数据传输时序

当主器件产生起始条件后，开始数据传输。这个阶段主器件在 SCL 线上的每个脉冲期间都会同时在 SDA 线上传输一个数据位（地址数据传输方式和普通数据传输方式相同），而当每个数据字节传输完成后，都会跟着一个应答位。当不想再进行数据传输时，主器件产生一个停止条件，SCL、SDA 线都回到空闲状态。I^2C 总线数据传输时序如图 15-3 所示。

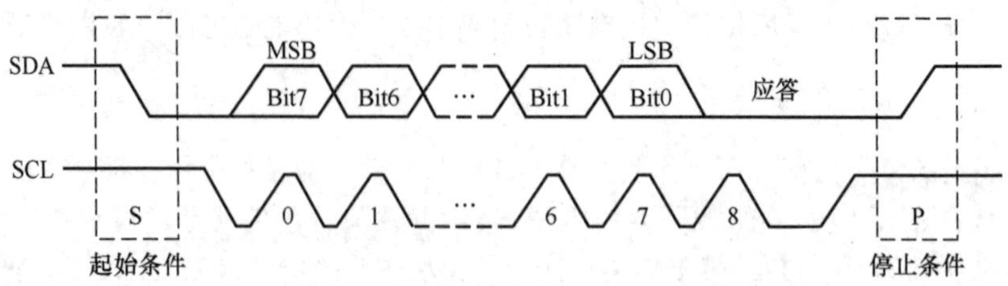

图 15-3　I^2C 总线数据传输时序

15.3.3　I^2C 器件寻址通信时序

I^2C 总线上的，主、从器件之间的数据传输是建立在地址的基础上的。主器件在传输有效数据之前要先指定从器件地址。从器件地址指定的过程和上面数据传输的过程一样，只不过大多数从器件地址是 7 位的（有的器件地址是 10 位的，发送地址要使用两个字节，这里仅以 7 位地址为例子）。I^2C 总线协议规定再给这个地址添加一个最低位用来表示接下来数据传输的方向（0 表示主器件向从器件中写数据；1 表示主器件从从器件中读数据）。I^2C 总线寻址通信时序如图 15-4 所示。

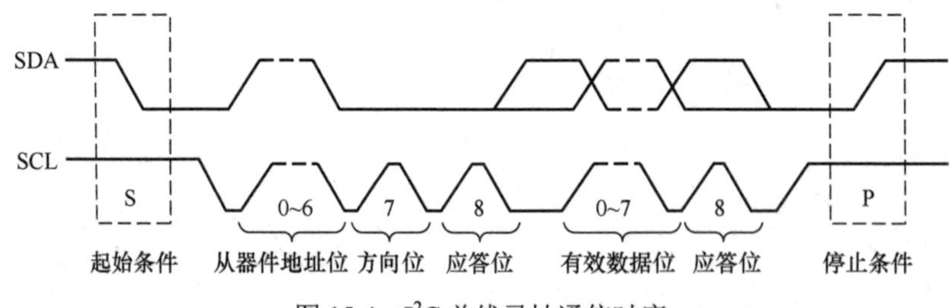

图 15-4　I^2C 总线寻址通信时序

15.3.4　I^2C 总线的操作

I^2C 总线的操作实际就是主、从器件之间的读/写操作，大致可分为以下三种情况。

（1）主器件往从器件中写数据。主器件写数据时序如图 15-5 所示。

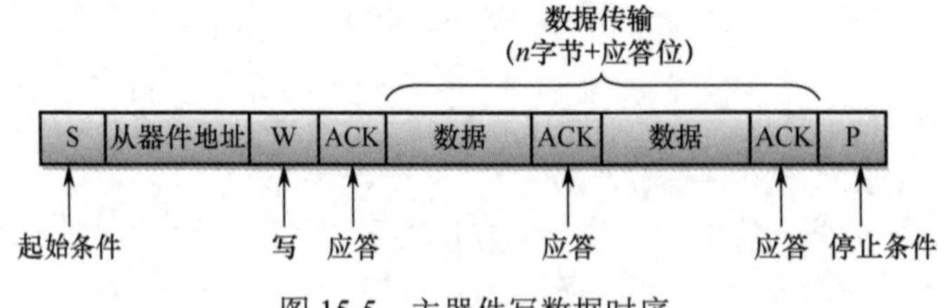

图 15-5　主器件写数据时序

（2）主器件从从器件中读数据。主器件读数据时序如图 15-6 所示。

（3）主器件往从器件中写数据，然后重启起始条件，紧接着从从器件中读数据；或者主器件从从器件中读数据，然后重启起始条件，紧接着主器件往从器件中写数据。主器件写数据切换到读数据时序如图 15-7 所示。

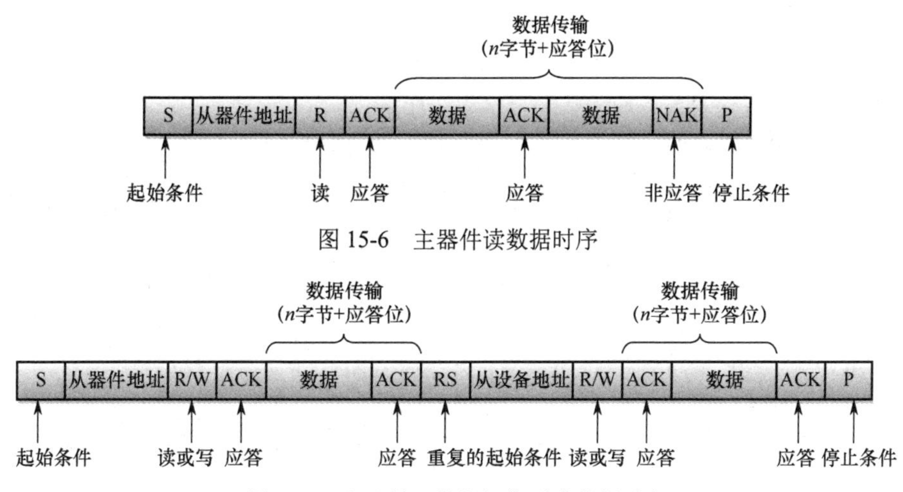

图 15-6　主器件读数据时序

图 15-7　主器件写数据切换到读数据时序

第三种情况在单个主器件系统中，重复开启起始条件的机制要比终止数据传输后再开启 I²C 总线的机制更有效率。

15.4　I²C 总线时序编程

15.4.1　I²C 总线起始条件

I²C 总线起始条件示例程序如下。

```
void I2C_Start(void)
{
    I2C_SDA_OUT();        /*设置 SDA 线为输出模式*/
    SDA_H();              /*SDA 线为高电平*/
    SCL_H();              /*SCL 线为高电平*/
    Delay_us(4);          /*延时*/
    SDA_L();              /*当 SCL 线为高电平时，SDA 线由高电平向低电平跳变*/
    Delay_us(4);          /*延时*/
    SCL_L();              /*准备发送或接收数据*/
}
```

15.4.2　I²C 总线停止条件

I²C 总线停止条件示例程序如下。

```
void I2C_Stop(void)
    {
    I2C_SDA_OUT();
    SCL_L();
    SDA_L();
    Delay_us(4);
    SCL_H();
    SDA_H();
    Delay_us(4);
}
```

15.4.3 I²C 总线发送应答信号或非应答信号

I²C 总线发送应答信号或非应答信号示例程序如下。

```
void I2C_SendAck (u8 ack)
{
        SCL_L();                /*SCL 线为低电平时数据才能变化，所以先将 SCL 线设置为低电平*/
        I2C_SDA_OUT();
        if(!ack)    SDA_L(); /*应答信号*/
        else        SDA_H(); /*非应答信号*/
        Delay_us(2);
        SCL_H();
        Delay_us(2);
        SCL_L();
}
```

15.4.4 I²C 总线检测应答信号或非应答信号

I²C 总线检测应答信号或非应答信号，示例程序如下。

```
bool I2C_WaitAck(void)
{
        u8 ucErrTime=0;
        I2C_SDA_IN();
        SDA_H();
        Delay_us(1);
        SCL_H();         /*SCL 线为高电平时锁定数据*/
        Delay_us(1);
        while(SDA_READ())
        {
                ucErrTime++;
                if(ucErrTime>255)
                {
                        I2C_Stop();
                        return false;
                }
        }
        SCL_L();
        return true;
}
```

15.4.5 I²C 总线发送数据

I²C 总线发送数据示例程序如下。

```
void I2C_SendByte(uint8_t SendByte)
{
        uint8_t i = 8;
        I2C_SDA_OUT(); /*设置 SDA 线为输出模式*/
        SCL_L();        /*拉低 SCL 线的电平，开始传输数据*/
        while(i--)
        {
                if(SendByte & 0x80)   /*判断最高位，位 7 开始*/
```

```
                SDA_H();
            else
                SDA_L();
            SendByte <<= 1;
            Delay_us(2);
            SCL_H();
            Delay_us(2);
            SCL_L();                /*让 SDA 线上的数据可以修改*/
            Delay_us(2);
        }
}
```

15.4.6　I²C 总线接收数据

I²C 总线接收数据示例程序如下。

```
uint8_t I2C_ReceiveByte(u8 ack)
{
    uint8_t i = 8;
    uint8_t ReceiveByte = 0;
    I2C_SDA_IN();
    while(i--)
    {
        SCL_L();                /*设置 SCL 线为低电平*/
        Delay_us(2);            /*等待数据稳定*/
        SCL_H();                /*锁定数据*/
        ReceiveByte <<= 1;/*移位应该放在这里，接收数据字节间应该有时间间隔*/
        if(SDA_READ())
        {
            ReceiveByte |= 0x01;
        }
        Delay_us(2);
    }
    if(ack)
        I2C_SendAck(1); /*发送非应答信号*/
    else
        I2C_SendAck(0); /*发送应答信号 */
    return ReceiveByte;
}
```

15.5　AT24C02 编程

15.5.1　AT24C02 基本功能介绍

AT24C02 是 Atmel 公司生产的低功耗 CMOS 型 EEPROM，内含 256B 存储空间。它采用 I²C 总线方式进行数据读/写。它的数据读/写模式可分为标准模式、快速模式和高速模式。它的硬件电路极其简单。对它进行数据读/写操作也很方便。AT24C02 的引脚如图 15-8 所示。

AT24C02 引脚说明如下。

（1）1、2、3 引脚为器件地址输入脚，根据需要分别接地或电源。当 I²C 总线工作于多节点模式时，需要确定 I²C 总线上的器件地址。AT24C02 的地址分为固定部分和可编址部分。其中，高半字节固定为 1010；低半字节前 3 位对应 A2、A1、A0 引脚，最低位为读/写选择位（0 表示写操作，1 表示读操作）。在主器件发送起始条件后要发送器件地址，以确定要进行操作的器件，而被选中的器件发送应答信号。

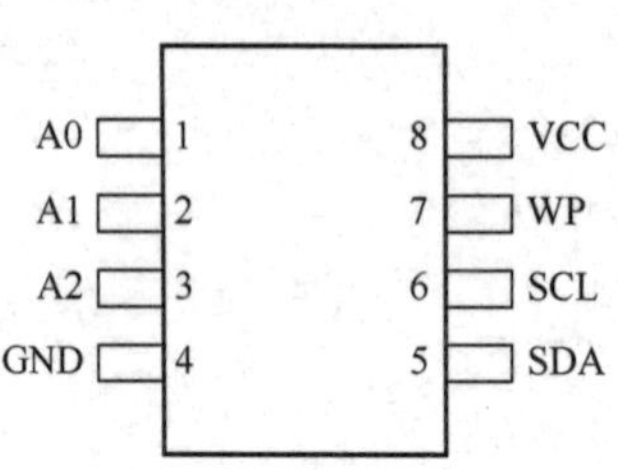

引脚名	说明
A0、A1、A2	器件地址输入引脚
GND	地线引脚
SDA	串行数据线引脚
SCL	串行时钟线引脚
WP	写保护引脚
VCC	电源引脚

图 15-8　AT24C02 的引脚

（2）4、8 引脚分别接地与电源。

（3）5、6 引脚分别接 I^2C 总线的 SCL 线与 SDA 线，要加上拉电阻以使 I^2C 总线在空闲状态时保持高电平。

（4）7 引脚为写保护引脚，当接地时可正常读/写；当接高电平时只允许对器件进行读操作，以防止因为误操作而损坏内部存储的数据。AT24C02 的写周期约为 10ms，也就是在写操作 10ms 后才能正常读出数据。

15.5.2　AT24C02 写时序

1. 单字节写时序

AT24C02 单字节写操作要求在发送器件地址及应答后，发送一个字节子地址，即存储器内部地址。因为 AT24C02 容量为 256B，所以子地址为 0～255。在主器件接收到子地址后，AT24C02 再发送一个应答位。在接下来的时钟周期内主器件发送 8 位数据，AT24C02 应答后，主器件发送停止条件。AT24C02 单字节写时序如图 15-9 所示。

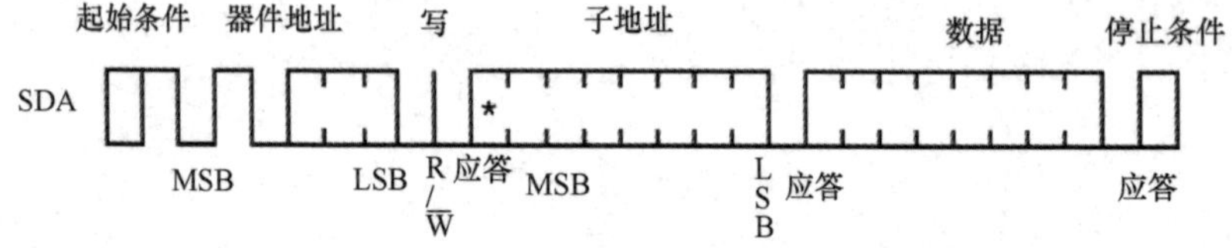

图 15-9　AT24C02 单字节写时序

2. 页写时序

AT24C02 提供 32 个 8B 的页空间。AT24C02 页写操作初始部分与单字节写操作相同，但在 AT24C02 接收 8 位数据后主器件并不发送停止条件，而是继续发送 7B 数据，在每接收一个数据字节后，AT24C02 发送一个应答位。在发送完 8B 数据后，主器件要发送停止条件以终止操作。在进行页写操作时，AT24C02 的子地址低 3 位会自动加 1，但由于高位并不自己增加，在子地址加到页空间边界，即写入 8B 数据后，下一个数据字节会自动写入该页空间的第一个字节处，覆盖之前的数据，即“roll over”。AT24C02 页写时序如图 15-10 所示。

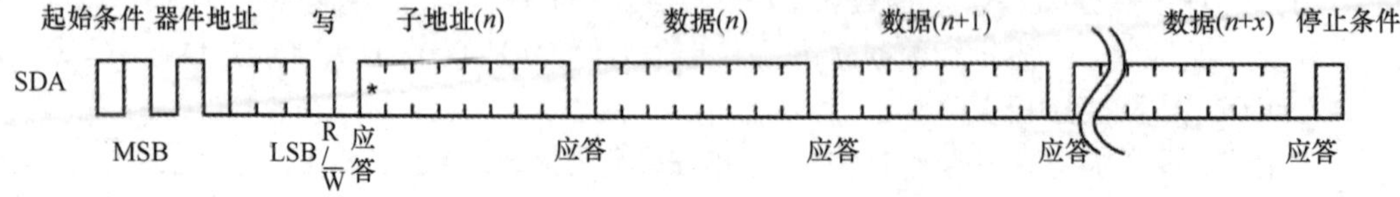

图 15-10　AT24C02 页写时序

15.5.3　AT24C02 读时序

1. 单字节读时序

AT24C02 单字节读操作分为当前地址读操作、随机读操作、顺序读操作。这里以随机读操作为例介绍 AT24C02 读时序。在主器件发送完器件地址及子地址后，产生另一个重复起始信号，并发送器件地址（此时的器件地址最低位为 1，表示读操作）。这时，子地址指向的为之前定义的值。为方便访问任意地址空间，主器件接收到数据后发送非应答信号，并产生停止条件。AT24C02 单字节读时序如图 15-11 所示。

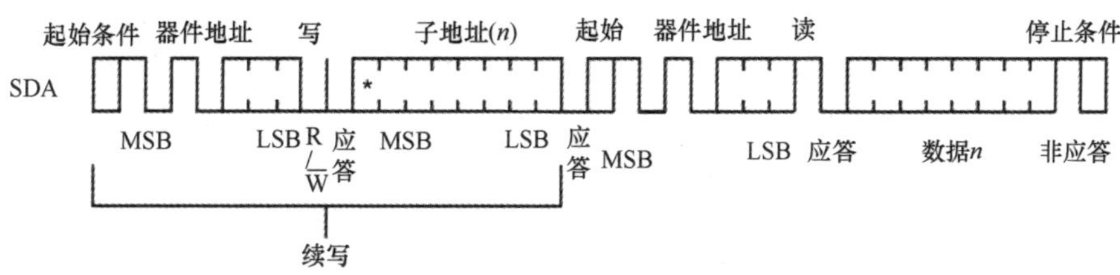

图 15-11　AT24C02 单字节读时序

2. 页读时序

AT24C02 页读操作初始部分与单字节读操作相同，即主器件每接收到一个数据字节就发送一个应答位。AT24C02 页读操作与单字节读操作不同的是页读操作可以连续进行，AT24C02 内部地址会自动增加，可以一次性把整个 AT24C02 的内容读取出来。AT24C02 页读时序如图 15-12 所示。

注意：AT24C02 页写操作最多一次写 8B 数据，再继续写，页指针会返回 0 地址。

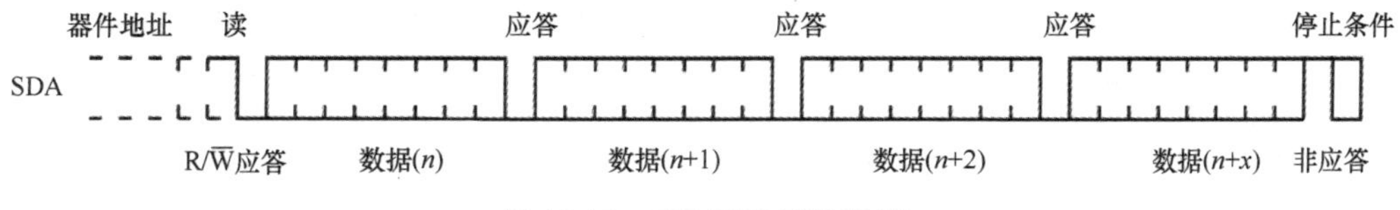

图 15-12　AT24C02 页读时序

15.6　I^2C 总线模拟时序实验硬件设计

I^2C 总线模拟时序实验硬件电路采用信盈达 STM32F103ZET6 开发板 I^2C 总线的应用硬件电路，如图 15-13 所示。

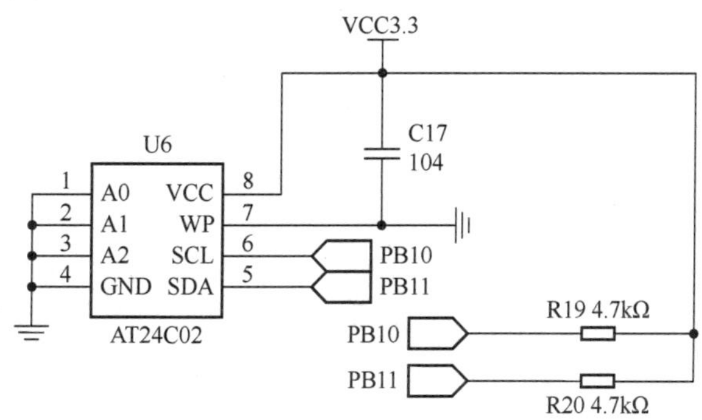

图 15-13　信盈达 STM32F103ZET6 开发板 I^2C 总线的应用硬件电路

15.7 I²C总线模拟时序实验软件设计

I²C总线模拟时序实验软件实现步骤如下。

（1）实现I²C总线基本时序单元，包括起始条件、停止条件、应答信号、读/写函数等。

（2）根据AT24C02具体读/写时序使用I²C总线基本时序单元组合成AT24C02的读/写函数。

（3）使用逻辑分析仪采集波形进行分析，优化代码（可选）。

（4）在main函数中编写测试程序：先写入数据，当按下按键时，读取数据并通过串口显示。

I²C实验软件实现流程图如图15-14所示。

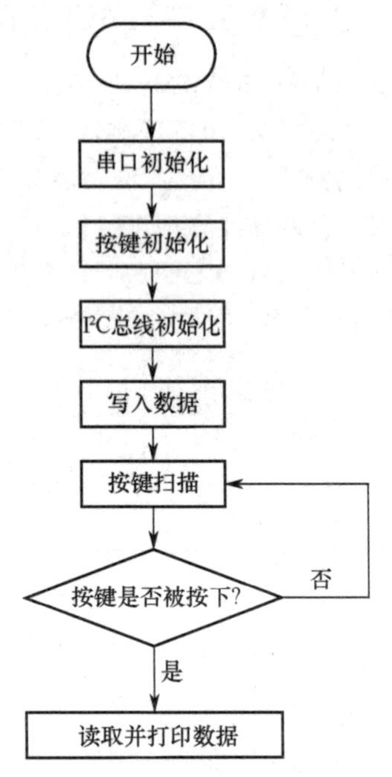

图15-14　I²C总线实验软件实现流程图

15.8 I²C总线模拟时序实验示例程序分析及仿真

这里只列出了部分主要功能函数。

15.8.1 AT24C02单字节写函数

```
/**********************************************************************
*函数信息：void AT24C02_WriteByte( u16 WriteAddress, u8 SendByte)
*功能描述：写一个数据字节到AT24C02
*输入参数：WriteAddress表示AT24C02内部地址；SendByte表示写入的数据
*输出参数：无
*函数返回：true(1)表示写入成功；false(0)表示写入失败
*调用提示：无
*  作者：   陈醒醒
**********************************************************************/
bool AT24C02_WriteByte( u16 WriteAddress, u8 SendByte)
{
     I2C_Start();                          /*起始条件*/
     I2C_SendByte(0XA0+0);                 /*发送器件地址0xA0,写数据*/
     if(!I2C_WaitAck()) return false ;     /*得到非应答信号，返回写入失败*/
     I2C_SendByte(WriteAddress);           /*发送写入数据的目的地址*/
     if(!I2C_WaitAck()) return false ;     /*得到非应答信号，返回写入失败*/
     I2C_SendByte(SendByte);               /*发送字节*/
     if(!I2C_WaitAck())   return false ;   /*得到非应答信号，返回写入失败*/
     I2C_Stop();                           /*产生一个停止条件*/
     Delay(10);                            /*AT24C02的写入周期为10ms*/
     return true;                          /*返回写入成功*/
}
```

15.8.2　AT24C02 单字节读函数

```
/*******************************************************************
*函数信息：bool AT24C02_ReadByte(u16 ReadAddress,u8 *ReceiveByte)
*功能描述：从 AT24C02 中读取一个数据字节
*输入参数：ReadAddress 表示 AT24C02 内部地址
*输出参数：ReceiveByte 表示读到的数据
*函数返回：true(1)表示读取成功；false(0)表示读取失败
*调用提示：无
*  作者：  陈醒醒
*******************************************************************/
bool AT24C02_ReadByte(u16 ReadAddress,u8 *ReceiveByte)
{
    uint8_t ReadData=0;
    I2C_Start();
    I2C_SendByte(0XA0+0);
    if(!I2C_WaitAck()) return false ;
    I2C_SendByte(ReadAddress);
    if(!I2C_WaitAck()) return false ;
    I2C_Start();
    I2C_SendByte(0XA0+1);                  /*进入接收模式*/
    if(!I2C_WaitAck()) return false ;      /*得到非应答信号，返回读取失败*/
    ReadData=I2C_ReceiveByte(1);           /*读取一个数据字节*/
    I2C_SendAck(1) ;                       /*发送一个非应答信号*/
    I2C_Stop();                            /*停止条件*/
    *ReceiveByte = ReadData;               /*读到的数据*/
    return true ;                          /*返回读取成功*/
}
```

15.8.3　I^2C 总线实验 main 函数

```
/*******************************************************************
*函数信息：int main ()
*功能描述：按下按键读取 AT24C02 的数据，并在串口助手上显示
*输入参数：无
*输出参数：无
*函数返回：无
*调用提示：无
*  作者：  陈醒醒
*******************************************************************/
int main()
{
    u8 WriteBuf[]="信盈达嵌入式 Cortex-M3 基础与项目实践"; /*写入 AT24C02 的数据*/
    u8 ReadBuf [sizeof(WriteBuf)]={0};     /*读取 AT24C02 的数据*/
    LED_Init();              /*LED 初始化*/
    KEY_Init();              /*按键初始化*/
    UART1_Init(9600);/*串口 1 初始化*/
    SysTick_Init();   /*SysTick 定时器初始化*/
    I2C_GpioInit();   /*I²C 总线初始化*/
    if(AT24C02_Check()) /*检测 AT24C02 是否正常*/
        printf("AT24C02 OK\r\n");
    if(AT24C02_Write(WriteBuf,0,sizeof(WriteBuf)-1))/*写数据*/
```

```
        printf("AT24C02 Write True\r\n");
    while(1)
    {
        if(Key_Scan(0))
        {
            if(AT24C02_Read(ReadBuf,0,sizeof(WriteBuf)-1))/*读数据*/
            {
                printf("AT24C02 Read True\r\n");
                printf("read:%s\r\n",ReadBuf);
            }
        }
    }
}
```

15.8.4 I^2C 总线模拟时序实验测试结果

I^2C 总线模拟时序实验测试结果如图 15-15 所示。

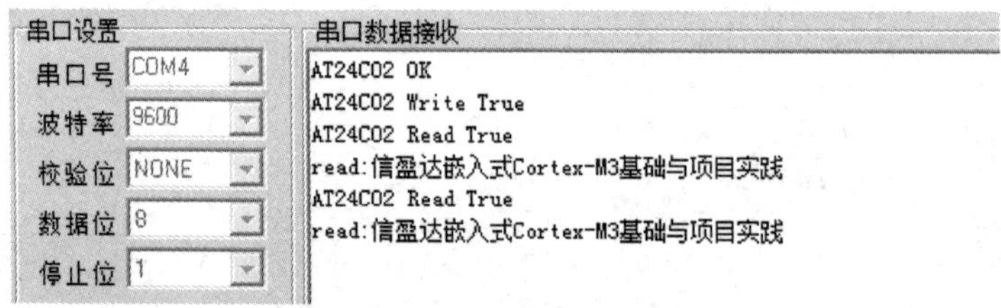

图 15-15 I^2C 总线模拟时序实验测试结果

15.9 本章课后作业

15-1 在信盈达 STM32F103ZET6 开发板通电的情况下记录该开发板复位的次数，可按下复位键。

15-2 编写 AT24C02 页写函数。

第 16 章 SPI 总线实验

16.1 学习目的

（1）掌握 SPI 总线协议。

（2）掌握 STM32F1 SPI 模块编程方法。

（3）掌握 SPI 总线的应用编程方法（以 W25Q64 为例）。

16.2 通用 SPI 总线

16.2.1 SPI 总线协议简介

串行外围设备接口（Serial Peripheral Interface，SPI），是 Motorola 公司首先在其 MC68HCXX 系列处理器上定义的。SPI 总线主要应用在 EEPROM、闪存、实时时钟、ADC 上，还应用在数字信号处理器和数字信号解码器之间。SPI 总线是一种高速的、全双工、同步的通信总线，并且只占用芯片的 4 个引脚，为 PCB 节省了空间。正是出于这种简单易用的特性，现在越来越多的芯片集成了 SPI 总线。

16.2.2 SPI 总线的物理拓扑结构

SPI 总线的物理拓扑结构如图 16-1 所示。

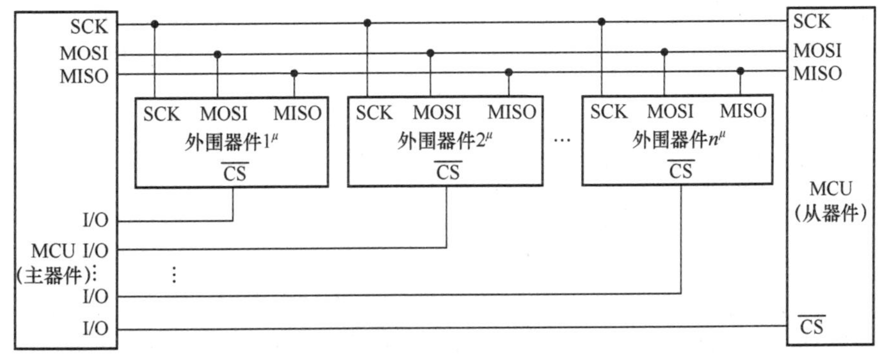

图 16-1 SPI 总线的物理拓扑结构

对 SPI 总线的物理拓扑结构说明如下。

（1）MOSI（Master Output Slave Input）引脚：主器件数据输出/从器件数据输入引脚。有些芯片会将该引脚标注为 DO。

（2）MISO（Master Input Slave Output）引脚：主器件数据输入/从器件数据输出引脚。有些芯片会将该引脚标志为 DI。

（3）SCK（Serial Clock）引脚：时钟信号引脚。时钟信号由主器件产生,最大频率为 $f_{PCLK}/2$，而在从模式下最大频率为 $f_{CPU}/2$。

（4）$\overline{CS}$（Chip Select）/NSS 引脚：从器件使能信号引脚，由主器件控制，在 STM32 引脚上显示为 NSS。

在点对点的通信中，SPI 总线接口不需要进行寻址操作，且为全双工通信，简单高效。在多个从器件的系统中，每个从器件需要独立的使能信号，硬件上比 I^2C 总线系统稍微复杂一些。

SPI 总线接口的内部硬件实际上是两个简单的移位寄存器，传输的数据为 8 位，在主器件产生的从器件使能信号和移位脉冲控制下，按位传输，且高位在前，低位在后（标准格式是先发送高位后发送低位，而 STM32F1 可以配置先发送高位还是先发送低位）。

16.2.3 SPI 总线的通信原理

SPI 总线的通信原理很简单，以主从方式工作。这种方式通常有一个主器件和一个或多个从器件，需要 4 根线（不包含地线），事实上 3 根线也可以（单向传输时）。

CS 控制芯片是否被选中。也就是说，只有 CS 为预先规定的使能信号时（高电位或低电位），对此芯片的操作才有效。这就使在同一 SPI 总线上连接多个器件成为可能。

通信是通过数据交换完成的。SPI 总线协议是串行通信协议，即数据是一位一位传输的，这就是 SCK 引脚存在的原因（由 SCK 引脚提供时钟脉冲，MISO 线、MOSI 线则基于此脉冲完成数据传输）。数据输出通过 MOSI 线，数据在时钟信号上升沿或下降沿时改变，紧接着在下降沿或上升沿被读取，完成一位数据传输。数据输入也使用同样的原理。这样，通过至少 8 次时钟信号的改变（上升沿和下降沿为一次），就可以完成 8 位数据的传输。

时钟信号只由主器件控制，从器件不能控制该信号。在一个基于 SPI 总线的器件中，至少有一个主器件。SPI 总线的通信与普通的串行通信不同，普通的串行通信一次连续传输至少 8 位数据，而 SPI 总线允许数据一位一位传输，甚至允许暂停。因为时钟信号由主器件控制，当没有时钟信号跳变时，从器件不采集或传输数据。也就是说，主器件通过对时钟信号的控制就可以完成对通信的控制。

SPI 总线协议还是一个数据交换协议。因为 SPI 总线的数据输入和输出线相互独立，所以 SPI 总线允许同时完成数据的输入和输出。连接在 SPI 总线上的不同器件数据传输的实现方式不尽相同，主要是数据改变和采集的时间不同，对时钟信号上升沿或下降沿数据改变和采集的时间有不同的定义。

16.3 STM32F1 SPI 模块

16.3.1 STM32F1 SPI 模块简介

在大容量产品和互联型产品上，STM32F1 SPI 模块可以配置为支持 SPI 总线协议或者支持 I^2S（Inter-IC Sound）总线协议。STM32F1 SPI 模块默认工作在 SPI 总线模式，并可以通过软件切换到 I^2S 总线模式。在小容量和中容量产品上，STM32F1 SPI 模块不支持 I^2S 总线协议。

STM32F1 SPI 模块可以与外部器件以半/全双工、同步、串行方式通信。STM32F1 SPI 可以配置成主模式，并为外部从器件提供通信时钟信号，而且能以多种配置方式工作。STM32F1 SPI 模块有多种用途，例如，可以使用一条双向数据线进行双线单工同步数据传输，还可使用 CRC 校验进行可靠通信。

I^2S 总线协议是一个 3 线同步串行接口通信协议。I^2S 总线支持 4 种音频标准，包括飞利浦

I^2S 标准、MSB 和 LSB 对齐标准、PCM 标准。在半双工通信中，I^2S 总线可以在主/从两种模式下工作。

16.3.2　STM32F1 SPI 模块的主要特性

STM32F1 SPI 模块的主要特性如下。

（1）支持 3 线全双工同步数据传输。

（2）支持带或不带第三根双向数据线的双线单工同步数据传输。

（3）支持 8 或 16 位数据传输帧格式选择。

（4）支持主/从模式。

（5）支持多种模式。

（6）具备 8 个主模式波特率预分频系数（最大为 $f_{PCLK}/2$）。

（7）最大从模式频率为 $f_{PCLK}/2$。

（8）支持主模式和从模式的快速通信：最大频率达到 18MHz。

（9）在主模式和从模式下均可以由软件或硬件进行 NSS 引脚管理：主/从模式的动态改变。

（10）具有可编程的时钟信号极性和相位。

（11）具有可编程的数据顺序，MSB 在前或 LSB 在前。

（12）具有可触发中断的专用发送和接收标志。

（13）具有 SPI 总线忙状态标志。

（14）具有支持可靠通信的硬件 CRC。

（15）在发送模式下，CRC 值可以被作为最后一个字节发送。

（16）在全双工模式中，对接收到的最后一个字节自动进行 CRC 校验。

（17）具有可触发中断的主模式故障、过载及 CRC 错误标志。

（18）具有支持 DMA 功能的 1B 发送和接收缓冲器：产生发送和接受请求。

16.3.3　STM32F1 SPI 模块的结构

STM32F1 SPI 模块的结构如图 16-2 所示。

在图 16-2 中，NSS 引脚用来作为“片选引脚”，让主器件可以单独地与特定从器件通信，避免数据线上的冲突。从器件的 NSS 引脚可以由主器件的一个标准 I/O 引脚来驱动。NSS 引脚也可以作为“输出引脚”，并在 STM32F1 SPI 模块处于主模式时被拉为低电平。此时，如果 STM32F1 SPI 模块的 NSS 引脚连接到主器件的 NSS 引脚上，则会检测到低电平；如果 STM32F1 SPI 模块的 NSS 引脚设置为硬件模式，STM32F1 SPI 模块就会自动进入从模式。当 STM32F1 SPI 模块配置为主模式、NSS 引脚配置为“输入引脚”时，如果 NSS 引脚被拉为低电平，则 STM32F1 SPI 模块进入主模式失败状态，即 MSTR 位被自动清除，进入从模式。主/从器件互连如图 16-3 所示。

在图 16-3 中，NSS 引脚设置为“输入引脚”，主器件 MOSI 引脚与从器件 MOSI 引脚连接，主器件 MISO 引脚与从器件 MISO 引脚连接，这样数据就在主器件和从器件之间串行传输（MSB 位在前）。

通信总是由主器件发起。主设备通过 MOSI 引脚把数据发送给从器件，从器件通过 MISO 引脚回传数据。这意味着全双工通信的数据输出和数据输入是通过同一个时钟信号同步的，并且时钟信号由主器件通过 SCK 引脚提供。

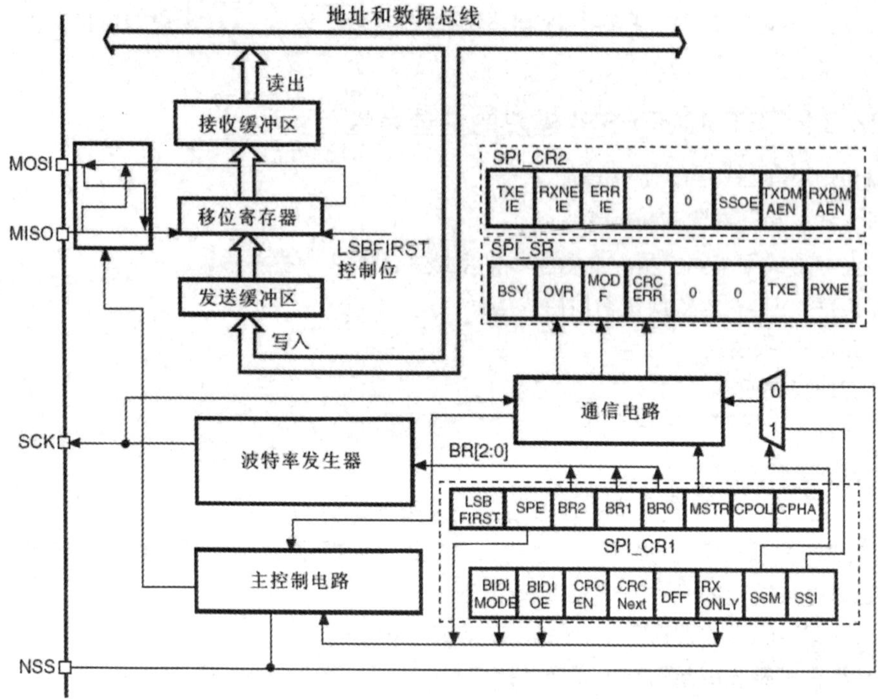

图 16-2　STM32F1 SPI 模块的结构

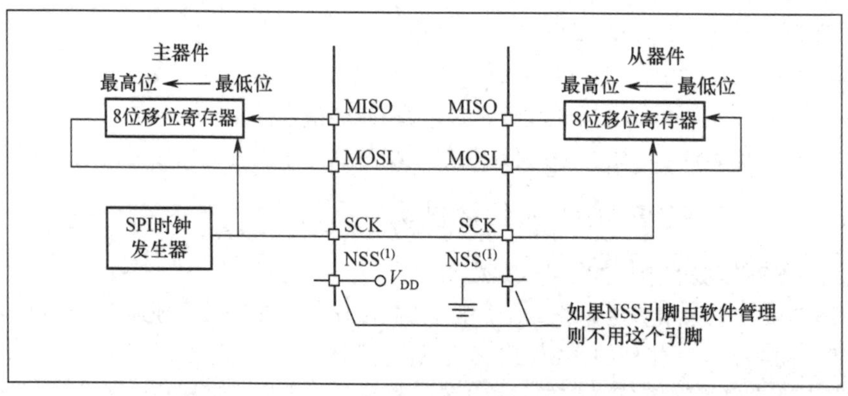

图 16-3　主/从器件互连

NSS 引脚有软件和硬件两种模式。

1．NSS 引脚的软件模式

NSS 引脚的软件模式可以通过 SPI_Init 函数进行设置。在此模式下，NSS 引脚可以用于其他用途。

2．NSS 引脚的硬件模式分为两种情况

1）使能 NSS 引脚输出功能。当 STM32F1 SPI 模块为主模式，且 NSS 引脚输出功能已经通过 SPI_SSOutputCmd 函数使能时，NSS 引脚被拉为低电平，且与这个 NSS 引脚相连的器件配置为硬件模式并自动变成从器件。一个 STM32F1 器件在需要发送广播数据时，必须拉低 NSS 引脚电平，以通知所有其他器件它是主器件；如果不能拉低 NSS 引脚电平，这意味着总线上有另一个主器件在通信，这时将产生一个硬件失败错误（Hard Fault）。NSS 引脚的硬件模式不能有多个主器件。

2）关闭 NSS 引脚输出功能。STM32F1 SPI 模块允许在多种环境下关闭 NSS 引脚输出功能。

16.3.4　STM32F1 SPI 模块的时序

STM32F1 SPI 模块的时序如图 16-4 所示。

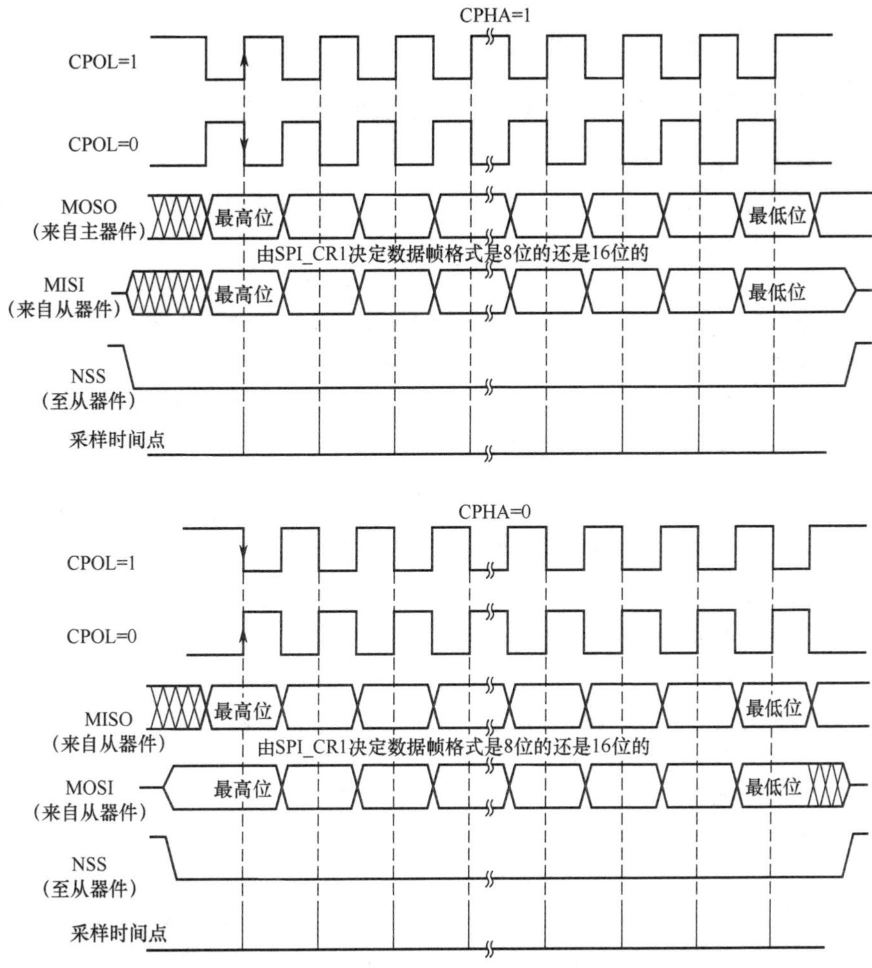

图 16-4　STM32F1 SPI 模块的时序

对图 16-4 说明如下。

时钟信号极性（Clock Polarity，CPOL）：决定总线在空闲状态时 SCK 引脚的电平状态，0 表示空闲状态（低电平）；1 表示空闲状态（高电平）。

时钟信号相位（Clock Phase，CPHA）：决定第一个数据位的采样时刻，被置 0 表示 SCK 引脚从空闲状态变成有效状态的第一个信号边沿开始采样；被置 1 表示 SCK 引脚从空闲状态变为有效状态的第二个信号边沿开始采样。具体选择哪一种时序由需要驱动的器件来决定。

时钟信号相位和极性由 SPI_Init 函数设置，并能够组合成 4 种可能的时序关系。CPOL 控制着没有数据传输时时钟信号的空闲状态电平，并对主模式和从模式下的器件都有效。如果

CPOL 被置 0，SCK 引脚在空闲状态保持低电平；如果 CPOL 被置 1，SCK 引脚在空闲状态保持高电平。

如果 CPHA 被置 1，则从第二个时钟信号边沿（CPOL 为 0 时就是下降沿，CPOL 为 1 时就是上升沿）开始数据位的采样，且数据在第二个时钟信号边沿被锁存。如果 CPHA 被置 0，则从第一个时钟信号边沿（CPOL 为 0 时就是下降沿，CPOL 为 1 时就是上升沿）开始数据位采样，且数据在第一个时钟信号边沿被锁存。

通过时钟信号极性和时钟信号相位的组合来选择数据捕捉的时钟信号边沿。

16.3.5 STM32F1 SPI 模块的数据发送与接收

1. 数据发送

当写入数据至发送缓冲器时，STM32F1 SPI 模块的数据发送过程开始。在发送第一个数据位时，数据字被并行地（通过内部总线）传入移位寄存器，而后串行地移出到 MOSI 引脚上；MSB 在先还是 LSB 在先，取决于 SPI_Init 函数的设置。用户可调用 SPI_I2S_SendData 函数进行数据发送。在发送数据之前，要先调用 SPI_I2S_GetFlagStatus 函数获取发送缓冲区的状态。

2. 数据接收

用户可调用 SPI_I2S_ReceiveData 函数进行数据接收。在接收数据之前，要先调用 SPI_I2S_GetFlagStatus 函数获取接收缓冲区的状态。当接收缓冲区为非空时即有数据可接收。还可以调用 SPI_ITConfig 函数开启 STM32F1 SPI 模块的接收中断功能。

16.3.6 STM32F1 SPI 模块相关库函数

在 STM32 固件库开发中，操作 SPI 模块相关寄存器的函数和定义分别在源文件 stm32f10x_spi.c 和头文 stm32f10x_spi.h 中。

1. 使能 SPI 时钟

使能 SPI 时钟是通过调用 RCC_ APB1PeriphClockCmd 或者 RCC_ APB2PeriphClockCmd 函数来实现的，具体用法参考 4.2.5 节。

2. 初始化 SPI 模块

初始化 SPI 模块是通过调用 SPI_Init 函数实现的，其函数说明见表 16-1。

表 16-1 SPI_Init 函数说明

函数名	SPI_Init
函数原型	void SPI_Init(SPI_TypeDef* SPIx, SPI_InitTypeDef* SPI_InitStruct)
功能描述	初始化 SPI 模块
输入参数 1	SPIx: 表示初始化的是哪个 SPI 模块，如 SPI1 表示初始化的是 SPI1 模块
输入参数 2	SPI_InitStruct: 表示 SPI 模块参数
输出参数	无
返回值	无
说明	无

工作模式、数据帧选择、时序选择、时钟分频系数等参数，属于 SPI_InitTypeDef 结构体类型，在 stm32f10x_spi.h 中定义如下。

```
typedef struct
{
```

```
    uint16_t SPI_Direction;
    uint16_t SPI_Mode;
    uint16_t SPI_DataSize;
    uint16_t SPI_CPOL;
    uint16_t SPI_CPHA;
    uint16_t SPI_NSS;
    uint16_t SPI_BaudRatePrescaler;
    uint16_t SPI_FirstBit;
    uint16_t SPI_CRCPolynomial;
}SPI_InitTypeDef;
```

调用 SPI_Init 函数初始化 SPI2 模块见例 16-1。

【例 16-1】调用 SPI_Init 函数初始化 SPI2 模块。

```
SPI_InitTypeDef  SPI_InitStructure;
SPI_InitStructure.SPI_Direction = SPI_Direction_2Lines_FullDuplex;  /*全双工模式*/
SPI_InitStructure.SPI_Mode = SPI_Mode_Master;                       /*主模式*/
SPI_InitStructure.SPI_DataSize = SPI_DataSize_8b;                   /*8 位数据帧格式*/
SPI_InitStructure.SPI_CPOL = SPI_CPOL_High;                         /*SCK 线空闲状态为高电平*/
SPI_InitStructure.SPI_CPHA = SPI_CPHA_2Edge;                        /*第二个时钟信号边沿采集数据*/
SPI_InitStructure.SPI_NSS = SPI_NSS_Soft;                           /*NSS 引脚为软件模式*/
SPI_InitStructure.SPI_BaudRatePrescaler = SPI_BaudRatePrescaler_2;  /*设置为 2 分频*/
SPI_InitStructure.SPI_FirstBit = SPI_FirstBit_MSB;                  /*设置为高位先发*/
SPI_InitStructure.SPI_CRCPolynomial = 7;                            /*CRC 值计算的多项式*/
SPI_Init(SPI2, &SPI_InitStructure);                                 /*初始化 SPI2 模块*/
```

3．使能 SPI 模块

使能 SPI 模块是通过调用 SPI_Cmd 函数来实现的，其函数说明见表 16-2。

表 16-2　SPI_Cmd 函数说明

函数名	SPI_Cmd
函数原型	void SPI_Cmd(SPI_TypeDef* SPIx, FunctionalState NewState)
功能描述	使能 SPI 模块
输入参数 1	SPIx：表示初始化的是哪个 SPI 模块，如 SPI1 表示初始化的是 SPI1 模块
输入参数 2	NewState：表示使能（ENABLE）或关闭（DISABLE）状态
输出参数	无
返回值	无
说明	无

调用 SPI_Cmd 函数使能 SPI2 模块见例 16-2。

【例 16-2】调用 SPI_Cmd 函数使能 SPI2 模块。

```
SPI_Cmd(SPI2, ENABLE);                   /*使能 SPI2 模块*/
```

4．获取 SPI 模块的状态

获取 SPI 模块的状态是通过调用 SPI_I2S_GetFlagStatus 函数来实现的，其函数说明见表 16-3。

表 16-3　SPI_I2S_GetFlagStatus 函数说明

函数名	SPI_I2S_GetFlagStatus
函数原型	FlagStatus SPI_I2S_GetFlagStatus(SPI_TypeDef* SPIx, uint16_t SPI_I2S_FLAG)
功能描述	获取 SPI 模块的状态

（续表）

输入参数 1	SPIx：表示获取的是哪个 SPI 模块状态
输入参数 2	SPI_I2S_FLAG 表示获取的是哪类状态，如 SPI 模块发送完成、接收完成等状态
输出参数	无
返回值	返回 SPI 模块的状态，SET 表示返回 1，RESET 表示返回 0
说明	无

调用 SPI_I2S_GetFlagStatus 函数等待 SPI2 模块发送和接收完成见例 16-3。

【例 16-3】调用 SPI_I2S_GetFlagStatus 函数等待 SPI2 模块发送和接收完成。

```
while (SPI_I2S_GetFlagStatus(SPI2, SPI_I2S_FLAG_TXE) == RESET);   /*等待 SPI2 模块发送完成*/
while (SPI_I2S_GetFlagStatus(SPI2, SPI_I2S_FLAG_RXNE) == RESET); /*等待 SPI2 模块接收完成*/
```

5. SPI 模块发送数据

SPI 模块发送数据是通过调用 SPI_I2S_SendData 函数来实现的，其函数说明见表 16-4。

表 16-4　SPI_I2S_SendData 函数说明

函数名	SPI_I2S_SendData
函数原型	void SPI_I2S_SendData(SPI_TypeDef* SPIx, uint16_t Data)
功能描述	SPI 模块发送数据
输入参数 1	SPIx:用来指定哪个 SPI 模块
输入参数 2	Data:表示发送的字节
输出参数	无
返回值	无
说明	无

调用 SPI_I2S_SendData 函数实现 SPI2 模块发送一个字节见例 16-4。

【例 16-4】调用 SPI_I2S_SendData 函数实现 SPI2 模块发送一个字节。

```
SPI_I2S_SendData(SPI2, 'A');     ;/*SPI2 模块发送字符 A*/
```

6. SPI 模块接收数据

SPI 模块接收数据是通过调用 SPI_I2S_ReceiveData 函数来实现的，其函数说明见表 16-5。

表 16-5　SPI_I2S_ReceiveData 函数说明

函数名	SPI_I2S_ReceiveData
函数原型	uint16_t SPI_I2S_ReceiveData(SPI_TypeDef* SPIx)
功能描述	SPI 模块接收数据
输入参数 1	SPIx:用来指定哪个 SPI 模块
输出参数	无
返回值	返回收到的字节
说明	无

调用 SPI_I2S_ReceiveData 函数实现 SPI2 模块接收数据见 16-5。

【例 16-5】调用 SPI_I2S_ReceiveData 函数实现 SPI2 模块接收数据。

```
uint16_t recdata = SPI_I2S_ReceiveData( SPI2); /*SPI2 模块接收一个字节并保存在变量 recdata 中*/
```

其他 STM32F1 SPI 模块库函数这里不再介绍，读者可参考 stm32f10x_spi.c 文件。

16.4　W25Q64

16.4.1　W25Q64 的基本功能

闪存芯片是应用非常广泛的存储材料。U 盘、MP3 的储存芯片都是闪存芯片。本节主要讲解 W25Q64 这一款闪存芯片，如图 16-5 所示。

W25Q64 是一个具有 8MB 的 SPI 闪存芯片，数据传输速率最大为 75Mbit/s，被分为 128 个块（Block），每个块为 64KB，每个块又分为 16 个扇区（Sector），每个扇区为 4KB。W25Q64 的最小擦除单位为一个扇区。

W25Q64 有 32 768 页，每页 256B。用“页编程指令”就可以编程每页（256B）；用“扇区（Sector）擦除指令”每次可以擦除 16 页；用“块（Block）擦除指令”每次可以擦除 256 页；用“整片擦除指令”即可以擦除整个芯片。

W25Q64 的引脚如图 16-6 所示。

图 16-5　W25Q64 实物

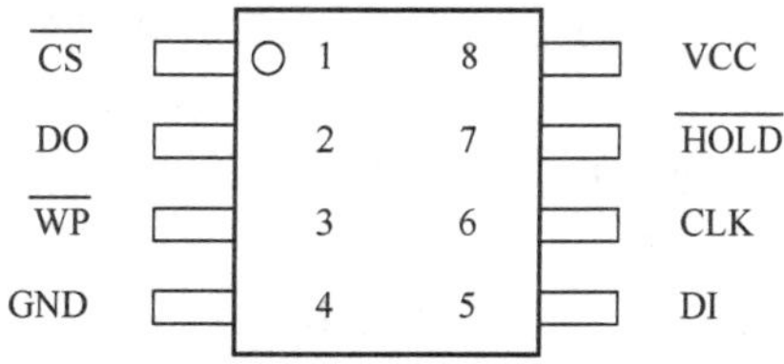

图 16-6　W25Q64 的引脚

W25Q64 的引脚说明见表 16-6。

表 16-6　W25Q64 的引脚说明

引脚号（名称）	引脚功能	引脚号（名称）	引 脚 功 能
1（$\overline{CS}$）	芯片选择	5（DI）	数据输入
2（DO）	数据输出	6（CLK）	产生时钟信号，为输入/输出提供时序
3（$\overline{WP}$）	写保护，低电平有效。高电平可读可写，而低电平只可读	7（$\overline{HOLD}$）	保持，低电平有效。当 $\overline{CS}$ 为低电平，且 $\overline{HOLD}$ 为低电平时，数据引脚将处于高阻态，而且也会忽略 DI、DO 和 CLK 引脚信号。把 $\overline{HOLD}$ 引脚拉为高电平，该芯片恢复正常工作
4（GND）	地	8（VCC）	电源

16.4.2　W25Q64 的指令

W25Q64 包括 15 个基本指令。这 15 个指令可通过 SPI 总线完全控制该芯片，并在 $\overline{CS}$ 引脚信号下降沿开始传送，DI、DO 引脚数据的第一个字节就是指令代码。在 CLK 引脚信号（时钟信号）上升沿采集 DI、DO 数据，高位在前。W25Q64 主要指令见表 16-7。

表 16-7　W25Q64 的主要指令

指令名称	字节 1	字节 2	字节 3	字节 4	字节 5	字节 6	下一个字节
写使能	06H						
写关闭	04H						
读状态寄存器	05H	（S7～S0）					

（续表）

指令名称	字节 1	字节 2	字节 3	字节 4	字节 5	字节 6	下一个字节
写状态寄存器	01H	S7～S0					
读数据	03H	A23～A16	A15～A8	A7～A0	（D7～D0）	下一个字节	继续
页编程	02H	A23～～A16	A15～A8	A7～A0	（D7～D0）	下一个字节	直到 256 个字节
块擦除（64kb）	D8H	A23～A16	A15～A8	A7～A0			
扇区擦除（4kb）	20H	A23～A16	A15～A8	A7～A0			
芯片擦除	C7H						
制造/器件 ID	90H	伪字节	伪字节	00H	（M7～M0）	（ID7～ID0）	

16.4.3 W25Q64 的页编程时序

W25Q64 在执行“页编程”指令之前，要先执行“写使能”指令，而且要求待写入的区域位都为 1，也就是先把待写入的区域擦除。在写数据之前，先把 $\overline{CS}$ 引脚拉为低电平，然后把代码 02H 通过 DI 引脚传送到该芯片，再次把 24 位地址传送到该芯片，最后将要写的字节传送到该芯片。在写完数据之后，把 $\overline{CS}$ 引脚拉为高电平。

写完一页（256B）之后，必须把地址改为 0。否则，如果时钟还在继续，地址将自动变为页的开始地址。在需要写入的字节不足 256 个字节时，其他写入的字节都是无意义的。如果写入的字节大于 256 个字节，多余的字节将会加入无用的字节覆盖刚刚写入的 256 个字节，所以必须保证写入的字节小于或等于 256 个字节。

在指令执行过程中，用“读状态寄存器”指令设置 BUSY 位为 1。当该指令执行完毕后，BUSY 位自动变为 0。如果需要写入的地址处于“写保护”状态，“页编程”指令无效。

W25Q64 的页编程时序如图 16-7 所示。

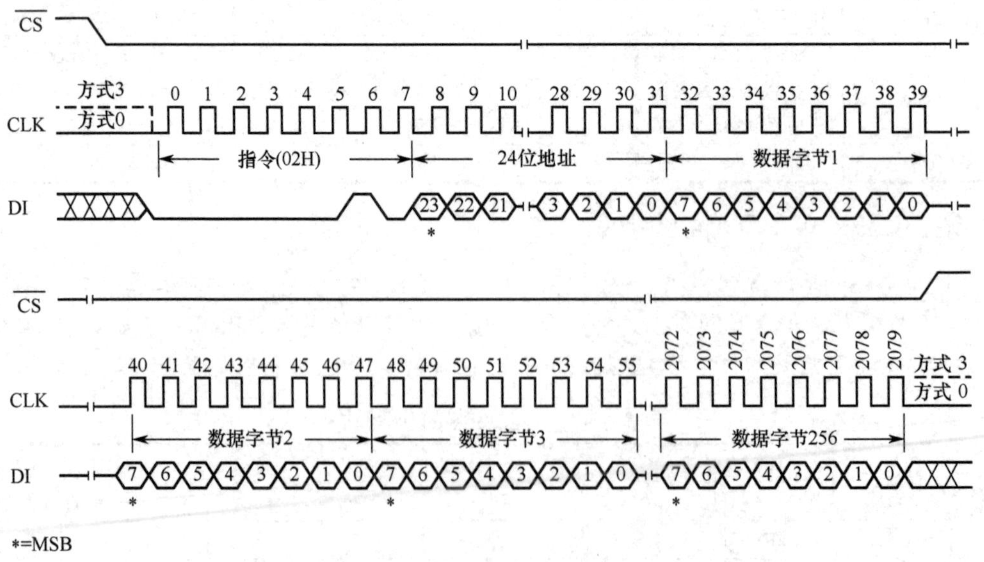

图 16-7 W25Q64 的页编程时序

16.4.4　W25Q64 的读数据时序

W25Q64“读数据”指令允许读出一个字节或一个以上的字节。在读数据之前，先把 $\overline{CS}$ 引脚拉为低电平，然后把代码 03H 通过 DI 引脚传送到该芯片，最后把 24 位地址传送到该芯片。这些数据在 CLK 信号上升沿被该芯片采集。该芯片接收完 24 位地址之后，就会把相应地址在 CLK 引脚信号下降沿从 DO 引脚传送出去，高位在前。当读完这个地址之后，地址自动增加，然后通过 DO 引脚把下一个地址传送出去，形成一个数据流。也就是说，只要时钟在工作，通过一条读指令，就可以把 W25Q64 存储区的数据读出来。把 $\overline{CS}$ 引脚拉为高电平，“读数据”指令结束。当该芯片在执行“页编程”“块/扇区/芯片擦除”“读状态寄存器”指令的周期内，“读数据”指令不起作用。

W25Q64 的读数据时序如图 16-8 所示。

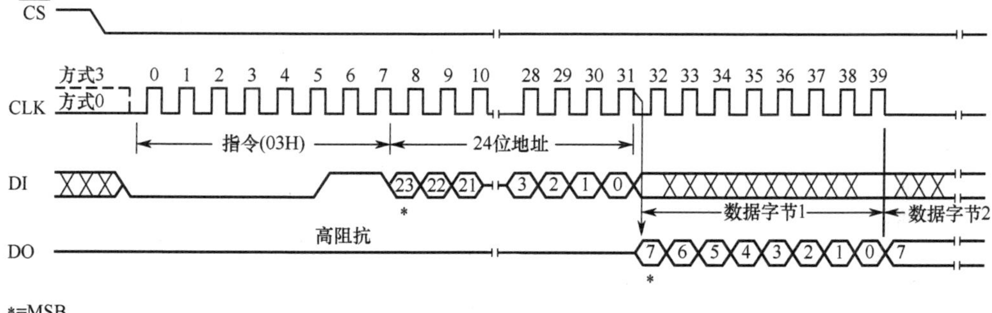

图 16-8　W25Q64 的读数据时序

16.4.5　W25Q64 的扇区擦除时序

W25Q64“扇区擦除”指令可以将一个扇区（4KB）擦除，擦除后扇区位都为 1，扇区字节都为 FF。在执行“扇区擦除”指令之前，必须先执行“写使能”指令，保证 WEL 位为 1。

在擦除数据之前，先拉低 $\overline{CS}$ 引脚电平，然后把指令代码 20H 通过 DI 引脚传送到该芯片，接着把 24 位扇区地址传送到该芯片，最后拉高 $\overline{CS}$ 引脚电平。如果没有及时把 $\overline{CS}$ 引脚拉为高电平，该指令将不会起作用。在该指令执行期间，BUSY 位为 1，可以通过“读状态寄存器”指令观察。当该指令执行完毕，BUSY 位变为 0，WEL 位也会变为 0。如果需要擦除的地址处于只读状态，该指令将不会起作用。

W25Q64 的扇区擦除时序如图 16-9 所示。

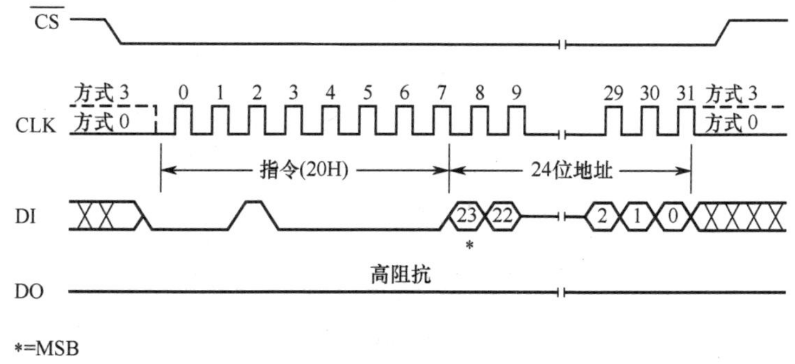

图 16-9　W25Q64 的扇区擦除时序

W25Q64 的其他指令时序请参考其数据手册。

16.5 SPI 总线实验硬件设计

SPI 总线实验硬件电路采用信盈达 STM32F103ZET6 开发板 SPI 模块的应用硬件电路，如图 16-10 所示。

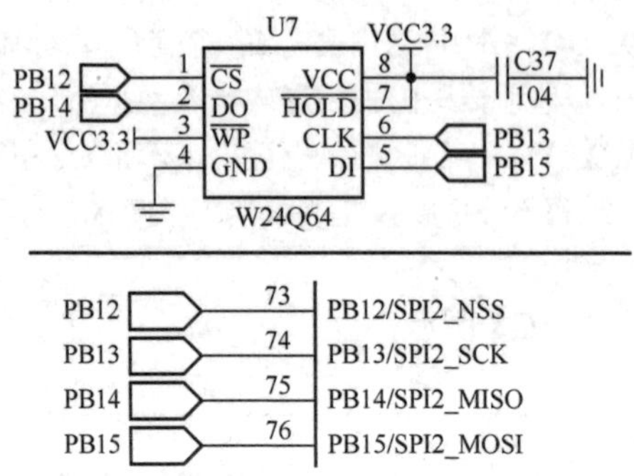

图 16-10　信盈达 STM32F103ZET6 开发板 SPI 模块的应用硬件电路

由图 16-10 可知，STM32F103ZET6 的 SPI2 模块与 W25Q64 相连，使用时要对 SPI2 模块进行初始化。

16.6 SPI 总线实验软件设计

SPI 总线实验软件实现步骤如下。

（1）初始化 SPI2 模块。

（2）编写 SPI2 模块的数据发送/接收函数。

（3）编写 W25Q64 的读/写数据函数。

（4）在主函数中编写测试程序，先写入数据，当按下按键时，读取数据并通过串口显示。

SPI 总线实验软件实现流程图如图 16-11 所示。

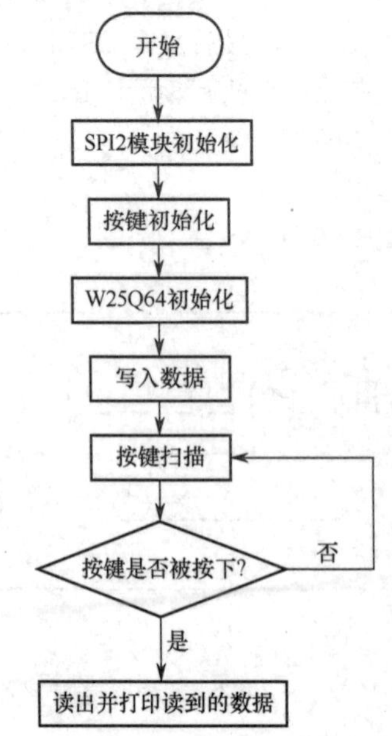

图 16-11　SPI 总线实验软件实现流程图

16.7　SPI 总线实验示例程序分析及仿真

这里只列出了部分主要功能函数。

16.7.1　SPI2 模块的初始化函数

```
/**********************************************************************
*函数信息：void SPI2_GpioInit(void)
*功能描述：SPI2 模块初始化
*输入参数：无
*输出参数：无
*函数返回：无
*调用提示：无
*  作者：    陈醒醒
*  其他：    用户自行修改这个函数
**********************************************************************/
void SPI2_GpioInit(void)
{
    GPIO_InitTypeDef GPIO_InitStructure;
    SPI_InitTypeDef   SPI_InitStructure;
    RCC_APB2PeriphClockCmd(     RCC_APB2Periph_GPIOB, ENABLE );  /*使能 PB 接口时钟*/
    GPIO_InitStructure.GPIO_Pin = GPIO_Pin_13 | GPIO_Pin_14 | GPIO_Pin_15;/*选择 13、14、
15 引脚*/
    GPIO_InitStructure.GPIO_Mode = GPIO_Mode_AF_PP;                /*复用推挽输出 */
    GPIO_InitStructure.GPIO_Speed = GPIO_Speed_50MHz;              /*最大输出频率为 50MHz*/
    GPIO_Init(GPIOB, &GPIO_InitStructure);                         /*初始化 PB 接口*/
    GPIO_SetBits(GPIOB,GPIO_Pin_13|GPIO_Pin_14|GPIO_Pin_15);  /*13、14、15 引脚输出高电平*/
    RCC_APB1PeriphClockCmd(     RCC_APB1Periph_SPI2,   ENABLE );   /*使能 SPI2 时钟*/
    SPI_InitStructure.SPI_Direction = SPI_Direction_2Lines_FullDuplex;      /*设置为全双工模式*/
    SPI_InitStructure.SPI_Mode = SPI_Mode_Master;                           /*设置为主模式*/
    SPI_InitStructure.SPI_DataSize = SPI_DataSize_8b;                       /*8 位数据帧格式*/
    SPI_InitStructure.SPI_CPOL = SPI_CPOL_High;                 /*SCK 线空闲状态为高电平*/
    SPI_InitStructure.SPI_CPHA = SPI_CPHA_2Edge;                /*第二个时钟信号边沿采集数据*/
    SPI_InitStructure.SPI_NSS = SPI_NSS_Soft;                       /*NSS 引脚设置为软件模式*/
    SPI_InitStructure.SPI_BaudRatePrescaler = SPI_BaudRatePrescaler_2;   /*设置为 2 分频*/
    SPI_InitStructure.SPI_FirstBit = SPI_FirstBit_MSB;                  /*设置为高位先发*/
    SPI_InitStructure.SPI_CRCPolynomial = 7;                            /*CRC 值计算的多项式*/
    SPI_Init(SPI2, &SPI_InitStructure);                                 /*初始化 SPI 模块*/
    SPI_Cmd(SPI2, ENABLE);                                              /*使能 SPI2 模块*/
    SPI2_SendReceiveByte(0xAA);                                         /*启动数据传输*/
}
```

16.7.2　SPI2 模块的数据发送/接收函数

```
/**********************************************************************
*函数信息：uint8_t SPI2_SendReceiveByte(uint8_t SendByte)
*功能描述：SPI2 模块发送/接收一个数据字节
*输入参数：无
*输出参数：无
```

```
*函数返回：无
*调用提示：无
*  其他：   发送数据的同时也会收到数据
*************************************************************************/
uint16_t SPI2_SendReceiveByte(uint16_t SendByte)
{
    while (SPI_I2S_GetFlagStatus(SPI2, SPI_I2S_FLAG_TXE) == RESET);   /*等待 SPI2 模块发送缓冲区为空*/
    SPI_I2S_SendData(SPI2, SendByte);                          /*通过 SPI2 模块发送一个数据字节*/
    while (SPI_I2S_GetFlagStatus(SPI2, SPI_I2S_FLAG_RXNE) == RESET); /*等待 SPI2 模块接收缓冲区为非空*/
    return SPI_I2S_ReceiveData(SPI2);                          /*返回 SPI2 模块接收到的一个数据字节*/
}
```

16.7.3　W25Q64 的写数据函数

```
/*************************************************************************
*函数信息：void W25Q64_Write(u8 *Buffer,u16 WriteAddress,u8 Length)
*功能描述：写 Length 个字节到 W25Q64
*输入参数：Buffer 表示需要写入数据的缓冲区
*          WriteAddress 表示 W25Q64 内部地址
*          Length 表示写入的数据长度
*输出参数：无
*函数返回：无
*调用提示：无
* 其他：    在指定地址开始写入最大 256B 的数据，且必须先擦除写入的区域
*************************************************************************/
void W25Q64_Write_Page(u8 *Buffer,u32 WriteAddress,u32 Length)
{
    u16 i;
    W25Q64_Write_Enable();                               /*WEL 位置 1*/
    W25Q64_CS(0);                                     /*使能 W25Q64*/
    SPI2_SendReceiveByte(W25Q64_PageProgram);          /*发送"页编程"指令*/
    SPI2_SendReceiveByte((u8)((WriteAddress)>>16));       /*发送 24 位地址*/
    SPI2_SendReceiveByte((u8)((WriteAddress)>>8));
    SPI2_SendReceiveByte((u8)WriteAddress);
    for(i=0;i<Length;i++) SPI2_SendReceiveByte(Buffer[i]);/*循环写数据*/
    W25Q64_CS(1);                                     /*取消片选*/
    W25Q64_Wait_Busy();                                      /*等待写数据结束*/
}
```

16.7.4　W25Q64 的读数据函数

```
/*************************************************************************
*函数信息：void W25Q64_Read(u8 *Buffer,u32 ReadAddress,u32 Length)
*功能描述：W25Q64 读数据
*输入参数：ReadAddress 表示 W25Q64 内部地址；Length 表示读取的字节长度
*输出参数：Buffer 表示读到的数据缓冲区
*函数返回：无
*调用提示：无
```

```
*  作者：  陈醒醒
**********************************************************************/
void W25Q64_Read(u8 *Buffer,u32 ReadAddress,u32 Length)
{
    u16 i;
    W25Q64_CS(0);                                    /*使能 W25Q64*/
    SPI2_SendReceiveByte(W25Q64_ReadData);           /*发送"读数据"指令*/
    SPI2_SendReceiveByte((u8)((ReadAddress)>>16));   /*发送 24 位地址*/
    SPI2_SendReceiveByte((u8)((ReadAddress)>>8));
    SPI2_SendReceiveByte((u8)ReadAddress);
    for(i=0;i<Length;i++)
    {
            Buffer[i]=SPI2_SendReceiveByte(0xFF);    /*循环读数据/
    }
    W25Q64_CS(1);
}
```

16.7.5　SPI 总线实验测试结果

SPI 总线实验测试结果如图 16-12 所示。

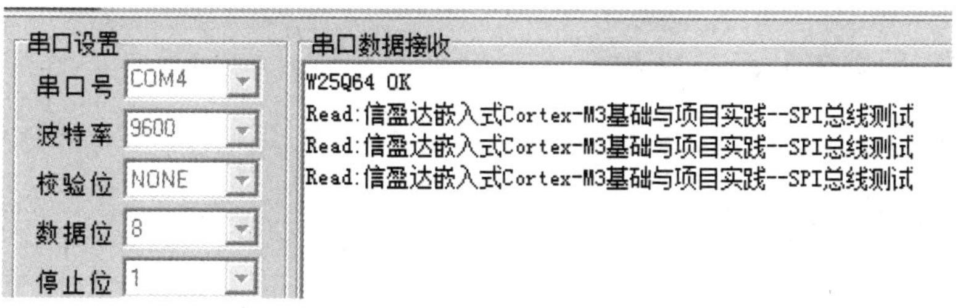

图 16-12　SPI 总线实验测试结果

16.8　本章课后作业

16-1　把 SPI2 模块的数据发送/接收函数分成独立的数据发送函数和数据接收函数，然后实现本章实验功能。

16-2　编写读 W25Q64 的 ID 函数。

16-3　使用 I/O 接口通用功能模拟 SPI 总线时序实现本章实验功能。

第 17 章 TFT LCD 屏实验

17.1 学习目的

（1）了解并行通信协议。

（2）掌握 TFT LCD 屏的工作原理。

（3）掌握 TFT LCD 屏驱动芯片的使用。

（4）掌握 TFT LCD 屏的编程方法。

17.2 LCD 屏

17.2.1 常见的显示设备

在目前市面上，常见的显示设备有 LED、显示数码管、点阵 LED 屏、LCD 屏。这几种设备的特点如下。

1．LED

LED 是很简单的显示设备。它只有两种显示状态，表示的信息量比较少，所以一般用在指示状态的显示。

2．显示数码管

显示数码管由多个 LED 排列而成。它显示的信息比 LED 的丰富，且亮度较高。它能够显示数字 0～9 及字母 A～F，所以一般作为数字显示（时间显示）和简单的字符显示。

3．点阵 LED 屏

点阵 LED 屏由多个 LED 像素点均匀排列组成。它除了可以显示汉字、字符等信息，还可以实现动态显示效果。

4．LCD 屏

LCD 屏是通过把液晶有机化合物集中在一起，在液晶分子受到电压的影响下，改变其分子的排列状态，并且让射入的光线产生偏转，从而显示各种图像和文字的。LCD 屏有彩色显示屏和黑白显示屏两种。

17.2.2 常见的彩色显示屏类别

常见的彩色显示屏主要有四类：扭曲向列（Twisted Nematic，TN）LCD 屏、超扭转式向列（Super Twisted Nematic，STN）LCD 屏、双层超扭曲向列（Double-layer Super Twisted Nematic，DSTN）LCD 屏和薄膜式晶体管（Thin Film Transistor，TFT）LCD 屏。这几种彩色显示屏是目前主流的 LCD 屏。

1. TN LCD 屏

TN LCD 屏采用的是 LCD 屏中最基本的显示技术，其显示原理如图 17-1 所示。

由图 17-1 可知，TN LCD 屏包括垂直方向与水平方向的偏光板、具有细纹沟槽的配向膜、液晶层及导电的玻璃基板。

在不加电场的情况下，入射光经过偏光板后通过液晶层，偏光被分子扭转排列的液晶层旋转 90°。在离开液晶层时，其偏光方向恰与另一偏光板的方向一致，所以光线能顺利通过，使整个电极面呈现亮的状态。

在加入电场的情况下，每个液晶分子的光轴转向与电场方向一致。液晶层也因此失去了旋光的能力，结果来自入射偏光片的偏光的方向与另一偏光片的偏光方向成垂直的关系，并无法通过，这样电极面就呈现暗的状态，如图 17-2 所示。

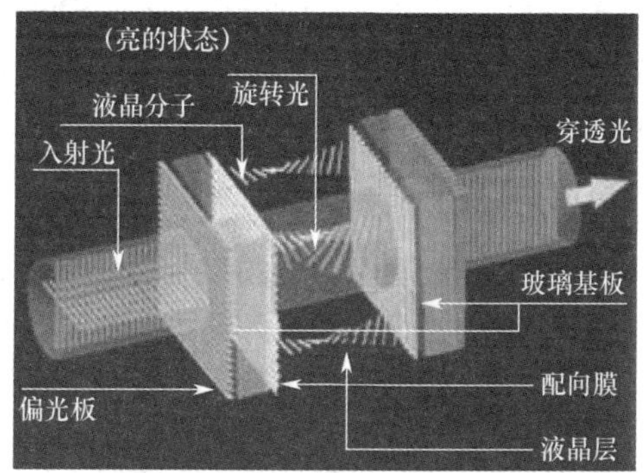

图 17-1　TN LCD 屏的显示原理

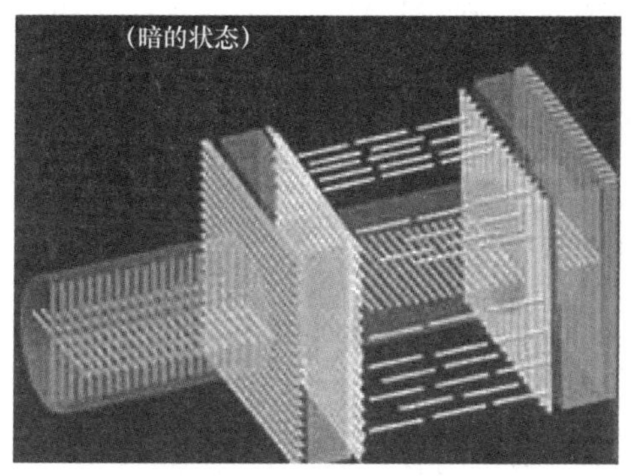

图 17-2　TN LCD 屏暗的状态

TN LCD 的显示原理：将液晶层置于两片贴附光轴垂直偏光板的透明导电玻璃间，液晶分子会依附配向膜的细沟槽方向，按序旋转排列；如果电场未形成，光线就会顺利地从偏光板射入，液晶分子将光线进行方向旋转；如果将两片导电玻璃通电，玻璃间就会形成电场，进而影响其间液晶分子的排列，使分子棒进行扭转，光线便无法穿透，进而遮住光源。这样得到光暗对比的现象，就称为扭转式向列场效应（Twisted Nematic Field Effect, TNFE）。在电子领域中，液晶显示器几乎都是用扭转式向列场效应原理制成的。

2. STN LCD 屏

STN LCD 屏与 TN LCD 屏的显示原理类似。不同的是，TN LCD 屏将入射光旋转 90°，而 STN LCD 屏将入射光旋转 180°～270°。

单色 TN LCD 屏本身只有亮、暗（或称黑、白）两种状态，并没有办法做到色彩的变化。而 STN LCD 屏由于液晶层的关系，以及光线的干涉现象，显示的色调都以淡绿色与橘色为主。但如果在传统单色 STN LCD 屏上加一个彩色滤光片（Color Filter），并将单色显示矩阵的任意一个像素（Pixel）分成三个子像素（Sub Pixel），分别通过彩色滤光片显示红、黄、蓝三原色，再经调和三原色比例，也可以显示出全彩模式的色彩。

3. DSTN LCD 屏

DSTN LCD 屏通过双扫描方式扫描 TN LCD 屏，从而达到显示目的。DSTN LCD 屏是由 STN LCD 屏发展而来的。由于 DSTN LCD 屏采用双扫描技术，因此显示效果相对 STN LCD 屏来说，有大幅度提高。

DSTN LCD 屏的显示原理：通过电场改变原来 180°以上扭曲的液晶分子的排列，达到改变旋光的目的。外加电场则通过逐行扫描的方式改变电场，因此在电场反复改变电压的过程中，每一点的恢复过程都较慢，这样就会产生余辉现象。用户能感觉到的拖尾（余辉）现象也就是一般俗称的“伪彩”。

4．TFT LCD 屏

TN LCD 屏与 STN LCD 屏都是使用场电压驱动方式的，如果显示尺寸加大，中心部位对电极变化的反应时间就会拉长，显示的反应速度就跟不上。为了改善这个问题，主动式矩阵驱动被提出。主动式 TFT LCD 屏的结构较为复杂，包括背光管、导光板、偏光板、滤光板、玻璃基板、配向膜、液晶层和薄膜式晶体管等。在 TFT LCD 屏中，导电玻璃上刻有网状的细小线路；电极则是由薄膜式晶体管所排列而成的矩阵开关；在每个线路相交的地方配有控制闸；各显示点控制闸配合驱动信号动作。电极上的晶体管矩阵依显示信号开启或关闭液晶分子的电压，使液晶分子轴转向而呈现亮、暗两种状态，避免了显示屏对电场效应的依靠，以晶体管开启和关闭的速度作为决定步骤。因此，TFT LCD 屏的显示质量较 TN/STN LCD 屏的更佳，画面显示对比可达 150∶1 以上，反应时间逼近 30ms 甚至更小，同时又具有全彩甚至真彩显示效果，适用于笔记本计算机、LCD 屏、汽车导航系统、数字相机及液晶投影机。

17.2.3 LCD 系统

一个完整的 LCD 系统由三部分组成：主控芯片、LCD 控制器、LCD 屏。LCD 系统的组成如图 17-3 所示。首先主控芯片（CPU）给 LCD 控制器中的帧存控制模块写入数据，帧存控制模块实质起到了显示缓冲的作用，然后帧存控制模块把需要显示的数据通过地址和数据总线传送给图像处理模块，图像处理模块把传进来的数据进行处理后，根据时序发生模块发出的脉冲，把要显示的数据以 RGB 格式发给 LCD 屏去显示。这里可以把图像处理模块看成一个 D/A 转换模块，把时序发生模块看成一个时序模块。

LCD 控制器的作用：把主控芯片发出的要在 LCD 屏上显示的信息转换成 LCD 屏能显示的像素信息。

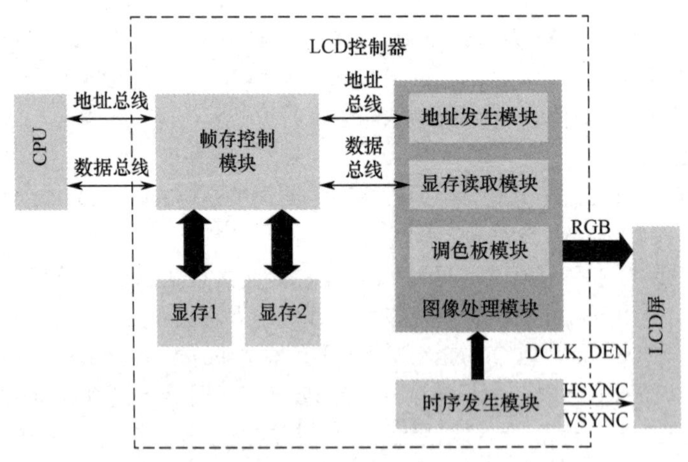

图 17-3　LCD 系统的组成

17.2.4 LCD 屏的主要参数

1．LCD 屏的主要参数

（1）帧：LCD 屏显示一幅完整的画面即为一帧。视频是由一帧一帧连贯的画面组成的。

视频之所以看起来流畅是因为一帧切换到下一帧的画面时间很短。

（2）像素：是构成数字图像的最小单位。若把数字图像放大数倍，就会发现数字图像其实由许多色彩相近的小方格所组成，而这些小方格就是“像素”。

（3）分辨率：LCD 屏上能显示的像素点的个数，包括水平分辨率和垂直分辨率。对于 TFT LCD 屏来说，像素的数目和分辨率在数值上是相等的，都等于屏幕上横向和纵向像素点的个数乘积。

（4）色深：表示三原色（RGB）的二进制位数，常见的有 16bit/pixel，24bit/pixel。如果一个像素点的三原色的二进制位数为 16 位，则称为 16bit/pixel。

2. 信盈达 STM32F103ZET6 开发板配套的 FTF LCD 屏的主要参数

（1）LCD 屏尺寸：3.5in*。

（2）LCD 屏分辨率：320×480 像素。

（3）LCD 屏色深：16bit/pixel（三原色比例为 5∶6∶5）。

（4）LCD 屏驱动接口：8080 并口（并行接口的简称），16 位的数据位宽。

（5）LCD 屏驱动芯片：ILI9486。

17.3　TFT LCD 屏的工作原理

17.3.1　并行通信总线协议简介

在数据传输中，并行通信是一种同时传输多个二进制数字（位）的方法。并行通信如图 17-4 所示。在并行通信中，并行数据占多少位二进制数，就需要多少根传输线。这种方式的特点是通信速度快，但传输线多，价格较贵，适合近距离传输。

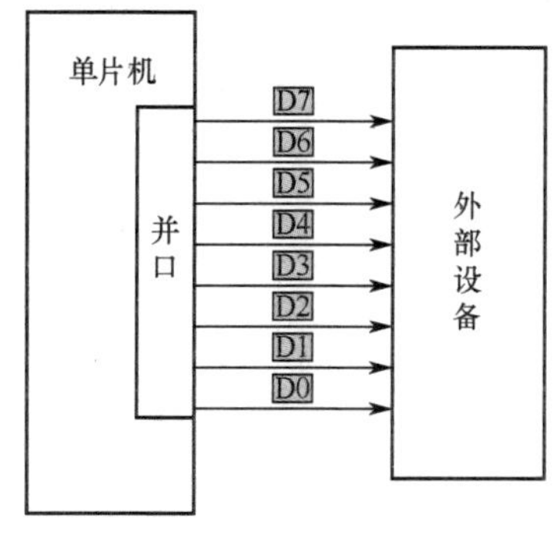

图 17-4　并行通信

17.3.2　ILI9486

STM32F1 没有集成 LCD 控制器，想要驱动 TFT LCD 屏，只能通过一定的总线接口跟 LCD 控制器进行通信，再由 LCD 控制器控制 TFT LCD 屏显示。信盈达 STM32F103ZET6 开发板配套的 TFT LCD 屏，是一个自带 LCD 控制器的 LCD 屏，其 LCD 控制器为 ILI9486。

ILI9486 用于控制 320×480 像素的 LCD 屏。它的 RAM 具有 345 600B。ILI 9486 支持 8 位、9 位、16 位、18 位的 80 并口；支持 SPI 串口；支持 16 位、18 位 RGB 接口；支持 MDDI 1.2 Type-1、MIPI DSI 等接口。

1. ILI9486 的控制时序

ILI9486 利用 IM[2:0]这 3 个位的值来确定通信模式。ILI9486 的 LCD 控制器通信接口选择见表 17-1。信盈达 STM32F103ZET6 开发板配套的 TFT LCD 屏模块选择的通信模式为 1000（8080 总线接口 II），$\overline{CS}$ 引脚的片选信号有效电平为低电平。当 D/C 引脚为高电平时，对 LCD 屏的操作为数据操作；当 D/C 引脚为低电平时，对 LCD 屏的操作为指令操作。当读使能

* 1in=0.0254m。

（RD）引脚和写使能（WR）引脚信号出现低电平向高电平跳变（上升沿）时，对 LCD 屏执行读/写操作。

表 17-1　ILI9486 的 LCD 控制器通信接口选择

IM2	IM1	IM0	接口	使用的数据引脚
0	0	0	8080 18 位数据总线接口	DB[17:0]
0	0	1	8080 9 位数据总线接口	DB[8:0]
0	1	0	8080 16 位数据总线接口	DB[15:0]
0	1	1	8080 8 位数据总线接口	DB[7:0]
1	0	0	禁止使用接口	—
1	0	1	三线制 SPI	SDA
1	1	0	禁止使用接口	—
1	1	1	四线制 SPI	SDA

2．ILI9486 的写指令时序

ILI9486 的写指令时序如图 17-5 所示。

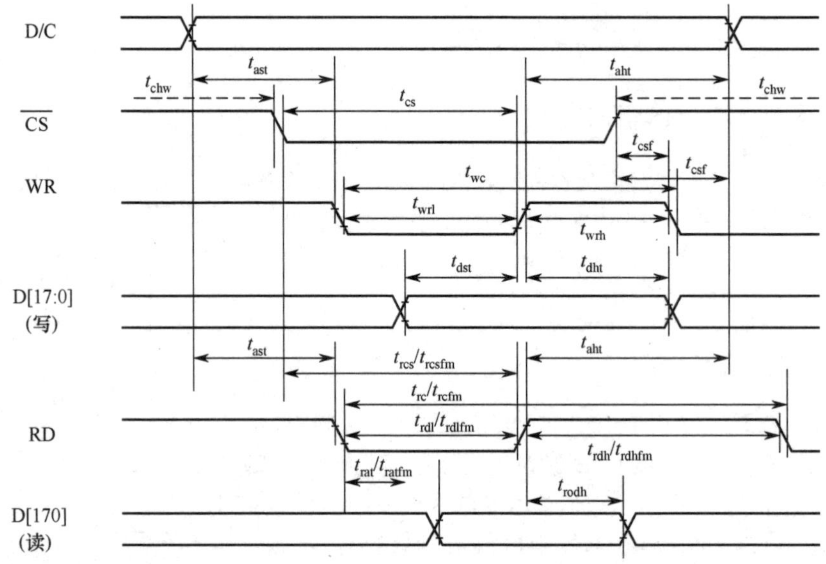

图 17-5　ILI9486 的写指令时序

下面对图 17-5 中的引脚进行介绍。

（1）D/C 引脚：数据/指令选择引脚，为高电平时表示写数据，为低电平时表示写指令。

（2）$\overline{\text{CS}}$ 引脚：片选信号引脚。

（3）WR 引脚：写使能引脚。

（4）D[17:0]引脚：双向数据线引脚。

（5）RD 引脚：读使能引脚。

3．ILI9486 初始化

对于外置 LCD 控制器的 LCD 屏，厂家一般会提供 LCD 控制器的初始化代码。这部分的代码不需要用户去编写。用户只要编写主控芯片和 LCD 控制器之间通信的接口函数就可以了。

4. ILI9486 的控制指令

因为 ILI9486 的控制指令很多，这里就不全部介绍了，读者可以在本书配套资料中查看这些指令更详细的介绍。本书只介绍以下常用的指令。

1）颜色设置指令（0x3A）

ILI9486 自带显存，兼容多种色深，支持 8/9/16/18 位色深，默认值是 18 位色深。色深更改可以通过控制指令 0x3A 改变 DBI[2:0]来实现。DPI[3:0]用于 RGB 接口色深格式选择。注：如果选择 RGB 接口，必须选择串口模式。

2）内存访问控制指令（0x36）

内存访问控制指令可以控制 ILI9486 存储器的读/写方向，即在连续写 GRAM 时，通过控制 GRAM 指针的增长方向，从而控制显示方式。

3）列地址设置指令（0x2A）

列地址设置指令用于指定用户对 GRAM 的 x 轴坐标的操作。这个指令一共有 4 个参数，实际上是 2 个坐标(SC 和 EC)，即 x 轴起始坐标和结束坐标。第一个参数是要操作 x 轴起始坐标的高字节；第二个参数是要操作 x 轴起始坐标的低字节；第三个参数是要操作 x 轴结束坐标的高字节；第四个参数是要操作 x 轴结束坐标的低字节。ILI9486 的列地址设置指令如图 17-6 所示。

	D/C	RD	WR	D17~D8	D7	D6	D5	D4	D3	D2	D1	D0
指令	0	1	↑	××	0	0	1	0	1	0	1	0
第一个参数	1	↑	1	××	SC 15	SC 14	SC 13	SC 12	SC 11	SC 10	SC 9	SC 8
第二个参数	1	↑	1	××	SC 7	SC 6	SC 5	SC 4	SC 3	SC 2	SC 1	SC 0
第三个参数	1	↑	1	××	EC 15	EC 14	EC 13	EC 12	EC 11	EC 10	EC 9	EC 8
第四个参数	1	↑	1	××	EC 7	EC 6	EC 5	EC 4	EC 3	EC 2	EC 1	EC 0

图 17-6　ILI9486 的列地址设置指令

4）页地址设置指令（0x2B）

页地址设置指令用于指定用户对 GRAM 的 y 轴坐标的操作。这个指令也有 4 个参数，实际上是 2 个坐标（SP 和 EP），即 y 轴起始坐标和结束结束。第一个参数是要操作 y 轴起始坐标的高字节；第二个参数是要操作 y 轴起始坐标的低字节；第三个参数是要操作 y 轴结束坐标的高字节；第四个参数是要操作 y 轴结束坐标的低字节。ILI9486 的页地址设置指令如图 17-7 所示。

	D/CX	RDX	WRX	D17~D8	D7	D6	D5	D4	D3	D2	D1	D0
指令	0	1	↑	××	0	0	1	0	1	0	1	1
第一个参数	1	↑	1	××	SP 15	SP 14	SP 13	SP 12	SP 11	SP 10	SP 9	SP 8
第二个参数	1	↑	1	××	SP 7	SP 6	SP 5	SP 4	SP 3	SP 2	SP 1	SP 0
第三个参数	1	↑	1	××	EP 15	EP 14	EP 13	EP 12	EP 11	EP 10	EP 9	EP 8
第四个参数	1	↑	1	××	EP 7	EP 6	EP 5	EP 4	EP 3	EP 2	EP 1	EP 0

图 17-7　ILI9486 的页地址设置指令

5）写 GRAM 指令（0x2C）

在写 GRAM 之前，必须发送写 GRAM 指令给 ILI9486，才允许用户把数据写进 GRAM。写 GRAM 指令支持连续写。ILI9486 收到写 GRAM 指令之后，数据有效位宽变为 16 位，用户可以连续写入 LCD-GRAM 值，而 GRAM 的地址将根据内存访问控制指令设置的扫描方向进行自增。

17.3.3 取模软件应用

PCtoLCD2002 取模软件主要针对汉字、字母、数字、符号进行取模。此取模软件可在本书配套的资料中找到。PCtoLCD2002 取模软件界面如图 17-8 所示。

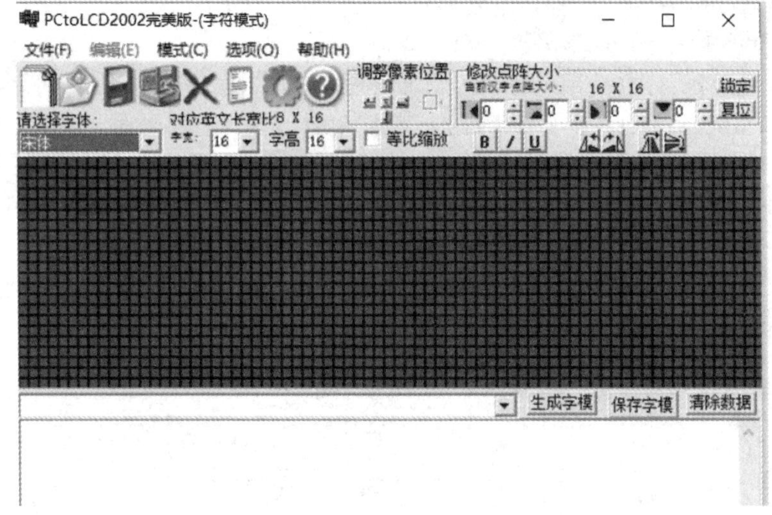

图 17-8 PCtoLCD2002 取模软件界面

PCtoLCD2002 取模软件设置界面如图 17-9 所示。

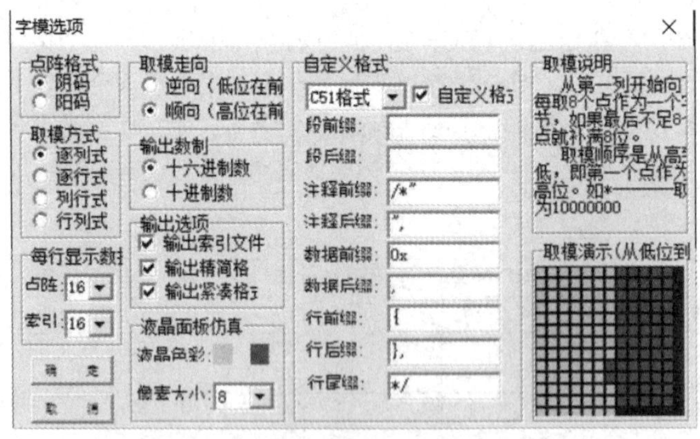

图 17-9 PCtoLCD2002 取模软件设置界面

1．字母取模举例

（1）对字母取模的要求：取模字母为 A、字体大小为 8×16、阴码、逐行式、高位在前、C51 输出格式。

（2）取出的字模数据如下：

0x00,0x00,0x00,0x10,0x10,0x18,0x28,0x28,0x24,0x3C,0x44,0x42,0x42,0xE7,0x00,0x00,/*"A",0*/。

（3）字体大小是 8×16，如果是逐行式取模，每一行里面 8 个点合成一个字节取模，所以一共取出了 16 个字节的数据。

2．汉字取模举例

（1）对汉字取模的要求：取模汉字为啊、字体大小为 16×16、阴码、逐行式、高位在前、C51 输出格式。

（2）取出的字模数据如下：

0x00,0x00,0x0E,0xFC,0xEA,0x08,0xAA,0x08,0xAA,0xE8,0xAA,0xA8,0xAC,0xA8,0xAA,0xA8,

0xAA,0xA8,0xAA,0xA8,0xEA,0xE8,0xAA,0xA8,0x0C,0x08,0x08,0x08,0x08,0x28,0x08,0x10,

（3）字体大小是 16×16，如果是逐行式取模，每一行有 16 个点，每 8 个点合成一个字节取模，所以一共取出 32 个字节的数据。

17.4　TFT LCD 屏实验硬件设计

本实验使用的是信盈达 STM32F103ZET6 开发板 TFT LCD 屏硬件原理图如图 17-10 所示。

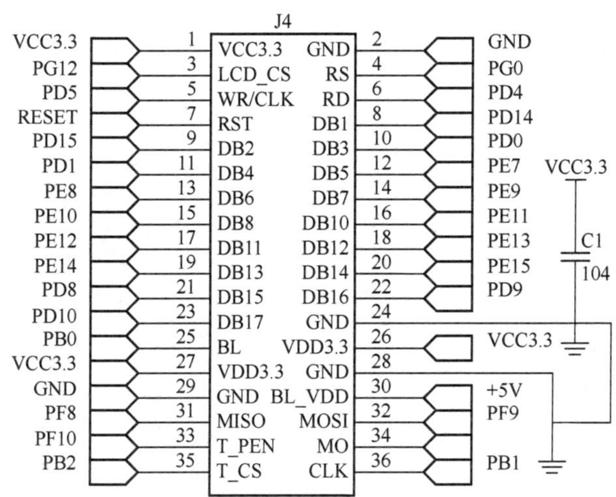

图 17-10　信盈达 STM32F103ZET6 开发板 TFT LCD 屏硬件原理图

17.5　TFT LCD 屏实验软件设计

驱动 TFT LCD 屏软件实现步骤如下。

（1）TFT LCD 屏初始化。

（2）编写 TFT LCD 屏画点函数及清屏函数。

（3）对需要显示的字符及汉字通过取模软件取模。

（4）编写 TFT LCD 屏显示字符函数及汉字函数。

（5）在主函数中调用显示函数显示内容。

TFT LCD 屏实验软件实现流程图如图 17-11 所示。

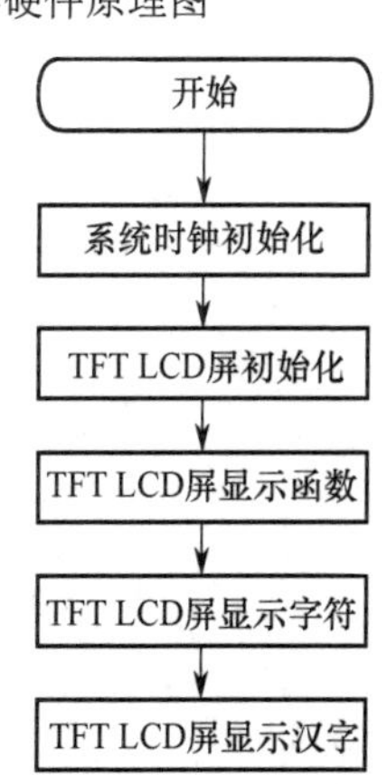

图 17-11　TFT LCD 屏实验软件实现流程图

17.6 TFT LCD 屏实验示例程序分析及仿真

这里只列出了部分主要功能函数，具体工程请参考配套示例程序。此示例使用的是 GPIO 接口的普通功能驱动 TFT LCD 屏，刷屏速度比较慢。想要刷屏速度比较快，可以使用 FSMC 驱动 TFT LCD 屏。FSMC 将会在第 19 章介绍。

17.6.1 TFT LCD 屏画点函数

```
/**********************************************************************
*函数信息：void LCD_Draw_Point(u16 xpos, u16 ypos, u16 color)
*功能描述：在 TFT LCD 屏上画点
*输入参数：xpos 表示 TFT LCD 屏上 x 轴坐标
*          ypos 表示 TFT LCD 屏上 y 轴坐标
*          color 表示画点的颜色
*输出参数：无
*函数返回：无
*调用提示：显示函数调用
*  作者：  陈醒醒
**********************************************************************/
void LCD_Draw_Point(u16 xpos, u16 ypos, u16 color)
{
    LCD_ILI9486_CMD(0x2A);                           /*设置列地址（x 坐标）指令*/
    LCD_ILI9486_Parameter((xpos & 0xFF00) >> 8);     /*x 轴起始坐标的高字节*/
    LCD_ILI9486_Parameter(xpos & 0xFF);              /*x 轴起始坐标的低字节*/
    LCD_ILI9486_Parameter((xpos & 0xFF00) >> 8);     /*x 轴结束坐标的高字节*/
    LCD_ILI9486_Parameter(xpos & 0xFF);              /*x 轴结束坐标的低字节*/
    LCD_ILI9486_CMD(0x2B);                           /*设置页地址（y 坐标）指令*/
    LCD_ILI9486_Parameter((ypos & 0xFF00) >> 8);     /*y 轴起始坐标的高字节*/
    LCD_ILI9486_Parameter(ypos & 0xFF);              /*y 轴起始坐标的低字节*/
    LCD_ILI9486_Parameter((ypos & 0xFF00) >> 8);     /*y 轴结束坐标的高字节*/
    LCD_ILI9486_Parameter(ypos & 0xFF);              /*y 轴结束坐标的低字节*/
    LCD_ILI9486_CMD(0x2C);                           /*发送写 GRAM 指令*/
    LCD_ILI9486_Parameter(color);                    /*写入颜色数据*/
}
```

17.6.2 TFT LCD 屏显示字符函数

```
/**********************************************************************
*函数信息：void LCD_Show_Char(u16 x,u16 y,u8 num,u16 color,u16 backcolor)
*功能描述：在 TFT LCD 屏上显示字符
*输入参数：x 表示 TFT LCD 屏上 x 轴坐标
*          y 表示 TFT LCD 屏上 y 轴坐标
*          ch 表示显示的字符
*          color 表示显示字符的前景色
*          backcolor 表示显示字符的背景色
*输出参数：无
*函数返回：无
*调用提示：显示函数调用
```

```
*  作者:      陈醒醒
*********************************************************************/
void LCD_Show_Char(u16 x,u16 y,u8 ch,u16 color,u16 backcolor)
{
  u8 temp,t1,t;
    u16 y0=y;
    for(t=0;t<16;t++)           /*字体大小为 8×16 的字符一共有 16 个字节的字模*/
    {
        temp=ASCII[ch][t];    /*从存放字模的数组中取出字模*/
        for(t1=0;t1<8;t1++) /*每个字节的字模有 8 个位*/
        {
                if(temp&0x80)    /*判断最高位是否为 1，1 则成立*/
                {
                    LCD_Draw_Point(x,y,color); /*画前景色*/
                }
                else
                {
                    LCD_Draw_Point(x,y,backcolor); /*画背景色*/
                }
                temp<<=1; /*字模的位左移*/
                y++;           /*y 轴偏移量加 1*/
                if((y-y0)==16)
                {
                    y=y0;
                    x++;        /*x 轴偏移量加 1*/
                }
        }
    }
}
```

17.6.3 TFT LCD 屏实验测试结果

TFT LCD 屏实验测试结果如图 17-12 所示。

图 17-12 TFT LCD 屏实验测试结果

17.7 本章课后作业

17-1 编写显示图片函数并使 TFT LCD 屏上显示像素小于 320×480 像素的图片。

17-2 编写一个显示函数，能同时显示中、英文。

17-3 编写函数实现显示其他字体大小的中、英文。

17-4 编写函数实现把中、英文字库烧写到 W25Q64 中，并读取显示。

第 18 章 触摸屏实验

18.1 学习目的

（1）了解触摸屏的基本分类。

（2）了解触摸屏的工作原理。

（3）掌握电阻触摸屏的校准算法。

（4）掌握电阻触摸屏的基本使用。

18.2 触摸屏

18.2.1 触摸屏的分类

按照触摸屏的工作原理和传输信息的介质，把触摸屏分为四种：电阻式触摸屏、电容感应式触摸屏、红外线式触摸屏和表面声波式触摸屏。

（1）电阻式触摸屏：定位准确，支持单点触摸。

（2）电容感应式触摸屏：支持多点触摸，价格偏贵，工业应用最广泛。

（3）红外线式触摸屏：价格低廉，但其外框易碎，容易产生光干扰。

（4）表面声波式触摸屏：没有上述三种触摸屏的缺点，但是屏幕表面如果有水滴和尘土会使触摸屏反应变得迟钝。

18.2.2 电阻式触摸屏的工作原理

为了操作上的方便，人们用触摸屏来代替鼠标或键盘。工作时，人们必须首先用手指或其他物体触摸安装在显示器前面的触摸屏，然后系统根据手指触摸的图标或菜单位置来定位选择信息的输入。触摸屏由触摸检测部件和触摸屏控制器组成。触摸检测部件安装在显示器前面，用于检测用户触摸位置，产生触摸信息。触摸屏控制器的主要作用是从触摸检测部件上接收触摸信息，并将它转换成触点坐标，再传送给 CPU。同时，触摸屏控制器能接收 CPU 发来的命令并加以执行。有的主控芯片内部有触摸屏控制器，有的主控芯片没有触摸屏控制器，对于没有触摸屏控制器的主控芯片，需要使用外置触摸屏控制器。STM32 内部就没有触摸屏控制器。

电阻式触摸屏的主要部分是一块与显示器表面配合非常好的电阻薄膜屏。这块电阻薄膜屏是一种多层的复合薄膜，由一层玻璃或有机玻璃作为基层，外表面涂有一层透明的导体层，上面再盖有一层表面经硬化处理、光滑防刮的塑料层，而内表面也涂有一层透明导体层，并且这两层导体层之间有许多细小的透明隔离点，从而使这两层导体层隔开、绝缘。当手指触摸电阻式触摸屏时，平常绝缘的两层导体层在触摸点位置就有了一个接触，触摸屏控制器接收到这个接触信息后，使其中一个导体层接通 y 轴方向的 5V 均匀电压场，另一个导体层将触摸点的电压引至触摸屏控制器进行 A/D 转换，并将得到的电压值与 5V 相比即可得触摸点的 y 轴坐标，同理得出 x 的坐标，这就是所有电阻触摸屏的基本工作原理。

电阻式触摸屏一般由两层透明的阻性导体层、隔离层、电极三部分组成，如图 18-1 所示。阻性导体层由阻性材料（如铟锡氧化物）涂在衬底上构成，而上层衬底采用塑料材料，下层衬底采用玻璃材料。隔离层采用黏性绝缘液体材料，如聚酯薄膜。电极由导电性能极好的材料（如银粉墨）构成，其导电性能大约为铟锡氧化物的 1000 倍。

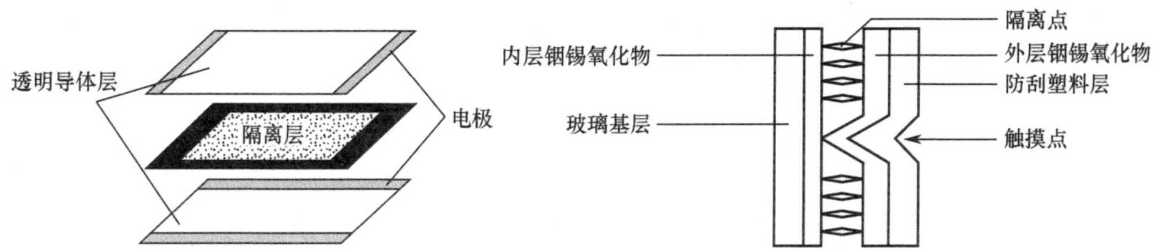

图 18-1　电阻式触摸屏的组成

当电阻式触摸屏工作时，上、下导体层相当于电阻网络，如图 18-2 所示。当某层电极加上电压时，会在该网络上形成梯度电压。如有外力使得上、下导体层在某点接触形成一个触摸点，则在未加电压的另一层电极上可以测得该触摸点处的电压，从而知道该触摸点处的坐标。比如，在顶层电极（$X+$，$X-$）上加上电压，则在顶层导体层上形成梯度电压，当有外力使得上、下导体层在某点接触形成一个触摸点，在底层电极上就可以测得该触摸点处的电压，再根据该电压与电极（$X+$）之间的距离关系，推导出该处的 x 坐标，然后将电压切换到底层电极（$Y+$，$Y-$）上，并在顶层电极上测量该触摸点处的电压，从而推导出 y 坐标。

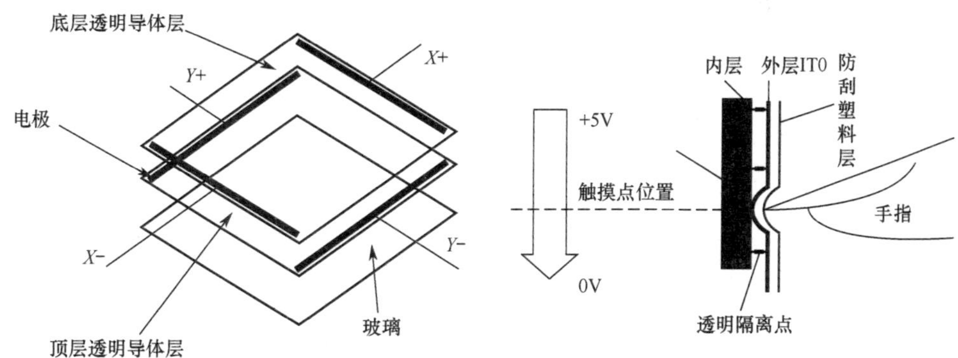

图 18-2　电阻式触摸屏的工作原理

18.2.3　电阻式触摸屏的校准原理

传统的鼠标属于相对定位系统，鼠标当前定位坐标只和前一次鼠标定位坐标有关。触摸屏则属于绝对坐标系统。在触摸屏上，要选哪儿就直接触摸哪儿。绝对坐标系统的特点是每次定位坐标与上一次定位坐标没有关系，每次触摸的数据通过校准转为触摸屏坐标，不管在什么情况下，触摸屏坐标在同一点的输出数据是稳定的。不过由于技术原因，并不能保证同一点触摸的每次采样数据都是相同的，即绝对坐标定位可能不准，这就是触摸屏最怕的问题——漂移。对于性能质量好的触摸屏来说，漂移并不是很严重。所以，很多应用触摸屏的系统启动后，进入应用程序前，先要执行校准程序。

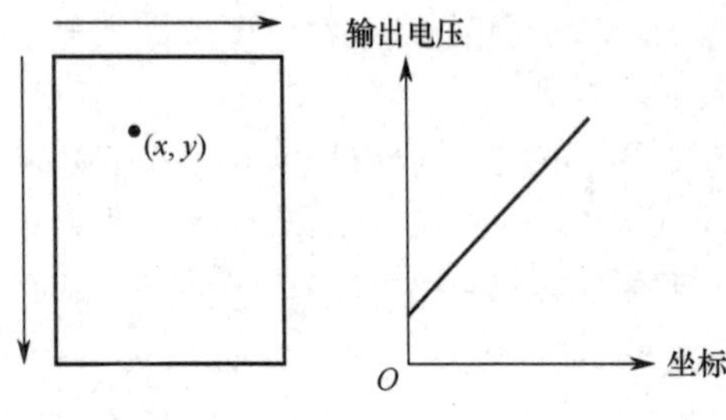

图 18-3　电阻式触摸屏电压与坐标之间的关系

一般触摸屏将触摸时的 x、y 轴方向的电压传送到 A/D 转换接口，而经过 A/D 转换后的 x、y 值仅是对当前触摸点电压的 A/D 转换值（不具有实用价值）。这个值的大小不仅与触摸屏的分辨率有关，而且与触摸屏与 LCD 屏贴合的情况有关。如果想得到体现 LCD 屏坐标的触摸屏位置，还要在程序中进行转换。电阻式触摸屏电压与坐标之间的关系如图 18-3 所示。

电阻式触摸屏电压与坐标之间的关系如下：

$$x_{lcd} = x_{fac} \times x_{touch} + x_{off}$$

$$y_{lcd} = y_{fac} \times y_{touch} + y_{off}$$

其中，(x_{lcd}, y_{lcd}) 是在 LCD 屏坐标；(x_{touch}, y_{touch}) 是触摸屏坐标。x_{fac}、y_{fac} 分别是 x、y 轴方向的比例因子；x_{off}、y_{off} 分别是 x、y 轴方向的偏移量。要求出 x_{fac}、y_{fac}、x_{off}、y_{off} 这 4 个参数，必须先得到 4 个 LCD 屏坐标和相应的 4 个触摸屏坐标。可以事先在 LCD 屏上选取 4 个点（这 4 个点的坐标是已知的），然后分别按这 4 个点就可以从触摸屏读到 4 个触摸屏坐标，这样就可以通过待定系数法求出 x_{fac}、y_{fac}、x_{off}、y_{off} 这 4 个参数。保存好这 4 个参数，在以后的使用中，把所有得到坐标都按照这个关系式来计算 LCD 屏坐标，从而达到了触摸屏校准的目的。

18.2.4　电阻式触摸屏的校准算法

实际上，LCD 屏坐标系和触摸屏坐标系不同。因为 LCD 屏和触摸屏安装的方向、本身的精度等原因，所以它们的坐标轴方向、比例因子、偏移量、缩放因子都不一样。LCD 屏坐标系与触摸屏坐标系如图 18-4 所示。

如果 PT（x, y）表示触摸屏上的一个点，PL（x, y）表示 LCD 屏上的一个点，校正的过程就是得到一个转换矩阵 **M**，使 PL(x, y) = **M**×PT(x, y)。

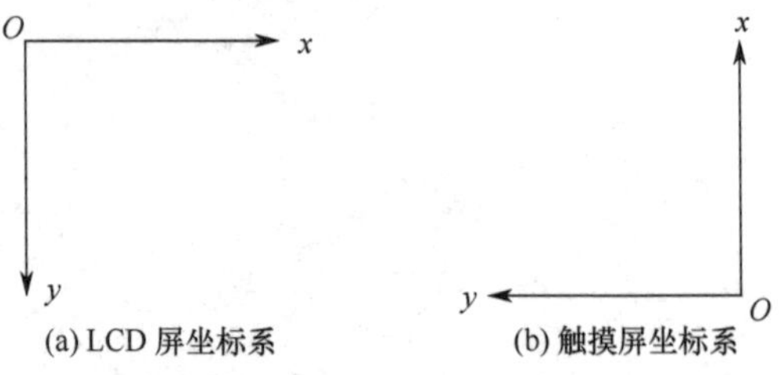

图 18-4　LCD 屏坐标系与触摸屏坐标系

通常应用程序中使用的 LCD 屏坐标是以像素为单位的。比如，240×320 像素的 LCD 屏，左上角的坐标是（0, 0），而右下角的坐标为（240, 320）。触摸屏坐标是一组非零的数值（A/D 转换得到的）。由于电压在触摸屏上是线性均匀分布的，所以 A/D 转换后的触摸屏坐标也是线性的。

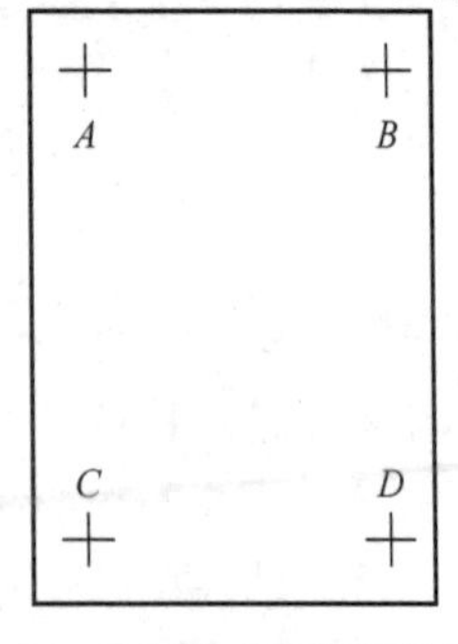

图 18-5　电阻式触摸屏校准点

由于触摸屏本身性能存在差异，边缘点对应的触摸屏线性一般也不好，而且 LCD 屏的安装位置可能存在偏差，因此可以选择 LCD 屏的正中间部分进行测试和使用，用四点校正法对触摸屏进行校准。以 240×320 像素的 LCD 屏为例，选左上角点 *A*（20, 20）、右下角点 *D*（220, 300）包含的区域 *ABCD*，如图 18-5 所示。选定该区域后，可以将图形在 LCD 屏上绘制出来，触摸 *A*、*B*、*C*、*D* 这 4 个点，可以得到 4 组触摸屏坐标。

分别比较点 *A* 和点 *B*、点 *C* 和点 *D* 的触摸屏纵坐标（LCD

屏横坐标），点 *A* 和点 *C*、点 *B* 和点 *D* 的触摸屏横坐标（LCD 屏纵坐标），看它们的差值是否在允许的范围内，比如 5。重复触摸这 4 个点，将得到的数据记录下来。选取一部分差值较小的数据取平均值，用平均值代替 *A*、*B*、*C*、*D* 这 4 个点的触摸屏坐标。

18.2.5　XPT2046

1. XPT2016 简介

触摸屏控制器一般有主控芯片内部自带的触摸屏控制器和外置触摸屏控制器两种。信盈达 TFT LCD 屏是带触摸屏控制器的，并且使用的触摸屏控制器芯片为 XPT2046，如图 18-6 所示。

XPT2046 是一种典型的逐次逼近型 ADC，包含了采样/保持、A/D 转换、串口数据输出等功能。同时，它集成了 2.5V 的内部参考电压源、温度检测电路、工作时使用的外部时钟。

XPT2046 可以由单电源供电，电源电压为 2.7～5.5V。参考电压值直接决定 XPT2046 的输入电压范围。参考电压可以使用 XPT2046 内部参考电压，也可以从 XPT2046 外部直接输入 1～VCC 范围内的参考电压（要求外部参考电压源输出阻抗低）。YN、XN、YP、XP、VBAT、Temp 和 AUX 模拟信号经过 XPT2046 片内控制寄存器选择后进入 XPT2046。XPT2046 可以配置为单端或差分模式。选择输入 VBAT、Temp 和 AUX 模拟信号时 XPT2046 可以配置为单端模式。XPT2046 作为触摸屏应用时，可以配置为差分模式。差分模式这可有效消除由于驱动开关的寄生电阻及外部的干扰带来的测量误差，从而提高 XPT2046 的转换准确度。

XPT2046 采用 4 线 SPI 总线进行通信，通信频率最大为 2.5MHz。

2. XPT2046 的结构

XPT2046 的结构如图 18-7 所示。

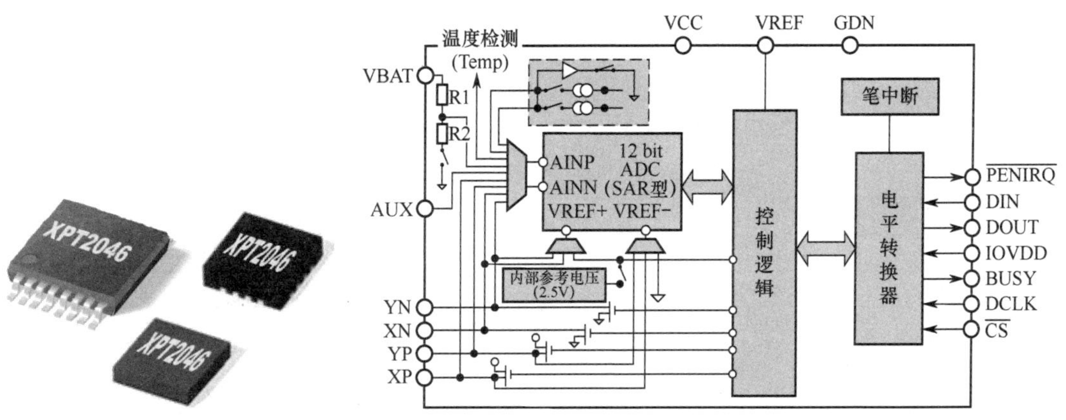

图 18-6　XPT2046 实物

图 18-7　XPT2046 的结构

下面对图 18-7 中的引脚进行介绍。

（1）VBAT 引脚作为电池监测输入端。

（2）AUX 引脚作为 ADC 辅助输入通道。

（3）YN、XN、YP、XP 这 4 个引脚接的是四线电阻屏。

（4）$\overline{\text{PENIRQ}}$ 引脚为笔中断引脚。当触摸屏被触摸时，此引脚输出低电平。

（5）DIN 引脚为数据输入引脚。此引脚应接 SPI 总线中 MOSI 线。

（6）DOUT 引脚为数据输出引脚。此引脚应接 SPI 总线中 MISO 线。

（7）BUSY 引脚为忙状态引脚。此引脚可接 MCU I/O 接口来判断 XTP2046 的状态。

（8）DCLK 引脚为时钟引脚。此引脚应接 SPI 总线中的 CLK 线。

（9）$\overline{CS}$ 引脚为片择引脚。此引脚可接 MCU I/O 接口来进行 XPT2046 选择，低电平有效。

3．XPT2046 的时序

XPT2046 的时序如图 18-8 所示。

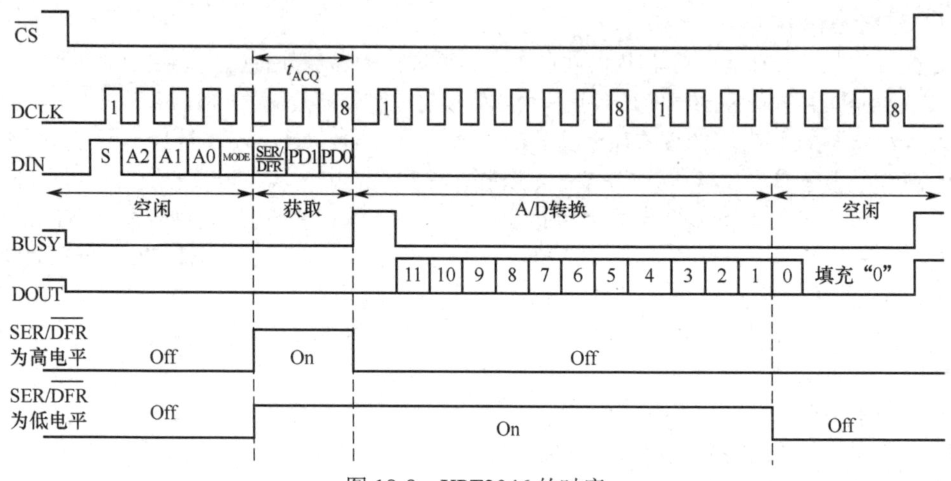

图 18-8　XPT2046 的时序

由图 18-8 可得，对 XPT2046 的操作步骤如下。

（1）拉低 XPT2046 片选引脚电平。

（2）发送控制指令给 XPT2046。

（3）等待 XPT2046 A/D 转换完成。

（4）XPT2046 做出响应。

（5）拉高 XPT2046 片选引脚电平。

XPT2046 的控制指令描述见表 18-1。

表 18-1　XPT2046 的控制指令描述

位	名称	功能描述
7	S	开始位：“1”表示一个新的控制字节到来；“0”表示忽略 DIN 引脚上数据
6～4	A2～A0	通道选择位
3	MODE	12 位/8 位 A/D 转换分辨率选择位：“1”表示选择 8 位 A/D 转换分辨率；“0”表示选择 12 位 A/D 分辨率
2	SER/DFR	单端输入方式/差分输入方式选择位：“1”表示单端输入方式，“0”表示差分输入方式
1～0	PD1～PD0	低功率模式选择位：若为“11”，器件总处于供电状态；若为“00”，器件处于低功率模式

XPT2046 的通道选择（差分模式下）见表 18-2。

表 18-2　XPT2046 的通道选择（差分模式下）

A2	A1	A0	+VREF	-VREF	YN	XP	YP	Y 位置	X 位置	Z 位置	Z2 位置	驱动
0	0	1	YP	YN		+IN		测量				YP，YN
0	1	1	YP	XN		+IN				测量		YN，XN
1	0	0	YP	XN	+IN						测量	YP，YN
1	0	1	XP	XN			+IN		测量			XP，XN

XPT2046 启动的测量指令代码（差分模式）如下。

（1）测量 x 轴指令代码为 0xD0。

（2）测量 y 轴指令代码为 0x90。

启动 XPT2046 后，XPT2046 会进入 BUSY 状态，然后开启 A/D 转换，接着就可以读取 A/D 转换值。BUSY 状态需要用户提供一个时钟脉冲清除。返回 XPT2046 的数据一共 16 位，其中高 12 位是 A/D 转换的结果。

18.3　触摸屏实验硬件设计

信盈达 STM32F103ZET6 开发板触摸屏硬件原理图如图 18-9 所示。

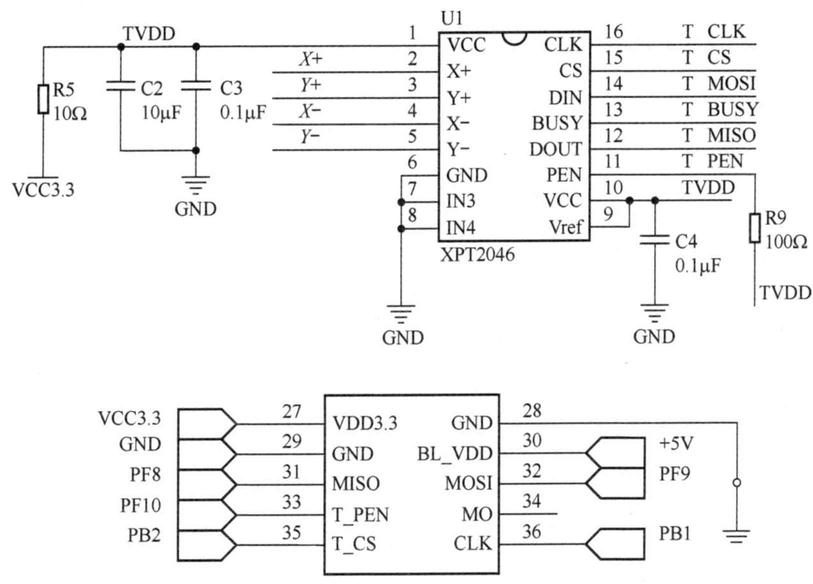

图 18-9　信盈达 STM32F103ZET6 触摸屏硬件原理图

由图 18-9 可知，触摸屏使用的是 SPI 总线控制，但是其所连接的 STM32 I/O 接口并不具备硬件 SPI 功能，因此使用 I/O 接口模拟 SPI 总线通信，类似于 I^2C 总线通信。

18.4　触摸屏实验软件设计

触摸屏实验软件实现步骤如下。

（1）GPIO 接口初始化，配置为通用模式。

（2）编写 I/O 接口模拟时序的 SPI 数据发送函数。

（3）编写 I/O 接口模拟时序的 SPI 数据接收函数。

（4）编写获取触摸屏的 A/D 转换值函数。

（5）编写触摸屏校准函数。

（6）编写获取触摸屏坐标函数。

触摸屏实验软件设计流程图如图 18-10 所示。

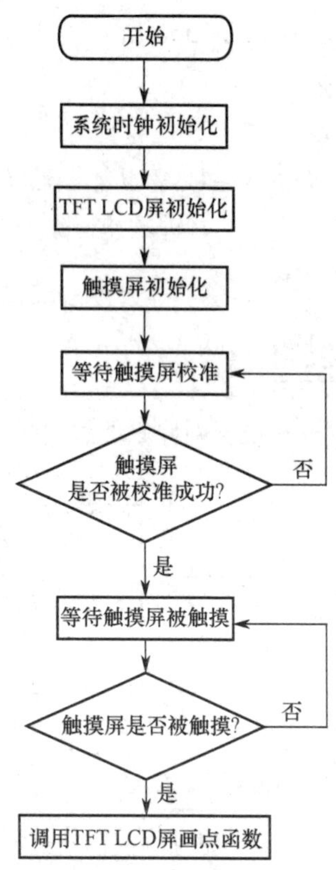

图 18-10　触摸屏实验软件设计流程图

18.5　触摸屏实验示例程序分析及仿真

这里只列出了部分主要功能函数。此示例程序是在第 17 章的 TFT LCD 屏实验程序基础上更改的，刷屏速度比较慢。

18.5.1　触摸屏 SPI 数据发送函数

```
/***********************************************************************
*函数信息：void xptspi_send_byte(u8 data)
*功能描述：I/O 接口模拟时序的 SPI 数据发送函数
*输入参数：data 表示需要发送的数据
*输出参数：无
*函数返回：无
*调用提示：无
*  作者：  陈醒醒
***********************************************************************/
void xptspi_send_byte(u8 data)
{
    u8 i;
    for(i=0;i<8;i++)          /*循环发送 8 位数据*/
    {
        TCLK(1);
        TCLK(0);              /*产生时钟信号下降沿，发送数据*/
```

```
        if(data&0x80)    /*判断最高位的数据*/
          TOUT(1);              /*写 1*/
        else
          TOUT(0);              /*写 0*/
        data=data<<1;           /*发送的数据左移一位*/
        TCLK(1);         /*拉高 CLK 线电平*/
    }
}
```

18.5.2　触摸屏 SPI 数据接收函数

```
/***********************************************************************
*函数信息：void xptspi_send_byte(u8 data)
*功能描述：I/O 接口模拟时序的 SPI 数据接收函数
*输入参数：无
*输出参数：无
*函数返回：读到的数据
*调用提示：无
*  作者：    陈醒醒
***********************************************************************/
u8 xptspi_receive_byte(void)
{
    u8 data;
    u8 i;
    for(i=0;i<8;i++)          /*循环接收 8 位数据*/
    {
    TCLK(1);
        TCLK(0);              /*拉低 CLK 线电平*/
    TCLK(1);          /*拉高 CLK 线电平，产生时钟信号上升沿，接收数据*/
        data<<=1;             /*数据先左移，即数据最低位为 0*/
        if(TDIN())            /*判断读到的数据*/
            data|= 0x01;        /*如果读到的数据为 1，则写 1*/
    }
    return data;              /*返回读到的数据*/
}
```

18.5.3　触摸屏校准函数

```
/***********************************************************************
*函数信息：void Touch_Adjust(void)
*功能描述：触摸屏校准函数
*输入参数：无
*输出参数：无
*函数返回：无
*调用提示：无
*  作者：    陈醒醒
*  其他：    C 语言在中<math.h>中 sqrt 函数的使用
   功能：    计算一个非负实数的平方根（如 4 的平方为±2，用 sqrt 函数计算则为 2）
***********************************************************************/
void Touch_Adjust(void)
```

```
{
    u16 lcd_pos[][2] =
    {
        20,20,
        300,20,
        20,460,
        300,460,
    };
    TOUCH_VAL touch_pos[4];/*存放 4 个触摸屏 A/D 转换值*/
    u8 i;
    float len1,len2;
    LCD_Show_String(30,130,200,16,RED,WHITE,(u8*)"touch adjust");
    while(1)
    {
        for(i=0;i<4;i++)/*连续读取 4 个 LCD 屏坐标对应的触摸屏 A/D 转换值*/
        {
                dis_touch_ioc(lcd_pos[i][0],lcd_pos[i][1],RED);     /*画触摸点*/
                while(PEN); /*等待按下*/
                get_xpt2046_xyval(&touch_pos[i]);/*获得 xpt2046 测量触摸点的 x、y 值*/
                while(!PEN);/*等待松开*/
                dis_touch_ioc(lcd_pos[i][0],lcd_pos[i][1],WHITE);
        }
        /*校验坐标，计算单击的触摸点位置是否正确，如果不正确重新校准*/
        /*水平两个触摸点之间的距离比较*/
        len1 = sqrt((touch_pos[1].xval-touch_pos[0].xval)*(touch_pos[1].xval-touch_pos[0].xval) \
            + (touch_pos[1].yval-touch_pos[0].yval)*(touch_pos[1].yval-touch_pos[0].yval));
        len2 = sqrt((touch_pos[3].xval-touch_pos[2].xval)*(touch_pos[3].xval-touch_pos[2].xval) \
            + (touch_pos[3].yval-touch_pos[2].yval)*(touch_pos[3].yval-touch_pos[2].yval));
        if(((len1/len2)<0.95)||((len1/len2)>1.05))
            continue;/*单击的触摸点不符合要求*/
        /*垂直两个触摸点之间的距离比较*/
        len1 = sqrt((touch_pos[2].xval-touch_pos[0].xval)*(touch_pos[2].xval-touch_pos[0].xval) \
            + (touch_pos[2].yval-touch_pos[0].yval)*(touch_pos[2].yval-touch_pos[0].yval));
        len2 = sqrt((touch_pos[3].xval-touch_pos[1].xval)*(touch_pos[3].xval-touch_pos[1].xval) \
            + (touch_pos[3].yval-touch_pos[1].yval)*(touch_pos[3].yval-touch_pos[1].yval));
        if(((len1/len2)<0.95)||((len1/len2)>1.05))
            continue;
        /*对角线两个触摸点之间的距离比较*/
        len1 = sqrt((touch_pos[3].xval-touch_pos[0].xval)*(touch_pos[3].xval-touch_pos[0].xval) \
            + (touch_pos[3].yval-touch_pos[0].yval)*(touch_pos[3].yval-touch_pos[0].yval));
        len2 = sqrt((touch_pos[2].xval-touch_pos[1].xval)*(touch_pos[2].xval-touch_pos[1].xval) \
            + (touch_pos[2].yval-touch_pos[1].yval)*(touch_pos[2].yval-touch_pos[1].yval));
        if(((len1/len2)<0.95)||((len1/len2)>1.05))
            continue;
        /*关系运算*/
        Kx = (float)(lcd_pos[1][0]- lcd_pos[0][0])/ (touch_pos[1].xval- touch_pos[0].xval);
        Bx = lcd_pos[0][0] - Kx*touch_pos[0].xval;
        Ky = (float)( lcd_pos[2][1]- lcd_pos[0][1])/ (touch_pos[2].yval- touch_pos[0].yval);
        By = lcd_pos[0][1] - Ky*touch_pos[0].yval;
```

```
            /*提示校准完成*/
            LCD_Clear(WHITE);
            LCD_Show_String(30,130,200,16,RED,WHITE,(u8*)"touch adjust OK");
            Delay_ms(1000);
            LCD_Clear(WHITE);
            break;
        }
    }
```

18.5.4　触摸屏实验测试结果

在触摸屏上移动触摸点时，会在 TFT LCD 屏上显示触摸点的位置。

18.6　本章课后作业

18-1　编写触摸屏控制 LED 亮、灭的程序。

18-2　编写触摸屏控制蜂鸣器响与不响的程序。

18-3　把触摸屏校准参数写入 AT24C02 中，避免每次启动触摸屏都需要校准。

18-4　把触摸屏校准参数写入 W25Q64 中，避免每次启动触摸屏都需要校准。

18-5　在触摸屏上编写一个简易的五子棋游戏。

第 19 章 FSMC 实验

19.1 学习目的

（1）掌握 FSMC 工作原理及配置方法。

（2）使用 FSMC 驱动 TFT LCD 屏。

19.2 FSMC 概述

19.2.1 FSMC 简介

可变静态存储控制器（Flexible Static Memory Controller，FSMC）是 STM32 内部集成的 256 KB 以上闪存。FSMC 能够根据不同的外部存储器类型，发出对应的数据、地址、控制信号类型及匹配信号的速度，从而使得 STM32 不仅能够应用于各种不同类型、不同速度的外部静态存储器，而且能够在不增加外部器件的情况下同时扩展多种不同类型的静态存储器，以满足系统设计对存储容量、产品体积及成本的综合要求。FSMC 能够与同步或异步存储器、16 位 PC 存储器接口相连。它的主要作用如下。

（1）将 AHB 传输信号转换为符合外部设备通信协议的信号。

（2）满足访问外部设备的时序要求。

（3）支持多种静态存储器类型。STM32 可以通过 FSMC 与 SRAM、ROM、PSRAM、NOR 闪存、NAND 闪存的引脚直接相连。

（4）支持多种存储操作方式。FSMC 不仅支持多种数据宽度的异步读、写操作，而且支持对 NOR 闪存、PSRAM、NAND 闪存的同步突发访问方式。

（5）支持同时扩展多种存储器。在 FSMC 的映射地址空间中，不同的存储块（Bank）是相互独立的，可用于扩展不同类型的存储器。当系统中扩展和使用多个外部存储器时，FSMC 会通过总线悬空延迟时间参数的设置，防止各存储器对总线的访问冲突。

（6）支持更为广泛的存储器型号。通过对 FSMC 的时间参数设置，扩大了系统中可用存储器的范围，为用户提供了灵活的存储器选择空间。

（7）支持代码在 FSMC 扩展的外部存储器中直接运行，而不用先将代码调入内部 SRAM 中。

19.2.2 FSMC 结构

STM32F103ZET6 的 FSMC 结构如图 19-1 所示。

由图 19-1 可知，FSMC 包含 4 个主要模块。

（1）AHB 总线接口（包含 FSMC 配置寄存器）。

（2）NOR 闪存和 PSRAM 控制器。

（3）NAND 闪存和 PC 卡控制器。

（4）外部设备接口。

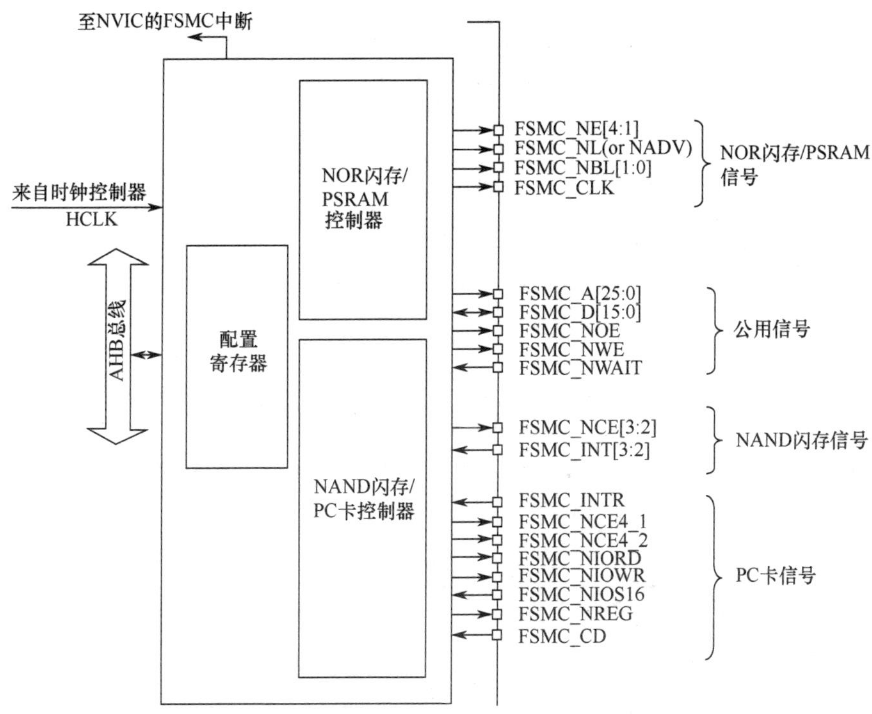

图 19-1　STM32F103ZET6 的 FSMC 结构

STM32 之所以能够支持 NOR 闪存和 NAND 闪存这两类访问方式完全不同的存储器扩展，是因为 FSMC 内部实际包括 NOR 闪存/PSRAM 和 NAND 闪存/PC 卡这两个控制器，分别支持两种截然不同的存储器访问方式。在 STM32 内部，FSMC 的一端通过内部高速总线 AHB 连接到 Cortex-M3，另一端则连接扩展存储器的外部总线。Cortex-M3 把外部存储器的访问信号发送到 AHB 总线后，经过 FSMC 转换为符合外部存储器通信协议的信号，并送到外部存储器的相应引脚，以实现 Cortex-M3 与外部存储器之间的数据交互。FSMC 起到桥梁作用，既能够进行信号类型的转换，又能够进行信号宽度和时序的调整，屏蔽不同存储器类型的差异，使不同存储器对 Cortex-M3 而言没有区别。

19.2.3　FSMC 映射地址空间

STM32F103ZET6 的 FSMC 映射地址空间如图 19-2 所示。

（1）FSMC 管理 1GB 的映射地址空间。该空间划分为 4 个 256MB 的 Bank，每个 Bank 又划分为 4 个 64MB 的子 Bank。

（2）FSMC 的 2 个控制器管理的映射地址空间不同。NOR 闪存控制器管理第 1 个 Bank，NAND 闪存/PC 卡控制器管理第 2～第 4 个 Bank。由于这两个控制器管理的存储器类型不同，所以 FSMC 扩展存储器时应根据选用的存储器类型确定其映射位置。其中，Bank1 的 4 个子 Bank 拥有独立的片选线和控制寄存器，可分别扩展一个独立的存储器；Bank2～Bank4 只有一组控制寄存器。

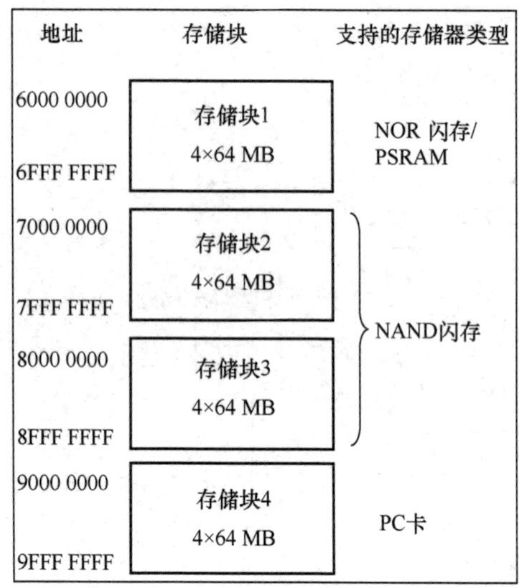

图 19-2　STM32F103ZET6 的 FSMC 映射地址空间

STM32F103ZET6 的 HADDR[27:26]两个位用于选择 4 个存储块之一，见表 19-1。调用 FSMC_NORSRAMCmd 函数选择使用哪个存储块。

表 19-1　存储块的选择

HADDR[27:26][①]两个位的值	选择的存储块
00	FSMC_Bank1_NORSRAM1
01	FSMC_Bank2_NORSRAM1
10	FSMC_Bank3_NORSRAM1
11	FSMC_Bank4_NORSRAM1

① HADDR 是需要转换到外部存储器的内部总线 AHB 的地址线。

HADDR[25:0]包含外部存储器地址。HADDR 是字节地址，而外部存储器不都是按字节地址被访问的，因此连接到外部存储器的地址线根据存储器的数据宽度有所不同，见表 19-2。

表 19-2　外部存储器的地址线

数据宽度[①]	连接到外部存储器的地址线	最大访问存储空间
8 位	HADDR[25:0]与 FSMC_A[25:0]连接	64MB×8 ＝ 512 Mbit
16 位	HADDR[25:1]与 FSMC_A[24:0]连接，HADDR[0]未连接	64MB/2×16 ＝ 512 Mbit

① 对于 16 位数据宽度的外部存储器，FSMC 将在内部使用 HADDR[25:1]产生外部存储器地址 FSMC_A[24:0]。无论外部存储器的数据宽度是多少（16 位或 8 位），FSMC_A[0]始终应该连接外部存储器的 A[0]地址线。

每个 NOR 闪存或 PSRAM 都可以配置为支持非对齐的数据访问方式。在存储器一侧，依据访问的方式是异步方式或同步方式，需要考虑以下两种情况。

（1）异步方式：在这种情况下，只要每次访问都有准确的地址，完全支持非对齐的数据访问方式。

（2）同步方式：在这种情况下，FSMC 只发出一次地址信号，然后成组的数据传输通过 CLK 线顺序进行。

如果存储器非对齐的数据访问方式与总线 AHB 的数据访问方式不同，应该通过 FSMC 配置寄存器的相应位禁止存储器非对齐的数据访问，并把非对齐的访问请求分开成两个连续的访问操作。

19.2.4　NOR 闪存和 PSRAM 控制器的时序

在异步静态存储器（NOR 闪存和 PSRAM 控制器）中：

（1）所有信号由内部时钟（HCLK）保持同步，但该时钟不会输出信号到存储器。

（2）FSMC 始终在片选信号失效前对数据线进行采样，这样能够保持符合存储器的数据的时序。

（3）当设置了 FSMC 扩展模式，可以在读和写时混合使用模式 A、B、C 和 D（例如，允许以模式 A 进行读，而以模式 B 进行写）。

FSMC 模式 A 读时序如图 19-3 所示。

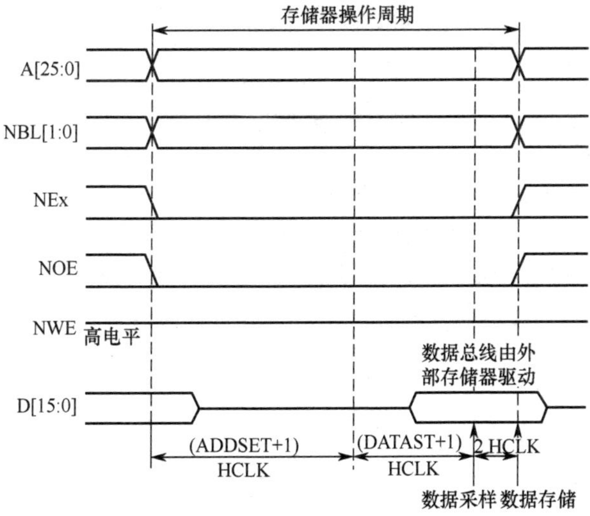

图 19-3　FSMC 模式 A 读时序

FSMC 模式 A 写时序如图 19-4 所示。

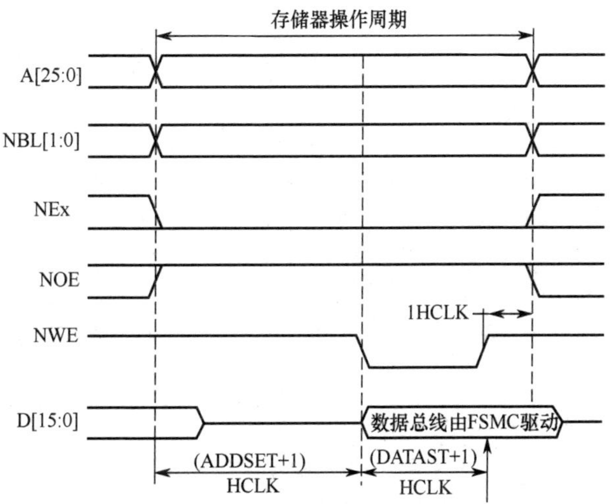

图 19-4　FSMC 模式 A 写时序

19.2.5 NOR 闪存和 PSRAM 控制器库函数介绍

在 STM32 固件库开发中，操作 NOR 闪存和 RSRAM 相关寄存器的函数和定义分别在源文件 stm32f10x_ fsmc.c 和头文件 stm32f10x_fsmc.h 中。

1. 使能 FSMC 时钟

调用 RCC_AHBPeriphClockCmd 函数使能 FSMC 时钟，具体用法参考 4.2.5 节。

2. NOR 闪存和 PSRAM 初始化

调用 FSMC_NORSRAMInit 函数初始化 NOR 闪存和 PSRAM，其函数说明见表 19-3。

表 19-3 FSMC_NORSRAMInit 函数说明

函数名	FSMC_NORSRAMInit
函数原型	void FSMC_NORSRAMInit(FSMC_NORSRAMInitTypeDef* FSMC_NORSRAMInitStruct)
功能描述	初始化 NOR 闪存和 PSRAM 在 FSMC_NORSRAMInitStruct 中指定的参数
输入参数 1	FSMC_NORSRAMInitStruct：NOR 闪存和 PSRAM 参数，包括时序模式选择、读/写时序设置、数据位选择等参数
输出参数	无
返回值	无
说明	无

FSMC_NORSRAMInitTypeDef 结构体类型在 stm32f10x_fsmc.h 中定义如下。

```
typedef struct
{
  uint32_t FSMC_Bank;
  uint32_t FSMC_DataAddressMux;
  uint32_t FSMC_MemoryType;
  uint32_t FSMC_MemoryDataWidth;
  uint32_t FSMC_BurstAccessMode;
  uint32_t FSMC_AsynchronousWait;
  uint32_t FSMC_WaitSignalPolarity;
  uint32_t FSMC_WrapMode;
  uint32_t FSMC_WaitSignalActive;
  uint32_t FSMC_WriteOperation;
  uint32_t FSMC_WaitSignal;
  uint32_t FSMC_ExtendedMode;
  uint32_t FSMC_WriteBurst;
  FSMC_NORSRAMTimingInitTypeDef* FSMC_ReadWriteTimingStruct;
  FSMC_NORSRAMTimingInitTypeDef* FSMC_WriteTimingStruct;
}FSMC_NORSRAMInitTypeDef;
```

3. 使能 NOR 闪存和 PSRAM 控制器

调用 FSMC_NORSRAMCmd 函数使能 NOR 闪存和 PSRAM 控制器，其函数说明见表 19-4。

表 19-4 FSMC_NORSRAMCmd 函数说明

函数名	FSMC_NORSRAMCmd
函数原型	void FSMC_NORSRAMCmd(uint32_t FSMC_Bank, FunctionalState NewState)
功能描述	使能 NOR 闪存和 PSRAM 控制器

（续表）

输入参数 1	FSMC_Bank：表示初始的是哪个 Bank，可选择如下 Bank FSMC_Bank1_NORSRAM1 FSMC_Bank1_NORSRAM2 FSMC_Bank1_NORSRAM3 FSMC_Bank1_NORSRAM4
输入参数 2	NewState：表示使能（ENABLE）状态或者关闭（DISABLE）状态
输出参数	无
返回值	无
说明	无

调用 FSMC_NORSRAMCmd 函数使能 NOR 闪存见例 19-1。

【例 19-1】调用 FSMC_NORSRAMCmd 函数使能 NOR 闪存。

```
FSMC_NORSRAMCmd(FSMC_Bank1_NORSRAM4, ENABLE);   /* 使能 Bank1 的 NORSRAM4*/
```

19.3　FSMC 实验硬件设计

本实验使用 FSMC 控制 TFT LCD 屏，因此本实验是基于信盈达 STM32F103ZET6 开发板 TFT LCD 屏硬件原理图进行硬件设计的（见图 17-10）。

19.4　FSMC 实验软件设计

TFT LCD 屏与 FSMC 信号线对应关系见表 19-5。

表 19-5　TFT LCD 屏与 FSMC 信号线对应关系

TFT LCD 屏信号线	FSMC 信号线
LCD_CS	FSMC_NE4
LCD_ D/C	FSMC_A10
LCD_ WR	FSMC_NWE
LCD_RD	FSMC_NOE
D[0:15]	FSMC_D[0:15]

当使用 FSMC 驱动 TFT LCD 屏时，LCD_WR、LCD_RD、D[0:15]这些信号线都是由 FSMC 自动控制的，很大程度提高了通信速度。例如，在程序中写入以下代码：

```
*(volatile unsigned short int *)(0x60000000) = val;      /* val 表示写入的数据*/
```

那么，FSMC 就会自动执行一个写的操作，FSMC_WE、FSMC_RD 这些信号线上就会呈现出写的时序；数据 val 会被呈现在 FSMC_D[0:15]信号线上。地址 0x60000000 会被呈现在 FSMC_A[0:25]信号线上。

FSMC 模式 A 读/写时序正好跟 LCD 控制器读/写时序吻合，所以设置 FSMC 的扩展模式为模式 A。在硬件上，只要把 MCU 和 LCD 控制芯片对应的引脚连接起来。

需要注意的是，在 FSMC 里面，根本就没有与 LCD 控制器 D/C 引脚对应的引脚。此时，只要使用 FSMC 中一根信号线与 LCD 控制器 D/C 引脚连接即可。例如，选择了 FSMC_A10 信号线连接 LDC 控制器 D/C 引脚，那么当要往 LCD 控制器写指令的时候，只要把 D/C 引脚拉为低电平即可；当要往 LCD 控制器写数据时，把 D/C 引脚拉为高电平即可。

1．写指令

```
*(volatile unsigned short int *)(0x6C000000) = cmd;        /* cmd 表示需要写入的指令*/
```

此时，因为 0x6C000000 里面的 Bit11 为 0，就会使 FSMC_A10 信号线为低电平。

2．写数据

```
*(volatile unsigned short int *)(0x6C000800) = date;        /* date 表示写入的数据*/
```

FSMC 控制 TFT LCD 屏软件实现流程图如图 19-5 所示。

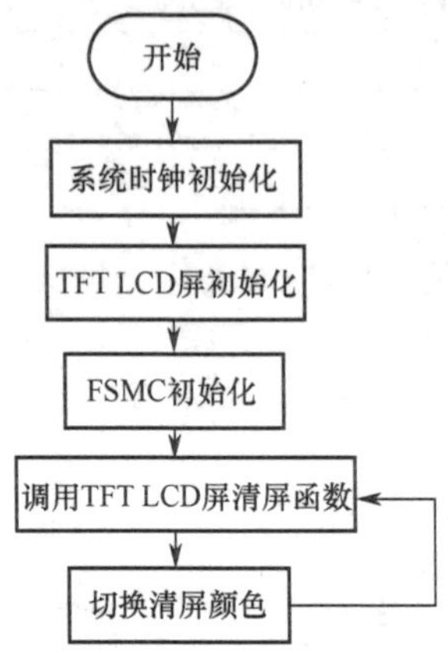

图 19-5　FSMC 控制 TFT LCD 屏软件实现流程图

19.5　FSMC 实验示例程序分析及仿真

这里只列出了部分主要功能函数。此示例程序是在第 17 章的 TFT LCD 屏实验示例程序基础上更改的。

19.5.1　FSMC 初始化函数

```
/**********************************************************************
*函数信息：void LCD_FSMC_Init(void)
*功能描述：对 FSMC 初始化
*输入参数：无
*输出参数：无
*函数返回：无
*调用提示：无
*  作者：   陈醒醒
**********************************************************************/
void LCD_FSMC_Init(void)
{
   FSMC_NORSRAMInitTypeDef   FSMC_NORSRAMInitStructure;
   FSMC_NORSRAMTimingInitTypeDef   readWriteTiming;
   FSMC_NORSRAMTimingInitTypeDef   writeTiming;
   RCC_AHBPeriphClockCmd(RCC_AHBPeriph_FSMC,ENABLE);       //使能 FSMC 时钟
   readWriteTiming.FSMC_AddressSetupTime = 0x01;/*设置读时序地址建立时间（ADDSET）为 2 个
HCLK 周期*/
   readWriteTiming.FSMC_AddressHoldTime = 0x00;    /*设置读时序地址保持时间（ADDHLD）*/
   readWriteTiming.FSMC_DataSetupTime = 0x0f;   /*设置读时序数据建立时间为 16 个 HCLK 周期*/
   readWriteTiming.FSMC_BusTurnAroundDuration = 0x00;
```

```
    readWriteTiming.FSMC_CLKDivision = 0x00;
    readWriteTiming.FSMC_DataLatency = 0x00;
    readWriteTiming.FSMC_AccessMode = FSMC_AccessMode_A;   /*读时序选择模式 A*/
    writeTiming.FSMC_AddressSetupTime = 0x00;   /*设置写时序地址建立时间（ADDSET）为 1 个
HCLK 周期*/
    writeTiming.FSMC_AddressHoldTime = 0x00;    /*设置写时序地址保持时间 */
    writeTiming.FSMC_DataSetupTime = 0x03;              /*设置写时序数据建立时间为 4 个 HCLK 周
期*/
    writeTiming.FSMC_BusTurnAroundDuration = 0x00;
    writeTiming.FSMC_CLKDivision = 0x00;
    writeTiming.FSMC_DataLatency = 0x00;
    writeTiming.FSMC_AccessMode = FSMC_AccessMode_A; /*写时序选择模式 A  */
    FSMC_NORSRAMInitStructure.FSMC_Bank = FSMC_Bank1_NORSRAM4;      /* 选 择 Bank1 的
NORSRAM4 */
    FSMC_NORSRAMInitStructure.FSMC_DataAddressMux = FSMC_DataAddressMux_Disable; FSMC_
NORSRAMInitStructure.FSMC_MemoryType =FSMC_MemoryType_SRAM;  /*选择 PSRAM 类型  */
    FSMC_NORSRAMInitStructure.FSMC_MemoryDataWidth = FSMC_MemoryDataWidth_16b;      /*
数据宽度为 16 位*/
    FSMC_NORSRAMInitStructure.FSMC_BurstAccessMode =FSMC_BurstAccessMode_Disable;
    FSMC_NORSRAMInitStructure.FSMC_WaitSignalPolarity = FSMC_WaitSignalPolarity_Low;
    FSMC_NORSRAMInitStructure.FSMC_AsynchronousWait=FSMC_AsynchronousWait_Disable;
    FSMC_NORSRAMInitStructure.FSMC_WrapMode = FSMC_WrapMode_Disable;
    FSMC_NORSRAMInitStructure.FSMC_WaitSignalActive = FSMC_WaitSignalActive_BeforeWaitState;
    FSMC_NORSRAMInitStructure.FSMC_WriteOperation = FSMC_WriteOperation_Enable;     /* 存 储
器写使能 */
    FSMC_NORSRAMInitStructure.FSMC_WaitSignal = FSMC_WaitSignal_Disable;
    FSMC_NORSRAMInitStructure.FSMC_ExtendedMode = FSMC_ExtendedMode_Enable; /*使用不同
的时序 */
    FSMC_NORSRAMInitStructure.FSMC_WriteBurst = FSMC_WriteBurst_Disable;
    FSMC_NORSRAMInitStructure.FSMC_ReadWriteTimingStruct = &readWriteTiming; /*读/写时序 */
    FSMC_NORSRAMInitStructure.FSMC_WriteTimingStruct = &writeTiming;          /*写时序 */
    FSMC_NORSRAMInit(&FSMC_NORSRAMInitStructure);            /*初始化 FSMC */
    FSMC_NORSRAMCmd(FSMC_Bank1_NORSRAM4, ENABLE);  /* 使能 Bank1 */
}
```

19.5.2 FSMC 实验 main 函数

```
/***********************************************************************
*函数信息：int main ()
*功能描述：在 TFT LCD 屏上刷不同的颜色
*输入参数：无
*输出参数：无
*函数返回：无
*调用提示：无
*  作者：   陈醒醒
***********************************************************************/
int main()
{
    u8 key=0;
```

```
    u16 color;
    SysTick_Init();  /*初始化 SysTick 定时器*/
    LCD_Init();       /*初始化 TFT LCD 屏*/
    while(1)
    {
        switch(key)
        {
            case 0:   color = RED;      break;
            case 1:   color = BLACK;    break;
            case 2:   color = BLUE;     break;
            case 3:   color = WHITE;    break;
            case 4:   color = MAGENTA;  break;
        }
        LCD_Clear(color);
        if(key==4) key=0;
        Delay_ms(1000);
        key++;
    }
}
```

19.6 本章课后作业

19-1 对比使用与不使用 FSMC 控制 TFT LCD 屏的区别。

19-2 使用 FSMC 实现信盈达 STM32F103ZET6 开发板外部 SRAM 功能。

第 20 章 SDIO 总线实验

20.1 学习目的

（1）掌握 SDIO 总线协议。

（2）掌握 STM32 SDIO 总线编程。

（3）掌握 SDIO 总线驱动 SD 卡的编程方法。

20.2 SDIO 总线概述

20.2.1 SDIO 总线简介

安全数字输入/输出（Secure Digital Input And Output，SDIO）接口是在 SD 卡接口的基础上发展起来的接口。SDIO 接口兼容以前的 SD 卡，并且可以连接 SDIO 接口的设备。目前，SDIO 接口主要用于为带有 SD 卡槽的设备进行外设功能的扩展。

SDIO 总线协议是由 SD 卡协议变换而来的，既保留了 SD 卡的读/写协议，同时又在 SD 卡协议的基础上添加了部分指令，如 CMD52 和 CMD53 指令。SDIO1.0 标准定义了以下两种类型的 SDIO 卡。

（1）全速的 SDIO 卡：数据传输速率可以超过 100Mbit/s。

（2）低速的 SDIO 卡：数据传输频率在 0 至 400kHz 之间。

一个完整的 SDIO 控制系统包括功能（SDIO/SD/MMC）卡、主控制器硬件层，以及由主控制器驱动程序、功能卡相关驱动程序、顶层应用程序组成的软件部分等。主控制器介于片上系统总线和外设卡之间，可以实现系统总线信号与 SD 总线信号的转换。CPU 对接在主控制器上的外设操作只要符合 APB 总线的时序要求即可，而底层的处理由主控制器来完成。主控制器的主要功能包括控制功能卡的读/写时序、指令生成与发送、响应接收与分析、数据发送与接收、硬件中断的处理、时钟与功耗的控制等。

目前，市场上有多种 SDIO 接口的外设，如 SDIO 蓝牙、SDIO_GPS、SDIO 无线网卡、SDIO 移动电视卡、智能手机等。这些外设底部带有和 SD 卡外形一致的插头，可直接插入 SDIO 卡槽（SD 卡槽），从而使这些外设具有丰富的扩展功能。用户可根据实际需要，灵活选择 SDIO 接口外设扩展的种类、品牌和性能。SDIO 接口已成为数码产品外设功能扩展的标准接口。

20.2.2 SDIO 总线的信号

SDIO 总线有两端——主机（HOST）端和设备（DEVICE）端，采用 HOST—DEVICE 模式设计。SDIO 总线所有的通信都是由 HOST 端发送指令开始的，而 DEVICE 端只要解析 HOST 端发送的指令就可以了。SDIO 总线的一个 HOST 端可以连接多个 DEVICE 端，并具有以下几种信号。

（1）CLK 信号：HOST 端给 DEVICE 端的时钟信号。

（2）CMD 信号：双向信号，用于传送指令和响应。

（3）DAT0～DAT3 信号：传输到 4 条数据线上的数据信号，支持 1 位或 4 位两种数据宽度。

（4）VDD 信号：电源信号。

（5）VSS1、VSS2 信号：电源地信号。

SDIO 总线的信号传输模式有 SPI 模式、1 位模式、4 位模式三种。SDIO 总线引脚在不同模式下的定义见表 20-1。

（1）在 SPI 模式中，引脚 8 可以输出中断信号，其他引脚的功能和通信协议与 SD 卡的标准规范一样。

（2）在 1 位模式下，DAT0 引脚用于输出数据信号。

（3）在 4 位模式下，DAT0～DAT3 引脚用于输出数据信号，其中 DAT1 引脚复用输出中断信号。

表 20-1　SDIO 总线引脚在不同模式下的定义

引脚	SPI 模式		1 位模式		4 位模式	
1	CS	片选	NC	未使用	CD/DAT3	数据输出 3
2	DI	数据输入	CMD	指令输入	CMD	指令输入
3	VSS1	地	VSS1	地	VSS1	地
4	VDD	电源	VDD	电源	VDD	电源
5	CLK	时钟	CLK	时钟	CLK	时钟
6	VSS2	地	VSS2	地	VSS2	地
7	DO	数据输出	DAT0	数据输入	DAT0	数据输出 0
8	IRQ	中断	IRQ	中断	DAT1	数据输出 1 或中断
9	NC	未使用	RW	读等待	DAT2	数据输出 2 或读等待

20.2.3　SDIO 总线的指令

在 SDIO 总线上，都是 HOST 端发起请求，然后 DEVICE 端响应请求。在发起请求和响应请求时，SDIO 总线上会有数据传输。

（1）Command（CMD）：开始传输指令。该指令是由 HOST 端向 DEVICE 端发送的，并通过 CMD 信号线传输。

（2）Response：响应请求指令。该指令是由 DEVICE 端返回 HOST 端的，并通过 CMD 信号线传输。

（3）Data（DAT）：数据双向传输指令。该指令可以设置为 1 位模式或者 4 位模式，并通过 DAT0～DAT3 信号线传输。

SDIO 总线的每次操作都是由 HOST 端在 CMD 信号线上发起一个 CMD。对于有的 CMD，DEVICE 端需要返回响应给 HOST 端，有的则不需要。CMD 分为写指令和读指令。

（1）写指令：首先 HOST 端会向 DEVICE 端发出指令，之后 DEVICE 端会返回一个握手信号，当 HOST 端收到回应的握手信号后，数据会被放在 4 位数据线上，且在传输的数据后会跟随着 CRC 校验码。当整个写指令传输完毕后，HOST 端会再次发出一个指令通知 DEVICE 端操作完毕，DEVICE 端同时会返回一个响应。

（2）读指令：首先 HOST 端会向 DEVICE 端发出指令，之后 DEVICE 端会返回一个握手信号，当 HOST 端收到回应的握手信号后，数据会被放在 4 位数据线上，且在传输的数据后会跟随着 CRC 校验码。当整个读指令传输完毕后，HOST 端会再次发出一个指令通知 DEVICE 端操作完毕，DEVICE 端同时会返回一个响应。

20.3 STM32F1 SDIO 总线概述

STM32F1 SDIO 总线主机在 AHB 总线和 MMC 卡、SD 卡、SDIO 卡和 CE-ATA 设备间提供了操作接口。

20.3.1 STM32F1 SDIO 总线的特性

STM32F1 SDIO 总线具有以下特性。

（1）与 MMC 卡 4.2 版本全兼容。支持三种不同的总线模式：1 位总线模式（默认）、4 位总线模式和 8 位总线模式。

（2）与较早的 MMC 卡版本全兼容（向前兼容）。

（3）与 SD 卡 2.0 版本全兼容。

（4）与 SDIO 卡 2.0 版本全兼容：支持两种不同的总线模式：1 位总线模式（默认）和 4 位总线模式。

（5）完全支持 CE-ATA 功能（与 CE-ATA 数字协议 1.1 版本全兼容）。

（6）8 位总线模式下的数据传输速率可达 48MHz。

（7）具有数据和指令输出使能信号，用于控制外部双向驱动器。

20.3.2 STM32F1 SDIO 总线的功能

在 STM32F1 SDIO 总线上的通信是通过传输指令和数据实现的。在 MMC 卡、SD 卡、SDIO 卡上的基本操作都是指令/响应结构的，并在指令或总线机制下实现信息交换。另外，在 MMC 卡、SD 卡、SDIO 卡上的某些操作还具有数据令牌。

STM32F1 SDIO 总线的结构如图 20-1 所示。

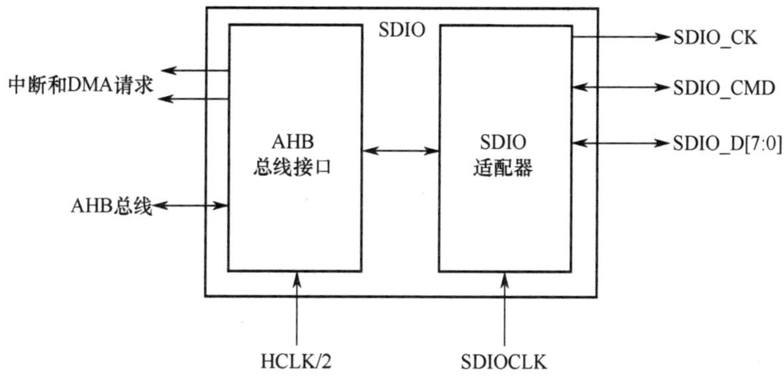

图 20-1 STM32F1 SDIO 总线的结构

由图 20-1 可知，STM32F1 SDIO 总线主要由以下两部分组成。

（1）SDIO 适配器：实现所有 MMC 卡、SD 卡、SDIO 卡的相关功能，如时钟信号的产生、指令和数据的传输。

（2）AHB 总线接口：操作 SDIO 适配器中的寄存器，并产生中断和 DMA 请求信号。

在默认情况下，SDIO_D0 信号线用于数据的传输。STM32F1 SDIO 总线主机初始化后可以改变数据传输宽度。如果一个 MMC 卡接到了 STM32F1 SDIO 总线上，则 SDIO_D0、

SDIO_D[3:0]或 SDIO_D[7:0]信号线可以用于数据的传输。MMC 卡 3.31 版本和之前版本的协议只支持 1 位数据线，所以只能用 SDIO_D0 信号线进行数据的传输。如果一个 SD 卡或 SDIO 卡接到了 STM32F1 SDIO 总线上，可以通过 STM32F1 SDIO 总线主机配置数据传输宽度，从而可以用 SDIO_D0 或 SDIO_D[3:0]信号线进行数据的传输。STM32F1 SDIO 总线中的所有数据线都在推挽模式下工作。

SDIO_CMD 有以下两种操作模式。

（1）用于初始化时的开路模式（仅用于 MMC 卡 3.31 版本或之前版本）。

（2）用于指令传输的推挽模式（SD/SDIO 卡和 MMC 卡 4.2 版本在初始化时也使用推挽模式来驱动）。

SDIO_CK 是 SDIO 适配器时钟：每个时钟周期在指令和数据线上传输 1 位指令或数据。对于 MMC 卡 3.31 版本协议，时钟频率可以在 0～20MHz 范围内变化；对于 MMC 卡 4.0/4.2 版本协议，时钟频率可以在 0～48MHz 范围内变化；对于 SD 卡或 SDIO 卡，时钟频率可以在 0～25MHz 范围内变化。STM32F1 SDIO 总线使用以下两个时钟信号。

（1）SDIO 适配器时钟信号（SDIOCLK=HCLK）。

（2）AHB 总线时钟信号（HCLK/2）。

SDIO_CK 与 SDIOCLK 的关系：SDIO_CK=SDIOCLK/（2+CLKDIV）。其中，SDIOCLK 为 HCLK，一般是 72MHz；CLKDIV 是分配系数，可以通过 SDIO 适配器的 SDIO_CLKCR 寄存器进行设置。需要注意的是，在 SD 卡初始化的时候，其时钟频率（SDIO_CK）是不能超过 400kh 的，否则可能无法完成 SD 卡初始化。在 SD 卡初始化以后，就可以将时钟频率设置到最大，但不可超过 SD 卡的最大时钟频率。

20.3.3 STM32F1 SDIO 总线的指令和响应

STM32F1 SDIO 总线主机提供了一个适用于多种应用类型的标准接口，同时兼顾了特定用户和应用的功能。因此，STM32F1 SDIO 总线具有两类通用指令：应用相关指令（ACMD）和通用指令（GEN_CMD）。在发送应用相关指令（ACMD）之前，必须先发送通用指令 APP_CMD（CMD55），然后才能发送应用相关指令（ACMD）。例如，有一个 SD_STATUS（ACMD13）应用相关指令，如果在紧随 APP_CMD（CMD55）之后收到 CMD13，它将被解释为 SD_STATUS（ACMD13）。STM32F1 SDIO 总线的所有指令和响应都是通过 SDIO_CMD 信号线传输的，且所有指令的宽度都固定为 48 位。STM32F1 SDIO 总线的指令格式见表 20-2。

表 20-2　STM32F1 SDIO 总线的指令格式

位	宽度/位	数　值	说　明
47	1	0	开始位
46	1	1	传输位
[45:40]	6	—	指令索引
[39:8]	32	—	参数
[7:1]	7	—	CRC7
0	1	1	结束位

STM32F1 SDIO 总线的所有指令都是由 STM32F1 发出的。其中，开始位、传输位、CRC7 和结束位由 STM32F1 SDIO 总线硬件控制，无须用户设置，用户只要设置指令索引和指令参数部分即可。指令索引（如 CMD0、CMD1 之类的）通过 SDIO_CMD 寄存器设置；指令

参数通过 SDIO_ARG 寄存器设置。

功能卡在接收到主机发出的指令后，基本给主机一个响应（主机发出的个别指令如 CMD0，是无须 SD 卡给主机响应的）。所有的响应都通过 MCCMD 指令在 SDIO_CMD 信号线上传输。响应的数据传输总是从响应字的最左边开始。响应字的宽度与响应类型相关。一个响应总是有一个起始位（始终为 0），跟随其后的是数据传输的方向位。除了 R3 响应以外，所有响应都有 CRC 保护。每个指令都有一个结束位（始终为 1）。STM32F1 SDIO 总线的响应分为短响应和长响应两类。其中，短响应宽度为 48 位，其格式见表 20-3；长响应宽度为 136 位，其格式见表 20-4。

表 20-3 短响应格式

位	宽度/位	数 值	说 明
47	1	0	开始位
46	1	0	传输位
[45:40]	6	—	指令索引
[39:8]	32	—	参数
[7:1]	7	—	CRC7
0	1	1	结束位

表 20-4 长响应格式

位	宽度/位	数 值	说 明
135	1	0	起始位
134	1	0	传输位
[133:128]	6	111111	保留
[127:1]	127	—	CID 或 CSD(包含 CRC7)
0	1	1	结束位

STM32F1 SDIO 总线的响应是由外部设备向主控发出的。其中，开始位、传输位、CRC7 和结束位由 STM32F1 SDIO 总线硬件控制，无须用户设置，用户只要设置指令索引和指令参数部分即可。短响应的指令索引存入 SDIO_RESPCMD 寄存器；指令参数则存入 SDIO_RESP1 寄存器。长响应的指令索引存入 CID 或 CSD 寄存器；指令参数存入 SDIO_RESP1～SDIO_RESP4 这 4 个寄存器。

STM32F1 SDIO 总线的响应主要分为 5 类：普通响应（R1 响应）、CID 或 CSD 寄存器响应（R2 响应）、OCR 寄存器响应（R3 响应）、快速 I/O 响应（R4 响应）、中断请求响应（R5 响应）。其中，R1 响应、R3 响应、R4 响应、R5 响应属于短响应；R2 响应属于长响应。R1 响应格式见表 20-5。

表 20-5 R1 响应格式

位	宽度/位	数 值	说 明
47	1	0	开始位
46	1	0	传输位
[45:40]	6	—	指令索引
[39:8]	32	—	卡状态
[7:1]	7	—	CRC7
0	1	1	结束位

20.3.4 STM32F1 SDIO 卡的指令

STM32F1 SDIO 卡的应用相关指令和通用指令有以下四种不同的类型。

（1）广播指令（BC）：发送到所有功能卡，没有响应返回。

（2）带响应的广播指令（BCR）：发送到所有功能卡，同时收到从所有功能卡返回的响应。

（3）带寻址（点对点）的指令（AC）：发送到选中的功能卡，在 SDIO_D 信号线上不传输数据。

（4）带寻址（点对点）的数据传输指令（ADTC）：发送到选中的功能卡，在 SDIO_D 信号线上传输数据。

STM32F1 SDIO 卡基于块传输的写指令见表 20-6。

表 20-6 STM32F1 SDIO 卡基于数据块传输的写指令

CMD 索引	类型	参 数	响应格式	缩 写	说 明
CMD23	AC	[31:16]=0 [15:0]=数据块数目	R1	SET_BLOCK_COUNT	定义在随后的多个数据块读或写指令中需要传输数据块的数目
CMD24	ADTC	[31:0]=数据地址	R1	WRITE_BLOCK	按照 SET_BLOCKLEN 指令选择的长度写一个数据块
CMD25	ADTC	[31:0]=数据地址	R1	WRITE_MULTIPLE_BLOCK	收到一个 STOP_TRANSMISSION 指令或在达到指定的数据块数目之前连续地写数据块
CMD26	ADTC	[31:0]=填充位	R1	PROGRAM_CID	对功能卡的识别寄存器编程。对于每个功能卡只能发送一次这个指令。功能卡中有硬件机制防止多次的编程操作。通常该指令只供生产厂商使用
CMD27	ADTC	[31:0]=填充位	R1	PROGRAM_CSD	对功能卡的 CDS 中可编程的位编程
CMD28	AC	[31:0]=数据地址	R1b	SET_WRITE_PROT	如果功能卡有写保护功能，该指令设置指定组的写保护位。写保护特性设置在功能卡的特殊数据区(WP_GRP_SIZE)
CMD29	AC	[31:0]=数据地址	R1b	CLR_WRITE_PROT	如果功能卡有写保护功能，该指令清除指定组的写保护位
CMD30	ADTC	[31:0]=写保护数据地址	R1	SEND_WRITE_PROT	如果功能卡有写保护功能，该指令要求功能卡发送写保护位的状态
CMD31	保留				

STM32F1 SDIO 卡基于块传输的写保护指令见表 20-7。

表 20-7 STM32F1 SDIO 卡基于块传输的写保护指令

CMD 索引	类型	参 数	响应格式	缩 写	说 明
CMD28	AC	[31:0]=数据地址	R1b	SET_WRITE_PROT	如果功能卡具有写保护的功能，该指令设置指定组的写保护位。写保护的属性设置在功能卡的特定数据域(WP_GRP_SIZE)
CMD29	AC	[31:0]=数据地址	R1b	CLR_WRITE_PROT	如果功能卡具有写保护的功能，该指令清除指定组的写保护位
CMD30	ADTC	[31:0]=写保护数据地址	R1	SEND_WRITE_PROT	如果功能卡具有写保护的功能，该指令要求功能卡发送写保护位的状态
CMD31	保留				

STM32F1 SDIO 卡的擦除指令见表 20-8。

表 20-8　STM32F1 SDIO 卡的擦除指令

CMD 索引	类型	参　数	响应格式	缩　写	说　明
CMD32 ~ CMD34	保留。为了与旧版本的 MMC 卡协议兼容，不能使用这些指令				
CMD35	AC	[31:0]=数据地址	R1	ERASE_GROUP_START	在选择的擦除范围内，设置第一个擦除组的地址
CMD36	AC	[31:0]=数据地址	R1	ERASE_GROUP_END	在选择的连续擦除范围内，设置最后一个擦除组的地址
CMD37	保留。为了与旧版本的 MMC 卡协议兼容，不能使用这个指令				
CMD38	AC	[31:0]=填充位	R1		擦除之前选择的数据块

20.3.5　STM32F1 SDIO 总线的数据传输方式

SD/SDIO 卡是以数据块的形式传输数据的；MMC 卡是以数据块或数据流的形式传输数据的；CE-ATA 设备也是以数据块的形式传输数据的。

STM32F1 SDIO 总线（多个）数据块读操作如图 20-2 所示。

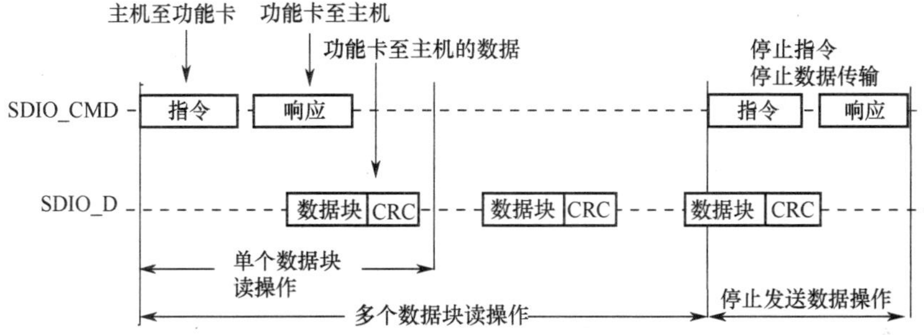

图 20-2　STM32F1 SDIO 总线（多个）数据块读操作

由图 20-2 可知，功能卡在收到主机指令后，开始发送数据给主机。所有数据块都带有 CRC 校验值。CRC 校验由硬件自动处理，无须软件处理。当读单个数据块时，功能卡在收到 1 个数据块以后即可以停止发送数据给主机，无须发送停止指令（CMD12）。当读多个数据块时，功能卡将一直发送数据给主机，直到接到主机发送的停止指令（CMD12）。

STM32F1 SDIO 总线（多个）数据块写操作如图 20-3 所示。

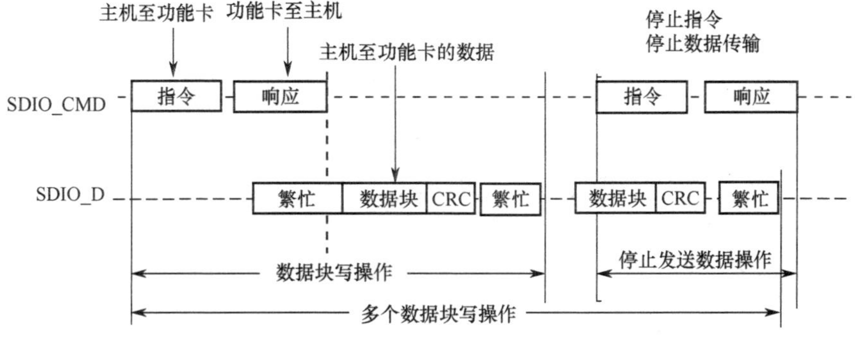

图 20-3　STM32F1 SDIO 总线（多个）数据块写操作

数据块写操作与数据块读操作基本相同，只是数据块写操作过程中多了一个繁忙判断，即新的数据块必须在功能卡非繁忙的时候发送。功能卡将 SDIO_D0 信号线拉低为低电平便产生繁忙信号。STM32F1 SDIO 总线硬件自动控制，无须软件处理。

20.3.6 STM32F1 SDIO 总线相关库函数

在 STM32 固件库开发中，操作 SDIO 总线相关的函数和定义分别在源文件 stm32f10x_sdio.c 和头文件 stm32f10x_sdio.h 中。

1. 初始化 SDIO 总线

调用 SDIO_Init 函数初始化 SDIO 总线，其函数说明见表 20-9。

表 20-9 SDIO_Init 函数说明

函数名	SDIO_Init
函数原型	void SDIO_Init(SDIO_InitTypeDef* SDIO_InitStruct)
功能描述	初始化 SDIO 总线
输入参数 1	SDIO_InitStruct：表示 SDIO 总线参数，包括时钟分频系数、时钟边沿触发选择、时钟模式、空闲时时钟电源状态、数据位、硬件流等参数
输出参数	无
返回值	无
说明	无

SDIO _InitTypeDef 结构体类型在 stm32f10x_sdio.h 中定义如下。

```
typedef struct
{
  uint32_t SDIO_ClockEdge;
  uint32_t SDIO_ClockBypass;
  uint32_t SDIO_ClockPowerSave;
  uint32_t SDIO_BusWide;
  uint32_t SDIO_HardwareFlowControl;
  uint8_t SDIO_ClockDiv;
} SDIO_InitTypeDef;
```

调用 SDIO_Init 函数初始化 SDIO 总线见例 20-1。

【例 20-1】调用 SDIO_Init 函数初始化 SDIO 总线。

```
SDIO_InitTypeDef SDIO_InitStructure;
SDIO_InitStructure.SDIO_ClockDiv = SDIO_INIT_CLK_DIV; /*设置时钟分频系数，使时钟频率不能大于
400kHz*/
SDIO_InitStructure.SDIO_ClockEdge = SDIO_ClockEdge_Rising;   /*选择时钟信号上升沿*/
SDIO_InitStructure.SDIO_ClockBypass = SDIO_ClockBypass_Disable;   /*采用 HCLK 分频得到时钟信
号*/
SDIO_InitStructure.SDIO_ClockPowerSave = SDIO_ClockPowerSave_Disable; /*空闲时不关闭时钟电源*/
SDIO_InitStructure.SDIO_BusWide = SDIO_BusWide_1b;        *选择 1 位模式*/
SDIO_InitStructure.SDIO_HardwareFlowControl = SDIO_HardwareFlowControl_Disable;/*不使用硬件控制*/
SDIO_Init(&SDIO_InitStructure);   /*初始化 SDIO 总线*/
```

2. SDIO 卡时钟状态设置

调用 SDIO_SetPowerState 函数设置 SDIO 卡时钟状态，其函数说明见表 20-10。

表 20-10　SDIO_SetPowerState 函数说明

函数名	SDIO_SetPowerState
函数原型	void SDIO_SetPowerState(uint32_t SDIO_PowerState)
功能描述	设置 SDIO 卡时钟状态
输入参数 1	SDIO_PowerState：表示状态。SDIO_PowerState_ON 表示上电状态，即 SDIO 卡时钟开启；SDIO_PowerState_OFF 表示电源关闭状态，即 SDIO 卡时钟关闭
输出参数	无
返回值	无
说明	无

调用 SDIO_SetPowerState 函数设置 SDIO 卡时钟状态见例 20-2。

【例 20-2】调用 SDIO_SetPowerState 函数设置 SDIO 卡时钟状态。

```
SDIO_SetPowerState(SDIO_PowerState_ON);      /*开启 SDIO 卡时钟*/
```

3. 发送 SDIO 总线指令

调用 SDIO_SendCommand 函数发送 SDIO 总线指令，其函数说明见表 20-11。

表 20-11　SDIO_SendCommand 函数说明

函数名	SDIO_SendCommand
函数原型	void SDIO_SendCommand(SDIO_CmdInitTypeDef *SDIO_CmdInitStruct)
功能描述	发送 SDIO 总线指令
输入参数 1	SDIO_CmdInitStruct：表示 SDIO 总线指令参数，包括指令索引、响应类型、等待响应、指令通道状态等参数
输出参数	无
返回值	无
说明	无

SDIO_CmdInitTypeDef 结构体类型在 stm32f10x_sdio.h 中定义如下。

```
typedef struct
{
  uint32_t SDIO_Argument;
  uint32_t SDIO_CmdIndex;
  uint32_t SDIO_Response;
  uint32_t SDIO_Wait;
  uint32_t SDIO_CPSM;
} SDIO_CmdInitTypeDef;
```

调用 SDIO_SendCommand 函数发送 SDIO 总线指令见例 20-3。

【例 20-3】调用 SDIO_SendCommand 函数发送 SDIO 总线指令。

```
SDIO_CmdInitTypeDef SDIO_CmdInitStructure;
SDIO_CmdInitStructure.SDIO_Argument = 0x0;          /*发送 CMD0 进入 IDLE STAGE 模式*/
SDIO_CmdInitStructure.SDIO_CmdIndex = SD_CMD_GO_IDLE_STATE; /*发送 CMD0*/
SDIO_CmdInitStructure.SDIO_Response = SDIO_Response_No;      /*无响应*/
SDIO_CmdInitStructure.SDIO_Wait = SDIO_Wait_No;              /*无等待*/
SDIO_CmdInitStructure.SDIO_CPSM = SDIO_CPSM_Enable;      /*CPSM 在发送之前等待数据传输
结束*/
```

```
SDIO_SendCommand(&SDIO_CmdInitStructure);                    /*写指令到指令寄存器*/
```

4．使能 SDIO 卡时钟

调用 SDIO_ClockCmd 使能 SDIO 卡时钟，其函数说明见表 20-12。

表 20-12　SDIO_ClockCmd 函数说明

函数名	SDIO_ClockCmd
函数原型	void SDIO_ClockCmd(FunctionalState NewState)
功能描述	使能 SDIO 卡时钟
输入参数 1	NewState：表示状态。ENABLE 表示使能状态；DISABLE 表示关闭状态
输出参数	无
返回值	无
说明	无

调用 SDIO_ClockCmd 函数使能 SDIO 卡时钟见例 20-4。

【例 20-4】调用 SDIO_ClockCmd 函数使能 SDIO 卡时钟。

```
SDIO_ClockCmd(ENABLE);   /*使能 SDIO 卡时钟*/
```

5．获取 SDIO 总线状态

调用 SDIO_GetFlagStatus 函数获取 SDIO 总线状态，其函数说明见表 20-13。

表 20-13　SDIO_GetFlagStatus 函数说明

函数名	SDIO_GetFlagStatus
函数原型	FlagStatus SDIO_GetFlagStatus(uint32_t SDIO_FLAG)
功能描述	获取 SDIO 总线状态
输入参数 1	SDIO_FLAG：表示获取的是哪类状态
输出参数	无
返回值	FlagStatus：返回 SDIO 总线的状态。SET 表示返回 1；RESET 表示返回 0
说明	无

SDIO_GetFlagStatus 函数中参数 SDIO_FLAG 传入的实参在 stm32f10x_sdio.h 中定义如下。

```
#define SDIO_FLAG_CCRCFAIL                    ((uint32_t)0x00000001)
#define SDIO_FLAG_DCRCFAIL                    ((uint32_t)0x00000002)
#define SDIO_FLAG_CTIMEOUT                    ((uint32_t)0x00000004)
#define SDIO_FLAG_DTIMEOUT                    ((uint32_t)0x00000008)
#define SDIO_FLAG_TXUNDERR                    ((uint32_t)0x00000010)
#define SDIO_FLAG_RXOVERR                     ((uint32_t)0x00000020)
#define SDIO_FLAG_CMDREND                     ((uint32_t)0x00000040)
#define SDIO_FLAG_CMDSENT                     ((uint32_t)0x00000080)
#define SDIO_FLAG_DATAEND                     ((uint32_t)0x00000100)
#define SDIO_FLAG_STBITERR                    ((uint32_t)0x00000200)
#define SDIO_FLAG_DBCKEND                     ((uint32_t)0x00000400)
#define SDIO_FLAG_CMDACT                      ((uint32_t)0x00000800)
#define SDIO_FLAG_TXACT                       ((uint32_t)0x00001000)
#define SDIO_FLAG_RXACT                       ((uint32_t)0x00002000)
#define SDIO_FLAG_TXFIFOHE                    ((uint32_t)0x00004000)
#define SDIO_FLAG_RXFIFOHF                    ((uint32_t)0x00008000)
```

```
#define SDIO_FLAG_TXFIFOF                          ((uint32_t)0x00010000)
#define SDIO_FLAG_RXFIFOF                          ((uint32_t)0x00020000)
#define SDIO_FLAG_TXFIFOE                          ((uint32_t)0x00040000)
#define SDIO_FLAG_RXFIFOE                          ((uint32_t)0x00080000)
#define SDIO_FLAG_TXDAVL                           ((uint32_t)0x00100000)
#define SDIO_FLAG_RXDAVL                           ((uint32_t)0x00200000)
#define SDIO_FLAG_SDIOIT                           ((uint32_t)0x00400000)
#define SDIO_FLAG_CEATAEND                         ((uint32_t)0x00800000)
```

调用 SDIO_GetFlagStatus 函数判断 SDIO 总线状态见例 20-5。

【例 20-5】调用 SDIO_GetFlagStatus 函数判断 SDIO 总线状态。

```
if(SDIO_GetFlagStatus(SDIO_FLAG_CMDSENT) != RESET) /*指令已发送(无须响应)*/
{
}
```

6. 清除 SDIO 总线状态

调用 SDIO_ClearFlag 函数清除 SDIO 总线状态，其函数说明见表 20-14。

表 20-14　SDIO_ClearFlag 函数说明

函数名	SDIO_ClearFlag
函数原型	void SDIO_ClearFlag(uint32_t SDIO_FLAG)
功能描述	清除 SDIO 总线状态
输入参数 1	SDIO_FLAG：表示清除的是哪类状态（参考 SDIO_GetFlagStatus 函数参数）
输出参数	无
返回值	无
说明	无

调用 SDIO_ClearFlag 函数清除 SDIO 总线状态见例 20-6。

【例 20-6】调用 SDIO_ClearFlag 函数清除 SDIO 总线状态。

```
SDIO_ClearFlag(SDIO_STATIC_FLAGS);/*清除 SDIO 总线所有标志*/
```

7. 配置 SDIO 总线数据

调用 SDIO_DataConfig 函数配置 SIOD 总线数据，其函数说明见表 20-15。

表 20-15　SDIO_DataConfig 函数说明

函数名	SDIO_DataConfig
函数原型	void SDIO_DataConfig(SDIO_DataInitTypeDef* SDIO_DataInitStruct)
功能描述	配置 SDIO 总线数据
输入参数 1	SDIO_DataInitStruct：表示 SDIO 总线数据参数，包括数据块长度、数据传输宽度、数据传输模式、数据传输方向、数据通道状态等参数
输出参数	无
返回值	无
说明	无

SDIO_DataInitTypeDef 结构体在 stm32f10x_sdio.h 中定义如下。

```
typedef struct
{
  uint32_t SDIO_DataTimeOut;
```

```
    uint32_t SDIO_DataLength;
    uint32_t SDIO_DataBlockSize;
    uint32_t SDIO_TransferDir;
    uint32_t SDIO_TransferMode;
    uint32_t SDIO_DPSM;
} SDIO_DataInitTypeDef;
```

调用 SDIO_DataConfig 函数配置 SDIO 总线数据见例 20-7。

【例 20-7】调用 SDIO_DataConfig 函数配置 SDIO 总线数据。

```
SDIO_DataInitTypeDef SDIO_DataInitStructure;
SDIO_DataInitStructure.SDIO_DataBlockSize= SDIO_DataBlockSize_1b ;/* 数据块长度为 1 个字节*/
SDIO_DataInitStructure.SDIO_DataLength= 0 ;
SDIO_DataInitStructure.SDIO_DataTimeOut=0xFFFFFFFF;                /*超时时间*/
SDIO_DataInitStructure.SDIO_DPSM=SDIO_DPSM_Enable;
SDIO_DataInitStructure.SDIO_TransferDir=SDIO_TransferDir_ToCard;  /*数据传输方向为主机到 SDIO 卡*/
SDIO_DataInitStructure.SDIO_TransferMode=SDIO_TransferMode_Block; /*以数据块的模式传输数据*/
SDIO_DataConfig(&SDIO_DataInitStructure);                          /*配置 SDIO 总线数据*/
```

对于其他没有介绍的库函数，读者可参考 stm32f10x_sdio.c 文件。

20.4 SDIO 总线实验硬件设计

信盈达 STM32F103ZET6 开发板 SDIO 总线实验硬件原理图如图 20-4 所示。

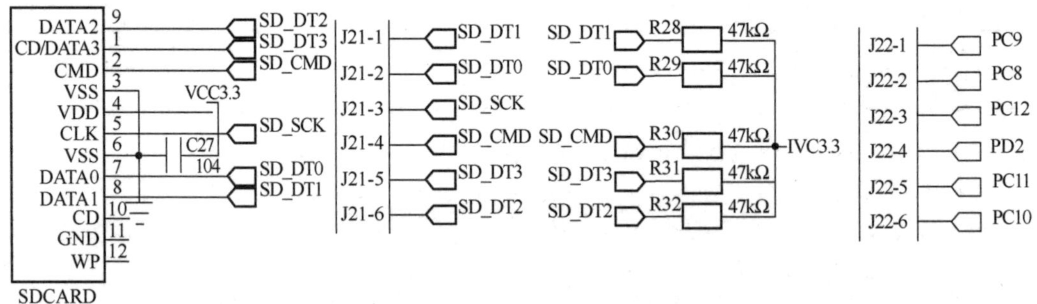

图 20-4 信盈达 STM32F103ZET6 开发板 SDIO 总线实验硬件原理图

信盈达 STM32F103ZET6 开发板驱动 SD 卡有两种方式，分别为 SPI 总线驱动方式和 SDIO 总线驱动方式。如果使用 SDIO 总线驱动方式，需要使用跳线帽把 J21 与 J22 连接在一起。

20.5 SDIO 总线实验软件设计

SDIO 总线实验软件实现主要就是实现 SD 卡的初始化。从 SD 卡 2.0 协议中，可以找到 SD 卡初始化过程，如图 20-5 所示。

SDIO 总线实验软件实现步骤如下。

（1）SDIO 总线初始化。

（2）初始化 SD 卡。

（3）读取 SD 卡数据。

SDIO 总线实验软件设计流程图如图 20-6 所示。

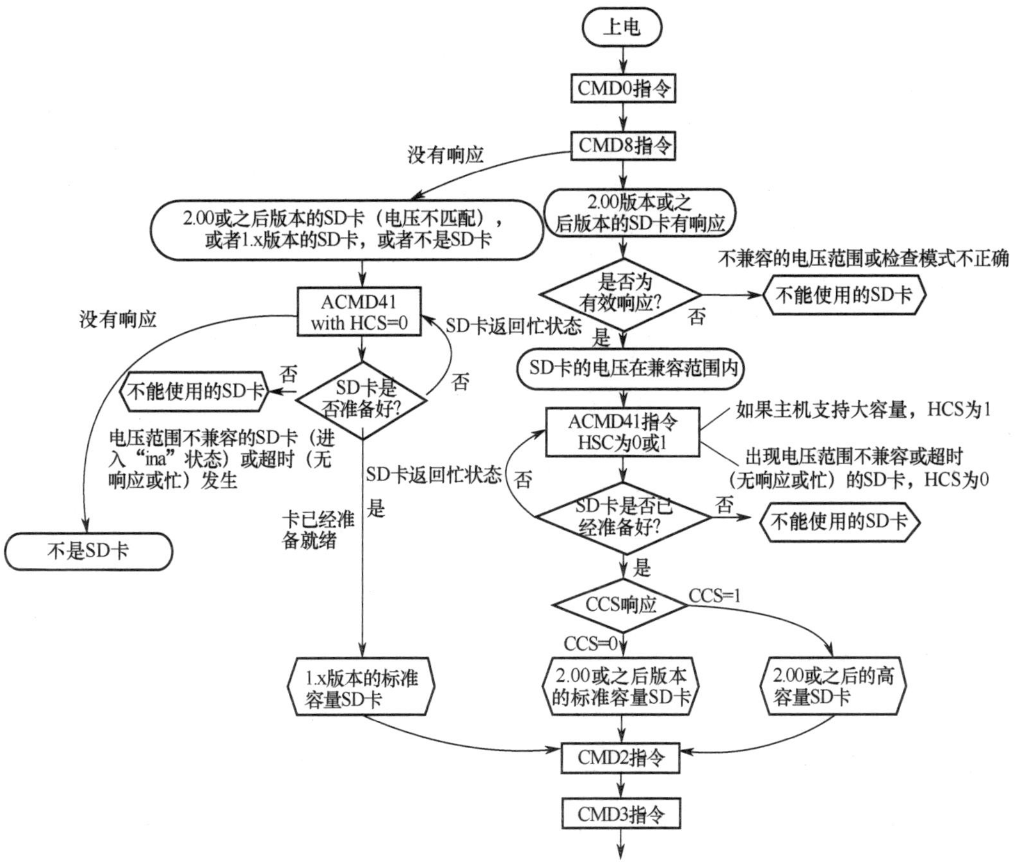

上电
CMD0指令
CMD8指令
没有响应
2.00或之后版本的SD卡（电压不匹配），或者1.x版本的SD卡，或者不是SD卡
2.00版本或之后版本的SD卡有响应
不兼容的电压范围或检查模式不正确
是否为有效响应?
否
不能使用的SD卡
是
ACMD41 with HCS=0
没有响应
SD卡返回忙状态
SD卡是否准备好?
否
否
不能使用的SD卡
电压范围不兼容的SD卡（进入“ina”状态）或超时（无响应或忙）发生
不是SD卡
SD卡返回忙状态
是
卡已经准备就绪
SD卡的电压在兼容范围内
ACMD41指令 HSC为0或1
如果主机支持大容量，HCS为1
出现电压范围不兼容或超时（无响应或忙）的SD卡，HCS为0
否
SD卡是否已经准备好?
否
不能使用的SD卡
是
CCS响应
CCS=1
CCS=0
1.x版本的标准容量SD卡
2.00或之后版本的标准容量SD卡
2.00或之后的高容量SD卡
CMD2指令
CMD3指令

图 20-5　SD 卡初始化过程

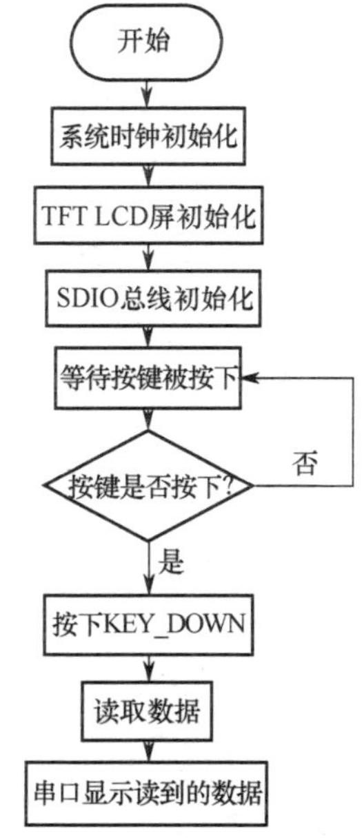

图 20-6　SDIO 总线实验软件设计流程图

20.6 SDIO 总线实验示例程序分析及仿真

这里只列出了部分主要功能函数。

20.6.1 SD 卡初始化函数

```
/**********************************************************************
*函数信息：SD_Error SD_Init(void)
*功能描述：对 SD 卡初始化
*输入参数：无
*输出参数：无
*函数返回：0 表示成功；其他表示错误码
*调用提示：无
*  作者：   陈醒醒
**********************************************************************/
SD_Error SD_Init(void)
{
    u8 clkdiv=0;
    SD_Error errorstatus=SD_OK;
    NVIC_InitTypeDef NVIC_InitStructure;
    GPIO_InitTypeDef    GPIO_InitStructure;
    /*SDIO GPIO IO 口初始化*/
    RCC_APB2PeriphClockCmd(RCC_APB2Periph_GPIOC|RCC_APB2Periph_GPIOD,ENABLE);/*
使能 GPIO 接口时钟*/
    RCC_AHBPeriphClockCmd(RCC_AHBPeriph_SDIO|RCC_AHBPeriph_DMA2,ENABLE); /*使能
SDIO 卡时钟*/
    GPIO_InitStructure.GPIO_Pin = GPIO_Pin_8|GPIO_Pin_9|GPIO_Pin_10|GPIO_Pin_11|GPIO_
Pin_12;    /*选择 GPIO 接口的引脚 8～12*/
    GPIO_InitStructure.GPIO_Mode = GPIO_Mode_AF_PP;
  GPIO_InitStructure.GPIO_Speed = GPIO_Speed_50MHz;
    GPIO_Init(GPIOC, &GPIO_InitStructure);                    /*PC8～PC12 初始化 */
    GPIO_InitStructure.GPIO_Pin = GPIO_Pin_2;                 /*选择 GPIO 接口的引脚 2*/
    GPIO_InitStructure.GPIO_Mode = GPIO_Mode_AF_PP;
    GPIO_InitStructure.GPIO_Speed = GPIO_Speed_50MHz;
    GPIO_Init(GPIOD, &GPIO_InitStructure);                    /*PD2 参数初始化*/
    GPIO_InitStructure.GPIO_Pin = GPIO_Pin_7;                 /*选择 GPIO 接口的引脚 7*/
    GPIO_InitStructure.GPIO_Mode = GPIO_Mode_IPU;
    GPIO_InitStructure.GPIO_Speed = GPIO_Speed_50MHz;
    GPIO_Init(GPIOD, &GPIO_InitStructure);                    /*PD7 初始化*/
    SDIO_DeInit();/*复位 SDIO 外设寄存器*/
    NVIC_InitStructure.NVIC_IRQChannel = SDIO_IRQn;           /*SDIO 总线中断配置*/
    NVIC_InitStructure.NVIC_IRQChannelPreemptionPriority = 0; /*抢占优先级为 0*/
    NVIC_InitStructure.NVIC_IRQChannelSubPriority = 0;        /*响应优先级 0*/
    NVIC_InitStructure.NVIC_IRQChannelCmd = ENABLE;           /*使能外部中断通道*/
    NVIC_Init(&NVIC_InitStructure);                           /*初始化外设 NVIC*/
    errorstatus=SD_PowerON();                                  /*SD 卡上电*/
    if(errorstatus==SD_OK)
        errorstatus=SD_InitializeCards();             /*初始化 SD 卡*/
```

```
        if(errorstatus==SD_OK)
            errorstatus=SD_GetCardInfo(&SDCardInfo); /*获取 SD 卡信息*/
        if(errorstatus==SD_OK)
            errorstatus=SD_SelectDeselect((u32)(SDCardInfo.RCA<<16));/*选中 SD 卡*/
        if(errorstatus==SD_OK)
            errorstatus=SD_EnableWideBusOperation(1); /*选择 4 位模式,如果是 MMC 卡，不能用 4 位
模式*/
         if((errorstatus==SD_OK)||(SDIO_MULTIMEDIA_CARD==CardType))
        {
    if(SDCardInfo.CardType==SDIO_STD_CAPACITY_SD_CARD_V1_1||\
    SDCardInfo.CardType==SDIO_STD_CAPACITY_SD_CARD_V2_0)
            {
                clkdiv=SDIO_TRANSFER_CLK_DIV+6;     /*V1.1/V2.0 SD 卡，设置其时钟频率最
高为 72/12=6MHz*/
            }else clkdiv=SDIO_TRANSFER_CLK_DIV;     /*SDHC 等其他卡，设置其时钟频率最高为
72/6=12MHz*/
            SDIO_Clock_Set(clkdiv);
            //errorstatus=SD_SetDeviceMode(SD_DMA_MODE);         /*设置为 DMA 模式*/
            errorstatus=SD_SetDeviceMode(SD_POLLING_MODE);       /*设置为查询模式*/
        }
        return errorstatus;
    }
```

20.6.2　SD 卡读数据函数

```
/************************************************************************
*函数信息：u8 SD_ReadDisk(u8*buf,u32 sector,u8 cnt)
*功能描述：SD 卡读数据
*输入参数：buf 表示读数据缓存区
*          sector 表示扇区地址
*          cnt 表示扇区个数
*输出参数：无
*函数返回：0 表示读取成功；其他表示错误码
*调用提示：无
*  作者：   陈醒醒
************************************************************************/
u8 SD_ReadDisk(u8*buf,u32 sector,u8 cnt)
{
    u8 sta=SD_OK;
    long long lsector=sector;
    u8 n;
    lsector<<=9;
    if((u32)buf%4!=0)
    {
        for(n=0;n<cnt;n++)
        {
            sta=SD_ReadBlock(SDIO_DATA_BUFFER,lsector+512*n,512);/*读取一个扇区*/
            memcpy(buf,SDIO_DATA_BUFFER,512);       /*把读到的数据复制到读数据缓存区*/
            buf+=512;                               /*设置地址偏移量*/
```

```
        }
    }else
    {
        if(cnt==1)sta=SD_ReadBlock(buf,lsector,512);            /*读取一个扇区*/
        else sta=SD_ReadMultiBlocks(buf,lsector,512,cnt);       /*读取多个扇区*/
    }
    return sta;
}
```

20.6.3 SD 卡写数据函数

```
/*******************************************************************
*函数信息：u8 SD_WriteDisk(u8*buf,u32 sector,u8 cnt)
*功能描述：SD 卡写数据
*输入参数：buf 表示写数据缓存区
*          sector 表示扇区地址
*          cnt 表示扇区个数
*输出参数：无
*函数返回：0 表示读取成功；其他表示错误码
*调用提示：无
*  作者：   陈醒醒
*******************************************************************/
u8 SD_WriteDisk(u8*buf,u32 sector,u8 cnt)
{
    u8 sta=SD_OK;
    u8 n;
    long long lsector=sector;
    lsector<<=9;              /*转换成块地址*/
    if((u32)buf%4!=0)         /*不是 4 个字节对齐*/
    {
        for(n=0;n<cnt;n++)
        {
            memcpy(SDIO_DATA_BUFFER,buf,512);    /*把需要写的数据复制到 SDIO_DATA_
                                                   BUFFER*/
            sta=SD_WriteBlock(SDIO_DATA_BUFFER,lsector+512*n,512);/*写一个扇区*/
            buf+=512;                                              /*设置地址偏移量*/
        }
    }else
    {
        if(cnt==1)sta=SD_WriteBlock(buf,lsector,512);           /*写一个扇区*/
        else sta=SD_WriteMultiBlocks(buf,lsector,512,cnt);      /*写多个扇区*/
    }
    return sta;
}
```

20.6.4 SDIO 总线实验测试结果

信盈达 STM32F103ZET6 开发板 SDIO 总线实验测试结果如图 20-7 所示。

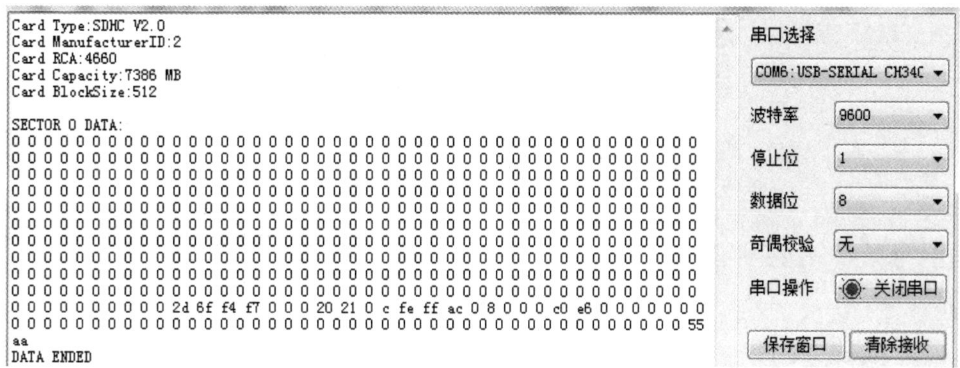
Card Type:SDHC V2.0
Card ManufacturerID:2
Card RCA:4660
Card Capacity:7386 MB
Card BlockSize:512
SECTOR 0 DATA:
0 0 0 0 0 0 0 0 0 0 0 0 0 0 0 0 0 0 0 0 0 0 0 0 0 0 0 0 0 0 0 0 0 0 0 0 0 0 0 0 0 0 0
0 0 0 0 0 0 0 0 0 0 0 0 0 0 0 0 0 0 0 0 0 0 0 0 0 0 0 0 0 0 0 0 0 0 0 0 0 0 0 0 0 0 0
0 0 0 0 0 0 0 0 0 0 0 0 0 0 0 0 0 0 0 0 0 0 0 0 0 0 0 0 0 0 0 0 0 0 0 0 0 0 0 0 0 0 0
0 0 0 0 0 0 0 0 0 0 0 0 0 0 0 0 0 0 0 0 0 0 0 0 0 0 0 0 0 0 0 0 0 0 0 0 0 0 0 0 0 0 0
0 0 0 0 0 0 0 0 0 0 0 0 0 0 0 0 0 0 0 0 0 0 0 0 0 0 0 0 0 0 0 0 0 0 0 0 0 0 0 0 0 0 0
0 0 0 0 0 0 0 0 0 0 0 0 0 0 0 0 0 0 0 0 0 0 0 0 0 0 0 0 0 0 0 0 0 0 0 0 0 0 0 0 0 0 0
0 0 0 0 0 0 0 0 0 0 0 0 0 0 0 0 0 0 0 0 0 0 0 0 0 0 0 0 0 0 0 0 0 0 0 0 0 0 0 0 0 0 0
0 0 0 0 0 0 0 0 0 0 0 0 0 0 0 0 0 0 0 0 0 0 0 0 0 0 0 0 0 0 0 0 0 0 0 0 0 0 0 0 0 0 0
0 0 0 0 0 0 0 0 0 0 0 0 0 0 0 0 0 0 0 0 0 0 0 0 0 0 0 0 0 0 0 0 0 0 0 0 0 0 0 0 0 0 0
0 0 0 0 0 0 0 0 0 0 0 0 0 0 0 0 0 0 0 0 0 0 0 0 0 0 0 0 0 0 0 0 0 0 0 0 0 0 0 0 0 0 0
0 0 0 0 0 0 0 0 0 0 2d 6f f4 f7 0 0 0 20 21 0 c fe ff ac 0 8 0 0 0 c0 e6 0 0 0 0 0 0 0
0 0 0 0 0 0 0 0 0 0 0 0 0 0 0 0 0 0 0 0 0 0 0 0 0 0 0 0 0 0 0 0 0 0 0 0 0 0 0 0 0 0 55
aa
DATA ENDED
串口选择
COM6:USB-SERIAL CH34C
波特率
9600
停止位
1
数据位
8
奇偶校验
无
串口操作
关闭串口
保存窗口
清除接收

图 20-7　信盈达 STM32F103ZET6 开发板 SDIO 总线实验测试结果

20.7　本章课后作业

20-1　使用 SD 卡写数据函数写入数据，然后调用 SD 卡读数据函数读出写入的数据。

20-2　使用 SD 卡实现文件系统功能。

第 21 章 CAN 总线实验

21.1 学习目的

（1）掌握 CAN 总线协议。

（2）掌握 bx CAN 的编程。

（3）掌握 CAN 总线的应用编程方法。

21.2 CAN 总线概述

21.2.1 CAN 总线简介

控制器局域网（Controller Area Network，CAN）最初是德国 Bosch 公司于 1983 年为汽车应用而开发的，一种能有效支持分布式控制和实时控制的串行通信网络，属于现场总线（Field Bus）的范畴。1991 年 9 月，Bosch 制定并发布 CAN 技术规范——CAN 2.0 A/B。1993 年 11 月，ISO 正式颁布 CAN 国际标准——ISO 11898 及 ISO 11519-2，为 CAN 标准化、规范化推广铺平了道路。目前，CAN 总线已经成为国际上应用最广泛的开放式现场总线之一。

在当前的汽车产业中，出于对安全性、舒适性、方便性、低公害、低成本的要求，各种各样的电子控制系统被开发出来。这些系统之间的通信由于所用的数据类型及对其可靠性的要求不尽相同，所以由多条总线构成的情况很多，线束的数量也随之增加。为满足“减少线束的数量”“通过多个 LAN 进行大量数据的高速通信”的需要，Bosch 公司开发出面向汽车的 CAN 总线协议。现在，CAN 总线的高性能和可靠性已被认同，并被广泛地应用于工业自动化、船舶、医疗设备、工业设备等方面。车载网络的 CAN 总线拓扑结构如图 21-1 所示。

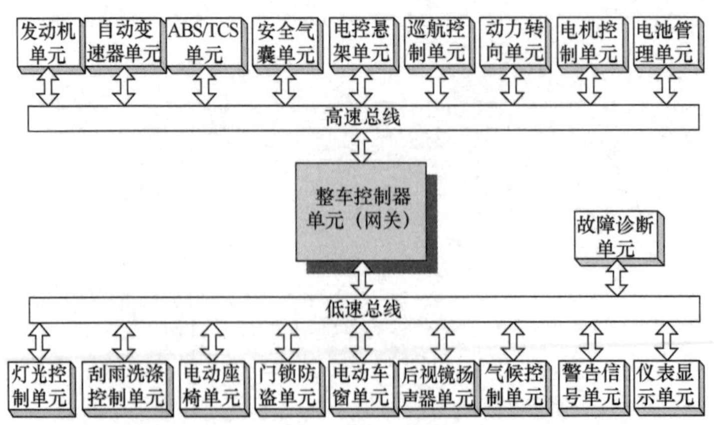

图 21-1　车载网络的 CAN 总线拓扑结构

21.2.2　CAN 总线的主要特性

下面介绍 CAN 总线的主要特性。

1．多主控制

（1）在 CAN 总线空闲时，所有的单元都可以发送消息（多主控制）。

（2）最先访问 CAN 总线的单元可获得发送权。

（3）当多个单元同时发送消息时，发送高优先级 ID（Identifier 的缩写）消息的单元可获得发送权。

2．消息的发送

在 CAN 总线协议中，所有的消息都以固定的格式发送。当 CAN 总线空闲时，所有与 CAN 总线相连的单元都可以开始发送新的消息。当两个以上的单元同时发送消息时，根据 ID 决定优先级。ID 并不是发送的目的地址，而是表示访问 CAN 总线消息的优先级。当两个以上的单元同时开始发送消息时，会对各消息 ID 的每个位进行逐个仲裁。仲裁获胜（被判定为高优先级）的单元可继续发送消息，仲裁失利的单元则立刻停止发送消息而转为接收模式。

3．系统的柔软性

与 CAN 总线相连的单元没有类似于“地址”的信息，因此在 CAN 总线上增加单元时，连接在 CAN 总线上的其他单元的软、硬件及应用层都不用改变。

4．通信速度

根据网络的规模，可设置合适的 CAN 总线通信速度。在同一网络中，在 CAN 总线上的所有单元必须设置统一的通信速度。

5．远程数据请求

任意单元都可以发送“遥控帧”来请求其发出数据。

6．错误检测功能、错误通知功能及错误恢复功能

（1）所有单元都可检测错误（错误检测功能）。

（2）检测出错的单元会立即通知其他所有单元（错误通知功能）。

（3）发送出错的单元会立即停止当前消息的发送，并不断重新发送此消息，直到发送成功为止（错误恢复功能）。

7．故障封闭

CAN 总线具有判断错误是 CAN 总线上暂时的错误（如外部噪声等）还是持续的数据错误（如单元内部的故障、驱动器故障、断线等）的功能。由此功能，当 CAN 总线上发生持续的数据错误时，引起此故障的单元将被从 CAN 总线上隔离出去。

8．连接

CAN 总线是可以同时连接多个单元的总线。可连接的单元总数理论上是没有限制的，但实际上可连接的单元数受 CAN 总线上的延迟时间及电气负载的限制。如果降低 CAN 总线通信速度，则 CAN 总线可连接的单元数增加；如果提高 CAN 总线通信速度，则 CAN 总线可连接的单元数减少。

21.2.3　CAN 总线的分层结构

开放式系统互联 （Open System Interconnect，OSI）一般又称 OSI 参考模型，是 ISO 在 1985 年研究的网络互联模型。该体系结构标准定义了网络互连的七层架构（物理层、数据链路层、网络层、传输层、会话层、表示层和应用层）。在这个架构下进一步详细规定了每一层的功能，以实现开放系统环境中的互连性、互操作性和应用的可移植性。OSI 参考模型如

图 21-2 所示。其中，上面三层总称应用层，用来控制软件；下面四层总称数据流层，用来管理硬件；除了物理层之外，其他层都是用软件实现的。数据在发至数据流层时被拆分。数据在传输层叫段、在网络层叫包、在数据链路层叫帧、在物理层叫比特流，并都可以称为协议数据单元（Protocol Data Unit，PDU）。

CAN 总线分层结构如图 21-3 所示。

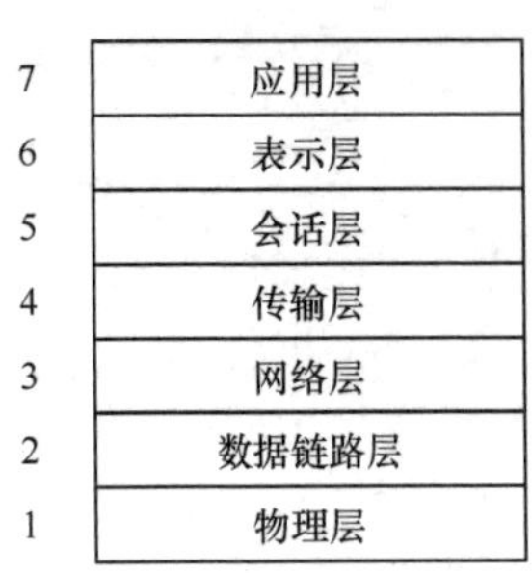

图 21-2　OSI 参考模型

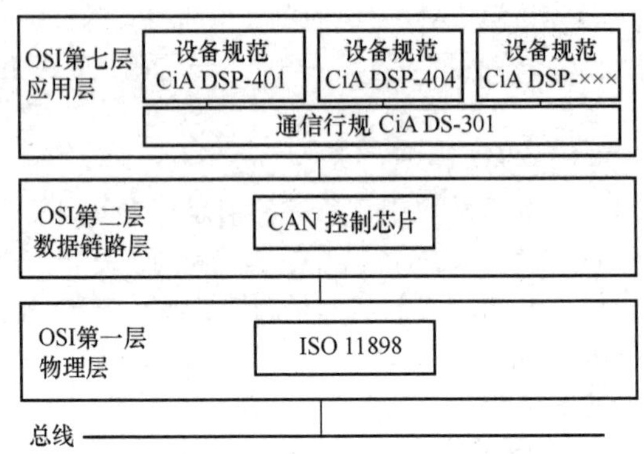

图 21-3　CAN 总线分层结构

21.2.4　CAN 总线物理层的定义

CAN 总线协议经 ISO 标准化后，有 ISO 11898 标准和 ISO 11519-2 标准两种。ISO 11898 标准和 ISO 11519-2 标准对数据链路层的定义相同，但对物理层的定义不同。ISO 11898 标准和 ISO 11519-2 标准的对比如图 21-4 所示。

物理层	ISO 11898（高速）						ISO 11519-2（低速）					
通信速度*1	最大值为1Mbit/s						最大值为125kbit/s					
总线长度*2	最大值为40m（在1Mbit/s通信速度下）						最大值为1km（在40kbit/s通信速度下）					
连接单元数	最大值为30						最大值为20					
总线拓扑*3	隐性电平			显性电平			隐性电平			显性电平		
	最小值	标称值	最大值	最小值	标称值	最大值	最小值	标称值	最大值	最小值	标称值	最大值
V_{CAN_High}/V	2.00	2.50	3.00	2.75	3.50	4.50	1.60	1.75	1.90	3.85	4.00	5.00
V_{CAN_Low}/V	2.00	2.50	3.50	0.50	1.50	2.25	3.10	3.25	3.40	0.00	1.00	1.15
电位差/V	-0.5	0	0.05	1.5	2.0	3.0	-0.3	1.5	—	0.3	3.00	—
	双绞线（屏蔽/非屏蔽） 闭环总线 阻抗：120W（最小值为85W， 最大值为130W） 总线电阻率：70mW/m 总线延迟时间：5ns/m 终端电阻：120W（最小值为85W， 最大值为130W）						双绞线（屏蔽/非屏蔽） 开环总线 阻抗：120W（最小值为85W， 最大值为130W） 总线电阻率：90mW/m 总线延迟时间：5ns/m 终端电阻：2.20kW（最小值为2.09kW， 最大值为2.31kW） CAN_Low与地之间的静电容量：30pF/m CAN_High与地之间的静电容量：30pF/m CAN_Low与地之间的静电容量：30pF/m					

图 21-4　ISO 11898 标准和 ISO 11519-2 标准的对比

注：*1 通信速度：通信速度根据系统设定。

*2 总线长度：总线长度根据系统设定。

*3 总线拓扑：CAN 总线收发器根据两根 CAN 总线（CAN_High 和 CAN_Low）的电位差来判断 CAN 总线电平。CAN 总线电平分为显性电平和隐性电平两种。CAN 总线必须处于两种电平之一。CAN 总线上执行逻辑上的线“与”时，显性电平为“0”，隐性电平为“1”。“显性”具有“优先”的意思，只要有一个节点输出显性电平，CAN 总线上即为显性电平；“隐性”具有“包容”的意思，只有所有的单元都输出隐性电平，CAN 总线上才为隐性电平（显性电平比隐性电平更强）。

ISO 11898、ISO 11519-2 的物理层特征如图 21-5 所示。

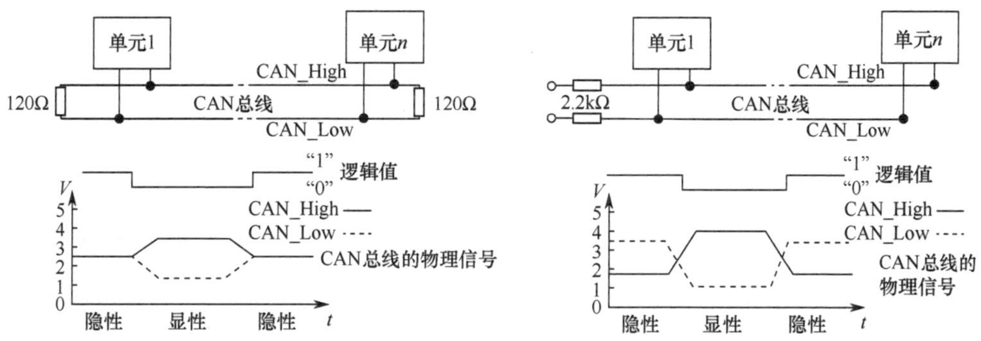

(a) ISO 11898的物理层特征(125kbit/s~1Mbit/s)　　(b) ISO 11519-2的物理层特征(10kbit/s~125Mbit/s)

图 21-5　ISO 11898、ISO 11519-2 的物理层特征

21.2.5　CAN 总线的数据帧格式

CAN 总线的数据帧分为标准帧和扩展帧。CAN 总线的数据帧格式如图 21-6 所示。

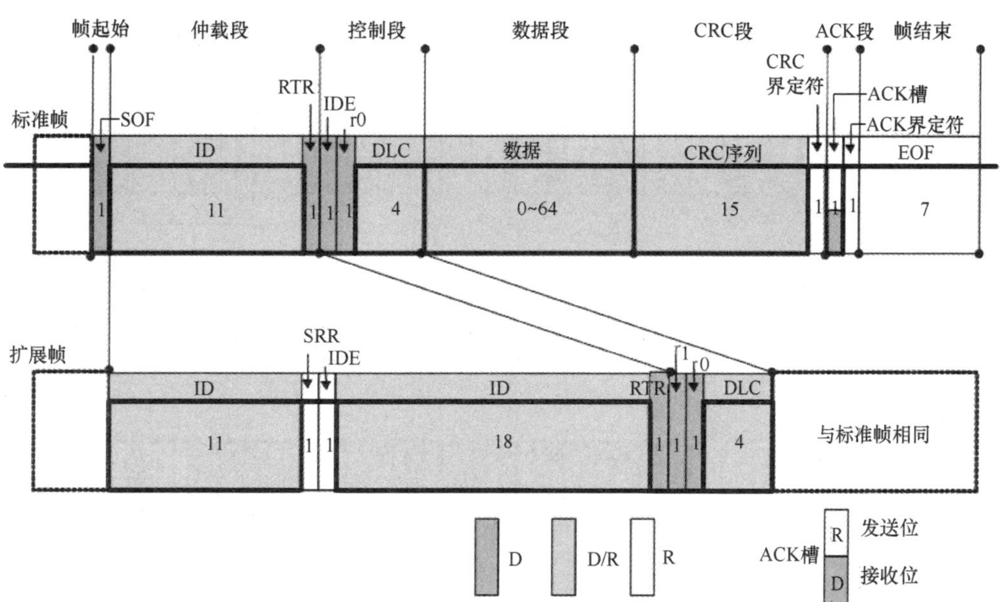

图 21-6　CAN 总线的数据帧格式

下面对 CAN 总线的数据帧进行说明。

（1）SOF（帧起始）：表示一个数据的开始。这是一个显性位（显性电平），只有在总线空闲的时候，节点才可以发出 SOF 信号。

（2）ID（标识符）：表明报文的含义，确定唯一的一条报文。确定报文的仲裁优先级，ID 值越小，优先级越高。标准帧的 ID 是 11 位的；扩展帧的 ID 是 29 位的。ID 高位在前。

（3）RTR（远程发送请求）：用于区分数据帧（RTR=0）和远程帧（遥控帧）（RTR=1）。

（4）IDE：用于区分标准帧（IDE=0）和扩展帧（IDE=1）。

（5）SRR：该位无实际意义，永远为 1，表明在该位替代了标准帧中的 RTR 位。

（6）r0：保留位，为 0。

（7）DLC（数据长度）：包含 4 位，表示数据帧包含数据字节数。DLC 取值范围为 0～8；当 DLC>8 时，DLC 取值为 8（DLC=8）。

（8）数据段：包含数据帧传送的内容，有 0～8 个字节长度（由 DLC 决定）。

（9）CRC 段：用于校验。

（10）CRC 界定符：固定格式为 1 个隐性位（隐性电平）。

（11）ACK 槽：应答位，用于确保报文至少被一个节点接收。ACK 发送隐性位，返回显性位表示报文被正确接收。

（12）ACK 界定符：固定格式为 1 个隐性位，用于应答延迟。

（13）EOF：表示数据帧结束，固定格式为 7 个连续隐性位。

21.2.6　CAN 总线的仲裁机制

CAN 总线节点发送报文时要检测 CAN 总线状态。只有 CAN 总线处于空闲状态时，CAN 总线节点才能发送报文。在 CAN 总线处于空闲状态时，最先开始发送消息的节点获得发送权。当多个节点同时开始发送消息时，各发送节点从仲裁段的第一位开始，连续显性位最多的节点可继续发送消息。CAN 总线的仲裁过程如图 21-7 所示。

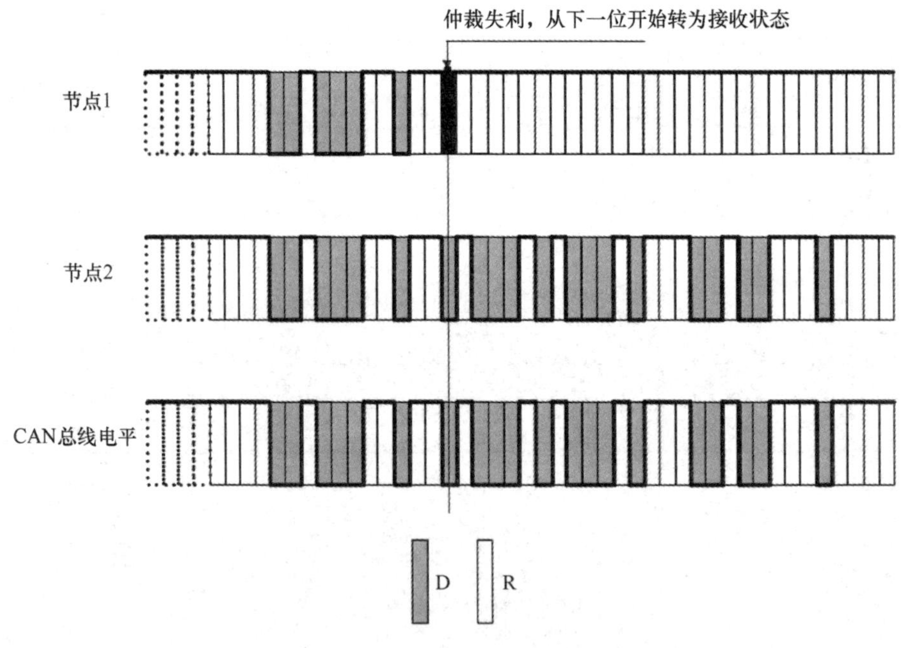

图 21-7　CAN 总线的仲裁过程

21.2.7　CAN 总线的错误检测机制

CAN 总线的错误类型共有 5 种，分别为位错误、填充错误、CRC 错误、格式错误、ACK 错误。多种 CAN 总线的错误可能同时发生。CAN 总线的错误种类、错误内容、错误检测帧和检测单元见表 21-1。

表 21-1　CAN 总线的错误种类、错误的内容、错误检测帧和检测单元

错误种类	错误内容	错误检测帧（段）	检测单元
位错误	检测到输出电平和 CAN 总线电平（不含填充位），当两电平不一样时所检测到的错误	• 数据帧（SOF～EOF） • 遥控帧（SOF～EOF） • 错误帧 • 过载帧	发送节点 接收节点
填充错误	在需要填充位的段内，连续检测到 6 位相同的电平的错误	• 数据帧（SOF～CRC 顺序） • 遥控帧（SOF～CRC 顺序）	发送节点 接收节点
CRC 错误	检测到从接收到的数据计算出的 CRC 结果与接收到的 CRC 顺序不同的错误	• 数据帧（CRC 顺序） • 遥控帧（CRC 顺序）	接收节点
格式错误	检测到与固定格式的位段相反的格式的错误	• 数据帧（CRC 界定符、ACK 界定符、EOF） • 遥控帧（CRC 界定符、ACK 界定符、EOF） • 错误界定符 • 过载界定符	接收节点
ACK 错误	检测到发送单元在 ACK 槽中隐性电平的错误（ACK 没被传送过来的错误）	• 数据帧（ACK 槽） • 遥控帧（ACK 槽）	发送节点

21.2.8　CAN 总线的位时序特性

在 CAN 总线中，由发送节点在非同步的情况下每秒发送的位数称为位速率。1 个位可分为 4 段：同步段（Synchronization Segment，SS）、传播时间段（Propagation TimeSegment，PTS）、相位缓冲段 1（Phase Buffer Segment 1，PBS1）、相位缓冲段 2（Phase Buffer Segment 2，PBS2）。这些段又由 Time Quantum（以下称为 Tq）（最小时间单位）构成。

1 个位分为 4 个段，每个段又由若干个 Tq 构成，这称为位时序。

可以任意设定位时序。通过设定位时序，可同时采样多个单元，也可任意采样某个单元。

Tq 数见表 21-2。1 个位的构成如图 21-8 所示。

表 21-2　Tq 数

<table>
<tr><th>名　称</th><th>作　用</th><th colspan="2">Tq 数</th></tr>
<tr><td>同步段</td><td>多个连接在 CAN 总线上的单元通过此段实现时序调整，同步进行接收和发送的工作。由隐性电平到显性电平的边沿或由显性电平到隐性电平边沿最好出现在此段中</td><td>1Tq</td><td rowspan="4">8~25Tq</td></tr>
<tr><td>传播时间段</td><td>用于吸收网络物理延迟的段
所谓的网络物理延迟指发送单元的输出延迟、总线上信号的传播延迟、接收单元的输入延迟
这个段的时间为以上各延迟时间的和的两倍</td><td>1~8Tq</td></tr>
<tr><td>相位缓冲段 1</td><td>当信号边沿不能被包含于同步段中时，可在此段进行补偿</td><td>1~8Tq</td></tr>
<tr><td>相位缓冲段 2</td><td>由于各单元以各自独立的时钟工作,细微的时钟误差会累积起来，相位缓冲段可用于吸收此误差
通过对相位缓冲段加/减再同步补偿宽度（reSynchronization Jump Width，SJW）补偿误差
再同步补偿宽度加大后允许误差加大，但通信速度下降</td><td>2~8Tq</td></tr>
<tr><td>再同步补偿宽度</td><td>因时钟频率偏差、传送延迟等，各单元有同步误差。再同步补偿宽度为补偿此误差的最大值</td><td colspan="2">1~4Tq</td></tr>
</table>

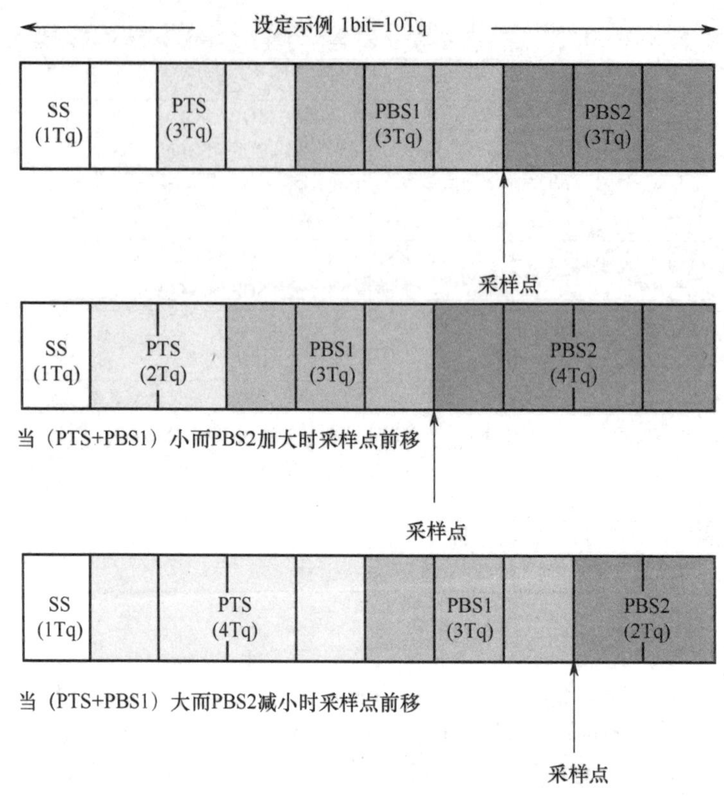

图 21-8　1 个位的构成

在图 21-8 中，所谓采样点是将读取的 CAN 总线电平作为位值的点，其位置在 PBS1 结束处。

21.2.9　CAN 总线的同步机制

CAN 总线协议的通信方式为 NRZ（Non Return to Zero）方式。该方式各个位的开头或者结尾都没有附加同步信号。该方式发送节点以与位时序同步的方式开始发送数据，而接收节点则根据总线上电平的变化进行同步并接收数据。但是，该方式发送节点和接收节点存在的时钟频率误差及传输路径上的（电缆、驱动器等）相位延迟会引起同步偏差，因此接收节点要通过同步的方法调整时序来接收数据。CAN 总线包括硬同步和重同步两种同步方式。CAN 总线的同步规则如下。

（1）1 个位时间内只允许一种同步方式。

（2）任何一个“隐性电平”到“显性电平”的跳变都可用于 CAN 总线的同步。

（3）硬同步发生在 SOF，所有接收节点调整各自当前位的同步段，使其位于发送的 SOF 位内，如图 21-9 所示。

（4）重同步发生在一个帧的其他位场内，在 SOF 到仲裁场有多个节点同时发送的情况下，当跳变沿落在了同步段之外，发送节点对跳变沿不进行重同步。

① 相位误差为正：跳变沿位于采样点之前，PBS1 延长，如图 21-10 所示。

② 相位误差为负：跳变沿位于前一个位的采样点之后，PBS2 缩短，如图 21-11 所示。

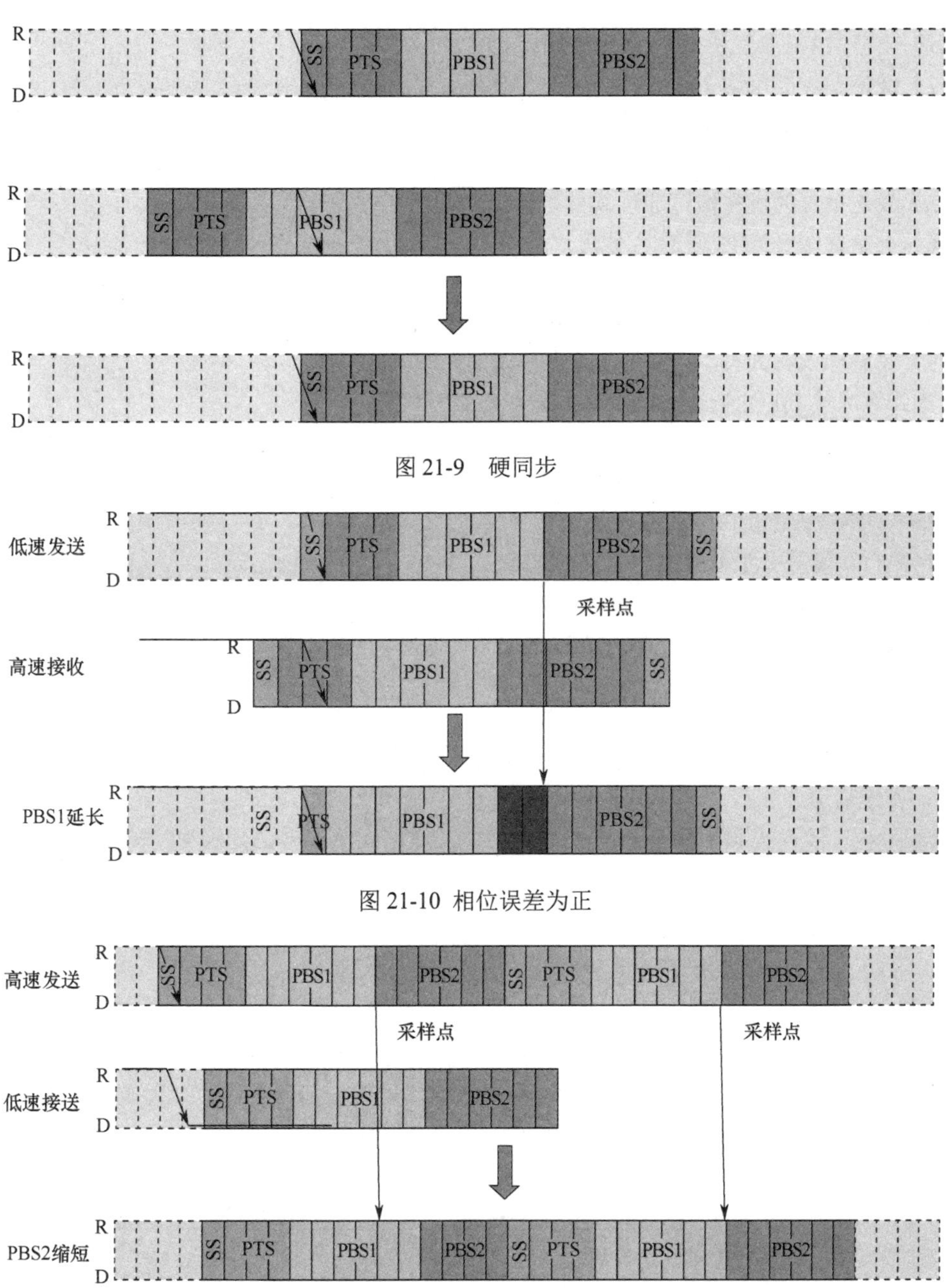

图 21-9　硬同步

图 21-10 相位误差为正

图 21-11　相位误差为负

21.3　bxCAN

21.3.1　bxCAN 的主要特点

STM32 的 CAN 称为 bxCAN。bxCAN 是 Basic Extended CAN（基本扩展 CAN）的缩写。它的设计目标是以最小的 CPU 负荷来高效处理大量收到的报文。它也支持报文发送的优先级要求（优先级可通过软件配置）。bxCAN 的主要特点如下。

（1）支持 CAN 总线协议 2.0A 和 2.0B。
（2）波特率最高可达 1Mbit/s。
（3）支持时间触发通信模式。
（4）具有 3 个发送邮箱。
（5）发送报文的优先级可通过软件配置。
（6）记录发送 SOF 时刻的时间戳。
（7）具有 3 级深度的 2 个接收 FIFO。
（8）具有可变的过滤器组，如 STM32F1 中有 14 个可变过滤器组。
（9）具有标识符列表。
（10）可配置 FIFO 溢出处理方式。
（11）记录接收 SOF 时刻的时间戳。
（12）禁止自动重传模式。
（13）具有 16 位自由运行定时器。
（14）可在最后 2 个数据字节发送时间戳。
（15）可屏蔽中断。
（16）发送电子邮箱占用单独 1 块地址空间，便于提高软件效率。

21.3.2 bxCAN 的功能描述

以下主要描述 bxCAN 的发送处理、接收管理这两个功能。

1. 发送处理

bxCAN 共有 3 个邮箱供软件来发送报文。发送调度器根据优先级决定哪个邮箱的报文先被发送。发送状态如图 21-12 所示。

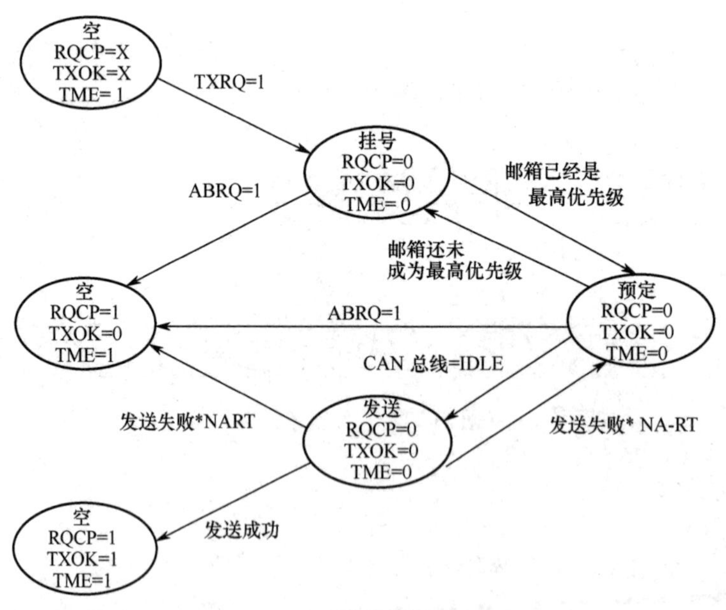

图 21-12 发送状态

2. 接收管理

bxCAN 接收到的报文被存储在 FIFO 中。FIFO 完全由硬件来管理，从而节省了 CPU 的处理负荷，简化了软件并保证了数据的一致性。应用程序只能通过读取 FIFO 输出邮箱来读取 FIFO 中最先收到的报文。接收状态如图 21-13 所示。

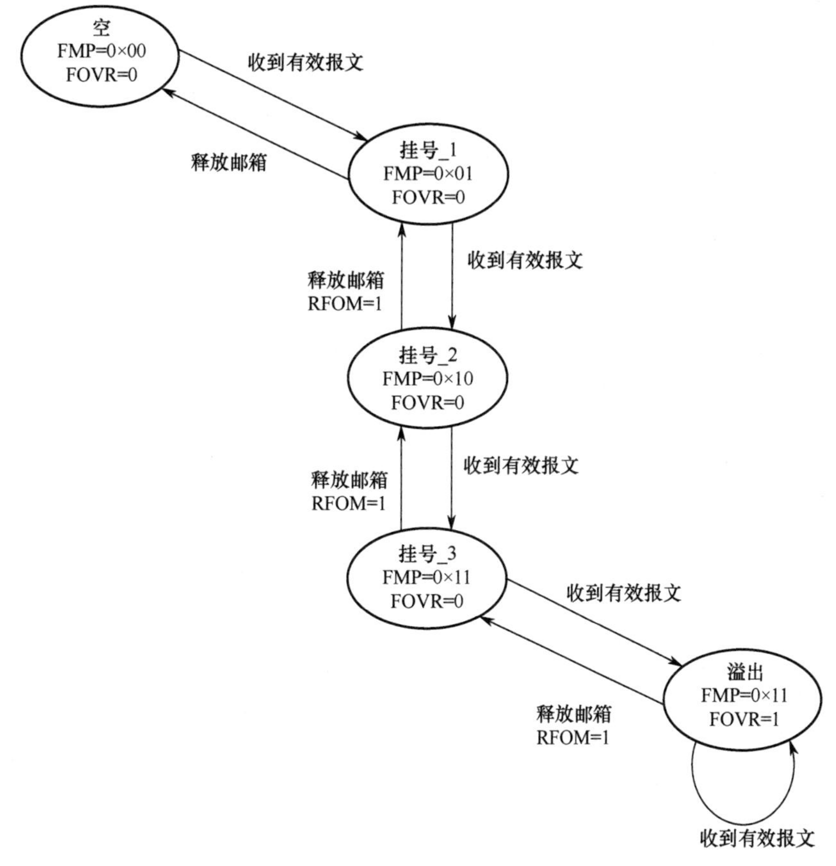

图 21-13 接收状态

21.3.3 bxCAN 的工作模式

bxCAN 有 3 个主要的工作模式：初始化模式、正常模式和睡眠模式。在硬件复位后，bxCAN 工作在睡眠模式以节省电能，同时 CANTX 引脚的内部上拉电阻被激活。软件通过 CAN_Operating ModeRequest 函数可以请求 bxCAN 进入初始化模式或睡眠模式。在进入正常模式前，bxCAN 必须跟 CAN 总线取得同步；为取得同步，bxCAN 要等待 CAN 总线处于空闲状态，即在 CANRX 引脚上监测到 11 个连续的隐性位。

21.3.4 bxCAN 的测试模式

bxCAN 有 3 个测试模式：静默模式、环回模式和环回静默模式，如图 21-14 所示。用户可调用 CAN_Init 函数来选择 bxCAN 的一种测试模式，但只能在 bxCAN 的初始化模式下修改。

1. 静默模式

在静默模式下，bxCAN 可以正常地接收数据帧和远程帧，但只能发出隐性位，而不能真正发送报文。如果 bxCAN 需要发出显性位（确认位、过载标志位、主动错误标志位），那么这样的显性位在内部被接收从而可以被 bxCAN 内核检测到，同时 CAN 总线不会受到影响而仍然维持在隐性位状态。因此，bxCAN 的静默模式通常用于分析 CAN 总线的活动，而不会对 CAN 总线造成影响——显性位（确认位、过载标志位、主动错误标志位）不会真正发送到 CAN 总线上。

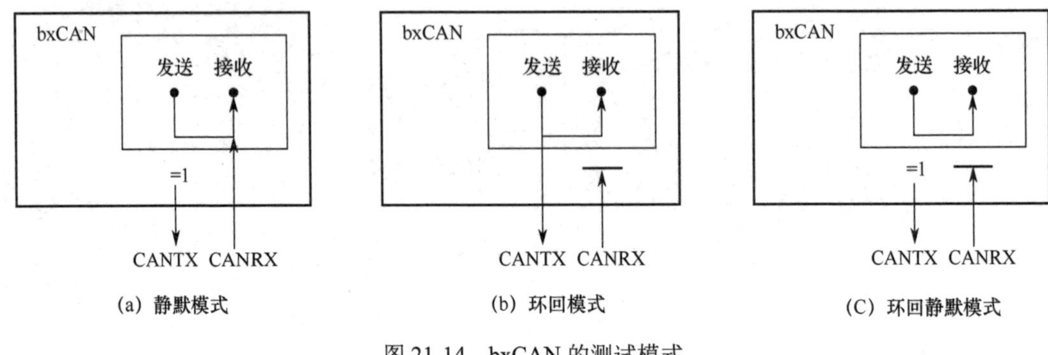

图 21-14　bxCAN 的测试模式

2. 环回模式

在环回模式下，bxCAN 把发送的报文当作接收的报文并保存（如果可以通过接收过滤）在接收邮箱里。

环回模式可用于 bxCAN 的自测试。为了避免外部的影响，在环回模式下 bxCAN 内核忽略确认错误（在数据帧/远程帧的确认位时刻，不检测是否有显性位）。在环回模式下，bxCAN 在内部把从发送点发送的报文反馈到接收点，而完全忽略 CANRX 引脚的实际状态。发送的报文可以在 CANTX 引脚上检测到。

3. 环回静默模式

环回静默模式可用于“热自测试”，即可以像环回模式那样测试 bxCAN，但不会影响 CANTX 和 CANRX 引脚所连接的整个 CAN 总线。在环回静默模式下，CANRX 引脚与 CAN 总线断开，同时 CANTX 引脚被驱动到隐性位状态。

21.3.5　bxCAN 的位时间特性

根据 bxCAN 的位时间特性，通过采样点来监视串行的 CAN 总线，并且通过与数据帧起始位的边沿进行同步及与后面的边沿进行重新同步来调整采样点。这个操作可以分为 3 段进行简单解释。

（1）同步段（SYNC_SEG）：通常期望位的变化发生在该时间段内，其值固定为 1 个时间单元（$1\times t_{CAN}$）。

（2）时间段 1（BS1）：定义采样点的位置。它包含 CAN 国际标准里的 PROP_SEG 和 PHASE_SEG1。PROP_SEG 和 PHASE_SEG1 的值可以编程为 1 到 16 个时间单元，但也可以被自动延长，以补偿因为网络中不同节点的频率差异所造成的相位正向漂移。

（3）时间段 2（BS2）：定义发送点的位置。它代表 CAN 国际标准里的 PHASE_SEG2。PHASE_SEG2 的其值可以编程为 1 到 8 个时间单元，但也可以被自动缩短以补偿相位负向漂移。

bxCAN 的位时序如图 21-15 所示。

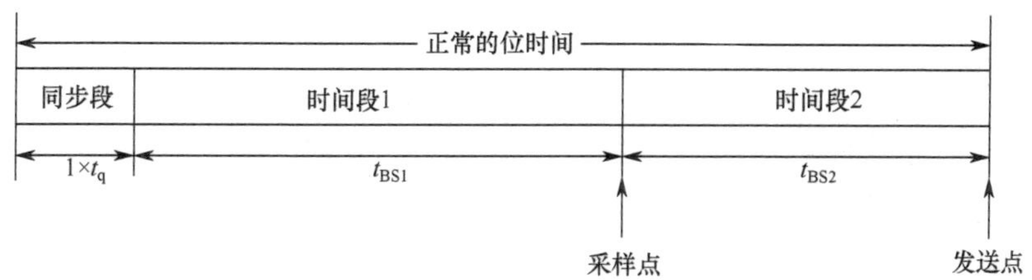

波特率 = $\dfrac{1}{正常的位时间}$

正常的位时间 = $1 \times t_q + t_{BS1} + t_{BS2}$

$t_{BS1} = t_q \times (TS1[3:0] + 1)$

$t_{BS2} = t_q \times (TS2[2:0] + 1)$

$t_q = (BRP[9:0] + 1) \times t_{PCLK}$

t_{PCLK} = APB时钟周期

这里t_q表示1个时间单元；BRP[9:0]、TS1[3:0]和TS2[2:0]在CAN_BTR寄存器中定义

图 21-15　bxCAN 的位时序

21.3.6　bxCAN 的报文过滤

在 CAN 总线协议里，报文标识符不代表节点的地址，而是跟报文的内容相关，因此发送者以广播的形式把报文发送给所有的接收者。节点在接收报文时根据该报文标识符的值决定软件是否需要该报文：如果软件需要该报文，该报文就被复制到 SRAM 里；如果不需要该报文，该报文就被丢弃且无须被软件处理。为满足这一需求，在互联型产品中，bxCAN 为应用程序提供了 28 个位宽可变的、可配置的过滤器组（27～0）；在其他产品中，bxCAN 为应用程序提供了 14 个位宽可变的、可配置的过滤器组（13～0），以便只接收软件需要的那些报文。这种硬件过滤节省了 CPU 开销，否则就必须通过软件过滤而占用一定的 CPU 开销。每个过滤器组由 32 位寄存器、CAN_FxR1 和 CAN_FxR2 组成。

（1）过滤器组可以调用 CAN_FilterInit 函数进行过滤器组位宽和模式的设置。

（2）为了过滤出一组报文的标识符，应该设置过滤器组工作在屏蔽位模式。

（3）为了过滤出一个标识符，应该设置过滤器组工作在标识符列表模式。

（4）bxCAN 应用程序不用的过滤器组，应该保持在禁用状态。

（5）过滤器组中的每个过滤器的编号取决于过滤器组的模式和位宽的设置。

过滤器组的配置如图 21-16 所示。

21.3.7　bxCAN 相关库函数

在 STM32 固件库开发中，操作 bxCAN 相关的函数和定义分别在源文件 stm32f10x_can.c 和头文件 stm32f10x_can.h 中。

1．使能 CAN 时钟

调用 RCC_APB1PeriphClockCmd 函数使能 CAN 时钟，具体用法参考 4.2.5 节。

2．初始化 CAN

调用 CAN_Init 函数初始化 CAN，其函数说明见表 21-3。

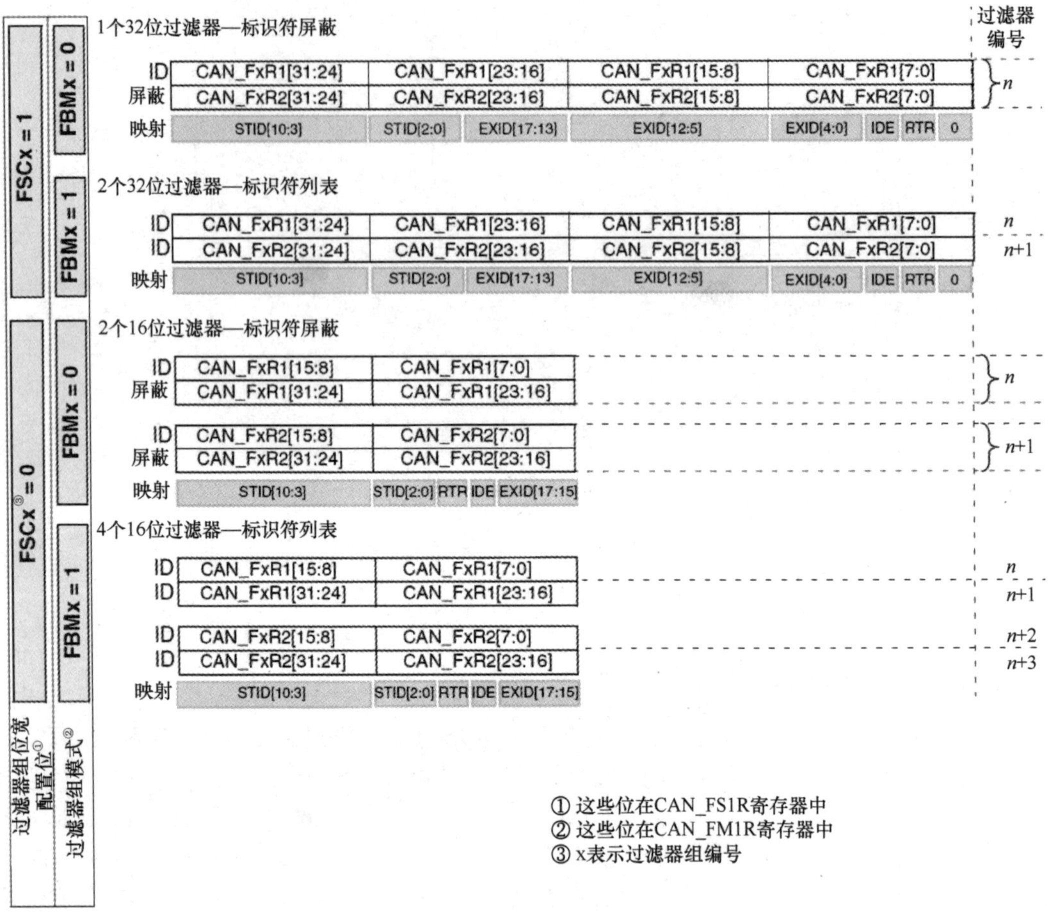

图 21-16　过滤器组的配置

表 21-3　CAN_Init 函数说明

函数名	CAN_Init
函数原型	uint8_t CAN_Init(CAN_TypeDef* CANx, CAN_InitTypeDef* CAN_InitStruct)
功能描述	初始化外设 CAN
输入参数 1	CANx：用来指定初始化哪个 CAN，x=1,2
输入参数 2	CAN_InitStruct:表示 CAN 的参数，包括触发通信模式、睡眠唤醒方式、报文自动传送、优先级、工作模式、波特率等参数
输出参数	无
返回值	返回 CANINITFAILED 或 CANINITOK 表示初始化成功
说明	无

CAN_InitTypeDef 结构体类型在 stm32f10x_can.h 中定义如下。

```
typedef struct
{
   uint16_t CAN_Prescaler;
   uint8_t CAN_Mode;
   uint8_t CAN_SJW;
```

```
    uint8_t CAN_BS1;
    uint8_t CAN_BS2;
    FunctionalState CAN_TTCM;
    FunctionalState CAN_ABOM;
    FunctionalState CAN_AWUM;
    FunctionalState CAN_NART;
    FunctionalState CAN_RFLM;
    FunctionalState CAN_TXFP;
} CAN_InitTypeDef;
```

调用 CAN_Init 函数初始化 CAN1 见例 21-1。

【例 21-1】调用 CAN_Init 函数初始化 CAN1。

```
CAN_InitTypeDef              CAN_InitStructure;
CAN_InitStructure.CAN_TTCM=DISABLE;                /*非时间触发通信模式  */
CAN_InitStructure.CAN_ABOM=DISABLE;                /*软件自动离线管理  */
CAN_InitStructure.CAN_AWUM=DISABLE;                /*睡眠模式通过软件唤醒*/
CAN_InitStructure.CAN_NART=ENABLE;                 /*禁止报文自动传送 */
CAN_InitStructure.CAN_RFLM=DISABLE;                /*报文不锁定（新的报文可以覆盖旧的报文）*/
CAN_InitStructure.CAN_TXFP=DISABLE;                /*优先级由报文的标识符决定 */
CAN_InitStructure.CAN_Mode= 1;                     /*回环模式; */
/*设置波特率*/
CAN_InitStructure.CAN_SJW= CAN_SJW_1Tq;            /*同步跳跃宽度为 1 个 Tq*/
CAN_InitStructure.CAN_BS1= CAN_BS1_9Tq;            /*BS1 为 9 个 Tq*/
CAN_InitStructure.CAN_BS2= CAN_BS2_8Tq;            /*BS2 为 8 个 Tq*/
CAN_InitStructure.CAN_Prescaler=4;                 /*分频系数为 5*/
CAN_Init(CAN1, &CAN_InitStructure);                /*初始化 CAN1*/
```

3. 设置 CAN 过滤器

调用 CAN_FilterInit 函数设置 CAN 过滤器，其函数说明见表 21-4。

表 21-4　CAN_FilterInit 函数说明

函数名	CAN_FilterInit
函数原型	void CAN_FilterInit(CAN_FilterInitTypeDef* CAN_FilterInitStruct)
功能描述	设置 CAN 过滤器
输入参数 1	CAN_FilterInitStruct：表示需要设置的过滤器参数，主要包括过滤器选择、屏蔽位模式、位宽、ID、掩码等参数
输出参数	无
返回值	无
说明	无

CAN_FilterInitTypeDef 结构体类型在 stm32f10x_can.h 中定义如下。

```
typedef struct
{
    uint16_t CAN_FilterIdHigh;
    uint16_t CAN_FilterIdLow;
    uint16_t CAN_FilterMaskIdHigh;
    uint16_t CAN_FilterMaskIdLow;
    uint16_t CAN_FilterFIFOAssignment;
    uint8_t CAN_FilterNumber;
```

```
  uint8_t CAN_FilterMode;
  uint8_t CAN_FilterScale;
  FunctionalState CAN_FilterActivation;
} CAN_FilterInitTypeDef;
```

调用 CAN_FilterInit 函数设置 CAN 过滤器见例 21-2。

【例 21-2】调用 CAN_FilterInit 函数设置 CAN 过滤器。

```
CAN_FilterInitTypeDef      CAN_FilterInitStructure;
CAN_FilterInitStructure.CAN_FilterNumber=0;                                /*选择过滤器 0*/
CAN_FilterInitStructure.CAN_FilterMode=CAN_FilterMode_IdMask;              /*屏蔽位模式*/
CAN_FilterInitStructure.CAN_FilterScale=CAN_FilterScale_32bit;             /*设置 32 位位宽 */
CAN_FilterInitStructure.CAN_FilterIdHigh=0x0000;                           /*设置 32 位 ID*/
CAN_FilterInitStructure.CAN_FilterIdLow=0x0000;
CAN_FilterInitStructure.CAN_FilterMaskIdHigh=0x0000;                       /*设置 32 位掩码*/
CAN_FilterInitStructure.CAN_FilterMaskIdLow=0x0000;
CAN_FilterInitStructure.CAN_FilterFIFOAssignment=CAN_Filter_FIFO0;  /*过滤器 0 关联到 FIFO0*/
CAN_FilterInitStructure.CAN_FilterActivation=ENABLE;                       /*激活过滤器 0*/
CAN_FilterInit(&CAN_FilterInitStructure);                                  /*滤波器初始化*/
```

4．指定 CAN 发送数据

调用 CAN_Transmit 函数指定 CAN 发送数据，其函数说明见表 21-5。

表 21-5　CAN_Transmit 函数说明

函数名	CAN_Transmit
函数原型	uint8_t CAN_Transmit(CAN_TypeDef* CANx，CanTxMsg* TxMessage)
功能描述	指定 CAN 发送数据
输入参数 1	CANx：用来指定哪个 CAN，x = 1,2
输入参数 2	TxMessage：表示发送数据的参数，包括标准标识符、扩展标识符、标准帧、数据帧、发送的数据长度等参数
输出参数	无
返回值	返回空邮箱号或 CAN_NO_MB（如果没有空邮箱）
说明	无

CanTxMsg 结构体类型在 stm32f10x_can.h 中定义如下。

```
typedef struct
{
  uint32_t StdId;
  uint32_t ExtId;
  uint8_t IDE;
  uint8_t RTR;
  uint8_t DLC;
  uint8_t Data[8];
} CanTxMsg;
```

相关示例请参考 21.6.1 节。

5．获取 CAN 发送数据的状态

调用 CAN_TransmitStatus 函数获取 CAN 发送数据的状态，其函数说明见表 21-6。

表 21-6　CAN_Transmit 函数说明

函数名	CAN_TransmitStatus
函数原型	uint8_t CAN_TransmitStatus(CAN_TypeDef* CANx, uint8_t TransmitMailbox)
功能描述	获取 CAN 发送数据的状态
输入参数 1	CANx：用来指定哪个 CAN，x =1,2
输入参数 2	TransmitMailbox：表示获取的是哪种类型的状态，该参数为邮箱号
输出参数	无
返回值	返回发送数据的状态：成功（CAN_TxStatus_Ok）或者失败（CAN_TxStatus_Failed）
说明	无

相关示例请参考 21.6.1 节。

6．指定 CAN 获取当前接收 FIFO 中的报文个数

调用 CAN_MessagePending 函数指定 CAN 获取当前接收 FIFO 中的报文个数，其函数说明见表 21-7。

表 21-7　CAN_MessagePending 函数说明

函数名	CAN_MessagePending
函数原型	uint8_t CAN_MessagePending(CAN_TypeDef* CANx, uint8_t FIFONumber)
功能描述	指定 CAN 获取当前接收 FIPO 中的报文个数
输入参数 1	CANx：用来指定哪个 CAN，x=1,2
输入参数 2	FIFONumber：表示获取的是哪个 FIFO。CAN_FIFO0 表示获取第 0 个 FIFO 中的报文个数；CAN_FIFO1 表示获取第 1 个 FIFO 中的报文个数
输出参数	无
返回值	返回的是报文的个数
说明	无

相关示例请参考 21.6.2 节。

7．CAN 接收数据

调用 CAN_Receive 函数实现 CAN 接收数据，其函数说明见表 21-8。

表 21-8　CAN_Receive 函数说明

函数名	CAN_Receive
函数原型	void CAN_Receive(CAN_TypeDef* CANx, uint8_t FIFONumber, CanRxMsg* RxMessage)
功能描述	CAN 接收数据
输入参数 1	CANx：用来指定哪个 CAN，x=1,2
输入参数 2	FIFONumber：表示接收的是哪个 FIFO 的数据。CAN_FIFO0 表示接收第 0 个 FIFO 的数据；CAN_FIFO1 表示接收第 1 个 FIFO 的数据
输入参数 3	RxMessage：接收数据缓冲区
输出参数	无
返回值	返回报文的个数
说明	接收数据之前先调用 CAN_MessagePending 函数

相关示例请参考 21.6.2 节。

对于其他没有介绍的 bxCAN 相关库函数，读者可参考 stm32f10x_can.c 文件。

21.4 CAN 总线实验硬件设计

信盈达 STM32F103ZET6 开发板 CAN 总线实验硬件原理图如图 21-17 所示。

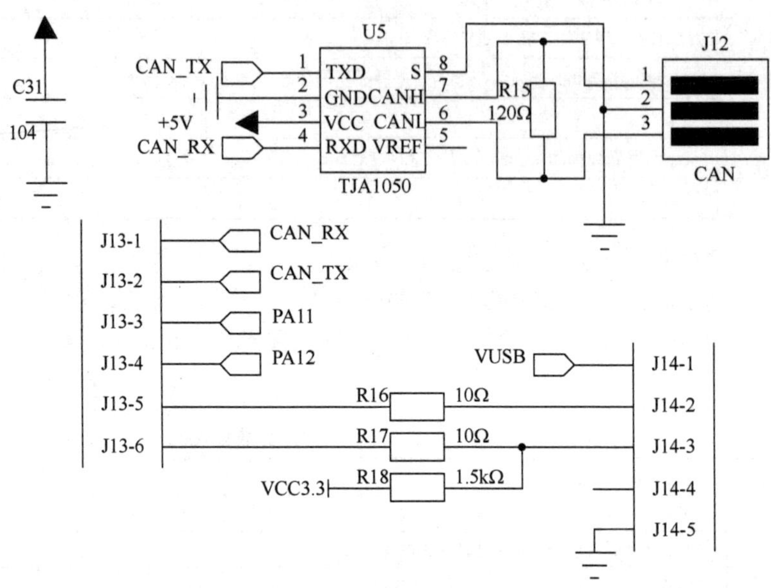

图 21-17　信盈达 STM32F103ZET6 开发板 CAN 总线实验硬件原理图

当 CAN 在环回模式时，只要一片信盈达 STM32F103ZET6 开发板即可实验。TJA1050 是 CAN 收发器芯片。当 CAN 在静默模式时，需要 2 片以上的信盈达 STM32F103ZET6 开发板进行实验。这时，将所有信盈达 STM32F103ZET6 开发板的 CANH 连接到一起，CANL 也连接到一起，并且需要使用跳线帽把 CAN_RX 与 PA11 连接在一起、CAN_TX 与 PA12 连接在一起。

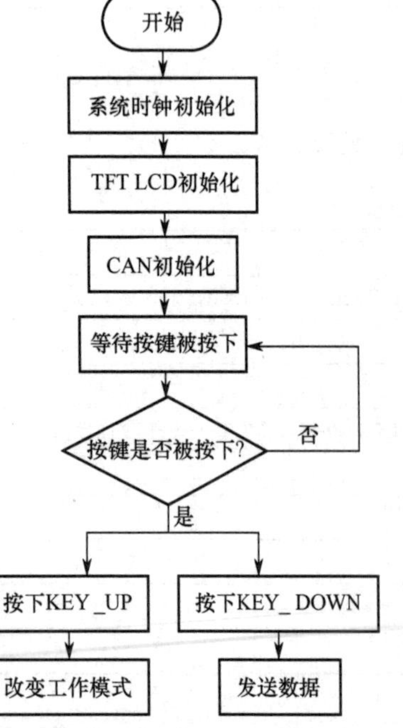

图 21-18　CAN 总线软件实现流程图

21.5 CAN 总线实验软件设计

CAN 总线软件实现步骤如下。

（1）初始化 CAN。

① 进入初始化模式。

② 配置 CAN 工作模式。

③ 退出初始化模式。

④ 配置过滤器。

（2）CAN 发送数据。

① 往一个空邮箱填充数据。

② 请求发送邮箱数据。

（3）CAN 接收数据，主要包括：

① 读取相应 FIFO 里面的数据。

② 释放 FIFO。

CAN 总线软件实现流程图如图 21-18 所示。

21.6　CAN 总线实验示例程序分析及仿真

这里只列出了部分主要功能函数。

21.6.1　CAN 发送数据函数

```
/*******************************************************************
*函数信息：u8 Can_Send_Msg(u8* msg,u8 len)
*功能描述：用户实现 CAN 发送数据
*输入参数：msg 表示指向需要发送的数据；len 表示发送数据的长度
*输出参数：无
*函数返回：0 表示成功 ； 1 表示失败
*调用提示：无
*  作者：    陈醒醒
*  其他：    发送的数据长度最大为 8 个字节
*******************************************************************/
u8 Can_Send_Msg(u8* msg,u8 len)
{
        u8 mbox;
        u16 i=0;
        CanTxMsg TxMessage;
        TxMessage.StdId=0x12;                    /* 设置标准标识符 */
        TxMessage.ExtId=0x12;                    /* 设置扩展标识符 */
        TxMessage.IDE=CAN_Id_Standard;
        TxMessage.RTR=CAN_RTR_Data;
        TxMessage.DLC=len;                       /* 要发送的数据长度*/
        for(i=0;i<len;i++)
              TxMessage.Data[i]=msg[i];
        mbox= CAN_Transmit(CAN1, &TxMessage);
        i=0;
        while((CAN_TransmitStatus(CAN1, mbox)==CAN_TxStatus_Failed)&&(i<0XFFF)) i++; /*等待数据
发送结束*/
        if(i>=0XFFF) return 1;
        return 0;
}
```

21.6.2　CAN 接收数据函数

```
/*******************************************************************
*函数信息：u8 Can_Receive_Msg(u8 *buf)
*功能描述：用户实现 CAN 接收数据
*输入参数：无
*输出参数：buf 表示接收数据缓冲区
*函数返回：0 表示无数据被收到；其他表示接收的数据长度
*调用提示：无
*  作者：    陈醒醒
*  其他：    接收的数据长度最大为 8 个字节
*******************************************************************/
u8 Can_Receive_Msg(u8 *buf)
{
     u32 i;
```

```
    CanRxMsg RxMessage;
    if( CAN_MessagePending(CAN1,CAN_FIFO0)==0)      return 0;     /*没有接收到数据，直接退出 */
    CAN_Receive(CAN1, CAN_FIFO0, &RxMessage);                    /*读取数据*/
    for(i=0;i<8;i++)
        buf[i]=RxMessage.Data[i];
    return RxMessage.DLC;
}
```

21.6.3 CAN 总线实验测试结果

信盈达 STM32F103ZET6 开发板 CAN 总线实验在环回模式下的测试结果如图 21-19 所示。

XYD STM32	XYD STM32
CAN TEST	CAN TEST
www.edu118.cn	www.edu118.cn
2020/02/08	2020/02/08
LoopBack Mode	LoopBack Mode
KEY_DOWN:Send KEY_UP:Mode	KEY_DOWN:Send KEY_UP:Mode
Count :	Count :
Send Data:	Send Data: OK
	000 001 002 003
	004 005 006 007
	Receive Data:
	000 001 002 003
Receive Data:	004 005 006 007

图 21-19　信盈达 STM32F103ZET6 开发板 CAN 总线实验在环回模式下的测试结果

21.7　本章课后作业

21-1　使用 CAN 静默模式实现多个信盈达 STM32F103ZET6 开发板之间的通信。

21-2　使用 CAN 中断方式实现多个信盈达 STM32F103ZET6 开发板之间的通信。

21-3　编写程序实现在一个信盈达 STM32F103ZET6 开发板的 LCD 屏上进行画图时，另一个信盈达 STM32F103ZET6 开发板自动画出相同的画面。

第 22 章 USB 实验

22.1 学习目的

（1）掌握 USB 协议。
（2）掌握 STM32F1 USB 模块虚拟串口编程。
（3）掌握 STM32F1 USB 模块的应用。

22.2 USB 概述

22.2.1 USB 简介

通用串行总线（Universal Serial Bus，USB）是一种外部总线标准，一般用于规范计算机与外设的连接与通信。USB 是在 1994 年由 Intel、Compap、IBM、Microsoft 等多家公司联合提出的。自 1996 年后，USB 接口已经成功替代了串行接口和并行接口，成为当今个人计算机和大量智能设备的必备接口之一。

USB 以其卓越的易用性、稳定性、兼容性、扩展性、完备性、网络性和低功耗等诸多优点得到了迅速发展和广泛的应用。

22.2.2 USB 版本

从 1994 年 11 月 11 日发布了 USB 0.7 版本以来，USB 版本经历了多年的发展，到现在已经发展为 USB 3.0 版本。

1．USB 1.0 版本

USB 1.0 版本是在 1996 年出现的，数据传输速率只有 1.5Mbit/s；1998 年升级为 USB 1.1 版本，数据传输速率也大大提升到 12Mbit/s，在部分旧设备上还能看到这种接口。

USB1.1 版本的应用较为普遍，其高速方式的数据传输速率为 1.5Mbit/s，低速方式的数据传输速率为 1.5Mbit/s。

2．USB 2.0 版本

USB2.0 版本的数据传输速率达到了 60Mbit/s，足以满足大多数外设的要求。USB 2.0 版本中的“增强主机控制器接口”定义了一个与 USB 1.1 版本相兼容的架构，并可以用 USB 2.0 版本的驱动程序驱动 USB 1.1 版本的设备。也就是说，所有支持 USB 1.1 版本的设备都可以直接在 USB 2.0 版本的接口上使用而不必担心兼容性问题。像 USB 线、插头等附件也都可以直接使用在 USB 2.0 版本的接口上。

3．USB 3.0 版本

由 Intel、Microsoft、HP、TI、NEC、ST-NXP 等公司组成的 USB 3.0 Promoter Group 已正式公

开发布新一代 USB 3.0 版本标准已经正式完成并公开发布。USB 3.0 版本提供了 10 倍于 USB 2.0 版本的数据传输速率和更高的节能效率，可广泛用于个人计算机外围设备和消费电子产品。

22.2.3 USB 优点

使用 USB 通信主要有以下几个优点。

（1）可以热插拔。用户在使用外接的 USB 设备时，直接在计算机工作时将 USB 设备插在计算机上使用即可，无须“关机后将 USB 设备插在计算机上，再开机使用”这样的操作。

（2）携带方便。USB 设备大多以“小、轻、薄”见长。例如，100G 的 USB 硬盘的质量是 100G 的传统硬盘的质量的一半。

（3）标准统一。以前，大家常见的是 IDE 接口的硬盘，串口的鼠标、键盘，并口的打印机、扫描仪。可是，USB 出现之后，这些应用外设都可以用同样的接口——USB 接口与个人计算机连接，如 USB 接口的硬盘、鼠标、打印机等。

（4）可以连接多个设备。个人计算机往往具有多个 USB 接口，可以同时连接几个 USB 设备。个人计算机如果接上一个四端口的 USB 集线器时，就可以再连上 4 个 USB 设备。

22.2.4 USB 系统

USB 系统分为 USB 主机、USB 设备和 USB 连接三部分。任何 USB 系统中只有一台主机。USB 主机的接口称为主机控制器（Host Controller）。它的功能是由硬件和软件综合实现的。USB 设备包括集线器（Hub）和功能部件（Function）。其中，集线器为 USB 系统提供了更多的连接点；功能部件则为 USB 系统提供了具体的功能。

USB 系统的物理连接属于分层的星形结构。每个集线器处于星形结构的中心，并与其他集线器或功能部件点对点连接。根集线器置于主机内部，用以提供对外的 USB 连接点。USB 系统拓扑结构如图 22-1 所示。

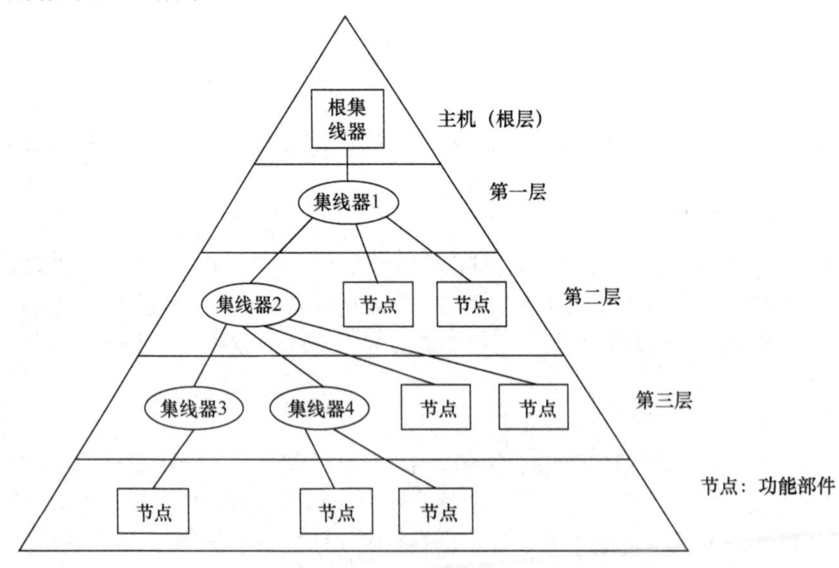

图 22-1　USB 系统拓扑结构

USB 系统采用四线电缆：两根是用来传输数据的串行通道，另两根为下行设备提供电源，如图 22-2 所示。其中，UBUS 为 USB 系统电源线（一般为+5V）；GND 为地线；D+和 D−是差分信号线，用于串行传输 USB 数据。采用差分信号线的目的在于消除数据传输过程中的噪声，从而提高数据传输的可靠性。

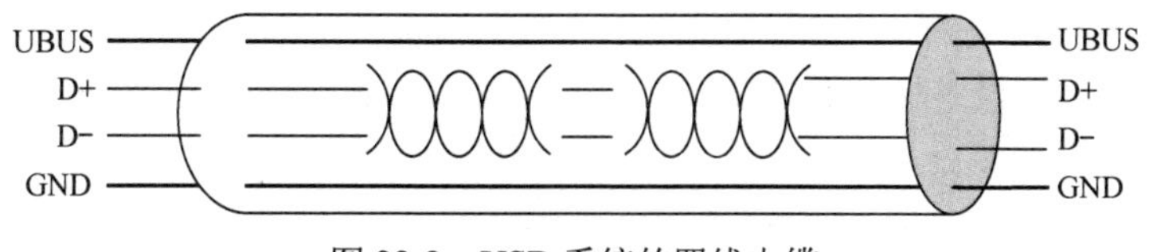

图 22-2　USB 系统的四线电缆

22.2.5　USB 数据流

USB 是一种轮询方式的总线，而主机控制器初始化所有的传输数据。USB 协议反映了 USB 主机与 USB 设备进行交互时的语言结构和规则。每次传输数据开始前，主机控制器先发送一个描述传输数据的操作种类、方向，USB 设备地址和端口号的数据包。该数据包又称标记包（Packet Identifier，PID）。USB 设备从解码后的数据包的适当位置取出属于自己的数据。当数据传输开始时，由标记包来设置数据的传输方向，然后发送端发送数据包，接收端则发送一个对应的握手数据包以表明是否发送成功。发送端和接收端之间的 USB 数据传输有两种类型的信道：流通信道和消息信道。消息信道采用 USB 所定义的数据结构。信道与数据带宽、传输服务类型和端口特性（如方向、缓冲区大小等）有关。多数信道在 USB 设备设置完成后才会存在，而默认控制信道当 USB 设备一启动后就存在，从而为 USB 设备的设置、状况查询和输入控制信息提供了方便。

USB 数据流就是 USB 主机与 USB 设备之间的通信。这种数据流可分为应用层、USB 逻辑设备层和 USB 接口层，共有 4 种基本的数据传输类型。

1．控制传输

控制传输采用了严格的差错控制机制，其过程是无损的。USB 设备在初次安装时，USB 系统软件使用控制传输来设置参数。

2．批量传输

批量数据即大量数据，如打印机和扫描仪中所使用的。批量数据是连续传输的。批量传输在硬件上使用错误检测以保证可靠的数据传输，并在 USB 协议中引入了数据的可重复传输。根据其他的一些 USB 总线动作，批量数据占用的带宽可做相应的改变。

3．中断传输

中断数据是少量的，所以中断传输要求传输延迟时间短。中断数据可由 USB 设备在任何时刻发送，并且以不慢于 USB 设备指定的速率在 USB 上传输。中断数据一般由事件通告、特征及坐标组成，只有一个或几个字节。

4．同步传输

同步数据在建立、传输和使用时要满足连续性和实时性。同步数据以稳定的速率发送和接收。为使接收方保持相同的时间安排，同步信道带宽的确定必须满足对相关功能部件的取样特征。同步传输对传输延迟非常敏感，因此要对同步数据做相应处理。

22.3　STM32F1 USB 模块

22.3.1　STM32F1 USB 模块特点

STM32F1 USB 模块实现了 USB 和 APB1 间的连接，并支持 USB 挂起/恢复操作，可以停止设备时钟，从而实现了低功耗。USB 和 CAN 总线共同使用一个专用的 512B 的 SRAM 来进行数据的发送和接收，因此 USB 和 CAN 总线可以同时用于一个应用中但不能同时使用。

STM32F1 USB 模块为个人计算机主机和微控制器的功能部件之间提供了符合 USB 规范的通信连接。个人计算机主机和微控制器之间的数据传输是通过共享一个专用的数据缓冲区来完成的。该数据缓冲区能被 USB 外设直接访问。该数据缓冲区的大小由所使用的端点数目和每个端点最大的数据分组大小所决定。每个端点最大可使用 512B 数据缓冲区。该数据缓冲区最多可使用 16 个单向或 8 个双向端点。

STM32F1 USB 模块同个人计算机主机的通信是根据 USB 规范，实现令牌分组的检测、数据发送/接收的处理和握手分组的处理。STM32F1 USB 模块同个人计算机主机的通信的数据传输格式由硬件完成，其中包括 CRC 的生成和校验。每个端点都有一个数据缓冲区描述块来描述该端点使用的数据缓冲区地址、大小和需要传输的数据字节数。当 STM32F1 USB 模块识别出一个有效的功能/端点的令牌分组时，如果需要传输数据并且端点已配置，就会发生相应的数据传输。

STM32F1 USB 模块通过一个内部的 16 位寄存器实现端口与专用数据缓冲区的数据交换。在所有的数据传输完成后，STM32F1 USB 可以根据数据传输的方向，发送或接收适当的握手分组。在数据传输结束时，STM32F1 USB 模块将触发与端点相关的中断，通过读状态寄存器或利用不同的中断程序对该中断进行处理。

STM32F1 USB 模块的中断映射单元将可能产生中断的 USB 事件映射到 3 个不同的 NVIC 请求线上。

（1）USB 低优先级中断（通道 20）：可由所有 USB 事件（正确传输、USB 复位等事件）触发。在处理该中断前应当首先确定中断源。

（2）USB 高优先级中断（通道 19）：仅能由同步和双缓冲批量传输的正确传输事件触发，目的是保证最大的数据传输速率。

（3）USB 唤醒中断（通道 42）：由 USB 挂起模式的唤醒事件触发。

STM32F1 USB 模块的主要特点如下。

（1）符合 USB2.0 版本的技术规范。

（2）可配置 1～8 个 USB 端点。

（3）能进行 CRC 的生成/校验、反向不归零（NRZI）编码/解码和位填充。

（4）支持同步传输。

（5）支持批量/同步端点的双缓冲区机制。

（6）支持 USB 挂起/恢复操作。

（7）能进行数据帧锁定时钟脉冲的生成。

22.3.2　STM32F1 USB 模块的结构

STM32F1 USB 模块的结构如图 22-3 所示。

22.3.3　STM32F1 USB 模块的功能

STM32F1 USB 模块实现了标准 USB 接口的所有特性。STM32F1 USB 模块由以下几个功能部件组成。

（1）串口控制器（Serial Interface Engine，SIE）。该功能部件的功能包括数据帧头同步域的识别、位填充、CRC 的产生和校验、PID 的验证/产生、握手分组处理等。它与 USB 收发器交互，利用分组缓冲接口提供的虚拟缓冲区存储局部数据。它也根据 USB 事件，和类似于数据传输结束或一个数据包正确接收等与端点相关事件生成信号，如帧首、USB 复位、数据错误等信号。这些信号用来产生中断。

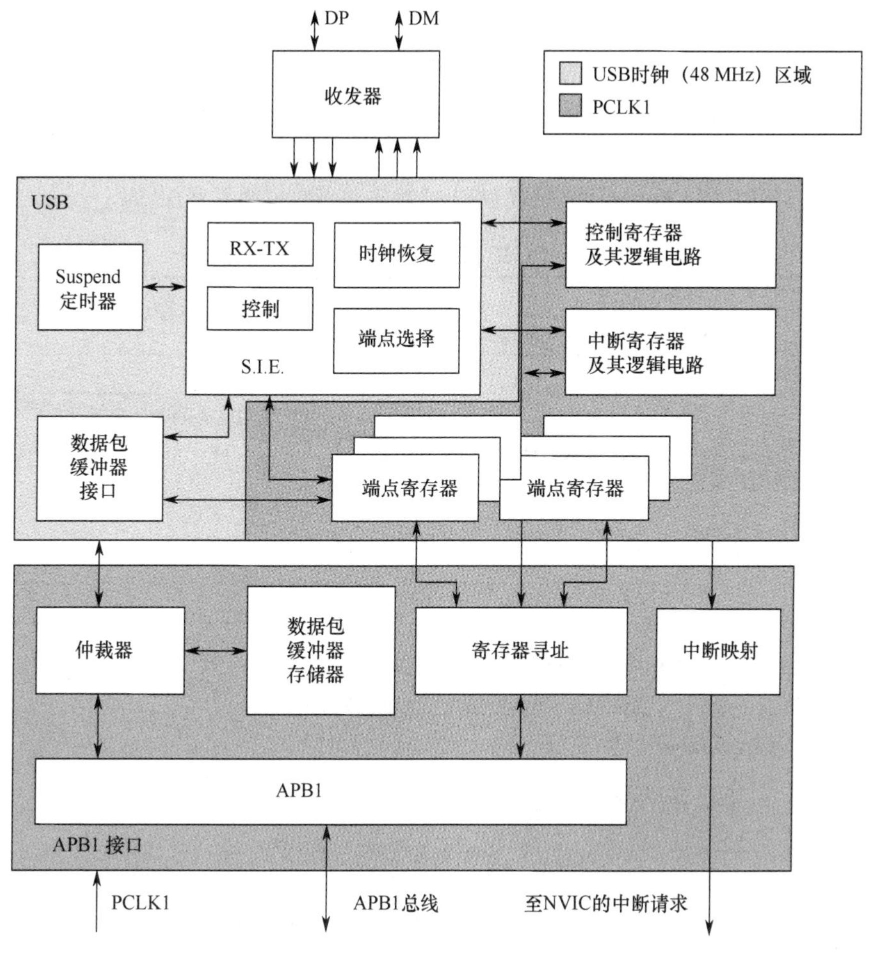

图 22-3　STM32F1 USB 模块的结构

（2）定时器。该功能部件的功能是产生一个与数据帧开始报文同步的时钟脉冲，如果在 3ms 内没有检测出数据传输，则产生（主机的）全局挂起条件。

（3）分组缓冲器接口。该功能部件的管理那些用于发送和接收的临时本地内存单元。它根据 SIE 的要求分配合适的缓冲区，并定位到端点寄存器所指向的存储区地址。它在每个数据字节传输后，自动递增地址，直到数据分组传输结束。它记录传输的数据字节数并防止缓冲区溢出。

（4）端点相关寄存器。每个端点都有一个与之相关的寄存器，用于描述端点类型和当前状态。对于单向和单缓冲器端点，一个寄存器就可以用于描述两个不同的端点。一共 8 个寄存器，可以用于描述最多 16 个单向/单缓冲端点，或者 7 个双缓冲端点，或者单向/单缓冲端点与双缓冲端点的组合。例如，可以同时描述 4 个双缓冲端点和 8 个单缓冲/单向端点。

（5）控制寄存器。该功能部件包含整个 STM32F1 USB 模块的状态信息，用来触发诸如恢复、低功耗等 USB 事件。

（6）中断寄存器。该功能部件包含中断屏蔽信息和中断事件的记录信息。配置和访问该功能部件可以获取中断源、中断状态等信息，并能清除待处理中断的状态标志。

22.3.4 STM32F1 USB 模块相关库函数

对于 STM32F1 USB 模块相关库函数，读者可以在 ST 公司官网下载，也可在本书配套资料中找到。由于 STM32F10x USB 涉及的库函数比较多，本节只介绍部分常用的库函数。

1. 使能 USB 时钟

调用 RCC_APB1PeriphClockCmd 函数使能 USB 时钟，具体用法参考 4.2.5 节。

2. 配置 USB 时钟

调用 RCC_USBCLKConfig 函数配置 USB 时钟，其函数说明见表 22-1。

表 22-1 RCC_USBCLKConfig 函数说明

函数名	RCC_USBCLKConfig
函数原型	void RCC_USBCLKConfig(uint32_t RCC_USBCLKSource)
功能描述	配置 USB 时钟
输入参数 1	RCC_USBCLKSource:表示 USB 的时钟源。RCC_USBCLKSource_PLLCLK_1Div5 表示 PLL 时钟经过 5 分频后作为 USB 时钟；RCC_USBCLKSource_PLLCLK_Div1 表示 PLL 时钟不经过分频就作为 USB 时钟
输出参数	无
返回值	无
说明	无

调用 RCC_USBCLKConfig 函数配置 USB 时钟见例 22-1。

【例 22-1】调用 RCC_USBCLKConfig 函数配置 USB 时钟。

```
RCC_USBCLKConfig(RCC_USBCLKSource_PLLCLK_1Div5);
```

22.3.5 USB 实验硬件设计

信盈达 STM32F103ZET6 开发板的 USB 实验使用 STM32 USB 接口连接计算机的 USB 接口，模拟串口功能，实现计算机与信盈达 STM32F103ZET6 开发板之间数据的交换。本实验功能类似于串口实验的功能，把串口改成 USB 接口，实现数据的交换。信盈达 STM32F1 开发板的 USB 实验硬件原理图如图 22-4 所示。

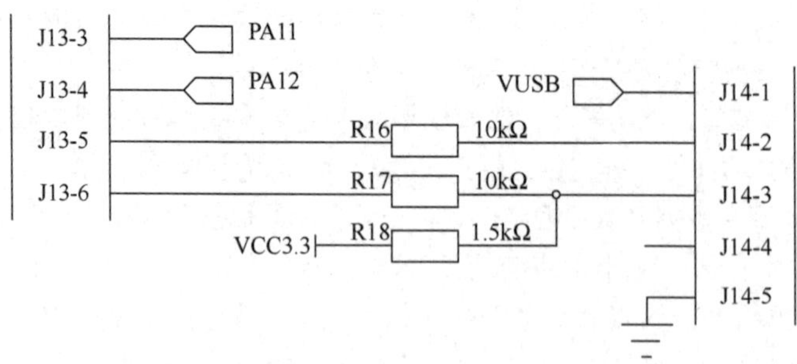

图 22-4 信盈达 STM32F1 开发板的 USB 实验硬件原理图

在图 22-4 中，必须使用跳线帽把 PA11 与 R16（J13-5）连接在一起、PA12 与 R17（J13-6）连接在一起才能测试。先使用 USB 线把开发板的 USB 接口与计算机 USB 接口相连，之后安装 USB 虚拟串口驱动程序（可在本书配套资料的 STM32 USB 虚拟串口驱动目录下获取名为 VCP_V1.4.0_ Setup.exe 的安装包，双击即可安装）。本实验与串口实验都是实现计算机与信盈达 STM32F1032ZET6 开发板之间的数据交换，其操作方法跟串口实验的类似。

22.3.6　USB 实验软件设计

想要实现 USB 功能，必须编写 USB 驱动程序。ST 公司提供了 USB 相关驱动程序和教程，可在本书的配套资料的 USB 参考资料目录下名为 STSW-STM32121.zip 的压缩包中获取。ST 公司不仅提供了 USB 驱动程序，还提供了使用说明书（名为 CD00158241.pdf），可在本书配套资料的 USB 参考资料目录下找到。该说明书详细说明了 USB 如何去配置及实现。STSW-STM32121.zip 压缩包还提供了一些示例程序给用户参考。把该压缩包解压，然后打开（STM32_USB-FS-Device_Lib_V4.0.0\Projects 目录下的 Virtual_COM_Port 工程，可以看到 USB 驱动源文件，如图 22-5 所示。

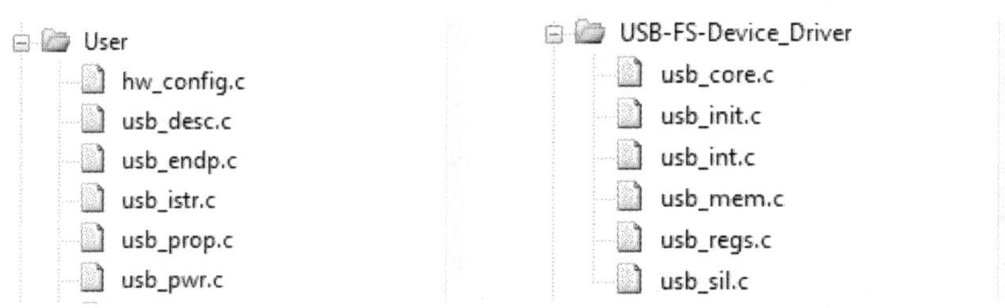

图 22-5　USB 驱动源文件

USB 驱动源文件说明见表 22-2。

表 22-2　USB 驱动源文件说明

源文件名称	说　明
hw_config.c	USB 硬件配置文件，如时钟初始化、中断初始化、功耗模式处理等
usb_desc.c	USB 虚拟串口描述符处理文件
usb_endp.c	USB 非控制传输，处理正确传输时的中断回调函数
usb_istr.c	USB 中断处理
usb_prop.c	USB 相关事件的处理，如初始化、复位等
usb_pwr.c	USB 电源管理
usb_croe.c	USB 内核相关文件，处理 USB 协议
usb_init.c	USB 初始化
usb_int.c	USB 低优先级中断的处理（CTR_LP 函数）和 USB 高优先级中断的处理（CTR_HP 函数）
usb_mem.c	USB 处理 PMA（Packet Memory Area）数据，是 STM32 内部用于 USB/CAN 的专用数据缓冲区，用于将 USB 端点的数据传给主机（PMAToUserBufferCopy 函数）和主机的数据传给 USB 端点（UserToPMABufferCopy 函数）
usb_regs.c	USB 控制寄存器的底层操作函数在此文件中定义
usb_sil.c	USB 端点读写访问函数

在图 22-5 中，User 目录下的文件是需要用户修改的，而 USB-FS-Device_Driver 目录下的文件则无须修改。在 ST 公司官方示例程序中，stm32_it.c 文件处理 USB 中断的相关函数分别为：

```
/*******************************************************************************
* Function Name   : USB_IRQHandler
* Description     : This function handles USB Low Priority interrupts
```

```
*                       requests.
* Input              : None
* Output             : None
* Return             : None
*******************************************************************************/
void USB_LP_CAN1_RX0_IRQHandler(void)
{
  USB_Istr();
}
/*******************************************************************************
* Function Name  : USB_FS_WKUP_IRQHandler
* Description    : This function handles USB WakeUp interrupt request.
* Input              : None
* Output             : None
* Return             : None
*******************************************************************************/
void USBWakeUp_IRQHandler(void)
{
  EXTI_ClearITPendingBit(EXTI_Line18);
}
```

其中，USB_LP_CAN1_RX0_IRQHandler 函数只调用了 USB_Istr 函数，用于处理 USB 发生的所有中断；USBWakeUp_IRQHandler 函数只调用了 EXTI_ClearITPendingBit 函数，用于清除中断标志。USB 实验软件实现流程图如图 22-6 所示。

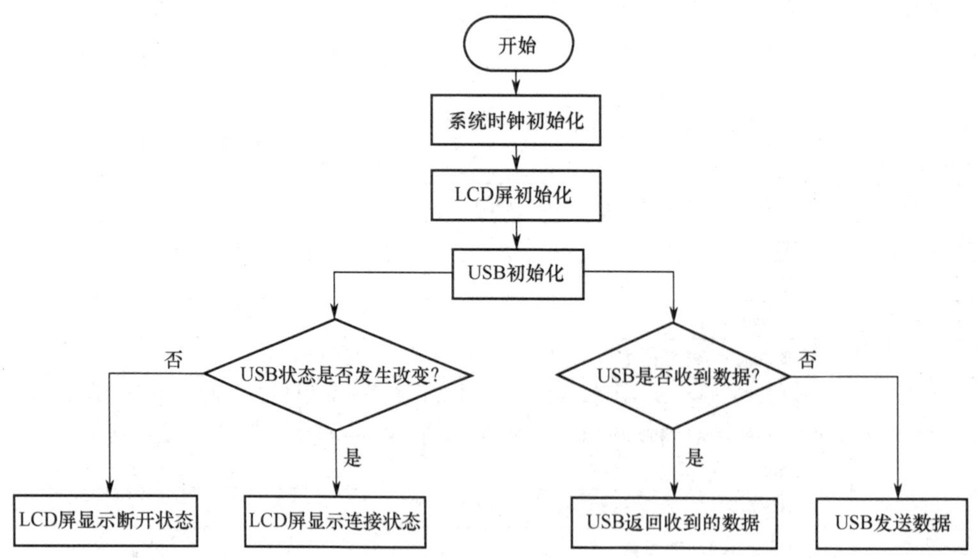

图 22-6　USB 实验软件实现流程图

22.3.7　USB 实验测试结果

USB 实验测试结果如图 22-7 所示。

图 22-7　USB 实验测试结果

22.4　本章课后作业

22-1　总结 USB 虚拟串口与串口实验中的串口异同点。

22-2　使用 STM32F1 USB 模块实现读卡器的功能。

第 23 章 项目实践

23.1 学习目的

（1）了解项目相关知识。

（2）掌握项目流程。

（3）掌握基于 STM32 的蓝牙热敏打印机的实现。

23.2 项目相关知识

23.2.1 项目的定义及特点

项目是为完成某个独特的产品和服务所做的一次性工作任务。

项目特点如下。

一次性：项目有明确的开始时间和结束时间。当项目目标已经实现或因项目目标不能实现而使项目终止时，就意味着项目结束。

独特性：项目所创造的产品或服务与已有的相似产品或服务相比较，在有些方面有明显的差别。项目要完成的是以前未曾做过的工作，所以项目具有独特性。

项目包括时间、质量、成本三要素。此三要素相互影响、相互制约。

项目工作分解表包括工作包的内容、工作周期、所需资源、质量标准、责任人等。

项目进度表包括项目的开始时间和结束时间（截止时间）。

23.2.2 项目评估标准

项目评估标准主要分为下面几类。

（1）用户指定标准。

（2）行业标准。

（3）特殊标准。

（4）同类产品标准。

23.3 项目流程

一个项目流程主要包括项目规划、项目软件开发、项目硬件开发及项目文档的编写等几个方面。

23.3.1　项目规划

1．项目需求

简单地说，项目需求来源于用户的一些“需要”。这些“需要”被分析、确认后形成完整的文档。该文档详细地说明了产品“必须或应当”做什么。

项目需求开发的目的是通过调查与分析，获取用户需求并定义产品需求。项目需求调查的目的是通过各种途径获取用户的需求信息（原始材料），产生《用户需求说明书》。项目需求分析的目的是对各种需求信息进行分析，从而消除错误需求，刻画需求细节等。项目需求定义的目的是根据项目需求调查和项目需求分析的结果，进一步定义准确的产品需求，产生《产品需求规格说明书》。系统设计人员将依据《产品需求规格说明书》开展系统设计工作。

2．项目立项

项目立项是决定“做正确的事情”，而立项之后的研发活动和管理活动的目标是“正确地做事情”。“正确”就是指符合企业利益最大化这个根本目标。

23.3.2　项目软件开发

项目软件开发的过程如图 23-1 所示。

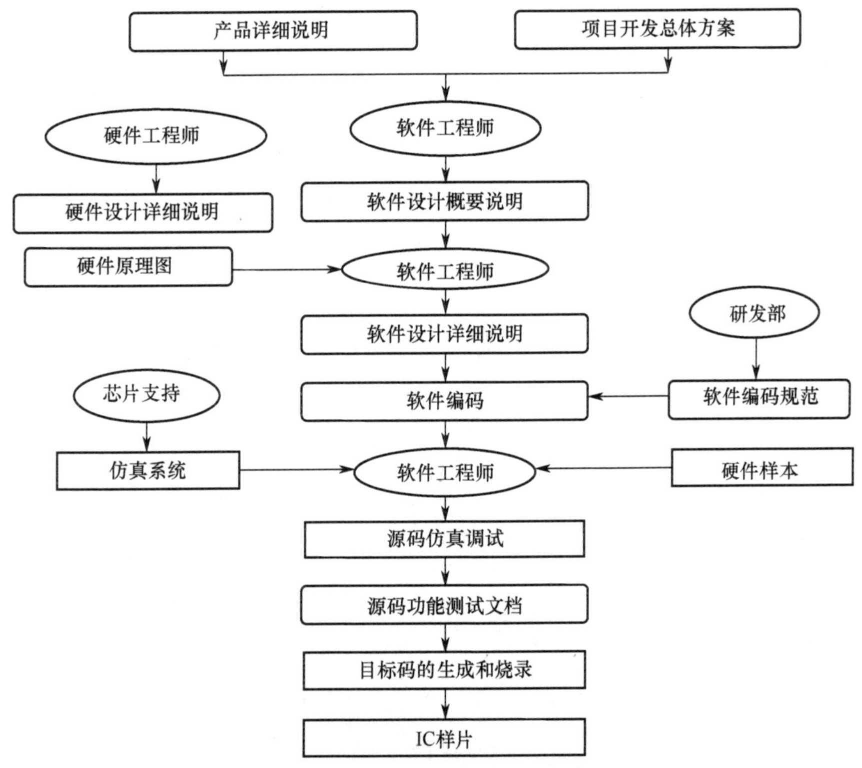

图 23-1　项目软件开发的过程

23.3.3　项目硬件开发

项目硬件开发的过程如图 23-2 所示。

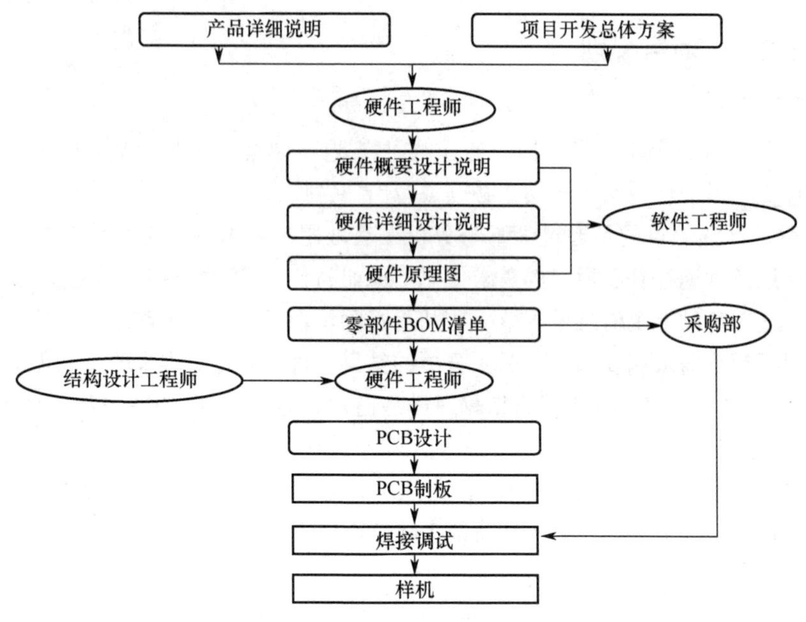

图 23-2　项目硬件开发的过程

23.3.4　项目文档的编写

在项目工程中，文档用来表示对活动、需求、过程或结果进行描述、定义、规定、报告或认证的任何书面或图示的信息。项目文档应说清楚是什么、做什么、为什么做、谁来做及怎么做这些问题。

在项目的开发过程中，会产生和使用大量的信息。项目文档在项目的开发过程中起着重要的作用，项目文档是项目开发人员思考和项目开发过程的记录。项目文档的编写便于项目的管理、汇报、总结、分析、沟通及协调，从而提高项目开发效率。

23.4　基于 STM32 的蓝牙热敏打印机项目实践

随着蓝牙技术的发展，人们越来越倾向于摆脱有线设备的束缚。蓝牙打印机顺势而起，其便携的无线的打印方式受到消费者强烈喜爱。便携式蓝牙热敏打印机具有外观小巧、功能齐全、性能稳定、兼容性好等特点，在抄表、物流、金融、邮政等行业得到广泛应用。信盈达基于 STM32 的蓝牙热敏打印机实物如图 23-3 所示。

图 23-3　信盈达基于 STM32 的蓝牙热敏打印机实物

23.4.1　项目特点

1．打印性能

（1）支持安卓手机蓝牙打印功能。

（2）支持高速打印（打印速度高达 80mm/s）。

（3）支持高清晰度打印（8 点/mm，每行 384 个点）。

（4）支持 GB2312 所有汉字、字符集、ASCII 字符、条码、二维码等图形打印。

（5）采用 12V/2A 电源供电。

2．项目功能

（1）打印机可通过串口烧录字库文件。

（2）可通过手机搜寻到打印机设备，输入配对密码完成配对后，可以直接通过手机发字符给打印机打印，波特率为 9 600bit/s。

（3）打印机在正常开机状态下，如果按键被按下，会打印一个超市小票的信息，以测试打印机。

（4）打印机在空闲时 LED1 慢闪，在打印时 LED1 快速闪烁；打印机在未配对时 LED2 快闪，在配对成功后 LED2 慢闪。

（5）手机可以发数据：每行必须输入 32 个字符，再按“回车”键，最后一行要以“\r\n”结束。如果打印空行，就直接按“回车”键。

23.4.2　项目需要的工具及软件

1．软件需求

（1）KEIL-MDK 软件开发集成环境。

（2）串口终端调试程序。

（3）安卓手机及蓝牙调试程序。

2．硬件需求

（1）打印机硬件一套。

（2）热敏打印纸一卷。

（3）J-Link 或 ST-Link 仿真器。

（4）12V/2A 电源。

23.4.3　热敏打印机的打印头性能

热敏打印机的原理是用加热的方式使涂在打印纸上的热敏介质变色。热敏微型打印机也是比较常见的微型打印机，但比针式微型打印机出现得要晚。热敏打印机打印速度快，噪声小，打印头很少出现机械损耗，并且不需要色带，免去了更换色带的麻烦。热敏打印机使用的是热敏纸。热敏纸不能无限期保存，在避光的条件下可以保存 1～5 年，也有长效热敏纸可以保存 10 年。

1．打印头的型号

信盈达基于 STM32 的蓝牙热敏打印机的打印头使用的型号是富士通 FTP-628，如图 23-4 所示。

富士通 FTP-628 打印头接口说明见表 23-1。

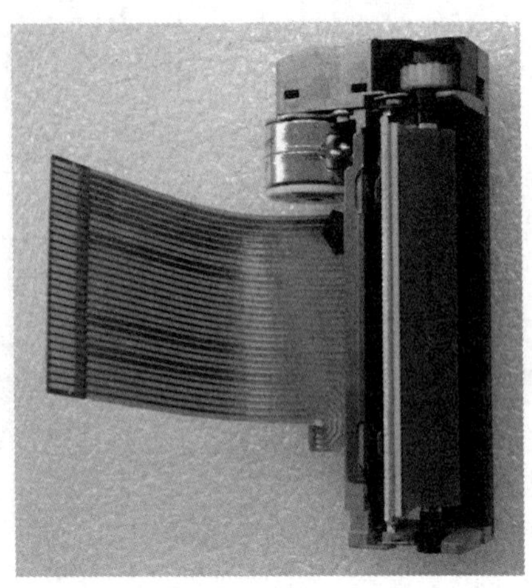

图 23-4　富士通 FTP-628 打印头实物

表 23-1　富士通 FTP-628 打印头接口说明

<table>
<tr><th>序号</th><th>接口引脚</th><th>说　明</th><th>序号</th><th>接口引脚</th><th>说　明</th></tr>
<tr><td>1</td><td>PHK</td><td>传感器（光电通断型）阴极引脚</td><td>16</td><td>TM</td><td rowspan="2">热敏电阻输入引脚</td></tr>
<tr><td>2</td><td>VSEN</td><td>传感器（光电通断型）电源引脚</td><td>17</td><td>TM</td></tr>
<tr><td>3</td><td>PHE</td><td>传感器（光电通断型）发射极引脚</td><td>18</td><td>STB3</td><td rowspan="3">打印头加热信号引脚</td></tr>
<tr><td>4</td><td>NC</td><td rowspan="2">无连接</td><td>19</td><td>STB2</td></tr>
<tr><td>5</td><td>NC</td><td>20</td><td>STB1</td></tr>
<tr><td>6</td><td>VH</td><td rowspan="2">打印头驱动电源引脚</td><td>21</td><td>GND</td><td rowspan="2">接地引脚</td></tr>
<tr><td>7</td><td>VH</td><td>22</td><td>GND</td></tr>
<tr><td>8</td><td>DI</td><td>数据输入引脚</td><td>23</td><td>LAT</td><td>数据锁存引脚</td></tr>
<tr><td>9</td><td>CLK</td><td>串行输入时钟信号引脚</td><td>24</td><td>DO</td><td>数据输出引脚</td></tr>
<tr><td>10</td><td>GND</td><td rowspan="2">接地引脚</td><td>25</td><td>VH</td><td rowspan="2">打印头驱动电源引脚</td></tr>
<tr><td>11</td><td>GND</td><td>26</td><td>VH</td></tr>
<tr><td>12</td><td>STB6</td><td rowspan="3">打印头加热信号引脚</td><td>27</td><td>MT/A+</td><td rowspan="4">步进电动机相序输入引脚</td></tr>
<tr><td>13</td><td>STB5</td><td>28</td><td>MT/A−</td></tr>
<tr><td>14</td><td>STB4</td><td>29</td><td>MT/B</td></tr>
<tr><td>15</td><td>VDD</td><td>逻辑电源引脚</td><td>30</td><td>MT/B−</td></tr>
</table>

2．打印头的技术参数

（1）打印宽度：48mm。

（2）打印纸宽度：58mm。

（3）点密度：384 点/行。

（4）打印速度：40～80mm/s。

（5）打印头加热器工作电压（DC）为 3.13～8.5V，其中典型值为 7.4V。

（6）逻辑工作电压（DC）为 2.7～5.25V，其中典型值为 5V。

（7）步进电动机工作电压（DC）为 3.5～8.5V，其中典型值为 5V。

（8）工作温度：0～50℃（不许有凝露）。

（9）工作湿度（RH）：20%～85%（不许有凝露）。

（10）胶辊开合次数：大于 5000 次。

（11）打印头的使用寿命大于 50km；打印头的电动机寿命为 10^8 个脉冲周期。

（12）质量：40.7g。

3．打印头的工作原理

首先将第一行 384 个点对应的数据按顺序输入，然后控制打印头加热信号 STB1、STB2、STB3、STB4、STB5、STB6 来加热打印头。这时，在输入的数据中，对应二进制位为 1 的点会被加热成黑点，而对应二进制位为 0 的点不会变色。与此同时，输入步进电动机激励相序信号，使步进电动机转动一步（加热打印头和步进电动机转动同时进行）。紧接着输入第二行点的数据……，依次循环 24 次（24 号字体），完成字符、汉字打印。富士通 FTP-628 打印头的内部电路如图 23-5 所示。

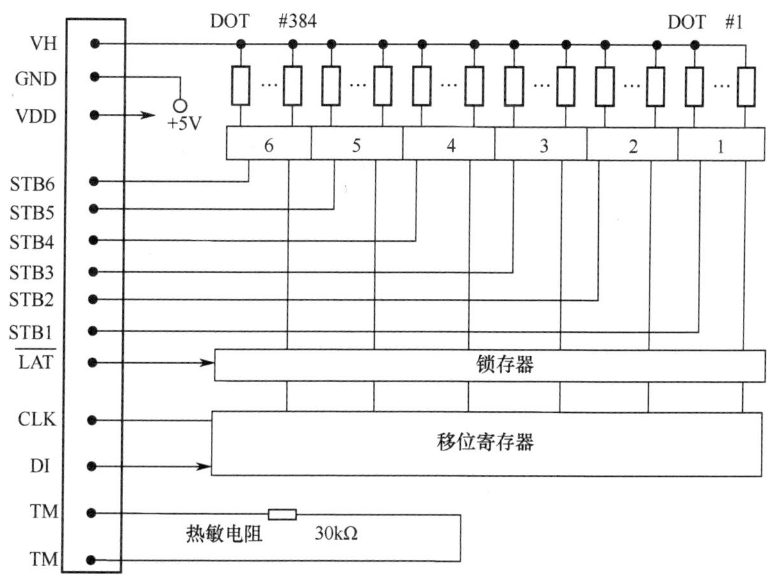

图 23-5　富士通 FTP-628 打印头的内部电路

注意：

（1）每一行数据需要输入 48B（384bit），如果打印数据不满一行（少于 48B），则需要填补 0。

（2）由于打印头加热时需要的电流较大，建议打印一行分成两次加热打印头，即先控制 STB1、STB2、STB3 加热打印头以打印左边数据，再控制 STB4、STB 5、STB 6 加热打印头以打印右边数据。

（3）在停止打印时，一定要将步进电动机接口关闭，使其线圈没有电流，否则步进电动机会一直发烫。

（4）打印头加热时间要把握好，不能太短也不能太长，大于 800μs 就可以；在停止打印或者缺纸时，一定要将打印头加热信号引脚全部拉为低电平，否则打印头一直被加热会降低打印头寿命甚至烧坏。

4．打印头的驱动时序

富士通 FTP-628 打印头的驱动时序如图 23-6 所示。

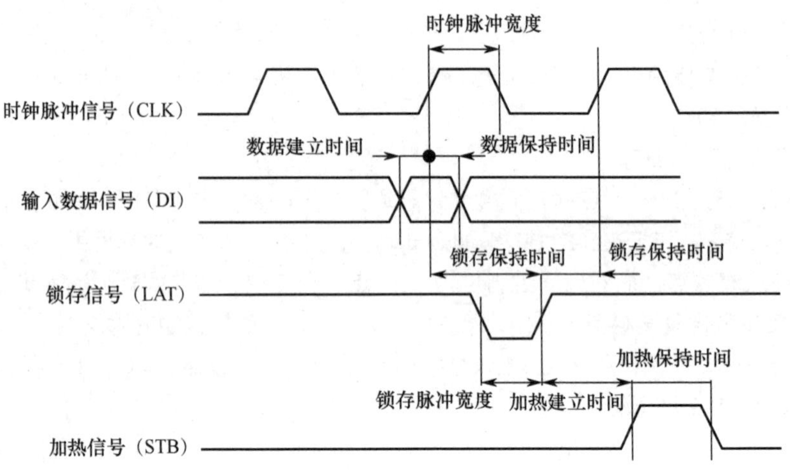

图 23-6　富士通 FTP-628 打印头的驱动时序

图 23-6 中，富士通 FTP-628 打印头的驱动时序特性见表 23-2。

表 23-2　富士通 FTP-628 打印头的驱动时序特性

参数	标号	最小值	典型值	最大值	条件
时钟脉冲宽度/ns	TwCLK	30	—	—	3V<V_{DD}<5.25V
数据建立时间/ns	TsetupDI	30	—	—	
数据保持时间/ns	TholdDI	30	—	—	
锁存脉冲宽度/ns	TwLAT	100	—	—	
锁存建立时间/ns	TsetupLAT	100	—	—	
锁存保持时间/ns	TholdLAT	50	—	—	
加热建立时间/ns	TsetupSTB	300	—	—	
加热保持时间/ns	TholdSTB	600	800	1000	V_H=7.4V

由图 23-6 中富士通 FTP-628 打印头的驱动时序可以得到写数据函数如下。

```
void WriteData(u8 data)
{
  u8 i;
  CLK = 1;
  for(i=0; i<8; i++)
  {
    CLK = 0;
    DIN = data >> 7; /*先发数据的高位*/
    data <<= 1;        /*数据左移 1 位*/
    CLK = 1;         /*上升沿发送数据*/
    delay_us(1);   /*延迟一会，等待数据发送完成*/
  }
}
```

5. 打印头的步进电动机

富士通 FTP-628 打印头有 4 个引脚，分别连接至该打印头的步进电动机内部的两组线圈；可以采用 8 拍驱动方式，也可以采用 4 拍驱动方式。打印头的步进电动机的驱动时序如

图 23-7 所示。对于两相的步进电动机，只有两组线圈。步进电动机的转速与节拍的保持时间有关。

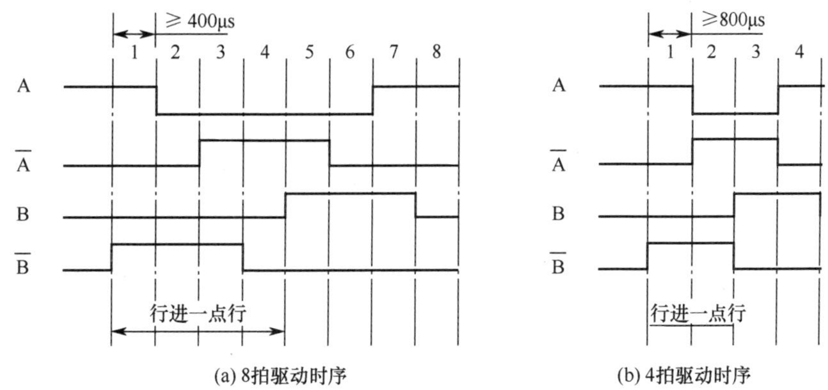

图 23-7　打印头的步进电动机的驱动时序

该打印头的步进电动机的 4 拍驱动参考程序如下（至少间隔 800μs 的时间调用一次 Motor_Run 函数；每次调用该函数，只送一个节拍；每次调用该函数，发送不同的节拍）。

```
#define M_Q0    PBout(3)
#define M_Q1    PBout(4)
#define M_Q2    PBout(5)
#define M_Q3    PBout(6)
u8 const pulse[] = {0x9f,0x5f,0x6f,0xaf};/*步进电动机转动脉冲真值*/
void Motor_Run(void)
{
    static u8 beat = 0;
    M_Q0 = (pulse[beat] >> 7) & 1;
    M_Q1 = (pulse[beat] >> 6) & 1;
    M_Q2 = (pulse[beat] >> 5) & 1;
    M_Q3 = (pulse[beat] >> 4) & 1;
    beat++;
    if (beat >= 4)
    {
        beat = 0;
    }
}
```

6．缺纸侦测

富士通 FTP-628 打印头机芯采用一个反射性光电通断型侦测传感器。该侦测传感器主要作用如下。

（1）缺纸侦测。

（2）通过打印纸上的标志对打印纸进行定位。

当缺纸时，该侦测传感器发出的光无法被反射，从而输出高电平信号。当纸张正常时，该侦测传感器发出的光被反射，由接收管接收，从而输出低电平信号。反射性光电通断型侦测传感器的硬件连接如图 23-8 所示。

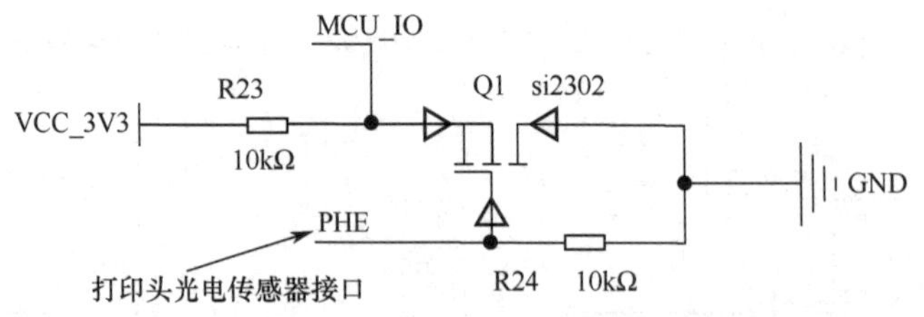

图 23-8 反射性光电通断型侦测传感器的硬件连接

7．热敏电阻

富士通 FTP-628 打印头内部设有一个热敏电阻。通过监测该热敏电阻的电阻值，可以实现打印头过热保护功能。热敏电阻与温度的对应关系见表 23-3。

表 23-3 热敏电阻与温度的对应关系

温度/°C	电阻值/kΩ	温度/°C	电阻值/kΩ	温度/°C	电阻值/kΩ
−20	269	15	47.1	50	10.8
−15	208	20	37.5	55	8.91
−10	178	25	30	60	7.41
−5	124	30	24.2	65	6.2
0	100	35	19.6	70	5.21
5	78	40	15.9	75	4.4
10	60	45	13.1		

23.4.4 字库的原理与应用

目前的文字编码标准主要有 ASCII、GB2312、GBK、Unicode 等。

1．ASCII 简介

ASCII 是美国信息交换标准码（American Standard Code for Information Interchange）的缩写。ASCII 是单字节编码，有 256 个码位。但是最早的计算机系统中，ASCII 的最高一位是用来做纸带机、打孔机的校验位，所以码位只有 128 位。ASCII 的编码规则如下。

（1）0x00～0x1F：控制字符或通信专用字符。例如，控制字符有 LF（换行）、CR（回车）、FF（换页）、DEL（删除）、BS（退格)、BEL（响铃）等；通信专用字符有 SOH（文头）、EOT（文尾)、ACK（确认）等。

（2）0x20～0x7E：可视字符，如空格、阿拉伯数字、大写英文字母、小写英文字母、标点符号、运算符号等。

（3）0x7F：字符“del”，表示删除。

2．GB 2312 汉字编码字符集简介

GB 2312 是中华人民共和国国家标准汉字信息交换用编码，全称《信息交换用汉字编码字符集》，标准号为 GB/T 2312—1980（GB 是“国标”二字的汉语拼音缩写），1981 年 5 月 1 日实施，习惯上称国标码、GB 码、区位码。它是一个简化汉字的编码，通行于中国大陆地区。新加坡等地也使用这一编码。GB/T 2312—1980 收录简化汉字及一般符号、序号、数字、拉丁字母、日文假名、希腊字母、俄文字母、汉语拼音符号、汉语注音字母，共 7445 个图形字符。其中，汉字以外的图形字符共 682 个，汉字共 6763 个。GB/T 2312—1980 规定，对任意一个图形字符都采用两个字节（Byte）表示；每个字节均采用 GB/T 1988－1998 及 GB/T

2311—2000 中的七位编码表示。在这两个字节中，前面的字节为第一字节，后面的字节为第二字节，且习惯上称第一字节为“高字节”，第二字节为“低字节”。

GB/T 2312—1980 将代码表分为 94 个区（Section），对应第一字节；每个区 94 个位（Position），对应第二字节。两个字节的值，分别为区号值和位号值。GB/T 2312—1980 规定，01～09 区（原规定为 1～9 区，为表示区位码方便起见，今改称 01～09 区）为符号、数字区，16～87 区为汉字区。10～15 区、88～94 区是有待于“进一步标准化”的“空白位置”区域。GB/T 2312—1980 把收录的汉字分成两级：第一级汉字是常用汉字，计 3755 个，置于 16～55 区，按汉语拼音字母/笔形顺序排列；第二级汉字是次常用汉字，计 3008 个，置于 56～87 区，按部首/笔画顺序排列。

本书的程序里面写的中文字符串都是以汉字内码存储的，一个汉字占用 2 个字节。这里的内码实际上就是上面所说的 2 个字节的区位码。汉字区码和位码测试示例如图 23-9 所示。

```
#include <stdio.h>
int main()
{
    unsigned char hz_str[]="中";
    printf(" size: %d\n",sizeof(hz_str));
    printf("“中”的区码: 0x%x\n",hz_str[0]);
    printf("“中”的位码: 0x%x\n",hz_str[1]);
    return 0;
}
```

```
"C:\Users\xingxing\Desktop\汉字测试\main.exe"
size: 3
“中”的区码: 0xd6
“中”的位码: 0xd0
请按任意键继续. . .
```

图 23-9　汉字区码和位码测试示例

3. 字库的创建与应用

1）创建字库

中文字库其实就是所有中文的取模数据，即按照 GB/T 2312—1980 的编码顺序，对一个一个文字进行取模。创建一个任意字体大小的字库文件很简单，信盈达基于 STM32 的蓝牙热敏打印机使用的是 PCtoLCD2002 软件生成汉字字库。PCtoLCD2002 软件可在本书配套资料\2.软件资料\取模软件目录下找到。字库取模设置界面如图 23-10 所示。字库生成界面如图 23-11 所示。

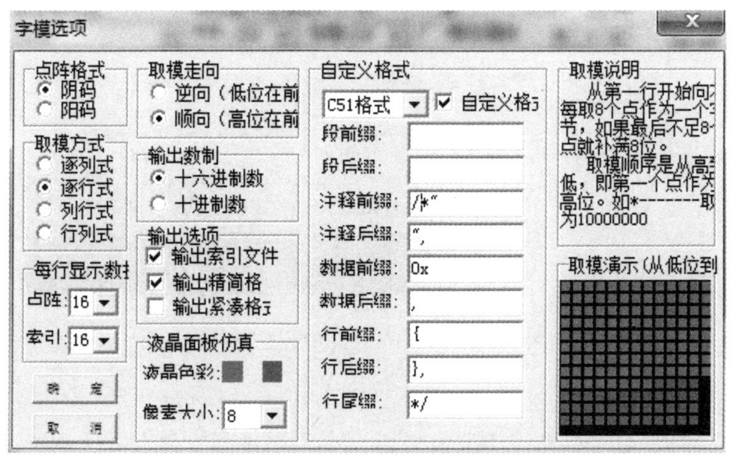

图 23-10　字库取模设置界面

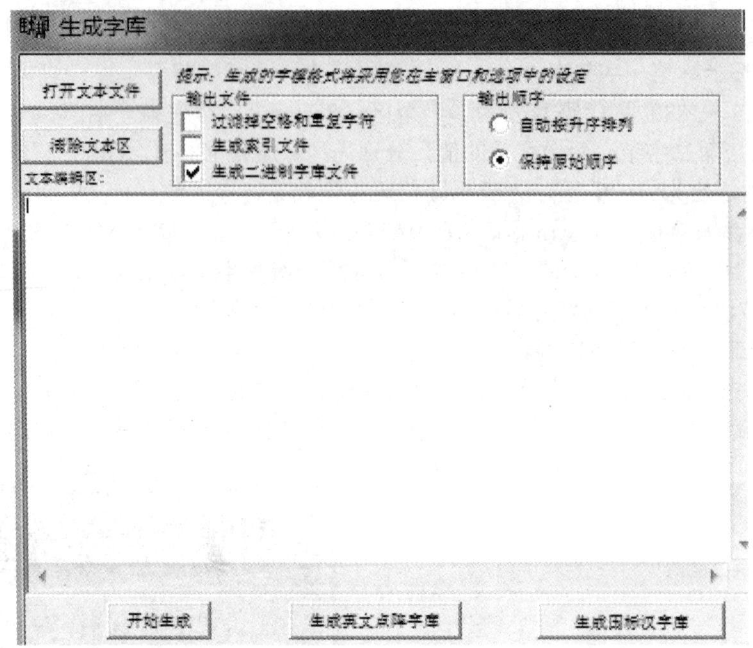

图 23-11　字库生成界面

2）取模数据

计算某个汉字的取模数据在字库里的偏移地址步骤如下。

（1）计算出该文字在整个字库里面是第几个字；根据汉字编码原理可知，总共分了 94 个区，区号是从 0xA1 开始的；每个区有 94 个位，位号也是从 0xA1 开始的。（区号-0xA1）×94+（位号-0xA1）表示该文字在整个字库里面的位置。汉字在字库中的位置测试如图 23-12 所示。

（2）根据字库生成时设置的字体大小，找到该文字的偏移地址。以 16×16 的字体为例，一个汉字的取模就是 32 个字节大小。该文字在整个字库里面的位置乘以 32 就是偏移地址。

```
#include <stdio.h>
int main()
{
    unsigned char hz_str[]="。";
    int num;
    num = (hz_str[0] - 0xa1)*94 +(hz_str[1] - 0xa1) ;
    printf("“。”是中文字库的第%d个字\n",num);
    return 0;
}
```

```
"C:\Users\xingxing\Desktop\汉字测试\main.exe"
“。”是中文字库的第2个字
请按任意键继续. . .
```

图 23-12　汉字在字库中的位置测试

3）字库文件的烧录方法

使用取模软件把 ASCII 和汉字取模之后，可用二进制文件合并工具把两个字库合成一个，便于烧录到闪存中。二进制文件合并工具可在本书配套\2.软件资料\二进制文件合并工具目录下找到。字库的合成如图 23-13 所示。

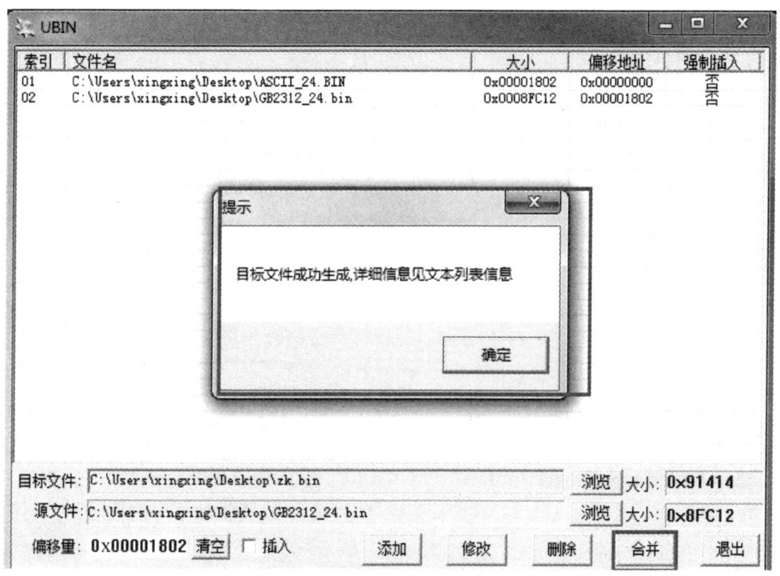

图 23-13　字库的合成

字库文件的大小一般都是几百 KB 以上。当芯片内部闪存空间不够时，就要将字库文件烧录到外部闪存空间里面。有以下两种方法可以烧录字库文件。

（1）使用专用烧录器，下载字库文件。

缺点：要把闪存芯片拆下来，烧录完成后再焊接上去，如果有问题还得反复拆卸闪存芯片，调试很麻烦。

优点：批量生产时，用烧录器批量烧录，可以大大提高工作效率。

（2）利用本身的主控芯片来烧录字库，在调试阶段或者小批量生产时，非常方便。下面详细介绍使用 STM32F1 串口烧录字库方法。

4．软件设计思想

在串口接收数据程序中，定义一个双缓存区，也就是定义两个 256 个元素的数组；串口配置为中断方式接收；接收了 256 个字节后，接着存入下一个缓存区；两个缓存区轮流存储，一个存满，下次就存入另一个缓存区。主函数里面，一旦检测到某个缓存区存满了，就将数据写入闪存；使用闪存写功能，可以很快速地将 256 个数据字节写入闪存。实际代码里面设置了一个二元素的结构体数组来做数据缓存区，具体代码如下。

```
typedef struct
{
    vu16 uart_rev_len;    /*接收数据长度*/
    vu8 data_buf[256];    /*数据缓存区*/
}TYP_UART_FONT;
TYP_UART_FONT font_buffer[2];/*缓存区*/
/******************************************************************
*函数信息：void USART1_IRQHandler(void)
*功能描述：串口 1 中断接收数据，并把收到的数据存放到缓存区中
*输入参数：
*输出参数：无
*函数返回：无
*调用提示：无
```

```
*   作者：   陈醒醒
*   其他：
*   编写日期：  2021.02.08
**********************************************************************/
void USART1_IRQHandler(void)
{
    static u32 rev_cnt = 0;
    static u8 group = 0;
    u8 ch;
    if (USART1->SR & (1 << 5))                      /* 串口接收中断 */
    {
        USART1->SR &=  ~(1 << 5);          /* 清除串口接收标志 */
        ch = USART1->DR;
        font_buffer[group].data_buf[rev_cnt] = ch; /* 把收到的数据存入缓存区 */
        rev_cnt++;                              /* 接收计数变量加 1，为接收下一个字节做准备 */
        if (rev_cnt == 256)                        /* 接收了 256 个字节 */
        {
            font_buffer[group].uart_rev_len = rev_cnt;
            group = !group;
            rev_cnt = 0;
        }
    }
    else if(USART1->SR & 1<<4)    /*DLE 中断*/
    {
        ch = USART1->DR;                            /* 读 DR 清除 IDLE 标志 */
        font_buffer[group].uart_rev_len = rev_cnt;     /* 保存接收到的数据长度 */
        rev_cnt = 0;                               /* 接收计数变量清零，为新一轮接收做准备 */
    }
}
/*********************************************************************
*函数信息：void updata_font(void)
*功能描述：把字库烧录到闪存
*输入参数：
*输出参数：无
*函数返回：  无
*调用提示：无
*   作者:     陈醒醒
*   其他:     烧录完成后按下按键退出
**********************************************************************/
void updata_font(void)
{
    u8 i;
    u8 group = 0;
    u32 write_addr = 0;
    LED1 = 0;
    uart1_printf("flash init ok!\n");
    for (i=0; i<148; i++)      /*擦除闪存中存放字库区域*/
```

```
        {
            spi_flash_erase_sector(i);
        }
        uart1_printf("flash erase ok!\n");
        uart_printf("flash erase ok!\n");
        while (1)
        {
            if (font_buffer[group].uart_rev_len)                /*接收了 256 个字节标志*/
            {
              /*调用 Flash 写数据函数把字库写入 Flash*/
                spi_flash_write_nocheck((u8*)font_buffer[group].data_buf,   write_addr,   font_buffer
[group].uart_rev_len);          write_addr += font_buffer[group].uart_rev_len;     /*闪存地址偏移*/
                font_buffer[group].uart_rev_len = 0;                  /*清除标志*/
                group = !group;
            }
            if (key_scan() == 1)/*按键退出*/
            {
                break;
            }
        }
    }
```

23.4.5 蓝牙技术概述与应用

1. 蓝牙技术概述

随着视频经济的发展，人们对随时随地提供信息服务的移动计算机和宽带无线通信的需求越来越迫切。以人为本、个性化、智能化的移动计算机，具有方便、快捷的无线接入、无线互联的优点，已经融入人们的日常生活和工作中。随之而来的便携式终端设备和无线通信相关的新技术层出不穷，其中短距离的无线通信技术更是百花齐放、目不暇接。蓝牙技术就是在这种背景下产生的。

1998 年 5 月，爱立信、IBM、Intel、Nokia 和东芝五家公司联合成立蓝牙特别利益集团（Bluetooth Special Interest Group，BSIG），并制定了近距离无线通信技术标准——蓝牙技术。利用微波取代传统网络中错综复杂的电缆，使家庭或办公场所的移动电话、便携式计算机、打印机、复印机、键盘、耳机及其他手持设备实现无线互连互通。它的命名借用了一千多年前一位丹麦皇帝哈拉德·布鲁斯（Harald Bluetooth）的名字。

蓝牙技术实际上是一种短距离无线电技术。它以低成本的近距离无线连接为基础，为固定和移动设备建立了一个特别连接的无线通信环境。利用蓝牙技术，能够有效地简化掌上计算机、笔记本计算机和移动电话等移动通信终端设备之间的通信，也能够成功地简化以上这些设备与因特网之间的通信，从而使这些现代通信设备与因特网之间的数据传输变得更加迅速高效，为无线通信拓宽了道路。它具有无线性、开放性、低功耗等特点。

2. 蓝牙设备的特点

蓝牙设备的工作频段选在全球通用的 2.4GHz 的 ISM（工业、科学、医学）频段。这样，用户不必经过申请便可以在 2400～2500MHz 范围内选用适当的蓝牙无线电收发器频段。蓝牙的无线发射机采用 FM 调制方式，从而能降低设备的复杂性；最大发射功率分为 3 个等级——100mW（20dBm）、2.5mW（4dBm）、1mW（0dBm）；在 4～20dBm 范围内要求采用功率控制。因此，蓝牙设备之间的有效通信距离为 10～100m。

蓝牙设备根据网络的概念在任意一个有效通信范围内对点对点和点对多点提供无线连接，且所有的蓝牙设备都是平等的，并且遵循相同的工作方式。基于 TDMA 原理和蓝牙设备的平等性，任意一个蓝牙设备在主从网络（Piconet）和分散网络（Scatter-net）中，既可作为主设备（Master），又可作为从设备（Slaver），还可同时作为主设备和从设备。

3. 蓝牙技术的应用

自 BSIG 向全世界发布了蓝牙技术标准，蓝牙技术的推广和应用得到了迅猛的发展。截至目前，BSIG 的加盟公司已经超过了 2500 家，几乎涵盖了全球各行各业，包括通信、计算机、商务办公、工业、家庭、医学、军事、农业等领域。下面简单介绍蓝牙技术在几个领域的应用。

在通信方面，蓝牙技术产品应用于移动电话、家庭及办公室电话系统中，可以实现真正意义上的个人通信，即个人局域网。这种个人局域网采用移动电话为信息网关，使各种便携式设备之间可以交换内容。

在商务办公方面，可以实现数据共享、资料同步。例如，在开办公会议时，可以用无线的方式访问其他成员、共享文件等信息。利用蓝牙技术还可以制造电子钱包和电子锁，在很多消费场合进行电子付账等。

在家庭方面，蓝牙技术可以将信息家电、家庭安防设施、家居自动化与某一类型的网络进行有机结合，建立一个智能家居系统。智能家居系统实际上可分为两大部分：一部分是家庭安防系统，另一部分就是现在常说的智能家居布线系统。家庭安防系统是在特定情况下将报警信号传送至户主的办公电话、计算机、移动电话、传呼机或者小区的安防控制中心，从而实现全天候、全方位、全自动的报警。

在农业方面，由于以前电子检测装置和执行机构的设置复杂和不易操作，不仅增加了温室的额外投资成本、安装与维护的难度，也影响了农作物的生长。蓝牙技术是一种新型低成本、短距离的无线网络传输技术。运用蓝牙技术把温室环境自动检测与控制系统中的各个电子检测装置、执行机构无线地连接起来，不仅可以便捷地对温室环境参数自动检测，还能灵活地对温室环境参数进行自动控制。

在现代工业控制系统中，特别是在一些工业测控、故障诊断领域，或者对移动工业设备进行控制的场合，采用无线通信技术具有很大的优越性。工业现场的电磁干扰频率一般在 1GHz 以下，因此将蓝牙技术用于工业现场环境有其突出的优势。例如，可以通过对数控机床无线手持操作器的研究与开发，将蓝牙技术应用在嵌入式工业控制系统方面的集成和开发技术中。

4. HC05 蓝牙模块的应用

信盈达基于 STM32 的蓝牙热敏打印机使用了 HC05 蓝牙模块。该模块是通过串口通信与单片机进行数据交互的。HC05 蓝牙模块是一款主从一体的蓝牙模块。它有三种模式，分别是 Slave（从模式）、Master（主模式）和 Slave-Loop（回环模式）。

（1）Slave（从模式）：被动连接。

（2）Master（主模式）：查询周围的蓝牙从设备，并主动发起连接，从而建立主、从蓝牙设备间的透明数据传输通道。

（3）Slave-Loop（回环模式）：被动连接，接收远程蓝牙主设备数据并将数据原样返回给远程蓝牙主设备。

HC05 蓝牙模块电气特性参数见表 23-4。

表 23-4　HC05 蓝牙模块电气特性参数

特　性	说　明
接口特性	TTL，兼容 3.3V/5V 单片机系统
支持波特率/（bit/s）	4 800、9 600（默认）、19 200、38 400、57 600、115 200、230 400、460 800、921 600、1 382 400
其他特性	主从一体，可指令切换，默认为从机，带状态指示灯，可输出配对状态
通信距离	一般会在 10～20m
工作温度	-25～75℃
工作电压	DC 3.6～6.0V
工作电流	配对中：30～40mA；配对完毕未通信：1～8mA；通信中：5～20mA

5. AT 指令

AT（Attention）指令是从终端设备（Terminal Equipment，TE）或数据终端设备（Data Terminal Equipment，DTE）向终端适配器（Terminal Adapter，TA）或数据电路终端设备（Data Circuit Terminal Equipment，DCE）发送的。通过 TA，TE 发送 AT 指令来控制移动台（Mobile Station，MS）的功能，与蓝牙设备进行交互。用户可以通过 AT 指令进行主从模式、波特率、蓝牙设备名称、配对密码等方面的设置。

HC05 蓝牙模块处于自动连接工作模式时，将自动根据事先设定的方式进行连接以实现数据传输；当该模块处于指令响应工作模式时能执行下述所有 AT 指令，用户可向该模块发送各种 AT 指令，为该模块设定控制参数或发布控制命令。通过控制该模块外部引脚（PIO11）输入电平，可以实现该模块工作状态的动态转换。HC05 蓝牙模块 AT 指令见表 23-5。

表 23-5　HC05 蓝牙模块 AT 指令

指令功能	指令格式	响　应	参　数
测试	AT	OK	无
模块复位	AT+RESET	OK	无
获取软件版本号	AT+VERSION?	+VERSION：<Param> OK	软件版本号
回复默认	AT+ORGL	OK	无
设置设备名称	AT+NAME="myhc05"	OK 后者 FAIL	OK 表示成功 FAIL 表示失败
查询/设置模块角色	AT+ROLE? AT+ROLE=参数	0 或者 1	0 表示从设备 1 表示主设备 2 表示回环设备 默认值：0
查询/设置模块配对码	AT+PSWD? AT+PSWD=参数	<配对码> OK	Param：配对码 默认名称："1234"
查询/设置模块波特率	AT+UART? AT+UART=参数 1,2,3	模块当前波特率 3 个参数	Param1：波特率/（bit/s） 取值如下（十进制）： 4 800 9 600 19 200 38 400 57 600

（续表）

指令功能	指令格式	响应	参数
查询/设置模块波特率	AT+UART? AT+UART=参数 1,2,3	模块当前波特率 3 个参数	115 200 23 400 460 800 921 600 1 382 400 Param2：停止位 0 表示 1 位 1 表示 2 位 Param3：校验位 0 表示 None 1 表示 Odd 2 表示 Even 默认设置：9 600，0，0
查询/设置连接模式	AT+ CMODE? AT+CMODE=<Param>	+ CMODE:<Param> OK OK	Param： 0 表示指定蓝牙地址连接模式 （指定蓝牙地址由绑定指令设置） 1 表示任意蓝牙地址连接模式 （不受绑定指令设置地址的约束） 2 表示回环角色（Slave-Loop） 默认连接模式：0
获取蓝牙地址	AT+ADDR?	+ADDR：<Param> OK	Param：模块蓝牙地址

6. HC05 模块硬件的连接

HC05 蓝牙模块与单片机连接最少需要 4 根线：VCC、GND、TXD、RXD。其中，VCC 和 GND 用于给该模块供电；TXD 和 RXD 则连接单片机的 RXD 和 TXD。HC05 蓝牙模块与单片机的硬件连接如图 23-14 所示。

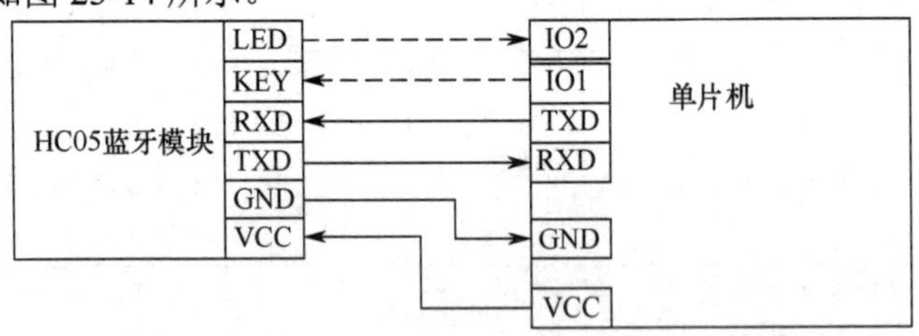

图 23-14　HC05 蓝牙模块与单片机的硬件连接

在图 23-14 中，HC05 蓝牙模块的 LED 表示模块的 PIO8 引脚，KEY 表示模块的 PIO11 引脚。有以下两种方法使模块进入 AT 指令状态。

方法 1：上电同时或者上电之前将 KEY 设置为 VCC，上电后，模块即进入 AT 指令状态。

方法 2：模块上电后，通过将 KEY 接 VCC，使模块进入 AT 状态。

方法 1 进入 AT 状态后，模块的波特率为 38 400（8 位数据位，1 位停止位），推荐使用此方法。方法 2 进入 AT 状态后，模块波特率和通信波特率一致。

23.4.6　蓝牙热敏打印机硬件设计

信盈达基于 STM32 蓝牙热敏打印机硬件设计原理图请参考本书配套资料中的名为蓝牙热敏打印机原理图 V2.3.pdf 的文档。

23.4.7　蓝牙热敏打印机软件设计

信盈达基于 STM32 蓝牙热敏打印机示例请参考本书配套资料的示例程序目录下的示例程序。软件初始化如下。

（1）系统初始化：包括 GPIO 初始化、延时初始化、打印头初始化、串口初始化、DMA 初始化、定时器初始化、闪存初始化、蓝牙模块初始化等。

（2）字库的烧录：包括英文字库的烧录和中文字库的烧录，字库在本书配套资料的字库文件目录下的名为 zk.bin 文件中。

（3）按下按键打印测试。

（4）连接蓝牙，然后通过蓝牙助手发送需要打印的数据。

信盈达基于 STM32 蓝牙热敏打印机软件实现流程图如图 23-15 所示。

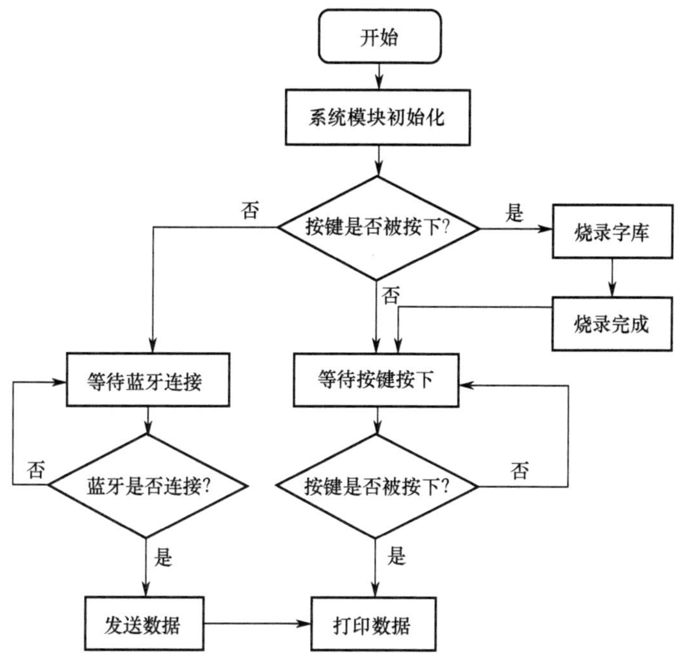

图 23-15　信盈达基于 STM32 蓝牙热敏打印机软件实现流程图

23.4.8　项目实践测试结果

蓝牙热敏打印机项目实践测试结果如图 23-16 所示。

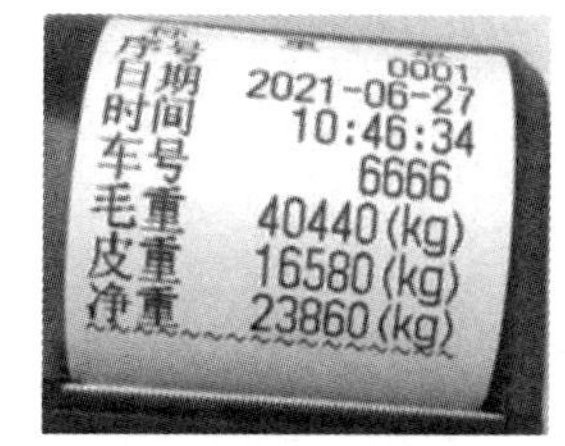

图 23-16　蓝牙热敏打印机项目实践测试结果

23.5　本章课后作业

23-1　实现不同字体的打印。

23-2　实现多种字体大小的打印，能通过手机选择不同的字体。

参 考 文 献

[1] 庞丽萍. 操作系统原理[M]. 3 版. 武汉：华中科技大学出版社，2000.

[2] 张洋，刘军. 原子教你玩 STM32（库函数版）[M]. 2 版. 北京：北京航空航天大学出版社，2015.

[3] 张洋，刘军. 原子教你玩 STM32（寄存器版）[M]. 2 版. 北京：北京航空航天大学出版社，2015.

[4] 王苑增、黄文涛. 基于 ARMCortex-M3 的 stm32 微控制器实战教程[M]. 北京：电子工业出版社，2014.

[5] 李宁. 基于 MDK 的 STM32 处理器开发应用[M]. 北京：北京航空航天大学出版社：2008.

[6] 范书瑞. Cortex-M3 嵌入式处理器原理与应用[J]. 地理科学进展，2011，1(6):658-669.

[7] 蔡成章. 基于 ARM 主控芯片的微型热敏打印驱动及系统设计[D]. 杭州：浙江大学，2016.

[8] 王明才.基于以蓝牙通讯的热敏微型打印机的设计[D]. 成都：电子科技大学，2016.

[9] 徐峰.智能微型打印机系统的设计与实现[D]. 广州：广东工业大学，2018.

[10] 余萌.基于 Linux 与 ARM 的嵌入式无线打印系统的研究与设计[D]. 长沙：湖南大学，2015.

[11] 刘坚强，王永才，佟忠正，等. 基于 LPC2138 的超市收银机系统设计[J]. 单片机与嵌入式系统应用，2010(3)55-58.

[12] 李锋.基于蓝牙 4.0 的无线热敏打印机系统设计[D]. 广州：华南理工大学，2018.

[13] 曹文昌.基于 STM32 的三维打印机控制系统研究[D]. 成都：西南石油大学，2017.

[14] 杨永清.基于 STM32 和 FPGA 的多通道步进电机控制系统设计[D]. 成都：西南交通大学，2017.

[15] 戴阳，胡学龙，朱银，等.基于微处理器的蓝牙热敏打印机的研制[J]. 国外电子测量技术，2014.

[16] 刘志宇.基于多功能打印机的智能打印管理方案研究与实现[D]. 苏州：苏州大学，2015.

[17] 陈微.一个超市收银管理系统设计与实现[D]. 武汉：华中科技大学，2015.